科学出版社“十四五”普通高等教育本科规划教材

数学物理方法

（第二版）

姜　颖　编著

科 学 出 版 社

北　京

内 容 简 介

本书是根据作者多年来在上海大学为物理类专业学生讲授数学物理方法课程的教学实践经验，在第一版的基础上修订而成的. 本书主要内容分为6章，分别为复变函数论、积分变换、数学物理方程、二阶线性常微分方程、三维曲线坐标系下分离变量法与特殊函数以及格林函数法等内容.

本书在保证内容结构完整的前提下，尽量删繁就简、力求突出主线，强调知识点前后呼应，教学内容逻辑更加鲜明突出. 同时本书配套了微课视频，读者可扫描书中二维码进行学习.

本书可作为高等学校物理类专业及其他理工科专业讲授数学物理方法课程的教材，也可供相关专业研究生、教师和科研人员参考.

图书在版编目(CIP)数据

数学物理方法 / 姜颖编著. -- 2版. -- 北京：科学出版社, 2025. 6. -- (科学出版社“十四五”普通高等教育本科规划教材). -- ISBN 978-7-03-081789-1

Ⅰ. O411.1

中国国家版本馆 CIP 数据核字第 2025NH8459 号

责任编辑：龙嫚嫚　孔晓慧 / 责任校对：杨聪敏

责任印制：师艳茹 / 封面设计：有道文化

科 学 出 版 社 出版

北京东黄城根北街 16 号

邮政编码: 100717

http://www.sciencep.com

保定市中画美凯印刷有限公司印刷

科学出版社发行　各地新华书店经销

*

2018 年 6 月第　一　版　开本：720×1000　1/16

2025 年 6 月第　二　版　印张：20 3/4

2025 年 6 月第九次印刷　字数：418 000

定价: 69.00 元

（如有印装质量问题，我社负责调换）

前　言

数学物理方法作为理论研究物理、工程甚至化学、生物等领域诸多问题的数学手段和工具, 其重要性是不言而喻的, 目前已成为大多数高等学校物理类、电子类、工程类以及其他理工科专业的本科生必修课程.

当前, 教育、科技、人才“三位一体”融合发展对教学工作提出了更高的要求, 课程的教学不再仅仅是知识的传授, 更重要的是通过教学中的研讨, 达到能力培养和价值塑造的育人目的. 数学物理方法课程承上启下, 将大学一年级所学的高等数学和后续的相关专业课程连接在一起, 使之成为一个有机的知识逻辑体系. 通过数学物理方法课程的学习, 学生不仅可以掌握在具体问题中灵活应用高等数学知识的技巧, 更能学会处理不同问题的基本数学手段和思维方式.

本书是作者多年来在上海大学为物理类专业学生讲授数学物理方法课程的教学实践经验的总结, 主要内容分为 6 章, 分别为复变函数论、积分变换、数学物理方程、二阶线性常微分方程、三维曲线坐标系下分离变量法与特殊函数以及格林函数法等内容. 相较第一版, 本书不仅对第一版中的错漏之处予以了订正, 对相关内容的讲解进行了优化, 还结合前沿研究以及后续理论学习的实际需求, 增加了对离散傅里叶变换、泊松求和公式等内容的系统讨论, 同时还增加了两个附录作为补充内容, 简要介绍了群论的基础知识、列维–奇维塔符号的定义性质及其应用. 此外, 第二版中将作者主讲的上海高校市级精品课程的微课视频以二维码的形式附在书中, 读者可扫码学习.

本书在保证内容结构完整的前提下, 尽量减小篇幅、删繁就简、力求突出主线. 在内容的选取上, 更注重与前沿科研结合紧密的知识点与方法, 力求提升课程的研究性和前沿性. 在知识点的组织上, 加强前后逻辑呼应, 使得课程知识结构更加紧凑, 逻辑关系更加鲜明突出, 提纲挈领, 努力使读者通过本书的学习能更有效地构建完整的知识体系. 在内容的编排上, 避免多头并进, 而是尽可能围绕一个典型的相对单纯的问题从头到尾进行深入、连贯、细致的讨论, 通过对一个“麻雀”的详尽解剖, 努力使读者能够在短时间内理解和掌握处理相关问题的基本方法及其思想精髓, 以点带面, 触类旁通.

由于本书主要面向物理类和工程应用类专业学生, 因此本书不追求对复杂的数学定理的严苛证明, 我们努力通过较为形象和易于接受的方式使读者能够对这些定理和概念所蕴含的思想有所把握, 并能够对此加以灵活应用.

记得第一次接触并细致学习数学物理方法是 1992 年在兰州大学读大学二年级的春季学期, 杨孔庆老师深入浅出形象生动的教学风格深深地触动了我, 并在后续的岁月中潜移默化对我的教学风格产生影响, 借此机会对杨孔庆老师的教诲表示最真诚的感谢!

在本书的出版过程中, 得到了科学出版社昌盛副总编辑、龙嫚嫚编辑的大力支持和无私的帮助, 在此对他们辛勤的付出表示我最诚挚的谢意!

由于编者水平有限, 难免有不妥之处, 敬请读者不吝批评指正.

姜 颖
2025 年 3 月于上海大学

目　　录

第1章

复变函数论

人类探索自然的过程总是一个不断将自己放在更广泛的背景下进行研究和求索的过程. 同样, 数学的发展也是这样一个过程: 最初人类只知道自然数, 随着实践和数学研究及应用的向前发展, 逐渐扩展到整数、有理数乃至整个实数域. 我们之前所学的实变函数正是定义在实数域上. 我们经常碰到一个实函数 $y=\sqrt{x}$, 这个函数的定义域是非负实数. 在实变函数论中, 负数方根是没有意义的. 然而, 人们在对一元三次和四次方程的根式进行研究时发现不可避免地会面对负数方根的问题. 这意味着必须对数域进行必要的扩展, 这就是复数域.

本章中, 我们将简要介绍复数及复变函数, 对复变函数的微分和积分特性及其应用进行讨论.

1.1 复数

1.1.1 复数的定义

复数的定义及其运算

为了得到复数域, 我们首先必须对负数方根做出定义. 为此, 人们引入了**虚数单位**

$$\mathrm{i}\equiv\sqrt{-1}. \tag{1.1.1}$$

形如 $z=x+\mathrm{i}y$ 的数被称作**复数**, 其中 x 和 y 均为实数, 它们分别称为复数 z 的**实部**和**虚部**, 记作

$$x=\operatorname{Re} z,\quad y=\operatorname{Im} z. \tag{1.1.2}$$

所有可能的复数集合在一起就构成了**复数域**.

两个复数 $z_1=x_1+\mathrm{i}y_1$ 和 $z_2=x_2+\mathrm{i}y_2$, 只有当它们的实部和虚部分别相等时, 我们才可说这两个复数是相等的, 即

$$\begin{cases} x_1=x_2 \\ y_1=y_2 \end{cases} \implies z_1=z_2. \tag{1.1.3}$$

如果两个复数 $z_1 = x_1 + \mathrm{i}y_1$ 和 $z_2 = x_2 + \mathrm{i}y_2$ 的实部相等 $(x_1 = x_2)$ 而虚部相差一个负号 $(y_1 = -y_2)$，则称这两个复数互为**共轭复数**, 记为 $z_1^* = z_2$ 或 $z_1 = z_2^*$. 换言之, 对于复数 $z = x + \mathrm{i}y$ 来说, 它的共轭复数为

$$z^* = (x + \mathrm{i}y)^* = x - \mathrm{i}y. \tag{1.1.4}$$

1.1.2 复数的运算

当给出了复数的定义后, 我们接下来就要给出复数之间相应的运算法则.

(1) 加法: 两个复数 $z_1 = x_1 + \mathrm{i}y_1$ 和 $z_2 = x_2 + \mathrm{i}y_2$ 的加法为

$$z = z_1 + z_2 = (x_1 + \mathrm{i}y_1) + (x_2 + \mathrm{i}y_2) = (x_1 + x_2) + \mathrm{i}(y_1 + y_2), \tag{1.1.5}$$

即两个复数实部的和为新的复数的实部, 两个复数虚部的和为新的复数的虚部. 复数的减法计算亦如此. 由上式不难看出复数的加法满足交换律和结合律.

(2) 乘法: 两个复数 $z_1 = x_1 + \mathrm{i}y_1$ 和 $z_2 = x_2 + \mathrm{i}y_2$ 的乘法可如下计算:

$$\begin{aligned} z &= z_1 \cdot z_2 = (x_1 + \mathrm{i}y_1)(x_2 + \mathrm{i}y_2) \\ &= x_1x_2 + \mathrm{i}x_1y_2 + \mathrm{i}y_1x_2 - y_1y_2 = (x_1x_2 - y_1y_2) + \mathrm{i}(x_1y_2 + x_2y_1). \end{aligned} \tag{1.1.6}$$

从这里也不难看出复数的乘法同样满足交换律、分配律和结合律.

复数乘法中一个有趣的例子是一个复数 $z = x + \mathrm{i}y$ 与它自身的共轭复数相乘:

$$z \cdot z^* = x^2 + y^2, \tag{1.1.7}$$

我们看到它是一个实数！它的几何意义我们会在稍后介绍, 而它的实数性对于我们接下来计算复数的除法有很大的帮助.

乘方运算只是乘法的一个简单推广, 譬如, z^n 就是将 n 个 z 相乘. 这里我们就不再赘述.

(3) 除法: 两个复数 $z_1 = x_1 + \mathrm{i}y_1$ 和 $z_2 = x_2 + \mathrm{i}y_2$, 如果 $z_2 \neq 0$, 则可以计算下列除法:

$$z = \frac{z_1}{z_2} = \frac{x_1 + \mathrm{i}y_1}{x_2 + \mathrm{i}y_2}. \tag{1.1.8}$$

为了得到这个运算的结果, 即为了写出所得复数的实部和虚部, 我们就需要通过某种方法将分母实数化. 对上式的分子和分母同乘以分母的共轭复数就可达此目的:

$$z = \frac{z_1}{z_2} = \frac{z_1 z_2^*}{z_2 z_2^*} = \frac{(x_1x_2 + y_1y_2) + \mathrm{i}(x_2y_1 - x_1y_2)}{x_2^2 + y_2^2}, \tag{1.1.9}$$

于是我们就可看出此复数的实部和虚部分别是

$$\mathrm{Re}\, z = \frac{x_1x_2 + y_1y_2}{x_2^2 + y_2^2}, \quad \mathrm{Im}\, z = \frac{x_2y_1 - x_1y_2}{x_2^2 + y_2^2}. \tag{1.1.10}$$

例 1.1.1 指出下列复数的实部和虚部

$$z=\frac{3+\mathrm{i}}{1-2\mathrm{i}}. \tag{1.1.11}$$

解 对此问题, 我们首先要将分母实数化, 这需要找到分母中复数的复共轭, 然后上下同乘之, 即

$$z=\frac{3+\mathrm{i}}{1-2\mathrm{i}}=\frac{(3+\mathrm{i})(1+2\mathrm{i})}{(1-2\mathrm{i})(1+2\mathrm{i})}=\frac{1+7\mathrm{i}}{5}=\frac{1}{5}+\frac{7}{5}\mathrm{i}, \tag{1.1.12}$$

因此我们就得出 $\mathrm{Re}\, z=1/5$, $\mathrm{Im}\, z=7/5$.

我们再次强调, 在涉及分母是复数的计算中, 务必要将分母实数化后进行计算, 不然十分容易产生错误. 我们来看下面这个例子.

例 1.1.2 求解以下极限

$$z=\lim_{y\to 0}\frac{1}{x+\mathrm{i}y}. \tag{1.1.13}$$

对于这个问题, 人们很容易盲目地直接将上述表达式中分母上的 y 取为 0 而错误地认为这个问题的解就是 $z=1/x$. 这很显然是不对的, 一个十分明显的反证就是如果 $x=0$, 则从题上可以看出结果应该是纯虚的, 而不是像前面这个错误的结果所显示的那样是实的. 因此, 要正确求解此问题, 我们就必须首先对分母进行实数化. 我们现在来对此问题进行详细的求解.

解 我们首先上下同乘以分母的复共轭实现对分母的实数化, 得

$$z=\lim_{y\to 0}\frac{x-\mathrm{i}y}{x^2+y^2}=\lim_{y\to 0}\left[\frac{x}{x^2+y^2}-\mathrm{i}\frac{y}{x^2+y^2}\right], \tag{1.1.14}$$

于是, 我们就得到其实部为

$$\mathrm{Re}\, z=\lim_{y\to 0}\frac{x}{x^2+y^2}=\begin{cases}\dfrac{1}{x}, & x\neq 0,\\ 0, & x=0.\end{cases} \tag{1.1.15}$$

我们一般也将此简记为

$$\mathrm{Re}\, z=\begin{cases}\dfrac{1}{x}, & x\neq 0\\ 0, & x=0\end{cases}\equiv P\,\frac{1}{x}. \tag{1.1.16}$$

对于 (1.1.14) 式中的虚部, 我们有

$$\mathrm{Im}\, z=-\lim_{y\to 0}\frac{y}{x^2+y^2}. \tag{1.1.17}$$

从这个极限表达式中, 我们不难分析出, 当 $x \neq 0$ 时这个虚部将等于 0, 而当 $x=0$ 时, 这个虚部将是无穷大. 在后面第 2 章中经过仔细的讨论后我们知道它其实可以表示为 δ-函数, 即

$$\operatorname{Im} z=-\pi\delta(x). \tag{1.1.18}$$

于是, 本例最终的正确结果是

$$z=\lim_{y\to 0}\frac{1}{x+\mathrm{i}y}=P\,\frac{1}{x}-\mathrm{i}\pi\delta(x). \tag{1.1.19}$$

这里需要说明一下, 虽然在对本例题进行求解的过程中用到了后面章节的知识, 但从该例题中我们清楚地看到了在进行复数计算中分母的实数化的重要性.

1.1.3 复数的几何表示

复数的几何表示与无穷远点

1. 复平面

从上面所讲复数的定义中可以看到, 一个复数可以用两个实参量来确定, 即它的实部和虚部. 据此, 我们可以用一个二维平面来表示复数域, 这个平面就称作**复平面**, 面上的每个点代表一个复数. 该复平面上直角坐标系的横轴表示复数的实部, 称为**实轴**; 纵轴表示复数的虚部, 称为**虚轴**. 见图 1.1.1 中所示.

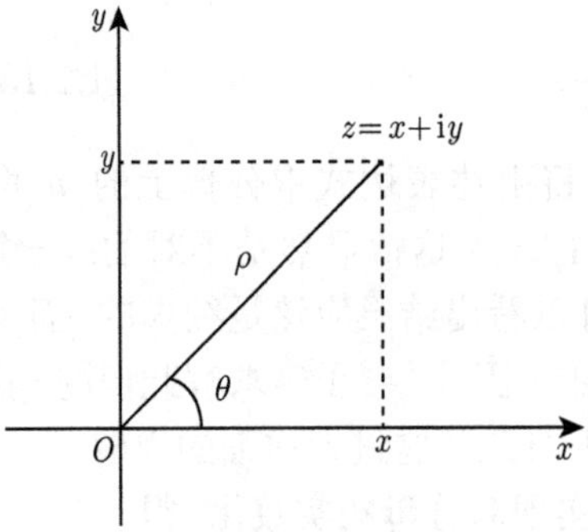

图 1.1.1 复平面

例 1.1.3 有两个复数 z_1 和 z_2, 证明

$$|z_1|-|z_2|\leqslant|z_1+z_2|\leqslant|z_1|+|z_2|. \tag{1.1.20}$$

解 对这个问题的证明有两种方法: 一种是几何的方法, 而且也是最简单的方法. 当我们在复平面上将 z_1、z_2 和 z_1+z_2 这三个复数画出来后, 由图 1.1.2 我们不难看到这三个复数通过平移可构成一个三角形或是排在同一直线上, 因此利用三角形两边之和大于第三边, 两边之差小于第三边就可轻易证得.

另一种方法是用代数的方法. 我们知道

$$|z_1+z_2|^2=(z_1+z_2)(z_1+z_2)^*=|z_1|^2+(z_1z_2^*+z_1^*z_2)+|z_2|^2, \tag{1.1.21}$$

由于 $z_1z_2^*$ 和 $z_1^*z_2$ 相互共轭, 有

$$z_1z_2^*+z_1^*z_2=2\operatorname{Re}(z_1z_2^*), \tag{1.1.22}$$

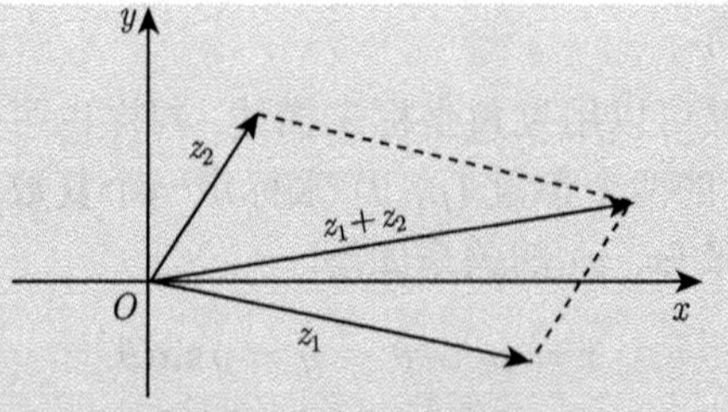

图 1.1.2 两个复数的和

于是我们有

$$|z_1+z_2|^2=|z_1|^2+2\ \mathrm{Re}\ (z_1z_2^*)+|z_2|^2, \tag{1.1.23}$$

$$|z_1-z_2|^2=|z_1|^2-2\ \mathrm{Re}\ (z_1z_2^*)+|z_2|^2. \tag{1.1.24}$$

设

$$z_1z_2^*=a+\mathrm{i}b, \tag{1.1.25}$$

则有

$$|z_1||z_2|=|z_1z_2^*|=\sqrt{a^2+b^2}\geqslant|a|\geqslant a=\mathrm{Re}\ (z_1z_2^*), \tag{1.1.26}$$

代入前面两式, 得

$$\begin{aligned}|z_1+z_2|^2&=|z_1|^2+2\ \mathrm{Re}\ (z_1z_2^*)+|z_2|^2\\&\leqslant|z_1|^2+2|z_1||z_2|+|z_2|^2=(|z_1|+|z_2|)^2,\end{aligned} \tag{1.1.27}$$

$$\begin{aligned}|z_1-z_2|^2&=|z_1|^2-2\ \mathrm{Re}\ (z_1z_2^*)+|z_2|^2\\&\geqslant|z_1|^2-2|z_1||z_2|+|z_2|^2=(|z_1|-|z_2|)^2.\end{aligned} \tag{1.1.28}$$

由上面第二个式子, 我们进一步可得

$$|z_1+z_2|^2=|z_1-(-z_2)|^2\geqslant(|z_1|-|-z_2|)^2=(|z_1|-|z_2|)^2, \tag{1.1.29}$$

因此有

$$(|z_1|-|z_2|)^2\leqslant|z_1+z_2|^2\leqslant(|z_1|+|z_2|)^2, \tag{1.1.30}$$

即

$$|z_1|-|z_2|\leqslant|z_1+z_2|\leqslant|z_1|+|z_2|. \tag{1.1.31}$$

这个结果可以很轻易地推广为

$$|z_1+z_2+\cdots+z_n|\leqslant|z_1|+|z_2|+\cdots+|z_n|. \tag{1.1.32}$$

2. 复数的模和辐角

一个二维平面不仅可以用直角坐标来描述, 同样也可采用极坐标来表征. 因此, 我们也可用极坐标的两个参量 $(\rho,\ \theta)$ 来标定一个复数, 如图 1.1.1 所示, 它们与该复数的实部和虚部 $(x,\ y)$ 的关系如下:

$$x = \rho\cos\theta, \quad y = \rho\sin\theta. \tag{1.1.33}$$

由此, 我们可以得到复数的三角函数表达形式

$$z = \rho(\cos\theta + \mathrm{i}\sin\theta), \tag{1.1.34}$$

ρ 称为该复数的**模**, 表示该复数到原点的距离或该复数的 "绝对值"

$$\rho = |z| = \sqrt{x^2 + y^2}; \tag{1.1.35}$$

θ 称为该复数的**辐角**

$$\theta = \arctan\frac{y}{x}, \tag{1.1.36}$$

记作 $\theta \equiv \operatorname{Arg} z$.

注意, 三角函数的周期性意味着一个复数所对应的辐角不是唯一的, 如果一个复数的辐角为 θ, 则 $2n\pi + \theta$ 也都是它的辐角 (n 为整数), 这就是**辐角的多值性**. 当 $0 \leqslant \operatorname{Arg} z < 2\pi$ 时, 记为 $\arg z$, 称作**主辐角**, 于是

$$\theta = \operatorname{Arg} z = \arg z + 2n\pi \quad (n = 0, \pm 1, \pm 2, \cdots). \tag{1.1.37}$$

借助复数的模和辐角的表达式, 我们来检视一下两个复数乘积的模和辐角与这两个复数的模和辐角的关系. 设 $z_1 = \rho_1(\cos\theta_1 + \mathrm{i}\sin\theta_1)$, $z_2 = \rho_2(\cos\theta_2 + \mathrm{i}\sin\theta_2)$, 则

$$\begin{aligned} z_1 \cdot z_2 &= \rho_1\rho_2\left[(\cos\theta_1\cos\theta_2 - \sin\theta_1\sin\theta_2) + \mathrm{i}(\cos\theta_1\sin\theta_2 + \sin\theta_1\cos\theta_2)\right] \\ &= \rho_1\rho_2\left[\cos(\theta_1 + \theta_2) + \mathrm{i}\sin(\theta_1 + \theta_2)\right], \end{aligned} \tag{1.1.38}$$

即两个复数相乘, 所得复数的模为这两个复数的模的乘积, 而其辐角为这两个复数辐角的和. 由此类推, 利用归纳法不难证得, 对于 n 个复数 $\{z_l = \rho_l(\cos\theta_l + \mathrm{i}\sin\theta_l), l = 1, 2, \cdots, n\}$ 的乘积, 我们有

$$z_1 z_2 \cdots z_n = \rho_1\rho_2\cdots\rho_n\left[\cos(\theta_1 + \theta_2 + \cdots + \theta_n) + \mathrm{i}\sin(\theta_1 + \theta_2 + \cdots + \theta_n)\right]. \tag{1.1.39}$$

利用**欧拉公式**

$$\mathrm{e}^{\mathrm{i}\theta} = \cos\theta + \mathrm{i}\sin\theta, \tag{1.1.40}$$

由复数的三角函数形式我们还可进一步得到**复数的指数函数形式**

$$z=\rho(\cos\theta+\mathrm{i}\sin\theta)=\rho\mathrm{e}^{\mathrm{i}\theta}. \tag{1.1.41}$$

欧拉公式及复数的指数函数形式

★ 欧拉公式的两种简单证明

证明一 我们知道, 指数函数 e^{ax} 的泰勒级数展开是

$$\mathrm{e}^{ax}=\sum_{n=0}^{\infty}\frac{a^n x^n}{n!}, \tag{1.1.42}$$

当把 $a=\mathrm{i}$ 以及 $x=\theta$ 代入上述展开式并对实部和虚部进行归并后, 我们有

$$\mathrm{e}^{\mathrm{i}\theta}=\left[1-\frac{\theta^2}{2}+\frac{\theta^4}{4!}-\frac{\theta^6}{6!}+\cdots\right]+\mathrm{i}\left[\theta-\frac{\theta^3}{3!}+\frac{\theta^5}{5!}-\frac{\theta^7}{7!}+\cdots\right]. \tag{1.1.43}$$

从这个式子, 我们不难发现, 方程右边的实部正是三角函数 $\cos\theta$ 的泰勒级数展开式, 而虚部正是 $\sin\theta$ 的泰勒级数展开式, 于是我们就得到了

$$\mathrm{e}^{\mathrm{i}\theta}=\cos\theta+\mathrm{i}\sin\theta, \tag{1.1.44}$$

这正是我们上面给出的欧拉公式.

证明二 首先, 由于 $\dfrac{\mathrm{d}(\mathrm{e}^{ax})}{\mathrm{d}x}=a\mathrm{e}^{ax}$, 所以有 $\dfrac{\mathrm{d}\mathrm{e}^{\mathrm{i}\theta}}{\mathrm{d}\theta}=\mathrm{i}\mathrm{e}^{\mathrm{i}\theta}$. 其次, 我们知道, 作为复数, $\mathrm{e}^{\mathrm{i}\theta}$ 一定可以一般性地表示成

$$\mathrm{e}^{\mathrm{i}\theta}=\rho\,(\cos\alpha+\mathrm{i}\sin\alpha). \tag{1.1.45}$$

这个表达式中的模 ρ 和辐角 α 都是 θ 的函数. 对这个方程的两边同时对 θ 求导, 我们得

$$\mathrm{i}\mathrm{e}^{\mathrm{i}\theta}=(\cos\alpha+\mathrm{i}\sin\alpha)\frac{\mathrm{d}\rho}{\mathrm{d}\theta}+\mathrm{i}\rho\,(\cos\alpha+\mathrm{i}\sin\alpha)\frac{\mathrm{d}\alpha}{\mathrm{d}\theta}, \tag{1.1.46}$$

它可进一步写为

$$\mathrm{i}\rho\,(\cos\alpha+\mathrm{i}\sin\alpha)=(\cos\alpha+\mathrm{i}\sin\alpha)\frac{\mathrm{d}\rho}{\mathrm{d}\theta}+\mathrm{i}\rho\,(\cos\alpha+\mathrm{i}\sin\alpha)\frac{\mathrm{d}\alpha}{\mathrm{d}\theta}. \tag{1.1.47}$$

方程两边实部和虚部分别相等就给出了关于 $\dfrac{\mathrm{d}\rho}{\mathrm{d}\theta}$ 和 $\dfrac{\mathrm{d}\alpha}{\mathrm{d}\theta}$ 的一个二元一次方程组, 不难求得 $\dfrac{\mathrm{d}\rho}{\mathrm{d}\theta}=0$ 而 $\dfrac{\mathrm{d}\alpha}{\mathrm{d}\theta}=1$, 也即 $\rho=C$ 而 $\alpha=\theta+C_0$, 其中 C 和 C_0 为两个待定的常数. 当 $\theta=0$ 时我们有 $\mathrm{e}^{\mathrm{i}0}=1$, 由此我们就可确定出 $C=1$ 而 $C_0=0$, 于是就再一次得到了上面提到的欧拉公式.

由 (1.1.40) 式中的欧拉公式, 结合相应三角函数奇偶性, 我们得

$$\mathrm{e}^{-\mathrm{i}\theta}=\cos\theta-\mathrm{i}\sin\theta, \tag{1.1.48}$$

这样, 由 (1.1.40) 和 (1.1.48) 两式, 我们就得到了一组非常有用的表达式

$$\cos\theta = \frac{e^{i\theta} + e^{-i\theta}}{2}, \quad \sin\theta = \frac{e^{i\theta} - e^{-i\theta}}{2i}. \tag{1.1.49}$$

对这组表达式的灵活应用不仅会极大简化相关的计算, 同时还能丰富我们解决问题的思路.

复数的指数函数形式使得关于复数的运算变得相对简单了, 例如, 对于复数的乘法, 有

$$z = z_1 \cdot z_2 = \rho_1 e^{i\theta_1} \cdot \rho_2 e^{i\theta_2} = (\rho_1\rho_2) e^{i(\theta_1+\theta_2)}, \tag{1.1.50}$$

$$z = z_1 z_2 \cdots z_n = (\rho_1\rho_2\cdots\rho_n) e^{i(\theta_1+\theta_2+\cdots+\theta_n)}, \tag{1.1.51}$$

这与我们之前的结果一致, 而计算过程则大大简化了. 对于一个复数 z 的 n 次方, 类似地, 我们有

$$z^n = \rho^n e^{in\theta}, \tag{1.1.52}$$

这就是**棣莫弗** (de Moivre) **定理**.

灵活运用棣莫弗定理可以帮助我们通过复数的运算来简化很多实数计算, 如下面这个例子.

例 1.1.4 计算 $\cos(5\varphi)$.

这个问题当然可以利用以前所学的三角函数的和角公式加以计算, 但这样计算显然是比较麻烦的. 我们现在可以利用棣莫弗定理来十分简便地求解这一问题.

解 我们可以将 $\cos(5\varphi)$ 看成一个辐角为 5φ、模为 1 的复数的实部, 于是利用棣莫弗定理, 我们就有

$$\cos(5\varphi) + i\sin(5\varphi) = e^{i5\varphi} = \left(e^{i\varphi}\right)^5 = (\cos\varphi + i\sin\varphi)^5. \tag{1.1.53}$$

至此, 我们可以利用二项式定理十分容易地得出

$$\begin{aligned}\cos(5\varphi) + i\sin(5\varphi) = {}& \cos^5\varphi + i5\cos^4\varphi\sin\varphi - 10\cos^3\varphi\sin^2\varphi \\ & - i10\cos^2\varphi\sin^3\varphi + 5\cos\varphi\sin^4\varphi + i\sin^5\varphi,\end{aligned} \tag{1.1.54}$$

上式左右两边相等, 必须实部和虚部分别相等, 于是将上式右边按实部、虚部合并后, 我们就得

$$\cos(5\varphi) = \cos^5\varphi - 10\cos^3\varphi\sin^2\varphi + 5\cos\varphi\sin^4\varphi. \tag{1.1.55}$$

3. 复球面与无穷远点

复数的另一个有趣的几何表示是通过复球面来完成的. 首先, 我们建立一个球面, 然后让此球面与复平面在复平面的原点处相切, 即球面的南极与复平面的原点重合. 如图 1.1.3 中所示. 之后, 将球面的北极与复平面上的任意一点用直线相连, 该直线必与球面相交于一点. 这说明我们可以将球面上的点与复平面上的点也即整个复数域作一一对应. 因此, 我们就称这个球面为**复球面**. 从图上不难看出, 在复平面上的一个点不论沿着哪条曲线跑向任意方向的无穷远, 它在复球面上对应的轨迹都无一例外指向北极点, 即复平面上所有距原点无穷远的点都对应于复球面上的北极点, 从这个意义上讲, 我们就把复平面上无穷远处的点看作一个点, 称为**无穷远点**.

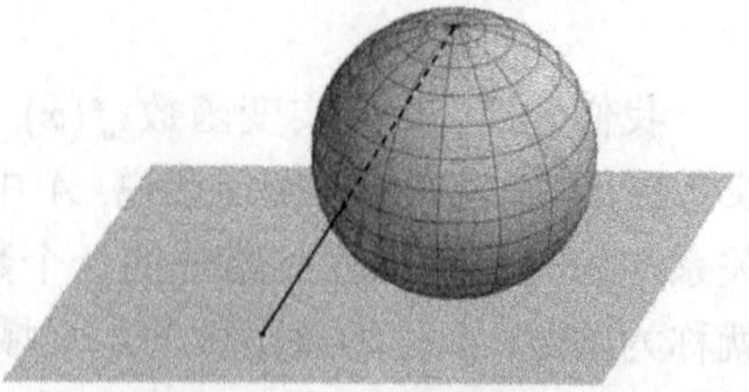

图 1.1.3 复球面

习 题 1.1

1. 计算并给出下列复数的实部和虚部:

(1) $z=\dfrac{4+\mathrm{i}}{2-5\mathrm{i}}$; (2) $z=\dfrac{1+2\mathrm{i}}{3-4\mathrm{i}}+\dfrac{2+3\mathrm{i}}{5\mathrm{i}}$;

(3) $z=\dfrac{5}{(1-\mathrm{i})(2-\mathrm{i})(3-\mathrm{i})}$; (4) $z=(1-\mathrm{i})^4$.

2. 确定下列复数的模和辐角:

(1) $z=\dfrac{1+\mathrm{i}}{2-2\sqrt{3}\mathrm{i}}$; (2) $z=(1-\mathrm{i})^3$;

(3) $z=\left(\dfrac{1}{5}+\dfrac{2}{5}\mathrm{i}\right)(3-\mathrm{i})$; (4) $z=(\sqrt{3}-\mathrm{i})^4$.

3. 确定满足下式的所有复数 z 在复平面上所构成的形状:

(1) $|z-3\mathrm{i}|+|z+3\mathrm{i}|=9$; (2) $|z-2+\mathrm{i}|\leqslant 3$;

(3) $0<\arg\dfrac{z-\mathrm{i}}{z+\mathrm{i}}<\dfrac{\pi}{4}$.

4. 计算下列数值:

(1) i^{i}; (2) $\sin\phi+\sin 2\phi+\cdots+\sin n\phi$.

5. 求解方程 $z^2+z+1=0$.

6. 证明

$$\mathrm{e}^{\mathrm{i}2\phi}=\frac{1+\mathrm{i}\tan\phi}{1-\mathrm{i}\tan\phi}.$$

1.2 复变函数的概念

我们知道, 一个实变函数 $f(x)$ 就是一个从实数区间 A 到另一个实数区间 B 的映射. 换句话说, A 中的任意一个数 a 都可以通过对应关系 $f(x)$ 在 B 中找到**唯一**的一个数 b 与之对应, 这个对应关系 $f(x)$ 就称为函数, A 称为该函数的定义域, 而 B 称为该函数的值域.

复变函数的概念

实际上, 复变函数和实变函数的定义从文字叙述上并无多大的不同, 只不过是将函数的概念由实数域推广到了复数域, 也即复变函数是从一个复数区域 (定义域) 到一个复数区域 (值域) 上的映射. **复变函数**

$$w = f(z)$$

表示将定义域中的一点 z 映射到了值域中的一点 w.

我们知道, 复数可以分为实部和虚部, 上述函数值 w 也不例外, 它也可以对应于两个实数 u 和 v, 分别是它的实部和虚部: $w = u + \mathrm{i}v$. 当然, 由于 $w = f(z)$, 因此 u 和 v 的值将随着自变量 $z = x + \mathrm{i}y$ 的变化而变化, 即复变函数 $w = f(z)$ 可以写为

$$w = f(z) = u(x, y) + \mathrm{i}v(x, y), \tag{1.2.1}$$

这两个二元实函数 $u(x, y)$ 和 $v(x, y)$ 分别称为复变函数 $f(z)$ 的实部和虚部.

在上面这个复变函数的定义中, 有两个要素需要强调, 一个是区域的概念, 另一个是映射.

1.2.1 区域的定义与分类

我们从前面看到, 当把数域从实数域推广到复数域后, 我们无法再用一个一维的数轴来表示这个新的数域了, 取而代之的是二维复平面. 因此, 对于一个复变函数而言, 它的定义域也不能再用某个区间来表示, 而要用到二维区域的概念. 维数的变化会带来很多性质的改变. 为了方便后面讨论复变函数的特性, 我们下面对区域的定义以及区域的分类做一个简单的讨论.

1. 区域的定义

复平面上的一个点集 D, 如果满足以下两个条件:

(1) 对于点集 D 中的任何一点 z_0, 总可以找到一个大于零的 ε, 使得所有满足 $|z - z_0| < \varepsilon$ 的点 z 都包含在该点集内;

(2) 点集内任何两点都可用由点集内的点构成的曲线连接起来.

则这个点集 D 就称为**区域**.

从上面的定义可以看出, 区域是不包含边界的, 因为对于处于边界上的点 z_0,

不论 ε 取得多么小, 总可以找到满足 $|z-z_0|<\varepsilon$ 而不在区域中的点 z, 这样就与以上定义中的第一个条件相违背. 因此, 上述第一个条件也称作区域的**开集性** (即不包含边界); 区域的另一个特点是由定义中的第二个条件给出的, 即**连通性**.

当然, 我们有时也会考虑包含边界的情形, 为此, 我们有时会用到一个概念, 叫作**闭区域**, 它是由区域连同区域的所有边界一起构成的.

2\. 区域的分类

我们知道, 区域具有连通性, 但不同区域的连通性会有不同. 我们根据区域的不相连边界的数目可将区域分为不同的类型, 不相连边界的数目称为区域的**连通阶数**. 只有一个边界的区域称为**单连通域**, 有两个不相连边界的区域称为**双连通域**, 有三个不相连边界的区域称为**三连通域**, 以此类推. 连通阶数大于等于 2 的区域也统称为**复连通域**. 见图 1.2.1.

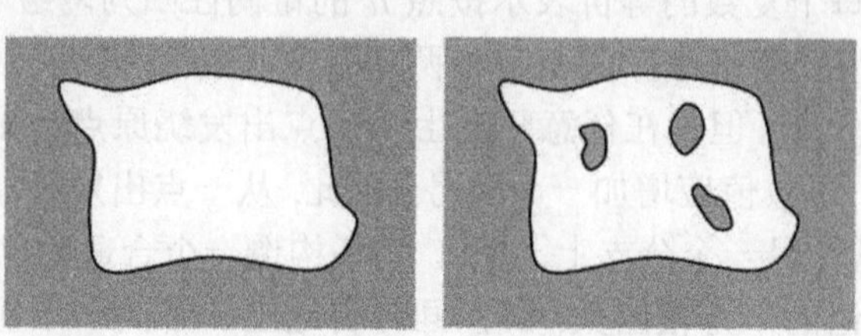

(a) (b)

图 1.2.1 图中白色区域为: (a) 单连通域; (b) 复连通域

单连通域中的任何一个闭合曲线都可以在不跨越区域边界的情况下连续形变而收缩为一点, 复连通域则不可以.

1.2.2 复变函数的单值性要求与黎曼面

复变函数的单值性及黎曼面

由定义可知, 复变函数是从定义域到值域的**映射**, 也即对于定义域中的一点 z, 在值域中有且仅有唯一的点 $w=f(z)$ 与之对应. 这就要求复变函数需具有**单值性**. 然而, 由于复数 z 的辐角具有多值性 (参阅 1.1 节), 这就有可能造成对于某些函数关系, 简单的复数域到复数域的对应会造成多值性, 从而破坏了函数本身的单值性要求.

例如, $f(z)=\sqrt{z}$, 当把自变量写成模和辐角的形式 $z=\rho \mathrm{e}^{\mathrm{i}(\theta+2n\pi)}$ (其中 θ 为自变量 z 的辐角的主值, 而 $2n\pi$ 正反映了辐角的周期性或多值性), 我们发现

$$f(z)=\sqrt{z}=\sqrt{\rho}\mathrm{e}^{\mathrm{i}(\theta/2+n\pi)}. \tag{1.2.2}$$

当 n 分别为奇数和偶数时, 上面这个表达式的值不相等, 它们互为相反数. 这就破坏了函数单值性的要求, 因此, $f(z)=\sqrt{z}$ 不能简简单单地看成是定义在复数域上的函数. 但是, 我们在计算中又确实经常碰到这样的函数形式. 为了使之能够满足

函数的定义, 我们就必须对它的定义域重新进行细致分析和构造, 使得它对于这个重新构造的定义域满足单值性要求.

从上面的式子, 我们不难看出, 当 n 为偶数时, 自变量 $z = \rho e^{i(\theta+2n\pi)}$ 所对应的函数值 $f(z) = \sqrt{z}$ 落在复平面的上半平面, 而当 n 为奇数时, 自变量 $z = \rho e^{i(\theta+2n\pi)}$ 所对应的函数值 $f(z) = \sqrt{z}$ 落在复平面的下半平面. 简单来看, 不论 n 是奇数还是偶数, 自变量对应的都是复平面上的同一个点, 这样就会造成 1 对 2 这样的多值对应. 但是, 如果我们硬生生将 n 为偶数时的自变量和 n 为奇数时的自变量看成是两个不同的点, 如此来构造新的定义域, 我们发现函数 $f(z) = \sqrt{z}$ 就可以满足单值性要求了. 我们如此构造出来的新的定义域不再是简单的复平面, 而被称为**黎曼面**.

我们来进一步比较详细地解释一下黎曼面的构造. 从上面我们看到, 当把定义域复平面中的每个复数的等价表示按照 n 的奇偶性归为两组 (举个不恰当的比喻, 就好似将一张纸硬生生撕成上、下两层), 每一组都构成了 $f(z) = \sqrt{z}$ 的定义域的一个单值分支. 但是在任意一支上从一点出发绕原点一圈后它的辐角会增加 2π, 相对应地, 函数值应增加一个负号. 因此, 从一点出发绕原点一周后不能再回到此点, 而应落在另一个分支上. 因此, 为了构造一个合适的单值映射的定义域, 对于我们现在讨论的平方根函数, 我们同时将这上、下两个单值分支从原点沿实轴正向向无穷远剪开, 这样, 由于这个割线的存在, 我们就无法在任意一个单值分支上获得一个绕原点一周的闭合路径了. 取而代之, 我们将上、下两个单值分支割线的右岸和左岸进行交叉粘接 (如图 1.2.2 所示), 即上面的单值分支的割线右岸与下面的单值分支的割线左岸相连接, 而将上面的单值分支的割线左岸与下面的单值分支的割线右岸相连接, 这样就构造出了我们需要的**黎曼面**. 在黎曼面上, 在一个单值分支上从一点出发绕原点转一圈回来, 就会自动落到另一个单值分支相对应的点上, 再绕原点转一圈才会回到原来的单值分支上, 与我们前面的计算和讨论是相一致的. 因此, 严格地说来, 复变函数 $f(z) = \sqrt{z}$ 是定义在该黎曼面上的函数.

图 1.2.2 函数 $\sqrt{z}$ 所对应的黎曼面

这里, 很自然, 我们会问到以下两个问题: ① 对于任何一个函数, 割线是否都是同上面的例子一样从原点沿实轴正向到无穷远? ② 是否对于任何一个函数, 单值分支都同上面一样是两个?

下面先来回答第一个问题. 为此, 我们需引入**支点**的概念. 简单来讲, 当自变量 z 围绕某点转一圈回到原处后函数值变了, 则这点就是该函数的支点.

对于函数 $f(z) = \sqrt{z}$, 我们从上面已经看出, 原点是该函数的支点, 另一个支

点是无穷远点 (对于无穷远点是否是支点可以通过作自变量代换 $z=1/t$ 来考虑; 也可以利用复球面从几何的角度考虑: 围绕无穷远点转一圈就相当于围绕所有有限远点转一圈). 其他的点对于该函数而言都不是支点, 这是因为多值性的来源主要是自变量辐角的多值性, 而对于我们所讨论的这个函数, 当自变量围绕某一个不是原点的点转一圈, 它的辐角会有一个增大减小复原的过程, 并不会引起辐角的变化, 所以这样绕一圈回到原处并不会引起函数值的变化. 因此, 对于 $f(z)=\sqrt{z}$ 而言, 其割线就是从原点到无穷远点的一个连线, 只有这样进行切割并按前述方法粘接后才可形成合适的黎曼面.

对于函数 $f(z)=\sqrt{z-a}$, 我们可以做变量代换 $z'=z-a$, 于是很容易判断出支点应为 $z'=0$ 及 $z'=\infty$, 也即函数 $f(z)=\sqrt{z-a}$ 的支点为 $z=a$ 及 $z=\infty$, 相应的割线即为点 a 与无穷远点的连线.

再比如, 考虑函数 $f(z)=\sqrt{(z-a)(z-b)}$, 它的支点该如何确定? 它的黎曼面该如何构造? 由平方根的函数形式, 我们可以判断出, 只要平方根号下面的表达式的总的辐角有 2π 的变化, 函数值就要多一个负号. 因此, 我们不难看出, 当自变量 z 围绕点 a 转一圈后, $(z-a)$ 的辐角将增加 2π 而 $(z-b)$ 的辐角则保持不变, 因此, 围绕点 a 转一圈, 函数值会有变化, 点 a 为该函数的一个支点. 同理可知, 点 b 也为该函数的一个支点. 当围绕无穷远点转一圈就相当于同时围绕点 a 和点 b 转了一圈, $(z-a)$ 和 $(z-b)$ 的辐角都有一个 2π 的变化, 结果就是绕无穷远点一周函数值不变, 也即无穷远点不是该函数的支点. 相应的割线就是点 a 和点 b 之间的连线.

⋆ 思考

如何确定函数 $f(z)=\sqrt{(z-a)(z-b)(z-c)}$ 的支点及其黎曼面? ♠

对于第二个问题, 其实我们从上面的例子已经看出, 函数有几个单值分支取决于函数的具体形式. 上面的几个例子均为二次方根的形式, 因此它们的单值分支数都是 2. 又比如函数 $f(z)=\sqrt[3]{z}$, 不难看出它有 3 个单值分支, 它的支点为原点和无穷远点. 它的黎曼面的构造是这样的: 首先对这三个单值分支同时沿着原点到无穷远点的连线作割线, 之后, 第一个单值分支的割线右岸接第二个单值分支的割线左岸, 第二个单值分支的割线右岸接第三个单值分支的割线左岸, 最后将第三个单值分支的割线右岸同第一个单值分支的割线左岸粘接起来以完成一个循环, 这样就构造出了该函数的黎曼面.

另一个有趣的例子是对数函数

$$f(z)=\ln z. \tag{1.2.3}$$

当把自变量表示成模和辐角的形式 $z=\rho e^{i(\theta+2n\pi)}$ 后, 我们不难看出

$$f(z)=\ln z=\ln\rho+i(\theta+2n\pi), \tag{1.2.4}$$

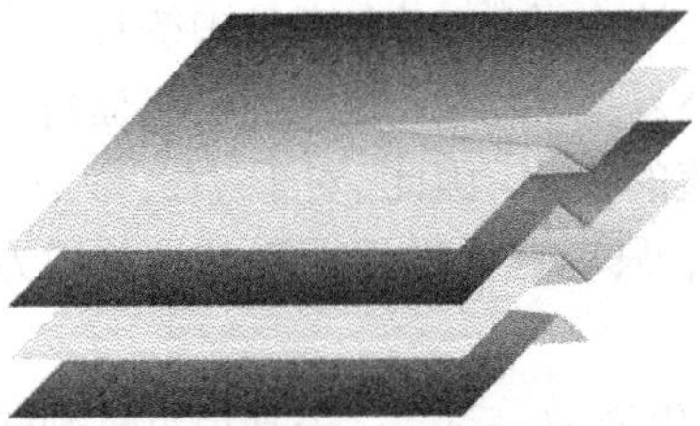

图 1.2.3　函数 $\ln z$ 所对应的黎曼面

这说明, 不同的 n 都将对应于不同的函数值, 也即该对数函数的单值分支为无穷多个, 且每一个单值分支的割线右岸总与下一个单值分支的割线左岸相粘接, 而它的割线左岸则总与上一个单值分支的右岸相粘接, 如图 1.2.3 所示, 这就是该对数函数的黎曼面.

习　题　1.2

1. 试证明复变量 z 与其复共轭变量 z^* 是线性独立的.

2. 确定以下复变函数的定义域:

　(1) $f(z)=\dfrac{1}{z^2+9}$;　　　(2) $f(z)=\dfrac{z}{(z+z^*)(4-|z|^2)}$.

3. 将下列复变函数写为 $f(z)=u(x,y)+iv(x,y)$ 的形式:

　(1) $f(z)=z^3+2zz^*-2$;　　　(2) $f(z)=3e^{iz}$.

4. 确定复变函数 $f(z)=\sqrt{3z(z^2+9)}$ 的支点并构造该函数相应的黎曼面.

1.3　复变函数的导数及解析函数

当我们了解了复变函数的定义后, 我们很自然地要关心对于复变函数的操作. 除去复变函数间的代数运算 (这与复数的代数运算并无二致), 最常碰到的大约就是关于复变函数的微分、积分问题了.

复变函数的导数及解析函数的定义

本节我们将关注复变函数的可微性问题, 关于复变函数的积分, 我们将在 1.4 节中进行讨论.

1.3.1　复变函数的连续性

同实变函数的情形类似, 在探讨复变函数可微性问题前, 我们不得不首先厘清复变函数的连续性概念.

如果复变函数 $f(z)$ 在 z_0 点及其邻域上有定义, 且当 z 沿**任何**路径趋近于 z_0 时, 下列极限存在且唯一:

$$\lim_{z\to z_0} f(z)=f(z_0), \tag{1.3.1}$$

则我们说此复变函数 $f(z)$ 在 z_0 点处**连续**.

如果一个复变函数 $f(z)$ 在其定义域内处处连续, 则称为**连续函数**. 对于一个连续复变函数 $f(z)=u(x,y)+\mathrm{i}v(x,y)$, 很显然, 它的实部 $u(x,y)$ 和虚部 $v(x,y)$ 一定是二元连续实函数.

1.3.2 复变函数的导数及解析函数的定义

对于复变函数 $f(z)$, 如果当 Δz 以**任何**方式趋近于零时 $\dfrac{[f(z+\Delta z)-f(z)]}{\Delta z}$ 的极限存在且唯一, 则我们称此极限为 $f(z)$ 在该点的**导数** $f'(z)$, 即

$$f'(z)\equiv\lim_{\Delta z\to 0}\frac{[f(z+\Delta z)-f(z)]}{\Delta z}. \tag{1.3.2}$$

从这个导数的定义式我们不难发现, $f(z)$ 在 z 点可导必然意味着 $f(z)$ 在 z 点连续, 因为导数的存在意味着无论 Δz 以何种方式趋近于零, $f(z+\Delta z)$ 都将趋近于 $f(z)$. 同时, 从这个复变函数的导数定义式我们也看到, 它与实变函数的导数在原理和形式上都是相同的, 因此, 实变函数中关于导数的所有公式都可套用在复变函数上, 只需将对应的公式中的自变量由实变量 x 替换为复变量 z 即可. 例如, 常用到的复变函数求导公式有

(1) $[f_1(z)+f_2(z)]'=f_1'(z)+f_2'(z);$ (1.3.3)

(2) $[f_1(z)\cdot f_2(z)]'=f_1'(z)f_2(z)+f_1(z)f_2'(z);$ (1.3.4)

(3) 如果 $f_2(z)\neq 0$, 则有 $\left[\dfrac{f_1(z)}{f_2(z)}\right]'=\dfrac{f_1'(z)f_2(z)-f_1(z)f_2'(z)}{[f_2(z)]^2};$ (1.3.5)

(4) 如果 $f=f(w)$ 且 $w=w(z)$, 则有 $\dfrac{\mathrm{d}f}{\mathrm{d}z}=\dfrac{\mathrm{d}f}{\mathrm{d}w}\dfrac{\mathrm{d}w}{\mathrm{d}z}.$ (1.3.6)

而具体的导数的计算也可以套用实变函数导数的计算公式, 只需将自变量替换为复变量 z 即可, 例如 $(z^2)'=2z$, $(\sin z)'=\cos z$.

如果一个复变函数 $f(z)$ 在点 z_0 及其邻域上处处可导, 则称 $f(z)$ 在 z_0 点**解析**. 而如果函数 $f(z)$ 在区域 B 的任意一点上都解析, 则此复变函数称为区域 B 上的**解析函数**, 经常也称作**全纯函数**或**正则函数**.

1.3.3 柯西–黎曼条件

柯西–黎曼条件

了解和掌握一个复变函数在某点可导所呈现的特性对于我们判定和运用函数的可导性十分重要.

首先我们来看看如果函数在某点可导的话, 它必定会体现出什么样的特性.

我们知道, 一个复变函数在一点可导意味着 Δz 以任何方式趋近于零时 $\dfrac{[f(z+\Delta z)-f(z)]}{\Delta z}$ 的极限都一样, 因此, 我们可以根据需要任选两条 $\Delta z \to 0$ 的路径, 去研究该函数沿此两条路径的极限逼近行为. 最简单也是最重要的路径选择就是沿坐标轴的方向.

在直角坐标系下, 复变函数 $f(z)=u(x,y)+\mathrm{i}v(x,y)$ 的导数可写为

$$\begin{aligned} f'(z) &= \lim_{\Delta z\to 0}\frac{[f(z+\Delta z)-f(z)]}{\Delta z} \\ &= \lim_{\Delta z\to 0}\frac{[u(x+\Delta x,y+\Delta y)-u(x,y)]+\mathrm{i}[v(x+\Delta x,y+\Delta y)-v(x,y)]}{\Delta x+\mathrm{i}\Delta y}. \end{aligned} \tag{1.3.7}$$

此时, 我们选取两条特殊的路径让 $\Delta z \to 0$, 一条平行于 x 轴, 一条平行于 y 轴, 如图 1.3.1 所示. 我们看到, 沿第一条路径时复自变量的虚部保持不变, 此时 $\Delta z=\Delta x$, 因此上式退化为

$$\begin{aligned} f'(z) &= \lim_{\Delta x\to 0}\frac{[u(x+\Delta x,y)-u(x,y)]+\mathrm{i}[v(x+\Delta x,y)-v(x,y)]}{\Delta x} \\ &= \frac{\partial u}{\partial x}+\mathrm{i}\frac{\partial v}{\partial x}\,; \end{aligned} \tag{1.3.8}$$

而沿着第二条路径时 $\Delta z=\mathrm{i}\Delta y$, 则 (1.3.7) 式约化为

$$\begin{aligned} f'(z) &= \lim_{\Delta y\to 0}\frac{[u(x,y+\Delta y)-u(x,y)]+\mathrm{i}[v(x,y+\Delta y)-v(x,y)]}{\mathrm{i}\Delta y} \\ &= -\mathrm{i}\frac{\partial u}{\partial y}+\frac{\partial v}{\partial y}. \end{aligned} \tag{1.3.9}$$

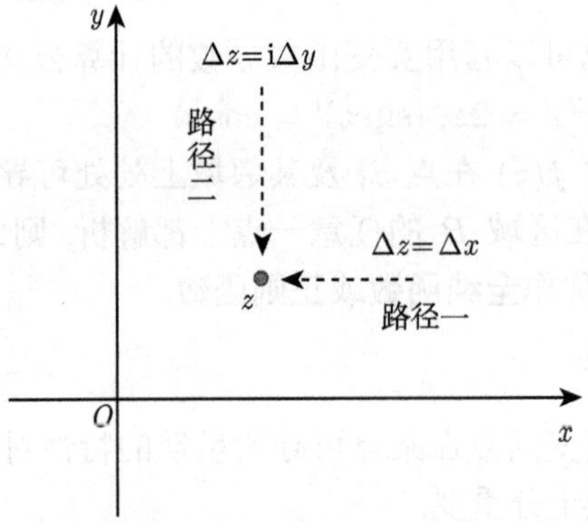

图 1.3.1 直角坐标系下推导柯西–黎曼条件时 $\Delta z\to 0$ 的两条路径选择

由于此复变函数在该点可导, 这两个极限结果必须相等, 而我们又知道两个复变

函数相等的话必然是实部和虚部分别相等, 因此我们得到下述关系:

$$\begin{cases} \dfrac{\partial u}{\partial x} = \dfrac{\partial v}{\partial y}, \\ \dfrac{\partial v}{\partial x} = -\dfrac{\partial u}{\partial y}. \end{cases} \tag{1.3.10}$$

这就是直角坐标系下的**柯西–黎曼条件**.

对于一个在某点可导的复变函数, 它在这点必然满足柯西–黎曼条件; 而对于一个解析函数, 则它在其解析区域内必处处满足柯西–黎曼条件.

1.3.4 复变函数解析的充分必要条件

柯西–黎曼条件对于我们进一步探讨解析函数的特性、确定解析函数乃至涉及解析函数的诸多运算方面都有着不可替代的作用.

然而, 我们必须看到, 柯西–黎曼条件是在已知函数可导或解析的情况下得到的, 换句话说, 柯西–黎曼条件是函数可导或解析的必要条件.

那么, 什么是确定解析函数的充分必要条件?

定理 函数 $f(z) = u(x,y) + \mathrm{i}v(x,y)$ 在定义域内解析的充分必要条件为: $u(x,y)$ 和 $v(x,y)$ 是可微二元实函数并满足柯西–黎曼条件.

证明 柯西–黎曼条件的推导过程已经反映了此条件的必要性, 我们现在着重来看充分性的证明. 由于 $u(x,y)$ 和 $v(x,y)$ 可微, 由实变函数的知识我们知

$$\begin{aligned} \Delta u &= \frac{\partial u}{\partial x}\Delta x + \frac{\partial u}{\partial y}\Delta y + \epsilon_1 \Delta x + \epsilon_2 \Delta y, \\ \Delta v &= \frac{\partial v}{\partial x}\Delta x + \frac{\partial v}{\partial y}\Delta y + \epsilon_3 \Delta x + \epsilon_4 \Delta y, \end{aligned} \tag{1.3.11}$$

其中 ϵ_i 满足

$$\lim_{\Delta x, \Delta y \to 0} \epsilon_i = 0. \tag{1.3.12}$$

因此

$$\begin{aligned} \Delta f = \Delta u + \mathrm{i}\Delta v &= \left(\frac{\partial u}{\partial x} + \mathrm{i}\frac{\partial v}{\partial x}\right)\Delta x + \mathrm{i}\left(\frac{\partial v}{\partial y} - \mathrm{i}\frac{\partial u}{\partial y}\right)\Delta y \\ &\quad + (\epsilon_1 + \mathrm{i}\epsilon_3)\Delta x + (\epsilon_2 + \mathrm{i}\epsilon_4)\Delta y, \end{aligned} \tag{1.3.13}$$

结合柯西–黎曼条件及 $u(x,y)$ 和 $v(x,y)$ 的可微性, 得

$$\lim_{\Delta z \to 0} \frac{\Delta f}{\Delta z} = \frac{\partial u}{\partial x} + \mathrm{i}\frac{\partial v}{\partial x}, \tag{1.3.14}$$

该结果与 Δz 趋近于零的路径无关, 因此 $f(z)$ 为解析函数. 得证.

1.3.5 利用柯西–黎曼条件确定解析函数

解析函数的确定

柯西–黎曼条件不仅可以用来判断一个复变函数是否可导、解析，还可以反过来用以确定一个解析函数的表达式.

在实际的问题中，我们经常碰到已知某个复变函数 $f(z)$ 是解析函数但只知道它的实部 $u(x,y)$ 或虚部 $v(x,y)$ 的情况，如何确定该函数的完整表达式就是摆在我们面前的一个问题. 由于已经知晓这个复变函数是解析函数，因此它的实部和虚部必然要满足柯西–黎曼条件，这样，利用已知的该复变函数的实部或虚部，通过柯西–黎曼条件我们就可以得到未知部分对 x 和对 y 的偏导数，然后再通过积分等方法确定此未知部分，于是，我们就可以利用柯西–黎曼条件来确定此解析函数的完整表达式.

例 1.3.1 已知某解析函数 $f(z)$ 的实部为 $u(x,y)=x^2-y^2$，且 $f(0)=0$，求该解析函数的完整表达式.

解 由问题可知，此复变函数为解析函数，因此，它的实部和虚部必满足柯西–黎曼条件

$$\begin{cases}\dfrac{\partial u}{\partial x}=\dfrac{\partial v}{\partial y},\\[2mm]\dfrac{\partial u}{\partial y}=-\dfrac{\partial v}{\partial x}.\end{cases}\tag{1.3.15}$$

将问题中所已知的实部 $u(x,y)$ 的表达式代入以上柯西–黎曼条件，我们很容易得到虚部 $v(x,y)$ 关于 x 和 y 的偏导数的表达式分别为

$$\frac{\partial v}{\partial x}=2y,\quad \frac{\partial v}{\partial y}=2x.\tag{1.3.16}$$

之后，我们可以通过全微分法、不定积分法等多种方法从 $v(x,y)$ 关于 x 和 y 的偏导数中求解出 $v(x,y)$ 的表达式. 下面，以本题为例，我们逐一对这些方法进行讲解.

(1) 全微分法：由上可知

$$\mathrm{d}v=\frac{\partial v}{\partial x}\mathrm{d}x+\frac{\partial v}{\partial y}\mathrm{d}y=2y\mathrm{d}x+2x\mathrm{d}y,\tag{1.3.17}$$

不难看出，$v(x,y)$ 的全微分为

$$\mathrm{d}v=\mathrm{d}(2xy),\tag{1.3.18}$$

因此，虚部 $v(x,y)$ 的表达式就为

$$v(x,y)=2xy+C,\tag{1.3.19}$$

其中 C 为积分常数. 这样, 可得该解析函数为

$$f(z) = u + \mathrm{i}v = x^2 - y^2 + \mathrm{i}2xy + \mathrm{i}C = z^2 + \mathrm{i}C. \tag{1.3.20}$$

由问题中已知的边界条件 $f(0)=0$ 可确定出该积分常数 $C=0$, 因此, 得 $f(z)=z^2$.

(2) 不定积分法: 对于一个二元实函数 $v(x,y)$, 已知 $\partial v/\partial x$, 则 $v(x,y)$ 可写为 $\partial v/\partial x$ 对 x 的不定积分同一个与变量 x 无关的待定函数 $h(y)$ 的和, 即

$$v(x,y) = \int \frac{\partial v}{\partial x}\mathrm{d}x + h(y) = 2xy + h(y). \tag{1.3.21}$$

之后, 利用 $\partial v/\partial y = 2x$:

$$\frac{\partial v}{\partial y} = 2x + h'(y) = 2x \tag{1.3.22}$$

得 $h'(y) = 0$, 即 $h(y)$ 为常数, 结合题目中已知的边界条件, 我们最后得 $f(z) = z^2$.

还有其他的通过二元函数偏导数求解该二元函数的方法可以用来确定此虚部 $v(x,y)$, 我们在这里就不一一列举了.

(3) 直接求导法: 我们现在想要讨论的另一个求解本问题的方法则是首先从已知的实部 (或虚部) 直接求得待求复变函数 $f(z)$ 的导数 $f'(z)$, 然后再找出该复变函数的表达式, 此方法称为**直接求导法**. 我们现在用此方法来重新求解上例.

从 (1.3.8) 式的讨论可知, 由解析函数的可导性, 我们有

$$f'(z) = \frac{\partial u}{\partial x} + \mathrm{i}\frac{\partial v}{\partial x}, \tag{1.3.23}$$

利用柯西–黎曼条件, 这可变为

$$f'(z) = \frac{\partial u}{\partial x} - \mathrm{i}\frac{\partial u}{\partial y}, \tag{1.3.24}$$

即我们完全可以仅仅通过对解析函数的实部 (或虚部) 利用上式而得到该解析函数的导数. 因此, 对于本问题, $u(x,y) = x^2 - y^2$, 于是我们就得到了该未知解析函数 $f(z)$ 的导数为

$$f'(z) = 2(x + \mathrm{i}y) = 2z. \tag{1.3.25}$$

由此不难看出, 该解析函数的形式应为

$$f(z) = z^2 + C, \tag{1.3.26}$$

由条件 $f(0) = 0$ 即可确定出 $C = 0$, 于是我们得 $f(z) = z^2$.

1.3.6 解析函数的特性

对于解析函数一些基本特性的讨论将有助于我们在实际问题中对解析函数进行操作.

解析函数的特性

1. 解析函数与调和函数

由 1.3.5 节我们看到, 只要给定解析函数的实部或者虚部, 利用柯西–黎曼条件我们就可以完整地确定出该解析函数. 那么, 是不是任给一个可微二元函数 $u(x,y)$ 或 $v(x,y)$, 都会找到相应的解析函数 $f(z)$? 或者换句话说, 解析函数的实部和虚部除了必须是二元可微实函数外还必须满足什么条件? 我们如何仅从一个实部或虚部的表达式就可判断出它是否对应着一个解析函数?

设一个解析函数为 $f(z) = u(x,y) + \mathrm{i}v(x,y)$, 它的实部和虚部满足柯西–黎曼条件

$$\frac{\partial u}{\partial x} = \frac{\partial v}{\partial y}, \quad \frac{\partial u}{\partial y} = -\frac{\partial v}{\partial x}. \tag{1.3.27}$$

对第一个式子两边求 x 的导数, 对第二个式子两边求 y 的导数, 然后相加, 我们发现

$$\frac{\partial^2 u}{\partial x^2} + \frac{\partial^2 u}{\partial y^2} = 0. \tag{1.3.28}$$

同理, 有

$$\frac{\partial^2 v}{\partial x^2} + \frac{\partial^2 v}{\partial y^2} = 0. \tag{1.3.29}$$

上述这两个方程的形式一样, 称为拉普拉斯方程, 满足拉普拉斯方程的二元函数称为**调和函数**. 因此, 我们看到, 解析函数的实部和虚部在其解析区域内均为调和函数, 并且由于实部和虚部由柯西–黎曼条件而彼此联系在一起, 它们称为一对**共轭调和函数**.

于是, 我们从这里看到, 并不是任意一个二元可微函数都能成为某个解析函数的实部或虚部. 只有调和函数才能对应于某个解析函数的实部或虚部. 这就是解析函数的**调和特性**.

2. 解析函数与自变量的复共轭无关

我们来看一个解析函数 $f(z) = u(x,y) + \mathrm{i}v(x,y)$, 这里我们已经用到了自变量关系式 $z = x + \mathrm{i}y$, 而一个复数的实部 x 和虚部 y 是可以用这个复数及其复共轭来表示的, 即

$$x = \frac{z + z^*}{2}, \quad y = \frac{z - z^*}{2\mathrm{i}}. \tag{1.3.30}$$

因此, 这个解析函数乍一看起来似乎也与自变量的复共轭 z^* 有关, 那么一个很自然的问题就是这个解析函数对 z^* 的导数是什么. 我们下面就来求解一下 $\partial f/\partial z^*$.

由于上式中的依赖关系, 我们有

$$\frac{\partial f}{\partial z^*} = \frac{\partial f}{\partial x}\frac{\partial x}{\partial z^*} + \frac{\partial f}{\partial y}\frac{\partial y}{\partial z^*} = \frac{1}{2}\left(\frac{\partial u}{\partial x} + \mathrm{i}\frac{\partial v}{\partial x}\right) + \frac{\mathrm{i}}{2}\left(\frac{\partial u}{\partial y} + \mathrm{i}\frac{\partial v}{\partial y}\right), \tag{1.3.31}$$

对此式重新整理后, 有

$$\frac{\partial f}{\partial z^*}=\frac{1}{2}\left(\frac{\partial u}{\partial x}-\frac{\partial v}{\partial y}\right)+\frac{\mathrm{i}}{2}\left(\frac{\partial u}{\partial y}+\frac{\partial v}{\partial x}\right), \tag{1.3.32}$$

利用柯西–黎曼条件, 我们就得

$$\frac{\partial f}{\partial z^*}=0. \tag{1.3.33}$$

这说明, 解析函数 $f(z)$ 只依赖于 z 而与其自变量的复共轭 z^* 无关.

解析函数的确定

3. *另一种确定解析函数的方法*

利用解析函数与其自变量复共轭无关这一特性, 我们又可以发现一种十分简便有效的由已知的实部或虚部来直接确定对应的解析函数的方法. 我们知道, 对于一个复变函数 $f(z)=u(x,y)+\mathrm{i}v(x,y)$, 它的实部和虚部可以由这个复变函数与该复变函数的复共轭组合而得, 即

$$u(x,y)=\frac{f(z)+(f(z))^*}{2},\quad v(x,y)=\frac{f(z)-(f(z))^*}{2\mathrm{i}}. \tag{1.3.34}$$

对于解析函数 $f(z)$ 而言, 由于它与其自变量 z 的复共轭 z^* 无关, 因此它的复共轭 $(f(z))^*$ 将完全是 z^* 的函数. 由此, 从上面的表达式我们可以看到, 当我们利用 $x=(z+z^*)/2$ 和 $y=(z-z^*)/(2\mathrm{i})$ 将 $u(x,y)$ 和 $v(x,y)$ 中的变量 x 和 y 替换掉并进行适当整理后, $u(x,y)$ 和 $v(x,y)$ 的表达式必然都可以严格分为完全由 z 组成的部分和完全由 z^* 组成的部分, 且这两部分互为复共轭, 而且表达式中没有任何 z 与 z^* 的交叉乘积项. 于是, 我们就可得出结论, 经上面手续整理后的 $u(x,y)$ 的表达式中的 z 函数部分乘以 2 再加上一个纯虚的常数就是我们要确定的解析函数; 如果从虚部 $v(x,y)$ 来确定的话, 则是整理后 $v(x,y)$ 表达式中 z 函数部分乘以 (2i) 再加上一个实的常数就是我们要确定的解析函数, 其中的常数将由该解析函数已知的初始条件确定.

为了更清晰地演示这一点, 我们用此方法再次求解本节例 1.3.1 中的问题. 在此问题中, 已知某解析函数的实部为 $u(x,y)=x^2-y^2$, 将 $x=(z+z^*)/2$ 和 $y=(z-z^*)/(2\mathrm{i})$ 代入, 我们得

$$u=\frac{z^2+2|z|^2+(z^*)^2}{4}+\frac{z^2-2|z|^2+(z^*)^2}{4}=\frac{z^2+(z^*)^2}{2}. \tag{1.3.35}$$

我们看到, $u(x,y)$ 的确清晰地分成了 z-部分和 z^*-部分, 且这两部分互为复共轭. 因此, 据上, 我们要确定的解析函数即为

$$f(z)=z^2+\mathrm{i}C, \tag{1.3.36}$$

其中 C 为实数, 由该函数已知的初始条件, 立即可以知道 $C=0$, 于是我们立即发

现此待求的解析函数正是 $f(z)=z^2$! 从这个例子, 我们可以看到, 这个方法使得我们可以十分方便地确定出相应的解析函数而不必如前面那样利用柯西–黎曼条件通过求导积分等过程进行求解.

需要指出的是, 该方法不是仅有以上简单机械地用 $x=(z+z^*)/2$ 和 $y=(z-z^*)/(2\mathrm{i})$ 将 $u(x,y)$ 和 $v(x,y)$ 中的变量 x 和 y 替换掉这样一种思路, 而是需要我们根据问题的实际情况进行灵活的应用. 我们来看下面这个例子.

例 1.3.2 已知某个解析函数的实部为 $u(x,y)=\mathrm{e}^x\cos y$, 且已知 $f(0)=1$, 试求该解析函数 $f(z)$ 的完整表达式.

解 对于本问题, 如果我们直接采用上面的办法用 z 和 z^* 替换掉 $u(x,y)$ 中的 x 和 y 的话, 我们会发现相关的计算会变得复杂到不知如何下手, 因此需要采用另外的思路. 我们可以利用欧拉公式, 这样一来就有

$$u(x,y)=\mathrm{e}^x\cos y=\mathrm{e}^x\frac{\mathrm{e}^{\mathrm{i}y}+\mathrm{e}^{-\mathrm{i}y}}{2}=\frac{\mathrm{e}^{x+\mathrm{i}y}+\mathrm{e}^{x-\mathrm{i}y}}{2}, \tag{1.3.37}$$

至此, 我们不难看出

$$u(x,y)=\frac{\mathrm{e}^z+\mathrm{e}^{z^*}}{2}, \tag{1.3.38}$$

于是我们就知道

$$f(z)=\mathrm{e}^z+\mathrm{i}C, \tag{1.3.39}$$

利用初始条件, 我们立刻就知道 $C=0$, 最终我们就得出本问题中所求的解析函数为

$$f(z)=\mathrm{e}^z. \tag{1.3.40}$$

习 题 1.3

1. 判断下列各复变函数 $f(z)$ 何处可导, 何处解析:

(1) $f(z)=z+3z^*$; (2) $f(z)=x^2-y^2-2y+\mathrm{i}(2x-2xy)$;

(3) $f(z)=z+\dfrac{1}{z}$; (4) $f(z)=\cos x\cosh y-\mathrm{i}\sin x\sinh y$.

2. 判断下列各复变函数 $f(z)$ 是否是解析函数:

(1) $f(z)=z^2+2zz^*-2$; (2) $\mathrm{Re}f(z)=x^2+y^2$.

3. 由下列已知条件求相应的解析函数的表达式:

(1) $u(x,y)=x^2-y^2$ 且 $f(z)=0$; (2) $v(x,y)=\mathrm{e}^x\sin y$ 且 $f(0)=0$;

(3) $u(x,y)=\dfrac{x}{x^2+y^2}$ 且 $f(2)=1$;

(4) $v(x,y)=x^2-y^2+xy$ 且 $f(\mathrm{i})=1+\mathrm{i}$.

4. 在极坐标下, 复变函数的实部和虚部均为自变量的模 ρ 和辐角 ϕ 的函数, 即 $f(z) = u(\rho, \phi) + \mathrm{i}v(\rho, \phi)$. 试证明极坐标系中的柯西–黎曼条件为

$$\begin{cases} \dfrac{\partial u}{\partial \rho} = \dfrac{1}{\rho}\dfrac{\partial v}{\partial \phi}, \\ \dfrac{\partial v}{\partial \rho} = -\dfrac{1}{\rho}\dfrac{\partial u}{\partial \phi}. \end{cases}$$

5. 试证明, 在极坐标下解析函数 $f(z) = u(\rho, \phi) + \mathrm{i}v(\rho, \phi)$ 的实部和虚部满足

$$\begin{cases} \rho^2 \dfrac{\partial^2 u}{\partial \rho^2} + \rho \dfrac{\partial u}{\partial \rho} + \dfrac{\partial^2 u}{\partial \phi^2} = 0, \\ \rho^2 \dfrac{\partial^2 v}{\partial \rho^2} + \rho \dfrac{\partial v}{\partial \rho} + \dfrac{\partial^2 v}{\partial \phi^2} = 0. \end{cases}$$

(* 以上式子就是极坐标系中的拉普拉斯方程.)

6. 利用解析函数 $f(z) = u(x, y) + \mathrm{i}v(x, y)$ 的实部和虚部可在平面内构造两个曲线族 $u(x, y) = c_1$ 和 $v(x, y) = c_2$, 其中 c_1 和 c_2 为任意的实常数. 试证明这两个曲线族相互正交, 即如果两个曲线 $u(x, y) = a$ 和 $v(x, y) = b$ 相交于 $z_0 = (x_0, y_0)$ 点, 则这两个曲线在该点的切线相互垂直.

1.4 复变函数的积分

讨论完了复变函数的微分特性, 我们将顺理成章地考虑复变函数积分的问题. 复变函数积分的定义及其特性正是本节所关注的重点.

复变函数的积分
及柯西积分定理

1.4.1 复变函数积分的定义

有些类似于二元实函数的线积分, 复变函数的积分一定是在复平面内沿着某个积分路径 C 由起点 a 到终点 b 的积分, 它定义为

$$\int_C f(z)\mathrm{d}z \equiv \lim_{n\to\infty} \sum_{j=1}^{n} f(\xi_j)(z_j - z_{j-1}) \ . \quad (1.4.1)$$

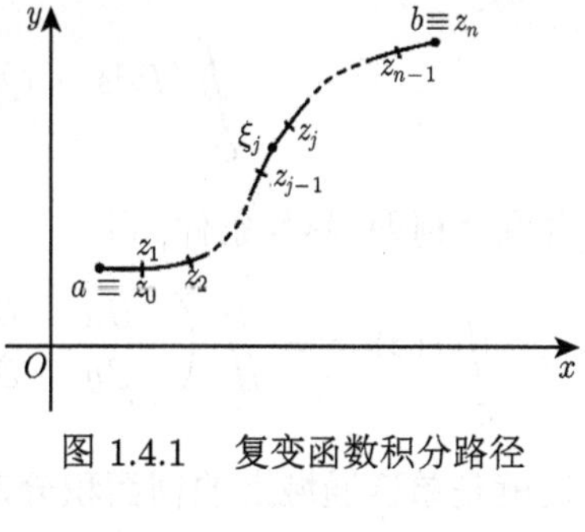

图 1.4.1 复变函数积分路径

其中 ξ_j 为 z_{j-1} 至 z_j 段中的一点. 类似于二元实变函数的线积分, 复变函数的积分结果通常来讲不仅决定于起点和终点, 同时也决定于积分路径 (如图 1.4.1 所示).

由上面的积分定义, 我们也不难看出, 复变函数积分满足以下关系式:

$$\int_C [f_1(z)+f_2(z)]\,\mathrm{d}z = \int_C f_1(z)\mathrm{d}z + \int_C f_2(z)\mathrm{d}z;$$

$$\int_C f(z)\mathrm{d}z = -\int_{-C} f(z)\mathrm{d}z \quad (-C \text{ 为 } C \text{ 的反向路径});$$

$$\int_{C_1} f(z)\mathrm{d}z + \int_{C_2} f(z)\mathrm{d}z = \int_{C_1+C_2} f(z)\mathrm{d}z. \tag{1.4.2}$$

1.4.2 柯西积分定理

之前我们提到复变函数积分通常来讲依赖于积分路径. 对于解析函数, 是否会有不同寻常的特性? 我们将按照其解析区域是否为单连通域来分别探讨.

1. 单连通域上解析函数的柯西积分定理

由前面的讨论我们知道, 一般来讲, 积分的结果与沿积分路径行进的方向有关, 同一个路径, 不同的行进方向会使积分结果有一个正负号的差别. 闭合回路积分也一样, 因此我们如下约定**积分回路的正向**: 当沿着积分回路朝某一个方向行进时回路所包围的区域始终在行进者的左边, 则这个方向就称为该积分回路的正向. 以后不做特别说明的话, 回路积分都将认为是沿回路的正向作积分.

我们考虑解析函数 $f(z)=u(x,y)+\mathrm{i}v(x,y)$ 在其单连通解析区域上沿一个闭合回路的积分, 这个积分可以写为

$$\oint_C f(z)\mathrm{d}z = \oint_C [u(x,y)+\mathrm{i}v(x,y)]\,(\mathrm{d}x+\mathrm{i}\mathrm{d}y) = \oint_C (u\mathrm{d}x - v\mathrm{d}y) + \mathrm{i}\oint_C (u\mathrm{d}y + v\mathrm{d}x). \tag{1.4.3}$$

由于该闭合回路 C 所包围的区域 Σ 为该复变函数的解析区域, 因此 u 和 v 在其上可微, 则我们可以对上式运用**格林公式**

$$\oint_C (P\mathrm{d}x + Q\mathrm{d}y) = \iint_\Sigma \left(-\frac{\partial P}{\partial y} + \frac{\partial Q}{\partial x}\right)\mathrm{d}x\mathrm{d}y, \tag{1.4.4}$$

并利用柯西–黎曼条件, 得

$$\oint_C f(z)\mathrm{d}z = \iint_\Sigma \left(-\frac{\partial u}{\partial y} - \frac{\partial v}{\partial x}\right)\mathrm{d}x\mathrm{d}y + \mathrm{i}\iint_\Sigma \left(\frac{\partial u}{\partial x} - \frac{\partial v}{\partial y}\right)\mathrm{d}x\mathrm{d}y = 0. \tag{1.4.5}$$

这就是**单连通域上的柯西积分定理**: 如 $f(z)$ 在单连通域 σ 内解析, C 为此区域内的一个闭合回路, 则

$$\oint_C f(z)\mathrm{d}z = 0. \tag{1.4.6}$$

单连通域上柯西积分定理的一个直接推论就是：在单连通解析域内，解析函数的积分与连接起点和终点的路径无关.

2. 复连通域上解析函数的柯西积分定理

现在，我们来考虑 $f(z) = u(x,y) + \mathrm{i}v(x,y)$ 在其复连通解析区域上沿一个闭合回路 C 的积分的问题. 由于该闭合回路所包围区域已不再是此复变函数的单连通域，其中包含了一些该函数没有定义的区域，因此无法直接运用上述格林公式.

为了能够运用上述单连通域上的柯西积分定理，我们需要对积分回路重新构造以使其所包围区域为函数的单连通解析域.

首先在 C 所包围的区域内作小回路 C_1、C_2 等将函数的非解析区域分别挖去，之后作割线将这几个回路连在一起，如图 1.4.2 所示，然后重新构造积分回路为 $L = A'CA + AB + BD + DE + EE' + E'D' + D'B' + B'A'$. 这样构造的积分回路所包围的区域正是被积函数的单连通解析域，于是，对于这个新的积分回路，我们就可以运用上面所讲的单连通域上的柯西积分定理，得

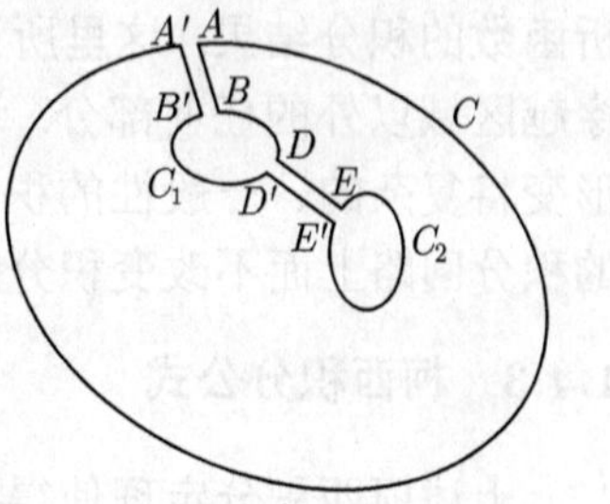

图 1.4.2 复连通域上回路积分

$$\oint_L f(z)\mathrm{d}z = 0. \tag{1.4.7}$$

考虑到 $f(z)$ 在其解析区域内的连续性，有

$$\int_A^B f(z)\mathrm{d}z + \int_{B'}^{A'} f(z)\mathrm{d}z = 0, \quad \int_D^E f(z)\mathrm{d}z + \int_{E'}^{D'} f(z)\mathrm{d}z = 0, \tag{1.4.8}$$

且

$$\int_B^D f(z)\mathrm{d}z + \int_{D'}^{B'} f(z)\mathrm{d}z = \oint_{C_1} f(z)\mathrm{d}z, \quad \int_E^{E'} f(z)\mathrm{d}z = \oint_{C_2} f(z)\mathrm{d}z, \tag{1.4.9}$$

则我们得

$$\oint_L f(z)\mathrm{d}z = \oint_C f(z)\mathrm{d}z + \oint_{C_1} f(z)\mathrm{d}z + \oint_{C_2} f(z)\mathrm{d}z = 0, \tag{1.4.10}$$

即

$$\oint_C f(z)\mathrm{d}z = \oint_{C_1} f(z)\mathrm{d}z + \oint_{C_2} f(z)\mathrm{d}z. \tag{1.4.11}$$

注意上面计算中各回路的积分方向.

对于含有 n 个奇点或非解析区域的复连通域上的回路积分, 柯西积分定理表明

$$\oint_C f(z)\mathrm{d}z = \oint_{C_1} f(z)\mathrm{d}z + \oint_{C_2} f(z)\mathrm{d}z + \cdots + \oint_{C_n} f(z)\mathrm{d}z. \tag{1.4.12}$$

以上就是**复连通域上的柯西积分定理**. 柯西积分定理说明大回路的积分等于内部围绕各个非解析区域的小回路的积分的和.

柯西积分定理的一个直接并且重要的推论是: 积分回路的连续形变不影响解析函数的积分结果. 这里所说的积分回路连续形变是指积分回路在形变过程中不穿越区域以外的任何部分. 这意味着我们在做解析函数积分的时候可以通过连续形变将复杂的、一般性的积分回路连续变换到特殊的、简单的、具有高度对称性的积分回路上而不改变积分的结果.

1.4.3　柯西积分公式

上述柯西积分定理使得我们有可能通过构造一个积分表达式来确定一个解析函数在某点的值, 这就是柯西积分公式.

柯西积分公式

考虑一个复变函数 $f(z)$, 如果它在回路 C 所包围的区域内解析并且 z_0 为该区域内的一点, 则我们有下列**柯西积分公式**:

$$f(z_0) = \frac{1}{2\pi\mathrm{i}}\oint_C \frac{f(z)}{z - z_0}\mathrm{d}z. \tag{1.4.13}$$

证明　我们看到, 由于分母的存在, 上式中的被积函数在积分回路 C 所包围的区域内不解析, 存在奇点 z_0, 因此, 被积函数的解析区域是一个复连通域. 于是, 如图 1.4.3 所示, 利用上述复连通域上的柯西积分定理, 我们可以将积分回路连续形变到一个以 z_0 为圆心、半径为 r 的圆 C' 上, 即

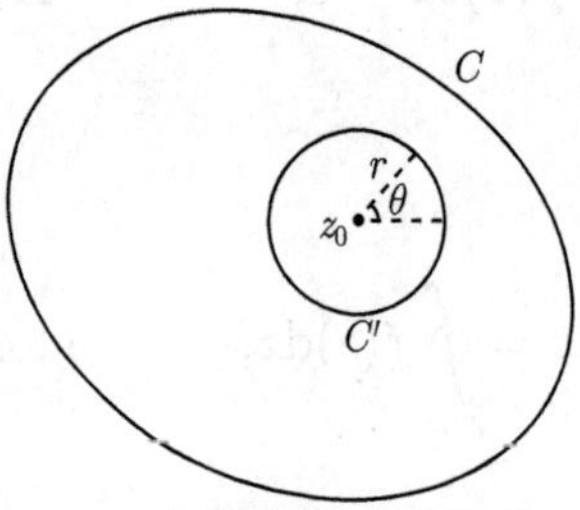

图 1.4.3　柯西积分公式积分回路示意图

$$\oint_C \frac{f(z)}{z - z_0}\mathrm{d}z = \oint_{C'} \frac{f(z)}{z - z_0}\mathrm{d}z. \tag{1.4.14}$$

在 C' 上, 自变量可写为 $z=z_0+r\mathrm{e}^{\mathrm{i}\theta}$, 相应地, $\mathrm{d}z=\mathrm{i}r\mathrm{e}^{\mathrm{i}\theta}\mathrm{d}\theta$, 这样, 上述积分可以重新写为

$$\oint_{C'}\frac{f(z)}{z-z_0}\mathrm{d}z=\int_0^{2\pi}\frac{f(z_0+r\mathrm{e}^{\mathrm{i}\theta})\mathrm{i}r\mathrm{e}^{\mathrm{i}\theta}}{r\mathrm{e}^{\mathrm{i}\theta}}\mathrm{d}\theta=\mathrm{i}\int_0^{2\pi}f(z_0+r\mathrm{e}^{\mathrm{i}\theta})\mathrm{d}\theta. \tag{1.4.15}$$

我们进一步考虑到这个积分圆的半径其实是可以任意选取的, 因此根据柯西积分定理, 我们可以很安全地令 r 趋近于 0, 而这并不改变积分的结果. 在这个极限下, $\lim\limits_{r\to0}(z_0+r\mathrm{e}^{\mathrm{i}\theta})=z_0$, 而根据 $f(z)$ 在该区域的解析特性, 它必然是连续的, 即 $\lim\limits_{r\to0}f(z_0+r\mathrm{e}^{\mathrm{i}\theta})=f(z_0)$. 因此我们有

$$\oint_{C'}\frac{f(z)}{z-z_0}\mathrm{d}z=\mathrm{i}\lim_{r\to0}\int_0^{2\pi}f(z_0+r\mathrm{e}^{\mathrm{i}\theta})\mathrm{d}\theta=2\pi\mathrm{i}f(z_0). \tag{1.4.16}$$

得证.

利用柯西积分公式, 将 $f(z)$ 取为 1, 我们可以得到一个很常用的关系式:

$$\oint_C\frac{1}{z-z_0}\mathrm{d}z=\begin{cases}2\pi\mathrm{i}, & z_0\in\Sigma_C,\\ 0, & z_0\notin\Sigma_C,\end{cases} \tag{1.4.17}$$

其中 Σ_C 为 C 所包围的区域.

柯西积分公式有两个重要的应用.

1. 解析函数的导数

对于一个解析函数 $f(z)$, 它的 n 阶导数为

$$f^{(n)}(z)=\frac{n!}{2\pi\mathrm{i}}\oint_C\frac{f(\xi)}{(\xi-z)^{n+1}}\mathrm{d}\xi. \tag{1.4.18}$$

对这个公式的证明其实很简单, 只需将柯西积分公式

$$f(z)=\frac{1}{2\pi\mathrm{i}}\oint_C\frac{f(\xi)}{\xi-z}\mathrm{d}\xi \tag{1.4.19}$$

两边同时对 z 求 n 次导数即可得证.

柯西积分公式将解析函数的微分和积分紧紧地联系在了一起. 从上式我们也能看到, 解析函数存在任意阶导数, 且其任意阶导数也是解析函数, 因为在其定义域上处处可导.

2. 最大模定理

最大模定理的证明

柯西积分公式的一个直接且十分有用的推论是**最大模定理**: 设复变函数 $f(z)$ 在闭区域 $\overline{D}$ 上解析, 则该复变函数的模 $|f(z)|$ 的最大值只能出现在 $\overline{D}$ 的边界上, 除非这个函数是常数.

证明　因为 $f(z)$ 是解析函数, 因此 $[f(z)]^n$ 也是解析函数, 关于它的柯西积分公式为

$$[f(z)]^n = \frac{1}{2\pi \mathrm{i}} \oint_C \frac{[f(\xi)]^n}{\xi - z} \mathrm{d}\xi, \tag{1.4.20}$$

其中积分回路 C 为该闭区域的边界, z 为该区域内的一点. 设点 z 到边界的最短距离为 d, 即式中 $|\xi - z| \geqslant d$, 复变函数 $f(\xi)$ 在边界 C 上的最大模为 M, 于是有

$$\begin{aligned} |f(z)|^n = |[f(z)]^n| &= \left| \frac{1}{2\pi \mathrm{i}} \oint_C \frac{[f(\xi)]^n}{\xi - z} \mathrm{d}\xi \right| \\ &\leqslant \frac{1}{2\pi} \oint_C \frac{|[f(\xi)]^n|}{|\xi - z|} |\mathrm{d}\xi| \leqslant \frac{1}{2\pi} \oint_C \frac{M^n}{d} |\mathrm{d}\xi| = \frac{M^n \ell}{2\pi d}, \end{aligned} \tag{1.4.21}$$

其中 ℓ 为该区域边界的长度, $\ell \geqslant 2\pi d$. 对上式结果两边同时开 n 次方, 得

$$|f(z)| \leqslant M \left(\frac{\ell}{2\pi d} \right)^{1/n}. \tag{1.4.22}$$

因为上面的讨论对于任意的 n 均成立, 因此, 令 $n \to \infty$, 我们就得到

$$|f(z)| \leqslant M. \tag{1.4.23}$$

得证.

习　题　1.4

1. 试按给定的路径计算积分

$$\int_0^{2+\mathrm{i}} \mathrm{Im}\, z \mathrm{d}z.$$

(1) 路径一: 线段 $[0, 2]$ 和线段 $[2, 2 + \mathrm{i}]$ 组成的折线;

(2) 路径二: 线段 $[0, 2 + \mathrm{i}]$;

(3) 路径三: 线段 $[0, 1 + \mathrm{i}]$ 和线段 $[1 + \mathrm{i}, 2 + \mathrm{i}]$ 组成的折线.

2. 试按给定的路径计算积分

$$\int_C \frac{z+2}{z}\mathrm{d}z.$$

(1) C 为单位圆上半圆周, 辐角由 0 到 π;

(2) C 为单位圆下半圆周, 辐角由 π 到 2π;

(3) C 为单位圆, 沿逆时针方向积分.

3. 令 C 为复平面上第一象限中以原点为圆心、半径为 2 的 1/4 圆弧, 试证明以下各式:

(1) $\left|\int_C \frac{z-2}{z^4+1}\mathrm{d}z\right| \leqslant \frac{4\pi}{15}$; (2) $\left|\int_C \frac{z+4}{z^3-1}\mathrm{d}z\right| \leqslant \frac{6\pi}{7}$.

4. 计算下列积分:

(1) $\int_0^{1+\mathrm{i}} z^2\mathrm{d}z$; (2) $\int_0^{\pi+2\mathrm{i}} \cos\left(\frac{z}{2}\right)\mathrm{d}z$;

(3) $\oint_{|z|=1/2} \frac{\cos z}{z^2-1}\mathrm{d}z$; (4) $\oint_{|z|=4} \frac{\sin z}{z^2+9}\mathrm{d}z$;

(5) $\oint_{|z|=1} \frac{\cos z}{z}\mathrm{d}z$; (6) $\oint_{|z-\mathrm{i}|=1} \frac{z^2-1}{z^2+1}\mathrm{d}z$.

1.5 解析函数的幂级数展开

如同实变函数的情形一样, 我们在实际讨论问题的时候经常会更加关注于函数的局域特性或其近似行为. 同时, 在 1.4 节讨论复变函数积分时, 我们对于一般复变函数的回路积分也只是给出了复连通域上的柯西积分定理, 并没有给出一般复变函数回路积分最终结果的计算方法. 这些都需要我们对复变函数在特定区域上作级数展开. 级数展开不论在工程实际应用中还是在科学理论研究方面都有着十分重要的意义.

复变函数的级数展开是一个很大很重要的分支, 限于篇幅, 我们无法对此详加讨论. 结合本课程的主要内容, 这里将着重讨论解析函数的幂级数展开.

其实, 在之前讨论复变函数的连续性和可导性时, 我们已经看到复变函数和实变函数在很多基本方面是相通的. 复变函数的级数展开也不例外. 当把级数展开的概念和理论由实变函数推广到复变函数的领域时, 我们看到, 很多命题及定理是十分类似的, 而且相应的证明方法也基本相近. 因此, 在后续的讨论中我们将只对相对重要且是复变函数独有的定理或结论给出证明, 其余的较为明显的或是与实变函数级数展开中类似的命题, 我们将只作总结性叙述, 而将重点放在讨论解析函数的幂级数展开特性上.

1.5.1 幂级数

幂级数是最基本也是最重要的函数项级数, 是由幂函数所组成的无穷级数. 而幂级数中最基本的是正项幂级数, 形如

$$\sum_{n=0}^{\infty} a_n(z-z_0)^n = a_0 + a_1(z-z_0) + a_2(z-z_0)^2 + \cdots + a_k(z-z_0)^k + \cdots \quad (1.5.1)$$

的函数项级数就称为**正项幂级数**, 其中复常数 a_n 称为幂级数系数, 而复常数 z_0 称为该幂级数的**中心**.

无穷级数最重要的性质就是其敛散性. 一个函数如果在某点展开成无穷级数, 则必须要求该级数能在此点收敛, 否则这样的展开就毫无意义.

我们先通过一个一般性的函数项级数来简单说明一下无穷级数的敛散性, 之后再针对幂级数作进一步的讨论.

对于一个一般性的函数项级数 $\sum\limits_{n=0}^{\infty} w(z)$, 如果在某点 z 它的部分和的极限存在, 即

$$\lim_{k\to\infty}\sum_{n=0}^{k} w(z) = S, \quad (1.5.2)$$

则称该级数在 z 点**收敛**, 否则称该级数在此点**发散**; 如果该级数在某个区域 D 上的每一点都收敛, 则称 D 为该级数的**收敛域**; 如果该级数各项的模所组成的级数 $\sum\limits_{n=0}^{\infty} |w(z)|$ 在 z 点收敛, 则我们称级数 $\sum\limits_{n=0}^{\infty} w(z)$ 在该点**绝对收敛**; 如果对于任意给定的 $\varepsilon > 0$, 存在一个不依赖于变量 z 的正整数 $N(\varepsilon)$, 使得当 $k > N(\varepsilon)$ 时, 对于区域 D 上的任意一点 z 均有

$$\sum_{n=k+1}^{\infty} w(z) < \varepsilon, \quad (1.5.3)$$

则称该级数在区域 D 上**一致收敛**.

对于幂级数的敛散性的判断, 可以利用**阿贝尔** (Abel) **定理**, 即: 如果幂级数 $\sum\limits_{n=0}^{\infty} a_n(z-z_0)^n$ 在某点 b 处收敛, 则该幂级数在以 z_0 为圆心的任一闭圆域

$$|z-z_0| \leqslant q|b-z_0|, \quad 0 < q < 1 \quad (1.5.4)$$

内绝对收敛且一致收敛.

证明 由于级数在 b 点收敛, 因此必然存在一个正数 M, 使得

$$|a_n(b-z_0)^n| < M. \tag{1.5.5}$$

于是, 对于上述圆内的任意一点 z, 有

$$|a_n(z-z_0)^n| = |a_n(b-z_0)^n|\left|\frac{z-z_0}{b-z_0}\right|^n < Mq^n. \tag{1.5.6}$$

由于级数 $\sum\limits_{n=0}^{\infty} Mq^n \quad (0<q<1)$ 是收敛级数 (其收敛性可以很容易地利用等比数列的知识加以验证), 因此 $\sum\limits_{n=0}^{\infty} |a_n(z-z_0)^n|$ 也必然是收敛的. 因此, 综上, 我们就证明了阿贝尔定理.

推论 如果幂级数 $\sum\limits_{n=0}^{\infty} a_n(z-z_0)^n$ 在某点 z_1 处发散, 则该级数必然在圆 $|z-z_0| = |z_1-z_0|$ 的外部区域处处发散.

从阿贝尔定理及其推论, 我们可以看到, 对于幂级数 $\sum\limits_{n=0}^{\infty} a_n(z-z_0)^n$, 必然存在一个以 z_0 为中心的圆, 该幂级数在此圆之内必然收敛, 而在此圆之外则必然发散, 这个圆称作该幂级数的**收敛圆**, 其半径称为该幂级数的**收敛半径**.

幂级数 $\sum\limits_{n=0}^{\infty} a_n(z-z_0)^n$ 收敛半径 R 的常用计算方法有如下几种.

(1) 根式法

$$R = \lim_{n\to\infty} \frac{1}{\sqrt[n]{|a_n|}}. \tag{1.5.7}$$

(2) 比值法

$$R = \lim_{n\to\infty} \left|\frac{a_n}{a_{n+1}}\right|. \tag{1.5.8}$$

上面所谈到的是正项幂级数, 也即级数中不含有负幂次项. 包含负幂次项的幂级数

$$\sum_{n=-\infty}^{\infty} a_n(z-z_0)^n \tag{1.5.9}$$

称为**双边幂级数**.

同样, 对于双边幂级数, 也有一个确定收敛域的问题. 确定双边幂级数收敛域的思路是先分别确定出该级数正幂次项部分和负幂次项部分的收敛区域, 两者的

交集即为该双边幂级数的收敛域. 对于其正幂次项部分 $\sum\limits_{n=0}^{\infty} a_n(z-z_0)^n$, 这就相当于我们上面讲的一个幂级数, 于是我们可以利用上面所讲的幂级数收敛半径的计算方法确定出它的收敛圆的收敛半径 R_1, 正幂次项部分在 $|z-z_0|<R_1$ 的区域上收敛. 而对于双边幂级数的负幂次项部分

$$\sum_{n=-\infty}^{-1} a_n(z-z_0)^n, \tag{1.5.10}$$

我们可以做变量代换

$$\frac{1}{z-z_0}=\xi, \tag{1.5.11}$$

这样就将负幂次项部分变换为了一个正项幂级数

$$\sum_{n=1}^{\infty} a_{-n}\xi^n. \tag{1.5.12}$$

对此正项幂级数, 我们当然可以用前述方法确定出它的收敛圆半径, 为以后方便, 我们将此收敛半径记为 $1/R_2$, 即此级数在 $\xi<1/R_2$ 的区域上收敛. 利用变量代换关系变回到最初的变量后, 我们就知道, 该负幂次项部分在 $|z-z_0|>R_2$ 的区域上收敛.

结合对此双边幂级数 $\sum\limits_{n=-\infty}^{\infty} a_n(z-z_0)^n$ 的正、负幂次项部分的收敛性的讨论, 我们就发现, 如果 $R_2<R_1$, 则该双边幂级数在环形区域

$$R_2<|z-z_0|<R_1 \tag{1.5.13}$$

上收敛, 并且由前面所讲的阿贝尔定理, 我们不难看出, 在此环域内的任意一个闭区域上, 该双边幂级数一致且绝对收敛. 如果 $R_2>R_1$ 的话, 则这个双边幂级数不存在收敛域.

1.5.2　泰勒级数

泰勒级数

对于一个解析函数 $f(z)$, z_0 是其解析区域中的一点, 以 z_0 为圆心的圆 C 在此解析区域内, 如图 1.5.1 所示, 则 $f(z)$ 可以在 C 所包围的区域内展开成**泰勒** (Taylor) **级数**

$$f(z)=\sum_{n=0}^{\infty} a_n(z-z_0)^n, \tag{1.5.14}$$

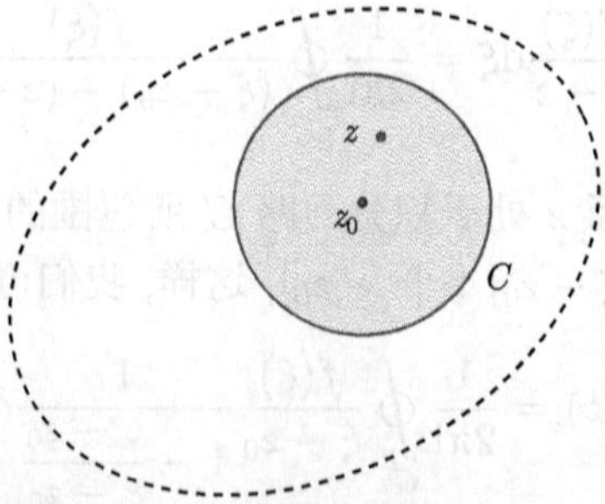

图 1.5.1 泰勒展开区域示意图

C 所包围的区域为以 z_0 点为圆心的 $f(z)$ 的解析圆域, 在该区域上 $f(z)$ 可展开成以 z_0 为中心的泰勒级数

其中

$$a_n = \frac{f^{(n)}(z_0)}{n!} = \frac{1}{2\pi \mathrm{i}} \oint_C \frac{f(\xi)}{(\xi - z_0)^{n+1}} \mathrm{d}\xi. \tag{1.5.15}$$

为了证明这一关系, 我们首先来证明下列级数展开式:

$$\text{当 } |t| < 1 \text{ 时, 有 } \frac{1}{1-t} = \sum_{n=0}^{\infty} t^n. \tag{1.5.16}$$

证明 设

$$S_k = \sum_{n=0}^{k} t^n, \tag{1.5.17}$$

则

$$tS_k = \sum_{n=1}^{k+1} t^n, \tag{1.5.18}$$

因此

$$S_k - tS_k = 1 - t^{k+1},$$

这样可得

$$S_k = \frac{1 - t^{k+1}}{1 - t}.$$

由于 $|t| < 1$, 因此

$$\sum_{n=0}^{\infty} t^n = \lim_{k \to \infty} S_k = \frac{1}{1-t}.$$

有了这个幂级数展开式, 我们现在回过头去证明泰勒级数展开式. 利用柯西积分公式, 我们有

$$f(z)=\frac{1}{2\pi \mathrm{i}}\oint_C \frac{f(\xi)}{\xi-z}\mathrm{d}\xi=\frac{1}{2\pi \mathrm{i}}\oint_C \frac{f(\xi)}{(\xi-z_0)-(z-z_0)}\mathrm{d}\xi. \tag{1.5.19}$$

由于 ξ 处于积分圆 C 上而 z 处于积分回路 C 所包围的圆域内, 考虑到 z_0 为该积分圆 C 的圆心, 因此有 $|\xi-z_0|>|z-z_0|$, 这样, 我们可以进一步得

$$f(z)=\frac{1}{2\pi \mathrm{i}}\oint_C \frac{f(\xi)}{\xi-z_0}\frac{1}{1-\dfrac{z-z_0}{\xi-z_0}}\mathrm{d}\xi. \tag{1.5.20}$$

很明显, $|(z-z_0)/(\xi-z_0)|<1$, 利用刚才证明的级数展开, 我们有

$$\frac{1}{1-\dfrac{z-z_0}{\xi-z_0}}=\sum_{n=0}^{\infty}\left(\frac{z-z_0}{\xi-z_0}\right)^n. \tag{1.5.21}$$

将此式代入 (1.5.20) 式, 经整理后我们就得

$$f(z)=\sum_{n=0}^{\infty}\left(\frac{1}{2\pi \mathrm{i}}\oint_C \frac{f(\xi)}{(\xi-z_0)^{n+1}}\mathrm{d}\xi\right)(z-z_0)^n. \tag{1.5.22}$$

这正是一个正项幂级数, 其中各项的展开系数 a_n 为

$$a_n=\frac{1}{2\pi \mathrm{i}}\oint_C \frac{f(\xi)}{(\xi-z_0)^{n+1}}\mathrm{d}\xi\equiv\frac{f^{(n)}(z_0)}{n!}. \tag{1.5.23}$$

这就是我们所要证明的泰勒级数展开式.

从上面这个解析函数的泰勒级数展开的表达式不难看出, 它的展开系数 a_n 与 (1.4.18) 式中的函数在 z_0 点的 n-阶导数 $f^{(n)}(z_0)$ 有直接关系, 因此, 对于一个一般性的复变函数的泰勒展开, 可以通过逐级求导的方法进行.

前面我们也讲过, 由于复变函数导数的定义与实变函数形式上完全一样, 因此实变函数泰勒展开的结果可以直接用于复变函数的泰勒展开计算.

1. 泰勒级数收敛半径

对于级数展开, 我们总是要关心它的收敛半径 R. 对于解析函数的泰勒级数展开, 它的收敛半径可以按照幂级数通常的判定方式来确定, 即

$$R=\lim_{n\to\infty}\left|\frac{a_n}{a_{n+1}}\right|. \tag{1.5.24}$$

另外, 还有一种更加简便的方法. 我们仔细观察上述证明过程, 不难发现, 解析函数泰勒级数的收敛性完全取决于 $1/[1-(z-z_0)/(\xi-z_0)]$ 的级数展开的收敛性,

这要求 $|(z-z_0)/(\xi-z_0)|<1$. 对于我们的问题, 这个条件始终满足, 因为 ξ 处于积分圆 C 上而 z 处于 C 所包围的圆域内. 因此, 确定收敛半径的问题就变成了寻求以 z_0 为圆心的 $f(z)$ 的最大单连通圆域的问题. 这样一分析, 我们就很清楚地知道, 解析函数的泰勒级数的收敛半径就是由 z_0 到最近的 $f(z)$ 的奇点的距离. 例如, 设 $f(z)$ 离 z_0 最近的奇点为 s_0, 则收敛半径为

$$R=|s_0-z_0|. \tag{1.5.25}$$

2. 最大模定理再证

最大模定理: 除非是一个常数, 否则任何解析函数 $f(z)$ 的模 $|f(z)|$ 的最大值 $\max|f(z)|$ 只能在其解析区域的边界上.

再探最大模定理

证明 假设在该函数的解析区域内有一点 z_0, $|f(z_0)|=\max|f(z)|$, 则在 z_0 的邻域内对 $f(z)$ 进行泰勒级数展开

$$f(z)=\sum_{n=0}^{\infty}a_n(z-z_0)^n, \tag{1.5.26}$$

并且由假设知

$$|f(z_0)|\geqslant|f(z)|, \tag{1.5.27}$$

$$z=z_0+r\mathrm{e}^{\mathrm{i}\theta}, \tag{1.5.28}$$

由泰勒展开式我们知道

$$f(z_0)=a_0, \tag{1.5.29}$$

于是我们可以构造以下不等式:

$$\begin{aligned}
|a_0|^2&=\frac{1}{2\pi}\int_0^{2\pi}|a_0|^2\,\mathrm{d}\theta=\frac{1}{2\pi}\int_0^{2\pi}|f(z_0)|^2\,\mathrm{d}\theta\\
&\geqslant\frac{1}{2\pi}\int_0^{2\pi}|f(z)|^2\,\mathrm{d}\theta=\frac{1}{2\pi}\int_0^{2\pi}f^*(z)f(z)\,\mathrm{d}\theta\\
&=\frac{1}{2\pi}\int_0^{2\pi}\sum_{m=0}^{\infty}a_m^*\left[(z-z_0)^*\right]^m\sum_{n=0}^{\infty}a_n(z-z_0)^n\,\mathrm{d}\theta\\
&=\frac{1}{2\pi}\sum_{m,n=0}^{\infty}a_m^*a_nr^{n+m}\int_0^{2\pi}\mathrm{e}^{\mathrm{i}(n-m)\theta}\mathrm{d}\theta.
\end{aligned} \tag{1.5.30}$$

这里, 我们需要仔细研究一下上式中关于指数函数的积分, 一个直接而简单的计算就可以给出如下结果:

$$\frac{1}{2\pi}\int_0^{2\pi} \mathrm{e}^{\mathrm{i}(n-m)\theta}\mathrm{d}\theta = \delta_{mn} \equiv \begin{cases} 0, & m \neq n \\ 1, & m = n \end{cases}. \tag{1.5.31}$$

这里

$$\delta_{mn} = \begin{cases} 0, & m \neq n, \\ 1, & m = n, \end{cases} \tag{1.5.32}$$

称作**克罗内克** (Kronecker)-δ **符号**, 这是个十分有用的符号, 熟练运用它可使得我们的计算被极大地简化, 例如

$$\sum_{n=1}^{\infty} a_n\delta_{mn} = a_1\delta_{m1} + a_2\delta_{m2} + \cdots + a_m\delta_{mm} + \cdots, \tag{1.5.33}$$

由于上面给出的克罗内克-δ 符号的性质, 我们很容易知道, 在上式中除了 $\delta_{mm}=1$ 外, 其他的克罗内克-δ 符号的取值都为零, 因此有

$$\sum_{n=1}^{\infty} a_n\delta_{mn} = a_m, \tag{1.5.34}$$

这就是克罗内克-δ 符号在求和中的挑选作用.

将 (1.5.31) 式代入 (1.5.30) 式后, 利用克罗内克-δ 符号的性质, 我们不难发现 (1.5.30) 式会给出

$$|a_0|^2 \geqslant \sum_{n=0}^{\infty} |a_n|^2 r^{2n}, \tag{1.5.35}$$

而这个式子成立的条件只能是

$$a_n = 0, \quad n \neq 0, \tag{1.5.36}$$

这与我们的假设相矛盾, 因此最大模定理成立.

刘维尔 (Liouville) **定理**: 在全复平面内解析且有界 (即存在最大模) 的复变函数为常函数.

证明 $f(z)$ 在全复平面内解析有界, 意味着对于任何 z, 有

$$|f(z)| \leqslant M < \infty. \tag{1.5.37}$$

由于该函数在全复平面内解析, 因此该函数在任意一点都可以做以原点为中心的泰勒展开

$$f(z) = \sum_{n=0}^{\infty} a_n z^n, \tag{1.5.38}$$

其中

$$a_n = \frac{1}{2\pi\mathrm{i}}\oint_C \frac{f(\xi)}{\xi^{n+1}}\mathrm{d}\xi. \tag{1.5.39}$$

对于 $n>0$,

$$|a_n| \leqslant \frac{1}{2\pi}\oint_C \frac{|f(\xi)|}{|\xi^{n+1}|}|\mathrm{d}\xi| = \frac{1}{2\pi}\int_0^{2\pi}\frac{|f(\xi)|}{r^n}\mathrm{d}\theta \leqslant \frac{M}{r^n}, \tag{1.5.40}$$

其中 r 为积分圆 C 的半径, 而由题设, r 可以任意取, 因此我们可以很安全地取 $r\to\infty$, 则

$$a_n = 0, \quad n \neq 0, \tag{1.5.41}$$

即

$$f(z) = a_0. \tag{1.5.42}$$

得证.

1.5.3 洛朗级数

洛朗级数

由上面看到, 如果 z 点包含在以 z_0 点为圆心的函数 $f(z)$ 的单连通解析圆域内, 则 $f(z)$ 在此点可展开成以 z_0 为中心的泰勒级数. 如果 z 点包含在以 z_0 点为圆心的函数 $f(z)$ 的解析环域内, 即如果 z_0 点本身是 $f(z)$ 的奇点, 或以 z_0 为圆心的圆向 z 点扩张时需扫过 $f(z)$ 的非解析区域, 则函数在此点需展开成洛朗 (Laurent) 级数.

洛朗定理: $f(z)$ 在以 z_0 为圆心、内半径和外半径分别为 R_1 和 R_2 的环域内解析, 如图 1.5.2 所示, 则在此区域内 $f(z)$ 可展为**洛朗级数**

$$f(z) = \sum_{n=-\infty}^{\infty} a_n (z-z_0)^n, \quad a_n = \frac{1}{2\pi\mathrm{i}}\oint_C (\xi - z_0)^{-n-1} f(\xi)\,\mathrm{d}\xi, \tag{1.5.43}$$

其中 C 为此解析环域内任意一个闭合曲线. 我们看到, 洛朗级数就是一个双边幂级数.

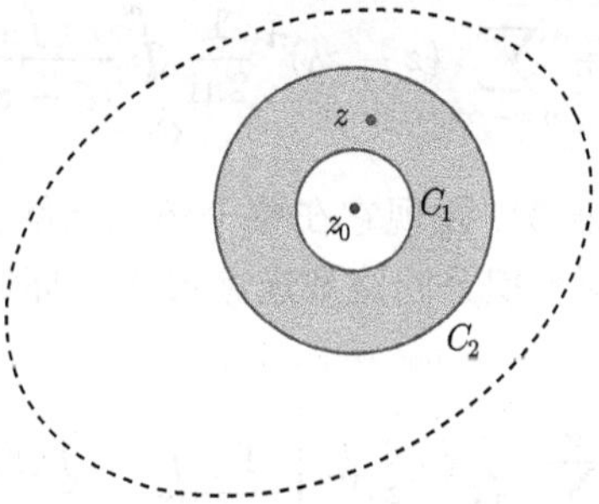

图 1.5.2 洛朗级数展开区域示意图

C_1 和 C_2 所包围的区域为以 z_0 点为圆心的 $f(z)$ 的解析环域, 在该区域上 $f(z)$ 可展开成以 z_0 为中心的洛朗级数

证明　对于环上一点 z, 由于 $f(z)$ 在该环域上解析, 因此, 我们可以作割线连接该环域上的内、外边界 C_1 和 C_2, 将此环域人为构造成一个单连通域, 之后运用柯西积分公式, 于是我们就得到

$$f(z)=\frac{1}{2\pi\mathrm{i}}\oint_{C_2}\frac{f(\xi)}{\xi-z}\mathrm{d}\xi-\frac{1}{2\pi\mathrm{i}}\oint_{C_1}\frac{f(\xi)}{\xi-z}\mathrm{d}\xi. \tag{1.5.44}$$

我们来看上式中的这两部分积分. 第一个积分是在环域的外边界上, 因此 $|\xi-z_0|>|z-z_0|$, 即 $|(z-z_0)/(\xi-z_0)|<1$, 则

$$\begin{aligned}\frac{1}{\xi-z}&=\frac{1}{(\xi-z_0)-(z-z_0)}=\frac{1}{\xi-z_0}\frac{1}{1-\dfrac{z-z_0}{\xi-z_0}}\\&=\frac{1}{\xi-z_0}\sum_{n=0}^{\infty}\left(\frac{z-z_0}{\xi-z_0}\right)^n,\end{aligned} \tag{1.5.45}$$

而对于第二个积分, 它是在环域的内边界上, 因此, 对第二个积分 $|\xi-z_0|<|z-z_0|$, 则

$$\begin{aligned}\frac{1}{\xi-z}&=\frac{1}{(\xi-z_0)-(z-z_0)}=-\frac{1}{z-z_0}\sum_{n=0}^{\infty}\left(\frac{\xi-z_0}{z-z_0}\right)^n\\&=-\frac{1}{\xi-z_0}\sum_{n=-\infty}^{-1}\left(\frac{z-z_0}{\xi-z_0}\right)^n.\end{aligned} \tag{1.5.46}$$

注意上两式 n 的取值范围. 将上两式的结果代入 (1.5.44) 式, 得

$$\begin{aligned}f(z)=&\sum_{n=0}^{\infty}(z-z_0)^n\frac{1}{2\pi\mathrm{i}}\oint_{C_2}\frac{f(\xi)}{(\xi-z_0)^{n+1}}\mathrm{d}\xi\\&+\sum_{n=-\infty}^{-1}(z-z_0)^n\frac{1}{2\pi\mathrm{i}}\oint_{C_1}\frac{f(\xi)}{(\xi-z_0)^{n+1}}\mathrm{d}\xi.\end{aligned} \tag{1.5.47}$$

我们再来看此式中的被积函数, 发现它在整个环域上解析, 因此, 根据柯西积分定理, 我们可以将上式中的两个积分回路都连续形变至环域内任意一个闭合曲线 C, 于是我们得到

$$f(z)=\sum_{n=-\infty}^{\infty}(z-z_0)^n\left[\frac{1}{2\pi\mathrm{i}}\oint_{C}\frac{f(\xi)}{(\xi-z_0)^{n+1}}\mathrm{d}\xi\right]. \tag{1.5.48}$$

得证.

我们现在来仔细看看泰勒级数展开和洛朗级数展开在形式上的差异. 首先, 两者都是幂级数展开, 但是请注意两者在对 n 的求和范围上的差别: 泰勒级数只对非负的整数求和, 而洛朗级数则不同. 洛朗级数中的负幂次项使得该展开式在 z_0 点发散, 即展开区域必须是不包含展开中心点 z_0 的环域, 这正反映出了被展函数解析区域的多连通性. 由此, 我们可以将洛朗级数分成两部分: $n \geqslant 0$ 的部分称为正则部分, 不包含任何反映函数奇异的信息; 另一部分则是 $n<0$ 的部分, 它反映出了函数解析区域的多连通性, 称为主部.

另一个需要注意的地方是关于展开系数 a_n 的计算. 在泰勒级数展开中, 由于展开区域为单连通圆域, 因此, 不难看出, 泰勒展开的系数 a_n 与函数在展开中心 z_0 处相应的 n-阶导数有直接关系. 然而在洛朗展开中, 由于展开区域为环域, 即展开系数 a_n 的表达式中的积分回路所包围的区域内含有函数的非解析区域, 因此洛朗展开式中的系数的计算就不能通过求解函数的各级导数来得到了.

当然, 这并不意味着对于函数的洛朗展开只能通过上述积分运算得到. 事实上, 我们可以通过适当的运算技巧或变量变换, 运用我们已知的幂级数展开得到.

例 1.5.1　将函数

$$f(z)=\frac{1}{(z-1)(z-2)}$$

在 $1<|z|<2$ 的环域上展开成幂级数.

解　我们看到, 本例题中的函数有 $z_1=1$ 和 $z_2=2$ 两个奇点, 在这两个奇点上函数 $f(z)$ 发散, 而以 $z_0=0$ 为中心的内径为 1、外径为 2 的环域是该函数的一个解析环域, 因此, 在此环域上函数 $f(z)$ 将展开成洛朗级数. 上述函数可以重新写为

$$f(z)=\frac{1}{(z-1)(z-2)}=\frac{1}{z-2}-\frac{1}{z-1}. \tag{1.5.49}$$

首先, 我们注意到本问题的展开中心点为 $z_0=0$, 同时, 我们注意到在此环域中 $1<|z|<2$, 因此, 对于上式右边第一项, 我们有

$$\frac{1}{z-2}=-\frac{1}{2}\frac{1}{1-\dfrac{z}{2}}=-\frac{1}{2}\sum_{n=0}^{\infty}\left(\frac{z}{2}\right)^n, \tag{1.5.50}$$

而右边第二项则写为

$$-\frac{1}{z-1}=-\frac{1}{z}\frac{1}{1-\dfrac{1}{z}}=-\frac{1}{z}\sum_{n=0}^{\infty}\left(\frac{1}{z}\right)^n=-\sum_{n=-\infty}^{-1}z^n. \tag{1.5.51}$$

于是我们就得到了该函数在此环域上的洛朗级数展开式

$$f(z)=\frac{1}{(z-1)(z-2)}=-\sum_{n=-\infty}^{-1}z^n-\sum_{n=0}^{\infty}\frac{z^n}{2^{n+1}},\quad 1<|z|<2. \tag{1.5.52}$$

1.5.4 复变函数的零点与奇点

本小节讨论解析函数的零点与零点的孤立性、孤立奇点与非孤立奇点. 在此基础上介绍作为孤立奇点的可去奇点、极点和本性奇点及其性质, 这些性质大多建立在解析函数的洛朗展开上. 同时本小节内容也为下面所讲的留数定理提供重要的基础.

1. 解析函数的零点及零点的孤立性

解析函数的零点及其孤立性

定义: 解析函数 $f(z)$ 在 z_0 点有 $f(z_0)=0$, 且对于某个最小的 $k\in\mathbb{Z}$ 有 $f(z)/(z-z_0)^k$ 在 z_0 点非零, 则 z_0 称为 $f(z)$ 的 **k-阶零点**. 如果 z_0 为 $f(z)$ 的 k-阶零点, 则 $f(z)$ 在以 z_0 点为中心的圆域上的泰勒展开必满足

$$f(z)=\sum_{n=k}^{\infty}a_n(z-z_0)^n, \tag{1.5.53}$$

即函数泰勒展开的前 k 项展开系数均为零, 这等价于

$$f(z_0)=f'(z_0)=f''(z_0)=\cdots=f^{(k-1)}(z_0)=0,\qquad f^{(k)}(z_0)\neq 0. \tag{1.5.54}$$

零点的孤立性: 如果函数 $f(z)$ 在其零点 z_0 的邻域内解析且不恒为零, 则 z_0 必定是孤立零点, 即一定存在一个 r, 使得在 $|z-z_0|<r$ 的区域内除了 z_0 点外函数不存在其他零点.

证明 设 z_0 点为 $f(z)$ 的 k-阶零点, 则在 z_0 的邻域内 $f(z)$ 可展开成泰勒级数

$$f(z)=\sum_{n=k}^{\infty}a_n(z-z_0)^n=(z-z_0)^k\sum_{m=0}^{\infty}a_{m+k}(z-z_0)^m\equiv(z-z_0)^k\varphi(z), \tag{1.5.55}$$

不难看出

$$\varphi(z_0)=a_k\neq 0, \tag{1.5.56}$$

如果在该区域还存在另一个零点的话, 从上式我们不难知道在该点 $\varphi(z)=0$, 因此我们的核心任务就是考察在 $|z-z_0|<r$ 的区域内是否存在使 $\varphi(z)=0$ 的点.

由于 $\varphi(z)$ 在 z_0 处连续, 故任给一个小量 $\varepsilon>0$, 总存在一个 $r>0$, 使得当 $|z-z_0|<r$ 时有

$$|\varphi(z_0)-\varphi(z)|<\varepsilon. \tag{1.5.57}$$

我们可取 $\varepsilon = \dfrac{1}{2}|\varphi(z_0)|$, 利用不等式

$$|\varphi(z_0)| - |\varphi(z)| < |\varphi(z_0) - \varphi(z)| \tag{1.5.58}$$

得

$$|\varphi(z_0)| - |\varphi(z)| < \frac{1}{2}|\varphi(z_0)|, \tag{1.5.59}$$

因此

$$|\varphi(z)| > \frac{1}{2}|\varphi(z_0)| = \frac{1}{2}|a_k|, \tag{1.5.60}$$

即在此区域内 $f(z)$ 没有其他零点, 这就是零点的孤立性.

2. 解析函数的奇点和奇点的分类

解析函数奇点的分类

若函数 $f(z)$ 在 z_0 点不解析 (即函数在该点不可导) 或无定义, 则 z_0 点称为 $f(z)$ 的**奇点**.

若函数 $f(z)$ 在 z_0 的无心邻域 $0 < |z - z_0| < r$ 内解析, 则称 z_0 为 $f(z)$ 的**孤立奇点**.

例 1.5.2 对于函数

$$f(z) = \frac{1}{z}, \tag{1.5.61}$$

毫无疑问, $z_0 = 0$ 为其奇点, 且 $f(z)$ 在整个 $0 < |z - z_0| < \infty$ 的区域内均解析, 因此 $z_0 = 0$ 为其孤立奇点.

若函数 $f(z)$ 在 z_0 的任意小的邻域内总存在除 z_0 外的奇点, 则称 z_0 为 $f(z)$ 的**非孤立奇点**.

例 1.5.3 对于函数

$$f(z) = \frac{1}{\sin(1/z)}, \tag{1.5.62}$$

$z_0 = 0$ 很显然为该函数的一个奇点, 因为在该点函数无定义. 然而 $z = 1/(n\pi)$ $(n = 0, \pm 1, \pm 2, \cdots)$ 也同样是函数的奇点, 但是当 $n \to \infty$ 时, $z = 1/(n\pi)$ 无限靠近 $z_0 = 0$ 点, 即在 $z_0 = 0$ 的无限小邻域内总有其他奇点存在, 因此 $z_0 = 0$ 为该函数的非孤立奇点.

孤立奇点的分类

函数在孤立奇点处的奇异性可由函数在孤立奇点的无心邻域内的洛朗展开式来反映. 因此, 对于孤立奇点, 我们可由函数的洛朗展开的不同表现形式来进行分类.

(1) 可去奇点: z_0 为函数 $f(z)$ 的孤立奇点, 若 $f(z)$ 在 z_0 的无心邻域 $0 < |z-z_0| < r$ 内的洛朗展开式不包含负幂次项, 即

$$f(z) = \sum_{n=0}^{\infty} a_n (z-z_0)^n, \tag{1.5.63}$$

则 z_0 称为 $f(z)$ 的可去奇点. 换句话说, 如 z_0 为 $f(z)$ 的可去奇点, 则 $\lim\limits_{z\to z_0} f(z)$ 为有限值. “可去”的含义就是说我们可以重新定义一个新的函数

$$\varphi(z) = \begin{cases} f(z), & z \neq z_0, \\ \lim\limits_{z\to z_0} f(z), & z = z_0, \end{cases} \tag{1.5.64}$$

该函数在 z_0 点解析.

(2) m-阶极点: z_0 为函数 $f(z)$ 的孤立奇点, 若 $f(z)$ 在 z_0 的无心邻域 $0 < |z-z_0| < r$ 内的洛朗展开式的负幂次项的最低阶次为 $-m$ (m 为正整数), 即

$$f(z) = \sum_{n=-m}^{\infty} a_n (z-z_0)^n, \quad a_{-m} \neq 0, \tag{1.5.65}$$

则 z_0 称为 $f(z)$ 的 m-阶极点. 一阶极点也称为**单极点**.

如果一个复变函数在区域 D 上除孤立极点 (包括可去奇点) 外解析 (全纯), 则这个函数称为在区域 D 上的**亚纯函数**.

(3) 本性奇点: z_0 为函数 $f(z)$ 的孤立奇点, 若 $f(z)$ 在 z_0 的无心邻域 $0 < |z-z_0| < r$ 内的洛朗展开式有无穷多个负幂次项, 则 z_0 称为 $f(z)$ 的本性奇点. 对于本性奇点 z_0, $\lim\limits_{z\to z_0} f(z)$ 无定值, 即不同的极限趋近路径给出不同的有限值或无限值.

3. 无穷远点的奇异性

上面我们所讨论的均是函数在有限远点的奇异性问题. 对于无穷远点, 由于这只是一个抽象的概念, 函数自变量永远无法到达这个虚无缥缈的 “点”, 因此函数在无穷远点总是无意义的, 最多也就是当 $z \to \infty$ 时函数存在一个极限, 因此, 无穷远点总是函数的一个奇点. 对于一个函数 $f(z)$ 在无穷远点 ∞ 的奇异性的研究, 我们总是做如下的变量变换:

$$z' = \frac{1}{z}, \tag{1.5.66}$$

这样, 在此变量变换下

$$f(z) = f\left(\frac{1}{z'}\right) = g(z'), \tag{1.5.67}$$

于是, 我们对于 $f(z)$ 在无穷远点 ∞ 的奇异性的考察就转化成了对函数 $g(z')$ 在 $z'=0$ 点的奇异性的研究. 如果 $z'=0$ 为函数 $g(z')$ 的可去奇点, 则无穷远点 ∞ 就是 $f(z)$ 的可去奇点; 如果 $z'=0$ 为函数 $g(z')$ 的 m-阶极点, 则无穷远点 ∞ 就是 $f(z)$ 的 m-阶极点; 如果 $z'=0$ 为函数 $g(z')$ 的本性奇点, 则无穷远点 ∞ 就是 $f(z)$ 的本性奇点.

习 题 1.5

1. 试确定下列幂级数的收敛半径并指出其收敛区域:

(1) $\sum\limits_{n=1}^{\infty}\dfrac{1}{n}(z-1)^n$; (2) $\sum\limits_{n=1}^{\infty}n^n z^n$;

(3) $\sum\limits_{n=1}^{\infty}\left(1-\dfrac{1}{n}\right)^n(z-\mathrm{i})^n$; (4) $\sum\limits_{n=1}^{\infty}\dfrac{n!}{n^n}z^n$.

2. 将下列函数在给定中心点附近的圆域上展开成泰勒级数, 并指明展开圆域的最大半径:

(1) $f(z)=\mathrm{e}^z,\ z_0=0$; (2) $f(z)=\sin z,\ z_0=0$;

(3) $f(z)=\sin z,\ z_0=0$; (4) $f(z)=\cosh z,\ z_0=0$;

(5) $f(z)=\dfrac{z}{z^2+4},\ z_0=0$; (6) $f(z)=\dfrac{1}{z(z-1)},\ z_0=\mathrm{i}$;

(7) $f(z)=\dfrac{\sin z}{1-z},\ z_0=0$; (8) $f(z)=\dfrac{1}{z^2+1},\ z_0=1$.

3. 将下列函数在给定区域上展开成洛朗级数:

(1) $f(z)=\dfrac{1}{4z-z^2},\ 0<|z|<4$; (2) $f(z)=z^2\sin\left(\dfrac{1}{z^2}\right),\ |z|>0$;

(3) $f(z)=\dfrac{1}{1+z},\ |z|>1$;

(4) $f(z)=\dfrac{z}{(z-1)(z-3)},\ |z-2|>1$;

(5) $f(z)=\dfrac{\mathrm{e}^z}{z(z^2+1)},\ 0<|z|<1$;

(6) $f(z)=\dfrac{z}{z^2-3z+2},\ 0<|z-1|<1$ 和 $|z|>1$.

4. 将下列函数在以给定的 z_0 为中心的所有可能的区域上展开成相应的幂级数:

(1) $f(z)=\dfrac{1}{z^2+z+1},\ z_0=0$; (2) $f(z)=\dfrac{z}{z^2-5z+4},\ z_0=2$;

(3) $f(z)=\dfrac{1}{(z-1)(z+2\mathrm{i})},\ z_0=0$; (4) $f(z)=\dfrac{z^2-2z+5}{(z-2)(z^2+1)},\ z_0=0$.

5. 找出下列函数的有限远奇点并判定该奇点的类别:

(1) $f(z)=\dfrac{e^z}{z^2+9}$;　　(2) $f(z)=\sin\dfrac{1}{z-1}$;

(3) $f(z)=\dfrac{\sin z}{z}$;　　(4) $f(z)=z^2e^{1/z}$.

1.6 留数定理

之前我们谈到关于复变函数的积分问题. 对于一个复变函数在其单连通解析区域上的回路积分, 我们由单连通域上的柯西积分定理可以清楚地知道它等于零. 然而, 对于函数在复连通域上的回路积分, 相应的柯西积分定理只告诉我们大回路的积分可以化为区域内包围每个奇点的小回路的积分的和, 并没有告诉我们最终积分的值应该是多少. 为了进行积分计算, 我们必须明确知道这个积分该如何计算以及它的结果. 洛朗级数展开正可帮助我们达此目的.

1.6.1 留数的定义

留数的定义、留数定理及留数的求法

考虑 $f(z)$ 沿一个闭合回路的积分, $f(z)$ 在该积分回路所包围区域内只有一个孤立奇点 z_0. 根据柯西积分定理, 我们可以对积分回路进行连续形变而不改变积分的值. 为计算方便, 我们可取积分回路为以 z_0 为圆心、R 为半径的圆 C, 即我们需要计算

$$I=\oint_C f(z)\,\mathrm{d}z, \tag{1.6.1}$$

而在此圆上, $z=z_0+Re^{i\theta}$, $\mathrm{d}z=iRe^{i\theta}\mathrm{d}\theta$. 同时, 我们知道, 在 z_0 的无心邻域上, $f(z)$ 可展开成洛朗级数

$$f(z)=\sum_{n=-\infty}^{\infty}a_n(z-z_0)^n. \tag{1.6.2}$$

将以上这些都代入 (1.6.1) 式, 得

$$I=i\sum_{n=-\infty}^{\infty}a_nR^{n+1}\int_0^{2\pi}e^{i(n+1)\theta}\mathrm{d}\theta, \tag{1.6.3}$$

参考 (1.5.31) 式, 我们于是得到

$$I=2\pi i\sum_{n=-\infty}^{\infty}a_nR^{n+1}\delta_{n,-1}=2\pi i a_{-1}. \tag{1.6.4}$$

这个结果表明, 函数 $f(z)$ 对于围绕其孤立奇点 z_0 的正向回路积分的结果等于 $f(z)$ 在 z_0 的无心邻域上的洛朗级数展开的 $(z-z_0)^{-1}$ 项前面的系数 a_{-1} 乘以 $2\pi i$. 鉴于 $f(z)$ 在 z_0 点无心邻域上的洛朗级数展开中 a_{-1} 对函数积分的重要性, 我们称之为**留数** (数学上也常称之为**残数**), 顾名思义, 即积分后所保留下来的数, 记作

$$a_{-1} \equiv \mathrm{Res}f(z_0). \tag{1.6.5}$$

因此

$$I = \oint_C f(z)\,\mathrm{d}z = 2\pi i\,\mathrm{Res}f(z_0). \tag{1.6.6}$$

1.6.2 留数定理及证明

上面所讲的是对于积分回路所包围区域中只含有被积函数的一个孤立奇点的情形, 对于积分回路所包围区域中包含若干个被积函数的孤立奇点的情形, 我们有下述留数定理.

留数定理: 如函数 $f(z)$ 在积分回路 C 所包围的区域内除有限个孤立奇点 $z_1, z_2, \cdots, z_n$ 外解析, 则对 $f(z)$ 的沿 C 的回路积分结果为

$$I = \oint_C f(z)\,\mathrm{d}z = 2\pi i\sum_{l=1}^{n}\mathrm{Res}f(z_l), \tag{1.6.7}$$

即该回路积分的结果为被积函数在积分回路所包围区域内各奇点处留数的和乘以 $2\pi i$.

对留数定理的证明是简单而又直接的, 我们利用复连通域上的柯西积分定理将此回路积分化为围绕各个孤立奇点的小回路积分的和, 再利用上面介绍留数定义时的计算, 就可得证.

1.6.3 留数的求法

从上面我们看到, 由于留数定理的存在, 求解复变函数回路积分的问题就化为了如何求相应孤立奇点处函数的留数的问题. 如何有效快捷地求出相应的留数就是我们在本小节中所要讨论的重点.

方法一: 直接将函数 $f(z)$ 在孤立奇点 z_0 附近作洛朗级数展开, 然后提取出 a_{-1}. 这个方法最直接, 但碰到较一般性的函数, 该方法效率比较低下, 甚至无法求解.

方法二: 由于我们只需要得到留数, 即 a_{-1}, 因此大可不必将整个洛朗级数写出, 而只需通过某种适当的取极限的方法将 a_{-1} 提取出来即可.

(1) 当 z_0 为 $f(z)$ 的单极点 (一阶极点) 时, 我们知道

$$f(z)=\frac{a_{-1}}{z-z_0}+\sum_{n=0}^{\infty}a_n(z-z_0)^n, \tag{1.6.8}$$

因此

$$\operatorname{Res}f(z_0)\equiv a_{-1}=\lim_{z\to z_0}(z-z_0)f(z). \tag{1.6.9}$$

(2) 当 z_0 为 $f(z)$ 的 m-阶极点时,

$$f(z)=\sum_{n=-m}^{\infty}a_n(z-z_0)^n,\quad a_{-m}\neq 0, \tag{1.6.10}$$

则

$$\begin{aligned}(z-z_0)^m f(z)=&a_{-m}+a_{-m+1}(z-z_0)+\cdots\\&+a_{-1}(z-z_0)^{m-1}+a_0(z-z_0)^m+\cdots,\end{aligned} \tag{1.6.11}$$

对此式求 $(m-1)$ 次导数, 得

$$\frac{\mathrm{d}^{(m-1)}}{\mathrm{d}z^{(m-1)}}[(z-z_0)^m f(z)]=(m-1)!a_{-1}+m!a_0(z-z_0)+\cdots, \tag{1.6.12}$$

于是

$$\operatorname{Res}f(z_0)\equiv a_{-1}=\frac{1}{(m-1)!}\lim_{z\to z_0}\frac{\mathrm{d}^{(m-1)}}{\mathrm{d}z^{(m-1)}}[(z-z_0)^m f(z)]. \tag{1.6.13}$$

1.6.4 无穷远点处函数的留数及留数和定理

无穷远点的留数及留数和定理

我们看到, 以上关于留数的讨论都是针对函数 $f(z)$ 的有限远孤立奇点而言的, 即上述的孤立奇点均满足 $|z_0|<\infty$. 对于无穷远点 ∞, 如它是某函数 $f(z)$ 的孤立奇点, 我们同样可以讨论函数 $f(z)$ 在无穷远点留数的问题.

由于无穷远点是函数 $f(z)$ 的孤立奇点, 因此一定存在一个 R_0, 使得函数 $f(z)$ 在 $R_0<|z|<\infty$ 的环域上没有任何奇点. 于是在这个区域上我们就可以构建一个环绕原点一周的回路 C, 从复平面和复球面的对应上, 我们不难看出, 这条回路当然也是环绕无穷远点一周的. 于是, 我们就可以通过如下回路积分来定义函数 $f(z)$ 在无穷远点的留数 $\operatorname{Res}f(\infty)$:

$$\operatorname{Res}f(\infty)=\frac{1}{2\pi\mathrm{i}}\oint_C f(z)\mathrm{d}z. \tag{1.6.14}$$

请注意上式中的回路积分是沿着顺时针方向进行了, 这是因为复平面上的顺时针方向的回路积分在无穷远点看来才是逆时针方向的回路积分 (这点可以从复球面上清晰地看到), 这样才与我们前面留数的定义相符合. 也正是因为这个回路积分的方向问题, 函数 $f(z)$ 在无穷远点的留数不再简单是相应洛朗级数展开的系数 a_{-1}, 而是前面要多一个负号. 对这一点的证明, 也就是对 $\mathrm{Res}f(\infty)$ 的计算, 并不如之前计算有限远点处的留数那么直接.

我们知道, 无穷远点附近环域上函数的洛朗级数展开是需要通过 $z = 1/z'$ 变量变换而从 $f(1/z') \equiv g(z')$ 在 $z'_0 = 0$ 点附近邻域上的洛朗级数展开而得. 相应地, 上面给出的留数计算也应通过如此变量变换来进行. 但这里需要注意的是, 由于 $z = 1/z'$, 当把积分元由 z 变为 z' 时积分回路要变向, 因为这个变量变换不仅使复数的模做了相应的变化, 同时辐角也多了一个负号. 因此

$$\begin{aligned}\mathrm{Res}f(\infty) &= \frac{1}{2\pi \mathrm{i}} \oint\limits_{C} f(z)\mathrm{d}z \\ &= -\frac{1}{2\pi \mathrm{i}} \oint\limits_{C'} f\left(\frac{1}{z'}\right)\frac{1}{z'^2}\mathrm{d}z' \equiv -\frac{1}{2\pi \mathrm{i}} \oint\limits_{C'} F(z')\mathrm{d}z'. \end{aligned} \tag{1.6.15}$$

这里 C' 是在 $z = 1/z'$ 变量变换下与 C 相对应的环绕 $z' = 0$ 的积分回路. 很显然, 由于无穷远点是 $f(z)$ 的孤立奇点, 因此 $z' = 0$ 同样也是上述被积函数的孤立奇点. 设 $f(z)$ 的洛朗级数展开为

$$f(z) = \sum_{n=-\infty}^{\infty} a_n z^n, \tag{1.6.16}$$

因此

$$F(z') \equiv f\left(\frac{1}{z'}\right)\frac{1}{z'^2} = \sum_{n=-\infty}^{\infty} a_n z'^{-n-2}. \tag{1.6.17}$$

综上, 从 (1.6.15) 式我们不难得出

$$\mathrm{Res}f(\infty) = -\mathrm{Res}F(0) = -a_{-1}. \tag{1.6.18}$$

留数和定理: 如果一个函数 $f(z)$ 只有有限个孤立奇点 (包括无穷远点), 且在全复平面上除这些孤立奇点外解析, 则该函数的所有奇点 (包括无穷远点) 处的留数的和为零.

证明 对这个定理的证明其实是显而易见的. 因为所有的奇点都是孤立奇点, 所以在复平面上总可以找到一个大的闭合回路 C, 所有的有限远奇点 z_m ($m = 1, 2, \cdots$) 都在这个回路包围的区域之内而只有无穷远点在这个回路之外, 依据前

述的留数定理及无穷远点留数的定义, 我们于是有

$$\mathrm{Res}f(\infty)+\sum_{m}\mathrm{Res}f(z_m)=\frac{1}{2\pi\mathrm{i}}\oint_{C}f(z)\mathrm{d}z+\frac{1}{2\pi\mathrm{i}}\oint_{C}f(z)\mathrm{d}z\equiv 0. \tag{1.6.19}$$

得证.

其实, 留数和定理有一个更简便直接的证明: 我们只需要在函数 $f(z)$ 的某个单连通解析区域上画一个闭合回路, 该函数所有的奇点都将在此闭合回路之外, 包括无穷远点, 因此, 沿这个闭合回路对该函数做顺时针回路积分就得到了该函数所有奇点留数的和, 而由于此回路是该函数单连通解析区域上的闭合回路, 其积分必然等于零, 于是我们就得到了留数和定理. 留数和定理其实也提供了求解无穷远点留数的一种方法, 即求解所有有限远点奇点留数和的相反数.

习 题 1.6

1. 试确定下列函数在 $z=0$ 处的留数:

(1) $\dfrac{1}{z+z^2}$; (2) $z\cos\left(\dfrac{1}{z}\right)$; (3) $\dfrac{z-\sin z}{z}$;

(4) $\dfrac{\mathrm{e}^{iaz}-\mathrm{e}^{ibz}}{z^2}$; (5) $\dfrac{\cot z}{z^3}$; (6) $z^2\exp\left(\dfrac{1}{z}\right)$.

2. 利用留数定理求解下列积分:

(1) $\displaystyle\oint_{|z|=1}\frac{2z+1}{2z^2-z}\mathrm{d}z$; (2) $\displaystyle\oint_{|z|=1}\sin\frac{1}{z}\mathrm{d}z$;

(3) $\displaystyle\oint_{|z|=2}\frac{\sinh z}{z^4(1-z^2)}\mathrm{d}z$; (4) $\displaystyle\oint_{|z|=2}\frac{\mathrm{e}^{(-z)}}{(z-1)^2}\mathrm{d}z$;

(5) $\displaystyle\oint_{|z-3|=1}\frac{\mathrm{e}^z}{z^2(z^2-9)}\mathrm{d}z$; (6) $\displaystyle\oint_{|z|=1}\frac{\mathrm{d}z}{\sin^2 z}$.

3. 求下列函数在所有孤立奇点 (包括无穷远点) 处的留数:

(1) $\dfrac{\sin 3z}{(z+1)^2}$; (2) $\dfrac{\mathrm{e}^{1/z}}{z^2(z^2+4)}$; (3) $\dfrac{z+1}{z^2-2z}$;

(4) $z^3\cos\dfrac{1}{z-2}$; (5) $\dfrac{z}{1/2-\sin^2 z}$; (6) $\dfrac{z^{2n}}{(z+1)^n}$ (n 为正整数).

1.7 留数定理在实变函数积分中的应用

从 1.6 节我们看到, 留数定理的存在使得复变函数回路积分的计算变得简单, 它直接将积分的运算转换成了微分的运算. 事实上, 留数定理不仅可以帮助我们计算复变函数回路积分, 同时对于某些满足一定条件的实变函数积分, 它也为我们提供了简洁、高效的计算手段, 尤其是一些特定的在实变函数框架下难以计算的实变函数积分.

下面, 我们来分情况对留数定理在实变函数积分中的应用作进一步的讨论.

1.7.1 类型一: $\int_{-\infty}^{\infty} f(x)\,\mathrm{d}x$ 型积分

留数定理在实变函数积分中的应用(一)

1. *被积函数在实轴上没有奇点的情形*

为了运用留数定理来求解这一类型的实变函数积分, 对于被积函数是有一定要求的: 当把被积函数 $f(x)$ 自变量直接换为复数而延拓成一个复变函数 $f(z)$ 后, $f(z)$ 须满足下列条件:

(1) $f(z)$ 在复平面上半平面上除有限个孤立奇点外解析;

(2) 当 $|z| \to \infty$ 时, 对于 $0 \leqslant \arg z \leqslant \pi$, $zf(z)$ 一致地趋于零.

我们来讨论当被积函数满足这些条件后该如何运用留数定理来求解积分

$$I = \int_{-\infty}^{\infty} f(x)\,\mathrm{d}x. \tag{1.7.1}$$

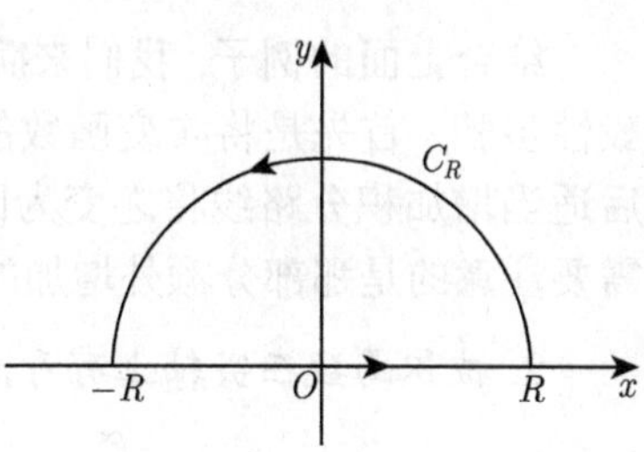

图 1.7.1 解析延拓后的积分围道

首先, 我们将被积实函数 $f(x)$ 延拓为复变函数 $f(z)$, 并考虑如图 1.7.1 所示的逆时针积分回路, 当 $R \to \infty$ 时, 积分回路就为实轴上从 $-\infty$ 到 $+\infty$ 外加上半平面一个以原点为圆心、半径无穷大的半圆弧 C_∞, 即所考虑回路积分为

$$\oint_C f(z)\,\mathrm{d}z = \lim_{R\to\infty} \int_{C_R} f(z)\,\mathrm{d}z + \int_{-\infty}^{\infty} f(x)\,\mathrm{d}x. \tag{1.7.2}$$

我们注意到这个新的复变函数的回路积分中沿实轴的积分就是我们原来的实变函数积分. 假设 $f(z)$ 在上半平面有有限个孤立奇点 z_i $(i = 1, 2, \cdots, n)$, 则运用留数定理可得上面的回路积分的结果为

$$\oint_C f(z)\,\mathrm{d}z=\lim_{R\to\infty}\int_{C_R} f(z)\,\mathrm{d}z+\int_{-\infty}^{\infty} f(x)\,\mathrm{d}x=2\pi\mathrm{i}\sum_{l=1}^{n}\mathrm{Res}f(z_l)\,. \tag{1.7.3}$$

但是, 我们所要求解的是 $\int_{-\infty}^{\infty} f(x)\,\mathrm{d}x$, 因此, 我们必须得求解出上式中沿着半圆弧的积分才能得到最终结果.

我们知道, 在此半圆弧上, $z=R\mathrm{e}^{\mathrm{i}\theta}$, 不难得出 $\mathrm{d}z=\mathrm{i}R\mathrm{e}^{\mathrm{i}\theta}\mathrm{d}\theta=\mathrm{i}z\mathrm{d}\theta$, 于是我们有

$$\lim_{R\to\infty}\left|\int_{C_R} f(z)\,\mathrm{d}z\right|\leqslant\lim_{R\to\infty}\int_0^{\pi}|f(z)\,z|\mathrm{d}\theta=0. \tag{1.7.4}$$

上式最后一步用到了 $zf(z)$ 在 $|z|\to\infty$ 时一致趋于零的条件.

因此, 我们就得

$$I=\int_{-\infty}^{\infty} f(x)\,\mathrm{d}x=2\pi\mathrm{i}\sum_{l=1}^{n}\mathrm{Res}f(z_l)\,. \tag{1.7.5}$$

注意, 上式中的留数是 $f(z)$ 在上半平面 (即所选取积分回路包围的区域) 内所有孤立奇点处的留数.

结合上面的例子, 我们来简单总结一下利用留数定理求解实变函数积分的一般性步骤. 首先是将实变函数的自变量直接换为复数而将之延拓为复变函数, 之后适当增加积分路线将之变为回路积分, 然后应用留数定理求出该回路积分. 所需要注意的是那部分额外增加的积分不会引起额外的积分负担.

2. 被积函数在实轴上有奇点的情形

主值积分

当我们所研究积分 $\int_{-\infty}^{\infty} f(x)\mathrm{d}x$ 的被积函数 $f(x)$ 在实轴上有奇点 x_0 时, 我们知道这个反常积分由于 $f(x)$ 在奇点上的发散性, 它的一般积分是不存在的, 但其**主值积分**

$$P\int_{-\infty}^{\infty} f(x)\mathrm{d}x\equiv\lim_{\epsilon\to 0}\left(\int_{-\infty}^{x_0-\epsilon} f(x)\mathrm{d}x+\int_{x_0+\epsilon}^{\infty} f(x)\mathrm{d}x\right) \tag{1.7.6}$$

还是有可能存在的,且可以运用留数定理来求得. 当然,被积函数须满足如下要求:当把被积函数 $f(x)$ 自变量直接换为复数而延拓成一个复变函数 $f(z)$ 后, $f(z)$ 须满足下列条件

(1) $f(z)$ 在复平面上半平面上除有限个孤立奇点外解析;

(2) 当 $|z|\to\infty$ 时, 对于 $0\leqslant\arg z\leqslant\pi$, $zf(z)$ 一致地趋于零;

(3) 实轴上的奇点 x_0 至多为 $f(z)$ 的单极点.

为了求解该主值积分, 在将被积函数 $f(x)$ 延拓为复变函数 $f(z)$ 后, 我们构造如图 1.7.2 所示的逆时针积分回路, 其中 C_R 为以原点为圆心、半径为 R 的半圆弧, C_ϵ 为以 x_0 为圆心、半径为 ϵ 的半圆弧. 当取 $R\to\infty$ 和 $\epsilon\to0$ 的极限时, 回路中沿实轴的积分就是我们要求的主值积分. 在此极限下, 我们不难得出

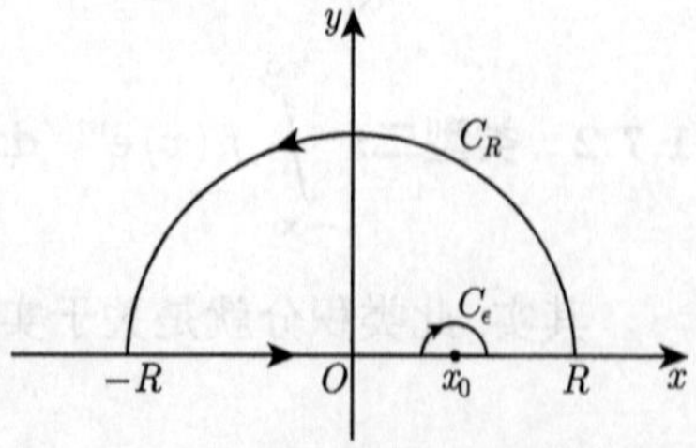

图 1.7.2 实轴上有奇点时解析延拓后的积分围道

$$\oint_C f(z)\,\mathrm{d}z\equiv\lim_{R\to\infty}\int_{C_R}f(z)\,\mathrm{d}z+P\int_{-\infty}^{\infty}f(x)\,\mathrm{d}x+\lim_{\epsilon\to0}\int_{C_\epsilon}f(z)\mathrm{d}z=2\pi\mathrm{i}\sum_{l=1}^{n}\mathrm{Res}f(z_l),\tag{1.7.7}$$

其中 z_l 为 $f(z)$ 在上半平面的奇点. 注意图中各段积分的方向.

与前类似, 由于条件 (2), 我们知道, 当 $R\to\infty$ 时, $f(z)$ 沿 C_R 的积分为零. 对于沿 C_ϵ 的积分, 首先我们知道, 沿此路径 $z=x_0+\epsilon\mathrm{e}^{\mathrm{i}\theta}$, 于是 $\mathrm{d}z=\mathrm{i}\epsilon\mathrm{e}^{\mathrm{i}\theta}\mathrm{d}\theta$; 同时考虑到 x_0 为 $f(z)$ 的单极点, $f(z)$ 在 x_0 点附近邻环域上的洛朗级数展开为

$$f(z)=\frac{\mathrm{Res}f(x_0)}{\epsilon\mathrm{e}^{\mathrm{i}\theta}}+\sum_{n=0}^{\infty}a_n(\epsilon\mathrm{e}^{\mathrm{i}\theta})^n.\tag{1.7.8}$$

于是, 我们就有

$$\lim_{\epsilon\to0}\int_{C_\epsilon}f(z)\mathrm{d}z=\mathrm{i}\mathrm{Res}f(x_0)\int_{\pi}^{0}\mathrm{d}\theta+\mathrm{i}\sum_{n=0}^{\infty}a_n\lim_{\epsilon\to0}\int_{\pi}^{0}(\epsilon\mathrm{e}^{\mathrm{i}\theta})^{(n+1)}\mathrm{d}\theta.\tag{1.7.9}$$

而上式右边最后一项在 $\epsilon\to0$ 的极限下为零, 因此

$$\lim_{\epsilon\to0}\int_{C_\epsilon}f(z)\mathrm{d}z=-\pi\mathrm{i}\mathrm{Res}f(x_0),\tag{1.7.10}$$

进而我们得

$$P\int_{-\infty}^{\infty}f(x)\,\mathrm{d}x=2\pi\mathrm{i}\sum_{l=1}^{n}\mathrm{Res}f(z_l)+\pi\mathrm{i}\mathrm{Res}f(x_0).\tag{1.7.11}$$

从上面的证明, 我们也能看出, 当 x_0 为 $f(z)$ 的高阶极点时, 主值积分也将不存在.

如果被积函数 $f(x)$ 在实轴上有有限个孤立单极点 $x_i\ (i=1,2,\cdots,m)$, 不难得出

$$P\int_{-\infty}^{\infty} f(x)\,\mathrm{d}x = 2\pi\mathrm{i}\sum_{l=1}^{n}\mathrm{Res}f(z_l) + \pi\mathrm{i}\sum_{i=1}^{m}\mathrm{Res}f(x_i). \tag{1.7.12}$$

1.7.2 类型二: $\int_{-\infty}^{\infty} f(x)\,\mathrm{e}^{\mathrm{i}mx}\mathrm{d}x$ 型积分

其实, 此类积分就是关于实变函数积分

$$\int_{-\infty}^{+\infty} f(x)\sin mx\ \mathrm{d}x \tag{1.7.13}$$

和

$$\int_{-\infty}^{+\infty} f(x)\cos mx\ \mathrm{d}x \tag{1.7.14}$$

的计算, 因为根据欧拉公式, 有

$$\int_{-\infty}^{\infty} f(x)\,\mathrm{e}^{imx}\mathrm{d}x = \int_{-\infty}^{+\infty} f(x)\cos mx\ \mathrm{d}x + \mathrm{i}\int_{-\infty}^{+\infty} f(x)\sin mx\ \mathrm{d}x, \tag{1.7.15}$$

即

$$\int_{-\infty}^{+\infty} f(x)\cos mx\ \mathrm{d}x = \mathrm{Re}\int_{-\infty}^{\infty} f(x)\,\mathrm{e}^{\mathrm{i}mx}\mathrm{d}x, \tag{1.7.16}$$

$$\int_{-\infty}^{+\infty} f(x)\sin mx\ \mathrm{d}x = \mathrm{Im}\int_{-\infty}^{\infty} f(x)\,\mathrm{e}^{\mathrm{i}mx}\mathrm{d}x. \tag{1.7.17}$$

在对这类实变函数积分进行讨论前, 我们首先来介绍一个与之密切相关的定理, 即若尔当 (Jordan) 引理.

若尔当引理: C_R 为以原点为圆心、R 为半径的上半复平面上的半圆弧, 如果函数 $f(z)$ 在上半平面及实轴上, 当 $|z|\to\infty$ 时, $f(z)$ 一致地趋于零, 即

若尔当引理

$$|f(z)| \leqslant M(R),\quad \lim_{R\to\infty} M(R) = 0, \tag{1.7.18}$$

则

$$\lim_{R\to\infty}\int_{C_R} f(z)\,\mathrm{e}^{\mathrm{i}mz}\mathrm{d}z = 0, \quad m>0. \tag{1.7.19}$$

证明 我们知道, 在此积分半圆弧上 $z = R\mathrm{e}^{\mathrm{i}\theta} = R(\cos\theta + \mathrm{i}\sin\theta)$, 于是上述积分可化为

$$I = \int_{C_R} f(z)\,\mathrm{e}^{\mathrm{i}mz}\mathrm{d}z = \int_0^{\pi} f\left(R\mathrm{e}^{\mathrm{i}\theta}\right)\mathrm{e}^{\mathrm{i}mR\cos\theta}\mathrm{e}^{-mR\sin\theta}\mathrm{i}R\mathrm{e}^{\mathrm{i}\theta}\mathrm{d}\theta, \tag{1.7.20}$$

于是我们进一步可以得

$$\begin{aligned}|I| &\leqslant \int_0^{\pi}\left|f\left(R\mathrm{e}^{\mathrm{i}\theta}\right)\mathrm{e}^{\mathrm{i}mR\cos\theta}\mathrm{e}^{-mR\sin\theta}\mathrm{i}R\mathrm{e}^{\mathrm{i}\theta}\right|\mathrm{d}\theta \\ &= \int_0^{\pi}\left|f\left(R\mathrm{e}^{\mathrm{i}\theta}\right)\right|\mathrm{e}^{-mR\sin\theta}R\mathrm{d}\theta \leqslant M(R)\,R\int_0^{\pi}\mathrm{e}^{-mR\sin\theta}\mathrm{d}\theta.\end{aligned} \tag{1.7.21}$$

从图 1.7.3 中我们不难得出

$$\int_0^{\pi}\mathrm{e}^{-mR\sin\theta}\mathrm{d}\theta = 2\int_0^{\pi/2}\mathrm{e}^{-mR\sin\theta}\mathrm{d}\theta \leqslant 2\int_0^{\pi/2}\mathrm{e}^{-2mR\frac{\theta}{\pi}}\mathrm{d}\theta, \tag{1.7.22}$$

因此

$$|I| \leqslant 2M(R)\,R\int_0^{\pi/2}\mathrm{e}^{-2mR\frac{\theta}{\pi}}\mathrm{d}\theta = \frac{\pi M(R)}{m}\left(1-\mathrm{e}^{-mR}\right), \tag{1.7.23}$$

进而我们得到

$$\lim_{R\to\infty}|I| = 0, \tag{1.7.24}$$

即得到若尔当引理 (1.7.19) 式.

注意, 以上若尔当引理的证明是基于 $m>0$ 的情况, 如果 $m<0$, 则出于收敛性的问题, 我们就需要考虑函数在下半平面的奇异性问题了, 并且相应的积分圆弧也是下半平面的半圆弧, 同时需要注意到积分回路的方向问题. 当然, 具体过程与上面的证明没有本质的差别. 为了简便起见, 我们下面的讨论将集中在 $m>0$ 的情况.

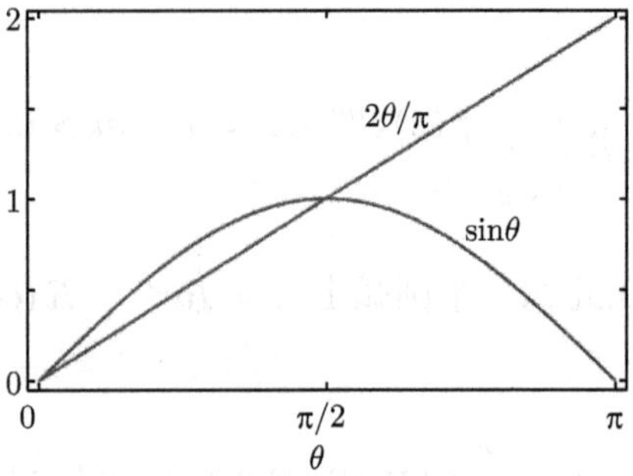

图 1.7.3 函数 $2\theta/\pi$ 和函数 $\sin\theta$ 的比较

有了若尔当引理, 我们回头再来看我们所要求解的实变函数积分

留数定理在实变函数积分中的应用（二）

$$\int_{-\infty}^{\infty} f(x)\,\mathrm{e}^{\mathrm{i}mx}\mathrm{d}x \quad (m > 0).$$

我们知道, 为了能够运用留数定理求解该积分, 我们需要将被积函数 $f(x)$ 延拓为复变函数 $f(z)$, 并且该函数须满足: ① $f(z)$ 在上半平面除有限个孤立奇点 $\{z_l; l=1,2,\cdots,n\}$ 外解析, ② 在实轴上除有限个单极点 $\{x_j; j=1,2,\cdots,k\}$ 外解析, ③ 当 $|z|\to\infty$ 时, $f(z)$ 一致地趋于零. 取与第一种类型一样的积分回路, 并利用留数定理, 我们有

$$\begin{aligned}\oint_C F(z)\,\mathrm{d}z &= \lim_{R\to\infty}\int_{C_R} F(z)\,\mathrm{d}z + \int_{-\infty}^{\infty} F(x)\,\mathrm{d}x \\ &= 2\pi\mathrm{i}\sum_{l=1}^{n}\mathrm{Res}F(z_l) + \mathrm{i}\pi\sum_{j=1}^{k}\mathrm{Res}F(x_j),\end{aligned} \tag{1.7.25}$$

其中

$$F(z) = f(z)\,\mathrm{e}^{\mathrm{i}mz}. \tag{1.7.26}$$

而由若尔当引理, (1.7.25) 式的半圆弧积分在 $R\to\infty$ 的极限下为零, 因此我们得到最终结果

$$\int_{-\infty}^{\infty} f(x)\,\mathrm{e}^{\mathrm{i}mx}\mathrm{d}x = 2\pi\mathrm{i}\sum_{l=1}^{n}\mathrm{Res}F(z_l) + \mathrm{i}\pi\sum_{j=1}^{k}\mathrm{Res}F(x_j). \tag{1.7.27}$$

再进一步, 从 (1.7.15) 式可看到, 上式中的实部所对应的就是积分 $\int_{-\infty}^{+\infty} f(x)\cos mx\,\mathrm{d}x$,

而上式中的虚部则对应于积分 $\int\limits_{-\infty}^{+\infty} f(x)\sin mx\ \mathrm{d}x$, 即

$$\int\limits_{-\infty}^{+\infty} f(x)\cos mx\ \mathrm{d}x = -2\pi\sum_{l=1}^{n}\operatorname{Im}\operatorname{Res}F(z_l) - \pi\sum_{j=1}^{k}\operatorname{Im}\operatorname{Res}F(x_j), \tag{1.7.28}$$

而

$$\int\limits_{-\infty}^{+\infty} f(x)\sin mx\ \mathrm{d}x = 2\pi\sum_{l=1}^{n}\operatorname{Re}\operatorname{Res}F(z_l) + \pi\sum_{j=1}^{k}\operatorname{Re}\operatorname{Res}F(x_j). \tag{1.7.29}$$

对于 $m<0$ 的情况, 从正弦函数和余弦函数的奇偶性上, 我们不难从上面的表达式得到相应的结果.

1.7.3 类型三: $\int\limits_{0}^{2\pi} f(\cos\theta, \sin\theta)\,\mathrm{d}\theta$ 型积分

留数定理在实变函数积分中的应用（三）

此类积分中的被积函数 $f(\cos\theta, \sin\theta)$ 为 $\cos\theta$ 和 $\sin\theta$ 的非奇异的有理式. 对于此类实变函数的积分, 利用留数定理进行计算的方法与上面所提的前两类略有不同: 我们并不需要额外地增加部分积分路径, 只需利用欧拉公式将被积函数中的三角函数式以及积分元直接用相应单位圆上的复数表示出来即可, 这样, 相应的积分就变成了复平面上沿单位圆的回路积分, 然后利用留数定理就可得到相应的结果. 具体方法如下.

由于在复平面的单位圆上, 由欧拉公式, 有

$$z = \mathrm{e}^{\mathrm{i}\theta} = \cos\theta + \mathrm{i}\sin\theta, \tag{1.7.30}$$

因此

$$\cos\theta = \frac{z+z^{-1}}{2}, \quad \sin\theta = \frac{z-z^{-1}}{2\mathrm{i}}, \tag{1.7.31}$$

$$\mathrm{d}z = \mathrm{i}\mathrm{e}^{\mathrm{i}\theta}\mathrm{d}\theta = \mathrm{i}z\mathrm{d}\theta \quad\Rightarrow\quad \mathrm{d}\theta = \frac{\mathrm{d}z}{\mathrm{i}z}. \tag{1.7.32}$$

将上面两个式子中的关系式代入所要求解的积分中, 就有

$$I = \int\limits_{0}^{2\pi} f(\cos\theta, \sin\theta)\,\mathrm{d}\theta = \oint\limits_{|z|=1} f\left(\frac{z+z^{-1}}{2}, \frac{z-z^{-1}}{2\mathrm{i}}\right)\frac{\mathrm{d}z}{\mathrm{i}z}$$

$$= 2\pi \mathrm{i} \sum_{l=1}^{n} \mathrm{Res} F(z_l), \tag{1.7.33}$$

其中

$$F(z) = \frac{f\left(\dfrac{z+z^{-1}}{2}, \dfrac{z-z^{-1}}{2\mathrm{i}}\right)}{\mathrm{i}z}, \tag{1.7.34}$$

而 z_l $(l = 1, 2, \cdots, n)$ 为 $F(z)$ 在单位圆所包围区域内的孤立奇点.

注意, 在上两式利用欧拉公式写出三角函数的表达式时我们没有用 z^* 而是用了 z^{-1}, 原因是我们需要保持函数的解析性, 而能够这样写是因为在积分回路上 z 的模始终为 1.

例 1.7.1 计算积分

$$I = \int_0^{2\pi} \frac{\mathrm{d}\theta}{1 + a\sin\theta}, \quad 0 < |a| < 1. \tag{1.7.35}$$

解 做代换 $z = \mathrm{e}^{\mathrm{i}\theta}$, $\sin\theta = (z - z^{-1})/(2\mathrm{i})$, 同时 $\mathrm{d}\theta = \mathrm{d}z/(\mathrm{i}z)$, 于是, 上式中的积分变为

$$I = \oint_{|z|=1} \frac{2/a}{z^2 + (2\mathrm{i}/a)z - 1} \mathrm{d}z, \tag{1.7.36}$$

被积函数可进一步化为

$$F(z) = \frac{2/a}{(z-z_1)(z-z_2)}, \quad z_1 = \mathrm{i}\left(\frac{-1+\sqrt{1-a^2}}{a}\right), \quad z_2 = \mathrm{i}\left(\frac{-1-\sqrt{1-a^2}}{a}\right). \tag{1.7.37}$$

不难看出, 只有 $z = z_1$ 这个奇点处于积分回路所包围的区域内, 而且是单极点, 被积函数在该奇点处的留数为

$$\mathrm{Res} F(z_1) = \lim_{z \to z_1} (z - z_1) F(z) = \frac{1}{\mathrm{i}\sqrt{1-a^2}}, \tag{1.7.38}$$

于是有

$$I = 2\pi \mathrm{i} \mathrm{Res} F(z) = \frac{2\pi}{\sqrt{1-a^2}}. \tag{1.7.39}$$

例 1.7.2 计算积分

$$I = \int_0^{\pi} \frac{\mathrm{d}\theta}{1 - 2a\cos\theta + a^2}, \quad |a| < 1. \tag{1.7.40}$$

解 由于上式中的被积函数为偶函数, 且考虑到余弦函数的 2π 周期性, 因此有

$$I=\frac{1}{2}\int_{0}^{2\pi}\frac{\mathrm{d}\theta}{1-2a\cos\theta+a^2},\quad |a|<1. \tag{1.7.41}$$

对此式做如上的变量代换后, 我们有

$$I=\oint_{|z|=1}\frac{\mathrm{d}z}{2\mathrm{i}(z-a)(1-az)}. \tag{1.7.42}$$

从此表达式不难看出, 被积函数只有 $z=a$ 这个单极点在积分回路所包围的区域内, 且被积函数在此点的留数为 $\mathrm{Res}F(a)=1/[2\mathrm{i}(1-a^2)]$. 因此, 由留数定理我们可以很容易得出

$$I=\frac{\pi}{1-a^2}. \tag{1.7.43}$$

此问题运用在高等数学中所学的万能代换也是可以解决的, 但比较起来, 那种方法要比目前这种方法复杂.

在本节最后, 我们来简单总结一下利用留数定理求解实变函数积分的要求和一般步骤.

利用留数定理计算实变函数积分的一般性步骤: ① 将被积实函数延拓至复平面而成为复变函数; ② 根据延拓后的复变函数的解析性质和极限行为选取合适的回路, 该回路一定包含原有实变函数积分路径以及补充路径, 该回路补充段的选取以简单易算为准则; ③ 利用留数定理算出整个回路积分的结果, 然后减去补充段积分的结果, 就得到了所需实变函数积分值. 或者, 如上面所讲第三种类型那样, 通过合适的变量代换后待求积分直接转换成某复变函数的回路积分.

必须注意的是, 在运用以上方法作实变函数积分时, 一定要注意各种类型中相应被积函数在延拓后得到的复变函数所应满足的条件.

另外, 也须注意, 回路补充段的选取不都是如本节中上面所提各例那样选取上半平面的无限大半圆弧, 而是视被积函数情况而定, 其原则就是增加的补充段积分不会引起额外的积分困难.

留数定理应用拾遗

例 1.7.3 计算下列积分:

$$I=\int_{-\infty}^{\infty}\frac{\mathrm{e}^{ax}}{1+\mathrm{e}^{x}}\mathrm{d}x,\quad 0<a<1. \tag{1.7.44}$$

解 首先, 我们将自变量直接换为复数而将被积函数延拓为一个复变函数

$$f(z)=\frac{\mathrm{e}^{az}}{1+\mathrm{e}^{z}}. \tag{1.7.45}$$

之后我们来考察这个复变函数的奇异性, 它的奇点就是使其分母为零的点, 即

$$1+\mathrm{e}^{z}=0 \quad\Rightarrow\quad z_l=\mathrm{i}(2l+1)\pi,\ \ l=0,\pm1,\pm2,\cdots. \tag{1.7.46}$$

于是我们看到它在复平面内有无穷多个孤立奇点, 这就意味着我们不能再如前面所述那样取回路了. 为了方便计算, 我们取如图 1.7.4 中所示的回路. 不难看出, 整个回路积分可以分解为四部分, 并且当 $R\to\infty$ 时, 回路中沿实轴的积分就是待求的积分, 且回路所围区域中始终只有 $z_0=\mathrm{i}\pi$ 这一个单极点. 于是, 由留数定理, 我们知

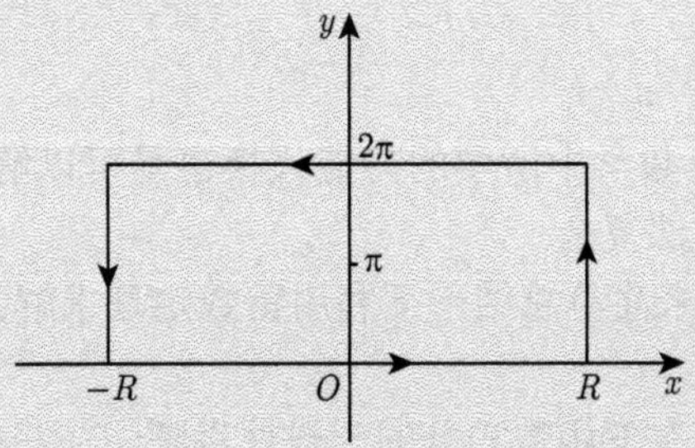

图 1.7.4 例 1.7.3 中所取积分回路示意图

$$\begin{aligned}\lim_{R\to\infty}\oint_C\frac{\mathrm{e}^{az}}{1+\mathrm{e}^{z}}\mathrm{d}z=&\int_{-\infty}^{\infty}\frac{\mathrm{e}^{ax}}{1+\mathrm{e}^{x}}\mathrm{d}x+\lim_{R\to\infty}\int_0^{2\pi}\frac{\mathrm{e}^{a(R+\mathrm{i}y)}}{1+\mathrm{e}^{(R+\mathrm{i}y)}}\mathrm{i}\mathrm{d}y\\&+\int_{\infty}^{-\infty}\frac{\mathrm{e}^{a(x+2\pi\mathrm{i})}}{1+\mathrm{e}^{x}}\mathrm{d}x+\lim_{R\to\infty}\int_{2\pi}^{0}\frac{\mathrm{e}^{a(-R+\mathrm{i}y)}}{1+\mathrm{e}^{(-R+\mathrm{i}y)}}\mathrm{i}\mathrm{d}y\\=&\,2\pi\mathrm{i}\,\mathrm{Res}f(\mathrm{i}\pi).\end{aligned} \tag{1.7.47}$$

现在, 我们分别来仔细计算一下各个部分的积分结果. 首先,

$$\left|\int_0^{2\pi}\frac{\mathrm{e}^{a(R+\mathrm{i}y)}}{1+\mathrm{e}^{(R+\mathrm{i}y)}}\mathrm{i}\mathrm{d}y\right|\leqslant\int_0^{2\pi}\left|\frac{\mathrm{e}^{a(R+\mathrm{i}y)}}{1+\mathrm{e}^{(R+\mathrm{i}y)}}\right|\mathrm{d}y\leqslant\frac{\mathrm{e}^{aR}2\pi}{\mathrm{e}^{R}-1}. \tag{1.7.48}$$

请注意, 我们最终是要取极限 $R\to\infty$, 而

$$\lim_{R\to\infty}\frac{\mathrm{e}^{aR}2\pi}{\mathrm{e}^{R}-1}=0, \tag{1.7.49}$$

因此, 该项对最终积分结果无贡献. 同理可得

$$\lim_{R\to\infty}\left|\int_{2\pi}^{0}\frac{\mathrm{e}^{a(-R+\mathrm{i}y)}}{1+\mathrm{e}^{(-R+\mathrm{i}y)}}\mathrm{i}\mathrm{d}y\right| = 0. \tag{1.7.50}$$

而

$$\mathrm{Res}f(\mathrm{i}\pi) = \lim_{z\to\mathrm{i}\pi}\left(\frac{(z-\mathrm{i}\pi)\,\mathrm{e}^{az}}{1+\mathrm{e}^{z}}\right) = \frac{\mathrm{e}^{\mathrm{i}a\pi}}{\mathrm{e}^{\mathrm{i}\pi}} = -\mathrm{e}^{\mathrm{i}a\pi}, \tag{1.7.51}$$

因此, 有

$$\int_{-\infty}^{\infty}\frac{\mathrm{e}^{ax}}{1+\mathrm{e}^{x}}\mathrm{d}x + \int_{\infty}^{-\infty}\frac{\mathrm{e}^{a(x+2\pi\mathrm{i})}}{1+\mathrm{e}^{x}}\mathrm{d}x = \left(1-\mathrm{e}^{2a\pi\mathrm{i}}\right)\int_{-\infty}^{\infty}\frac{\mathrm{e}^{ax}}{1+\mathrm{e}^{x}}\mathrm{d}x = -2\pi\mathrm{i}\mathrm{e}^{\mathrm{i}a\pi}, \tag{1.7.52}$$

最终我们得到

$$\int_{-\infty}^{\infty}\frac{\mathrm{e}^{ax}}{1+\mathrm{e}^{x}}\mathrm{d}x = \frac{-2\pi\mathrm{i}\mathrm{e}^{\mathrm{i}a\pi}}{1-\mathrm{e}^{\mathrm{i}2a\pi}} = \frac{\pi}{\sin a\pi}. \tag{1.7.53}$$

1.7.4 具有支点的函数的积分

具有支点的函数的积分

我们来考虑如下这类常见的积分:

$$I = \int_{0}^{\infty} x^{\alpha}R(x)\mathrm{d}x, \tag{1.7.54}$$

其中 α 为非整实数, $R(x)$ 是在正实轴上没有奇点的有理函数, 并且当解析延拓为复变函数后, 它满足条件

$$\lim_{z\to 0} z^{\alpha+1}R(z) = 0, \ \lim_{z\to\infty} z^{\alpha+1}R(z) = 0. \tag{1.7.55}$$

我们不难看出, 上面的被积函数在解析延拓为复变函数 $f(z) = z^{\alpha}R(z)$ 后, 它具有 $z=0$ 和 $z=\infty$ 两个支点, 其黎曼面由多个单值分支组成. 解析函数的积分回路必须是在一个单值分支内. 为此, 我们取正实轴为割线, 并在第一个单值分支内取图 1.7.5 中的闭合积分回路, 在这个闭合回路中, 复变量 z 在沿正实轴上岸的路径上辐角为 $\arg z = 0$, 而在正实轴下岸的路径上 $\arg z = 2\pi$. 于是, 我们就构造了如下的回路

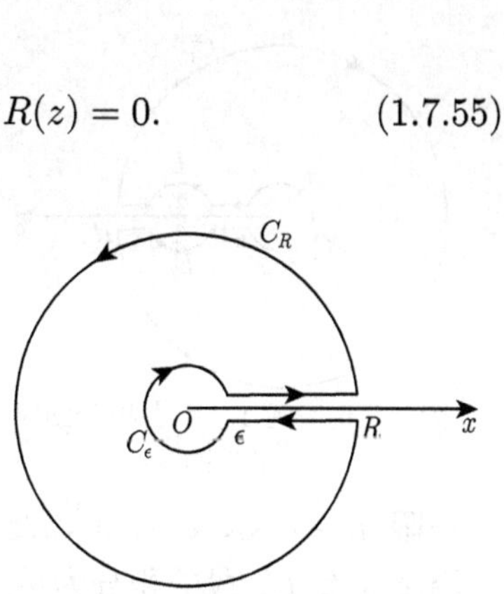

图 1.7.5 求解具有支点的函数的积分时回路选择示意图

积分:

$$\oint_C f(z)\mathrm{d}z = \int_\epsilon^R x^\alpha R(x)\mathrm{d}x + \int_{C_R} f(z)\mathrm{d}z + \mathrm{e}^{\mathrm{i}2\pi\alpha}\int_R^\epsilon x^\alpha R(x)\mathrm{d}x + \int_{C_\epsilon} f(z)\mathrm{d}z$$

$$= \left(1-\mathrm{e}^{\mathrm{i}2\pi\alpha}\right)\int_\epsilon^R x^\alpha R(x)\mathrm{d}x + \int_{C_R} f(z)\mathrm{d}z + \int_{C_\epsilon} f(z)\mathrm{d}z. \tag{1.7.56}$$

当取极限 $R\to\infty$ 和 $\epsilon\to 0$ 后, 第一项即一个常数乘以我们所关心的积分, 而后面两项由于 (1.7.55) 式中的条件均为零, 因此, 运用留数定理, 我们最终得到

$$\int_0^\infty x^\alpha R(x)\mathrm{d}x = \frac{2\pi\mathrm{i}}{1-\mathrm{e}^{\mathrm{i}2\pi\alpha}}\sum \mathrm{Res}f(z), \tag{1.7.57}$$

其中 $\sum \mathrm{Res}f(z)$ 表示函数 $f(z)$ 在上述回路所包围区域内的奇点的留数和.

结合前面所讨论的内容, 我们不难看出, 处理该类型积分的方法也可容易地推广到被积函数在正实轴上有单极点的情况. 我们来看如下的例子.

例 1.7.4 求解下列积分:

$$I = \int_0^\infty \frac{x^{-\alpha}}{1-x}\mathrm{d}x,\quad 0<\alpha<1. \tag{1.7.58}$$

解 由于

$$\lim_{|z|\to\infty}\frac{z^{1-\alpha}}{1-z}=0,\quad \lim_{|z|\to 0}\frac{z^{1-\alpha}}{1-z}=0, \tag{1.7.59}$$

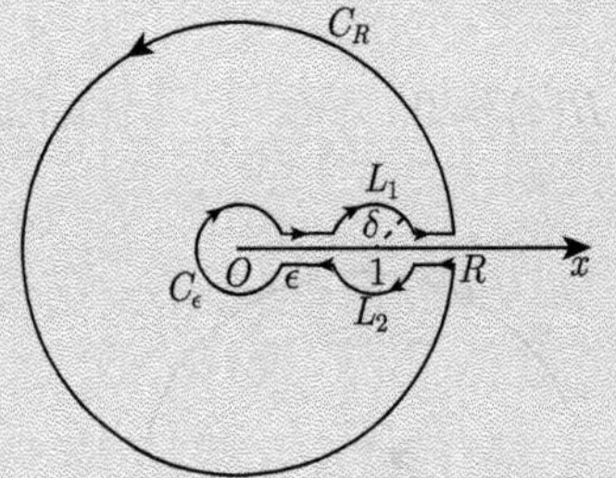

图 1.7.6 例 1.7.4 中积分回路示意图

因此该被积函数满足 (1.7.55) 式中的条件, 可以用上述方法来进行求解, 但由于被积函数在正实轴上存在 $x=1$ 这个单极点, 因此不能再像图 1.7.5 中那样构造积分回路了, 而应如图 1.7.6 这样.

同样, 这个回路是在被积函数的一个单值分支内, 我们取复变量在实轴上沿的辐角为 0 而在实轴下沿的辐角为 2π. 当取极限 $R\to\infty$、$\epsilon\to 0$ 以及 $\delta\to 0$ 后, 考虑到 (1.7.59) 式中的条件, 回路中沿 C_R 和 C_ϵ 段的积分为零, 再考虑到被积函数在积分回路所包围区域内没有奇点, 于是我们就有

$$(1-\mathrm{e}^{-2\mathrm{i}\pi\alpha})\int_0^\infty \frac{x^{-\alpha}}{1-x}\mathrm{d}x+\lim_{\delta\to 0}\left(\int_{L_1} f(z)\mathrm{d}z+\int_{L_2} f(z)\mathrm{d}z\right)=0, \tag{1.7.60}$$

其中

$$\lim_{\delta\to 0}\int_{L_1} f(z)\mathrm{d}z=-\mathrm{i}\lim_{\delta\to 0}\int_\pi^0 \left(1+\delta\mathrm{e}^{\mathrm{i}\theta}\right)^{-\alpha}\mathrm{d}\theta=\mathrm{i}\pi, \tag{1.7.61}$$

而对于 L_2 上的积分, 我们必须考虑到这个回路是在函数的单值分支上这一要求, 因此在 L_2 上, 复变量 z 将不能再如前一样表示成 $z=1+\delta\mathrm{e}^{\mathrm{i}\theta}$ 了, 而应该表示成 $z=\mathrm{e}^{2\pi\mathrm{i}}+\delta\mathrm{e}^{\mathrm{i}\theta}$, 这样在 L_2 上的积分就表示为

$$\lim_{\delta\to 0}\int_{L_2} f(z)\mathrm{d}z=-\mathrm{i}\lim_{\delta\to 0}\int_{2\pi}^\pi \left(\mathrm{e}^{2\pi\mathrm{i}}+\delta\mathrm{e}^{\mathrm{i}\theta}\right)^{-\alpha}\mathrm{d}\theta=\mathrm{i}\pi\mathrm{e}^{-2\pi\alpha\mathrm{i}}. \tag{1.7.62}$$

将以上两式的结果代入 (1.7.60) 式中, 我们最终得

$$\int_0^\infty \frac{x^{-\alpha}}{1-x}\mathrm{d}x=-\mathrm{i}\pi\frac{1+\mathrm{e}^{-2\pi\alpha\mathrm{i}}}{1-\mathrm{e}^{-2\pi\alpha\mathrm{i}}}=-\pi\cot(\pi\alpha). \tag{1.7.63}$$

习 题 1.7

1. 利用留数定理计算下列实变函数定积分:

(1) $\displaystyle\int_{-\infty}^\infty \frac{\mathrm{d}x}{x^2+1}$; (2) $\displaystyle\int_0^\infty \frac{x^2}{(x^2+1)(x^2+4)}\mathrm{d}x$; (3) $\displaystyle\int_0^\infty \frac{x^2}{x^4+1}\mathrm{d}x$;

(4) $\displaystyle\int_{-\infty}^\infty \frac{\mathrm{d}x}{x^2+3x+2}$; (5) $\displaystyle\int_{-\infty}^\infty \frac{x^2}{(x^2-9)(x^2+4)^2}\mathrm{d}x$; (6) $\displaystyle\int_0^\infty \frac{\mathrm{d}x}{x^6+1}$;

(7) $\displaystyle\int_{-\infty}^\infty \frac{x\mathrm{d}x}{(x^2-1)(x^2+2x+2)}$; (8) $\displaystyle\int_0^\infty \frac{\mathrm{d}x}{x^4+9}$.

2. 利用留数定理计算下列实变函数定积分:

(1) $\displaystyle\int_0^\infty \frac{\cos 2x}{(x^2+4)^2}\mathrm{d}x$; (2) $\displaystyle\int_0^\infty \frac{\sin x\mathrm{d}x}{x}$; (3) $\displaystyle\int_{-\infty}^\infty \frac{\sin^2 x\mathrm{d}x}{x^2}$;

(4) $\displaystyle\int_0^\infty \frac{x\sin 2x}{x^2+3}\mathrm{d}x$; (5) $\displaystyle\int_0^\infty \frac{\cos x\mathrm{d}x}{(x^2+9)(x^2+4)}$; (6) $\displaystyle\int_{-\infty}^\infty \frac{\sin 2x\mathrm{d}x}{x^2+4x+5}$;

(7) $\displaystyle\int_{-\infty}^{\infty}\frac{x\sin x}{x^2+2x+2}\mathrm{d}x$;　(8) $\displaystyle\int_{-\infty}^{\infty}\frac{(x+1)\cos x\mathrm{d}x}{x^2+4x+5}$;　(9) $\displaystyle\int_{-\infty}^{\infty}\frac{\sin x\mathrm{d}x}{(x+4)^2+9}$.

3. 利用留数定理计算下列实变函数定积分:

(1) $\displaystyle\int_{0}^{2\pi}\frac{\mathrm{d}\theta}{5+4\sin\theta}$;　(2) $\displaystyle\int_{0}^{2\pi}\frac{\mathrm{d}\theta}{1+\sin^2\theta}$;　(3) $\displaystyle\int_{0}^{2\pi}\frac{\cos^2 3\theta\mathrm{d}\theta}{5-4\cos 2\theta}$;

(4) $\displaystyle\int_{0}^{\pi/2}\frac{\mathrm{d}\theta}{1+\cos^2\theta}$;　(5) $\displaystyle\int_{0}^{2\pi}\frac{\sin^2\theta\mathrm{d}\theta}{3+2\cos\theta}$;　(6) $\displaystyle\int_{0}^{\pi}\sin^{2n}\theta\mathrm{d}\theta,\quad n\in\mathbb{N}$.

4. 利用留数定理证明:

$$\int_{0}^{\infty}\frac{\mathrm{d}x}{x^3+1}=\frac{2\pi}{3\sqrt{3}}.$$

5. 利用留数定理证明**菲涅耳积分** (Fresnel integral):

$$\int_{0}^{\infty}\cos(x^2)\mathrm{d}x=\int_{0}^{\infty}\sin(x^2)\mathrm{d}x=\frac{1}{2}\sqrt{\frac{\pi}{2}}.$$

菲涅耳积分在衍射理论的研究中相当重要.

1.8 复变函数的色散关系

色散关系

在数学物理问题中, 一个十分有意思的问题是: 对于一个在上半平面解析 (包括实轴) 的复变函数 $f(z)$, 如果它满足 $\lim\limits_{|z|\to\infty}f(z)\to 0$, 则在实轴上该解析函数 $f(x)=u(x)+\mathrm{i}v(x)$ 的实部和虚部有怎样的相互依赖关系?

为了研究这一问题, 我们来考虑如图 1.7.2 所示的回路积分

$$\oint_C\frac{f(z)}{z-z_0}\mathrm{d}z, \tag{1.8.1}$$

其中, z_0 在实轴上, 我们可以将它记为 $z_0\equiv x_0$. 由于函数 $f(z)$ 在上半平面解析, 利用柯西积分定理, 我们可得

$$\oint_C\frac{f(z)}{z-x_0}\mathrm{d}z=0. \tag{1.8.2}$$

而对于该回路积分, 我们还可将它拆分成如下若干个积分的和:

$$\oint_C \frac{f(z)}{z-x_0}\mathrm{d}z = \int_{-R}^{x_0-\delta}\frac{f(x)}{x-x_0}\mathrm{d}x + \int_{x_0+\delta}^{R}\frac{f(x)}{x-x_0}\mathrm{d}x$$

$$+\int_{\pi}^{0}\frac{f(x_0+\delta\mathrm{e}^{\mathrm{i}\theta})\mathrm{i}\delta\mathrm{e}^{\mathrm{i}\theta}}{\delta\mathrm{e}^{\mathrm{i}\theta}}\mathrm{d}\theta + \int_{0}^{\pi}\frac{f(x_0+R\mathrm{e}^{\mathrm{i}\theta})\mathrm{i}R\mathrm{e}^{\mathrm{i}\theta}}{R\mathrm{e}^{\mathrm{i}\theta}}\mathrm{d}\theta. \tag{1.8.3}$$

由于 $\lim\limits_{z\to\infty} f(z)\to 0$, 因此

$$\lim_{R\to\infty}\int_{0}^{\pi}\frac{f(x_0+R\mathrm{e}^{\mathrm{i}\theta})\mathrm{i}R\mathrm{e}^{\mathrm{i}\theta}}{R\mathrm{e}^{\mathrm{i}\theta}}\mathrm{d}\theta = 0. \tag{1.8.4}$$

而由于 $f(z)$ 在 $z=x_0$ 点解析, 因此利用解析函数的连续性, 我们很容易知道

$$\lim_{\delta\to 0}\int_{\pi}^{0}\frac{f(x_0+\delta\mathrm{e}^{\mathrm{i}\theta})\mathrm{i}\delta\mathrm{e}^{\mathrm{i}\theta}}{\delta\mathrm{e}^{\mathrm{i}\theta}}\mathrm{d}\theta = -\mathrm{i}\pi f(x_0), \tag{1.8.5}$$

且在上述极限下, 有

$$\lim_{\substack{R\to\infty\\ \delta\to 0}}\left[\int_{-R}^{x_0-\delta}\frac{f(x)}{x-x_0}\mathrm{d}x + \int_{x_0+\delta}^{R}\frac{f(x)}{x-x_0}\mathrm{d}x\right] \equiv P\int_{-\infty}^{\infty}\frac{f(x)}{x-x_0}\mathrm{d}x, \tag{1.8.6}$$

于是可得

$$\mathrm{i}f(x_0) = \frac{1}{\pi}P\int_{-\infty}^{\infty}\frac{f(x)}{x-x_0}\mathrm{d}x, \tag{1.8.7}$$

即

$$\mathrm{i}\left[u(x_0)+\mathrm{i}v(x_0)\right] = \frac{1}{\pi}P\int_{-\infty}^{\infty}\frac{u(x)+\mathrm{i}v(x)}{x-x_0}\mathrm{d}x. \tag{1.8.8}$$

这样, 我们就得到如下关系式:

$$u(x_0) = \frac{1}{\pi}P\int_{-\infty}^{\infty}\frac{v(x)}{x-x_0}\mathrm{d}x, \tag{1.8.9}$$

$$v(x_0) = -\frac{1}{\pi}P\int_{-\infty}^{\infty}\frac{u(x)}{x-x_0}\mathrm{d}x. \tag{1.8.10}$$

由此我们发现, 对于一个在**上半平面解析**且满足渐近条件 $\lim\limits_{|z|\to\infty} f(z)=0$ 的

复变函数 $f(z)$, 它在实轴上某点 x_0 函数值的实部和虚部可以分别由该函数的虚部和实部在实轴上的如下积分得到:

$$\mathrm{Re}f(x_0)=\frac{1}{\pi}P\int_{-\infty}^{\infty}\frac{\mathrm{Im}f(x)}{x-x_0}\mathrm{d}x, \tag{1.8.11}$$

$$\mathrm{Im}f(x_0)=-\frac{1}{\pi}P\int_{-\infty}^{\infty}\frac{\mathrm{Re}f(x)}{x-x_0}\mathrm{d}x. \tag{1.8.12}$$

该积分关系式在数学上称为**希尔伯特** (Hilbert) **变换**, 也称为该函数的**色散关系**.

在物理系统中有很多这样的复解析函数, 当其自变量 (如频率、能量等) 取实数时, 它的实部和虚部均有明确的物理含义, 例如在光学研究中. 色散这个概念其实最初就是从光学引入的, 它表明了各相关物理量对光的频率或波长的依赖关系. 当研究光在耗散介质中传播的问题时需用到复折射率的概念, 复折射率 n 的实部由光在该介质中的相速度决定, 而其虚部则与吸收系数有关. 1926 年至 1927 年, 克拉默斯 (Kramers) 和克勒尼希 (Kronig) 在对复折射率 n 进行研究后发现所有频率下 n^2-1 的实部和虚部 (从而吸收系数和相速度) 有如上的关系, 这就是光学中的色散关系, 也称为克拉默斯–克勒尼希关系. 后来, 我们就将所有实部和虚部形如上面的相互依赖关系统称为色散关系.

注意, 上面所给出的色散关系是针对在上半平面解析的函数而言. 对于一个在**下半平面解析**且满足渐近条件 $\lim\limits_{|z|\to\infty}f(z)=0$ 的复变函数 $f(z)$, 在重复上面的计算过程时, 我们不能像上面一样在上半平面作那个回路, 而应该在下半平面作类似的回路, 但此时回路的积分方向就变成了顺时针方向, 相应的结果也将相应地多一个负号, 即最终结果为

$$\mathrm{Re}f(x_0)=-\frac{1}{\pi}P\int_{-\infty}^{\infty}\frac{\mathrm{Im}f(x)}{x-x_0}\mathrm{d}x, \tag{1.8.13}$$

$$\mathrm{Im}f(x_0)=\frac{1}{\pi}P\int_{-\infty}^{\infty}\frac{\mathrm{Re}f(x)}{x-x_0}\mathrm{d}x. \tag{1.8.14}$$

这就是在下半平面解析的函数的色散关系. 具体证明过程留给各位读者.

第2章 积分变换

在自然科学的研究和工程技术应用中, 为了把比较复杂的运算化为较为简单的运算, 经常会采用变换的方法. 例如, 数量的乘积或商的运算可以通过对数变换转化为加减法的运算. 在科学研究和工程实际应用中, **积分变换**能够将分析运算(如微分、积分) 转化为代数运算, 正是积分变换的这一特性, 使得它在微分方程、偏微分方程的求解问题中成为一种十分重要的方法.

所谓积分变换, 就是把定义在 x-空间中的函数 $f(x)$ 经过某种可逆的带参量的积分方法

$$F(k)=\int_a^b f(x)C(x,k)\mathrm{d}x \tag{2.0.1}$$

变换为另一个 k-空间中的函数 $F(k)$. 这里, $C(x,k)$ 为一个确定的二元参数函数, 称为该积分变换的**积分变换核**, 函数 $F(k)$ 称为函数 $f(x)$ 的像函数, 函数 $f(x)$ 称为函数 $F(k)$ 的原函数. 在一个积分变换下, 原函数和像函数是一一对应的. 从这个简单抽象的一般性定义, 我们可以感觉到, 对于所要研究的问题, 如果在 x-空间不好处理, 我们可以通过积分变换将其变换到 k-空间进行研究, 同时也可使我们看到原本在 x-空间看不到的一些特性等, 这在物理问题的研究中相当重要.

积分变换中最重要也是最常用的是**傅里叶** (Fourier) **变换**和**拉普拉斯** (Laplace) **变换**, 我们在本章中将对其分别进行讨论.

2.1 傅里叶级数

在讨论傅里叶积分变换之前, 我们首先来回顾一下与之有密切联系的傅里叶级数展开问题.

2.1.1 周期函数的傅里叶级数展开

周期函数傅里叶级数展开

从我们所学过的高等数学中, 我们知道, 对于任意一个周期为 $2l$ 的函数 $f(x)$, 即 $f(x+2l)=f(x)$, 只要它满足如下**狄利克雷** (Dirichlet) **条件**:

- 在 $[-l,l]$ 区间上除有限个第一类间断点外连续. 第一类间断点是指当自变量 x 趋于间断点时, $f(x)$ 的左极限和右极限存在.
- 每个周期区间由有限个 $f(x)$ 的单调区间构成, 即在 $[-l,l]$ 区间上 $f(x)$ 有有限个极大值和极小值,

则函数 $f(x)$ 可展开成如下傅里叶级数:

$$f(x)=a_0+\sum_{k=1}^{\infty}\left(a_k\cos\frac{k\pi x}{l}+b_k\sin\frac{k\pi x}{l}\right), \tag{2.1.1}$$

或更加紧凑对称地写为如下形式:

$$f(x)=\sum_{k=0}^{\infty}\left(a_k\cos\frac{k\pi x}{l}+b_k\sin\frac{k\pi x}{l}\right). \tag{2.1.2}$$

不难证明, 上式中的三角函数族 $\left\{1,\ \cos\dfrac{k\pi x}{l},\ \sin\dfrac{k\pi x}{l};k=1,2,\cdots,\infty\right\}$ 满足以下正交归一关系:

$$\frac{1}{l}\int_{-l}^{l}\cos\frac{k\pi x}{l}\cos\frac{n\pi x}{l}\mathrm{d}x=\delta_{kn},$$

$$\frac{1}{l}\int_{-l}^{l}\sin\frac{k\pi x}{l}\sin\frac{n\pi x}{l}\mathrm{d}x=\delta_{kn},$$

$$\int_{-l}^{l}\cos\frac{k\pi x}{l}\sin\frac{n\pi x}{l}\mathrm{d}x=0,$$

$$\frac{1}{2l}\int_{-l}^{l}\cos\frac{k\pi x}{l}\cdot 1\mathrm{d}x=\delta_{k0}, \tag{2.1.3}$$

式中的 δ_{mn} 就是 (1.5.32) 式中定义的克罗内克-δ 符号.

利用此三角函数正交关系, 将 (2.1.2) 式两边同乘以相应的三角函数, 然后对 x 在 $[-l,l]$ 区间上进行积分, 利用克罗内克-δ 符号在求和中的挑选作用, 我们就可得 (2.1.2) 式中各系数的表达式:

$$
\begin{cases}
a_0 = \dfrac{1}{2l}\displaystyle\int_{-l}^{l} f(x)\,\mathrm{d}x, \quad b_0 = 0, \\
a_k = \dfrac{1}{l}\displaystyle\int_{-l}^{l} f(x)\cos\dfrac{k\pi x}{l}\mathrm{d}x, \quad k \neq 0, \\
b_k = \dfrac{1}{l}\displaystyle\int_{-l}^{l} f(x)\sin\dfrac{k\pi x}{l}\mathrm{d}x, \quad k \neq 0.
\end{cases} \tag{2.1.4}
$$

这里值得强调的是三角函数的正交关系式中的积分区间不局限于对称区间, 只要积分是在一个全周期区间上进行, 则三角函数的正交关系均成立. 因此, 相应地, 在求上述级数展开系数时也只需在一个完整的周期区间上进行积分即可, 不必刻意追求对称区间上的积分.

⋆ 函数的内积及其正交性

在给定区间 $[a,b]$ 上, 两个函数 $f(x)$ 和 $g(x)$ 的积分

$$
(f,g) \equiv \int_a^b f^*(x)g(x)\mathrm{d}x \tag{2.1.5}
$$

就定义为这两个函数在该区间上的**内积**. 如果两个函数的内积等于 0, 即

$$
\int_a^b f^*(x)g(x)\mathrm{d}x = 0, \tag{2.1.6}
$$

我们就说这两个函数在该区间上**正交**. 一个函数同它自身的内积称为此函数的**范数**, 记作

$$
Nf \equiv (f,f) \equiv \int_a^b f^*(x)f(x)\mathrm{d}x = \int_a^b |f(x)|^2\mathrm{d}x. \tag{2.1.7}
$$

由函数范数的定义不难看出, 对于一个在区间 $[a,b]$ 上不恒为零的函数 $f(x)$, Nf 始终是大于零的实数. 如果一个函数的范数 $Nf = 1$, 我们就说这个函数是**归一化的**. 任何一个函数均可通过除以它的范数的平方根实现归一化.

注意, 这里 $f^*(x)$ 是函数 $f(x)$ 的复共轭. 对于实值函数而言, 其复共轭就是它本身.

我们再来看这组三角函数族

$$\cos\frac{k\pi x}{l},\quad \sin\frac{k\pi x}{l},\quad k=0,1,2,\cdots,\infty, \tag{2.1.8}$$

它们其实构成了周期为 $2l$ 的函数所构成的函数空间上的一组正交完备的基底. 它们的正交性前面已经看到. 对于其完备性, 数学上有严格的证明, 我们这里限于篇幅将不对此进行严格的论述, 但我们不妨进行一个形象的讨论. 首先是函数的 $2l$ 周期性: 为了将任意一个 $2l$ 周期函数的周期性完全地反映出来, 我们必须要求这个函数基底成员的周期长度包含所有的可能性, 即对于任意一个整数 k, 都能在这个函数基底中找到一个成员, 它的周期为 $2l/k$; 另一方面是函数的奇偶性: 任何一个函数都可分解为奇函数部分和偶函数部分, 因此这个函数基底也必须完整地体现出这个奇偶性. 从这两点来看, (2.1.8) 式中的三角函数族完整地体现了这两点, 它包含了完整的 $2l$ 周期性及函数的奇偶性, 因此, 从这个角度, 我们大致可以以一种不太严格的方式理解和明了这个三角函数基底的完备性.

例 2.1.1　求下述周期为 $2l$ 的方波的傅里叶级数展开表达式:

$$f(x)=\begin{cases} A, & 0\leqslant x<l \\ 0, & -l\leqslant x<0 \end{cases}.$$

解　由周期函数的傅里叶级数展开, 有

$$f(x)=a_0+\sum_{k=1}^{\infty}\left(a_k\cos\frac{k\pi x}{l}+b_k\sin\frac{k\pi x}{l}\right),$$

其中的展开系数分别为

$$a_0=\frac{1}{2l}\int_{-l}^{l}f(x)\mathrm{d}x=\frac{1}{2l}\int_{0}^{l}A\mathrm{d}x=\frac{A}{2},$$

$$a_k=\frac{1}{l}\int_{-l}^{l}f(x)\cos\frac{k\pi x}{l}\mathrm{d}x=\frac{1}{l}\int_{0}^{l}A\cos\frac{k\pi x}{l}\mathrm{d}x=0,$$

$$b_k=\frac{1}{l}\int_{-l}^{l}f(x)\sin\frac{k\pi x}{l}\mathrm{d}x=\frac{1}{l}\int_{0}^{l}A\sin\frac{k\pi x}{l}\mathrm{d}x=\frac{A}{k\pi}\left[1-(-1)^k\right],$$

于是, 我们就得

$$f(x)=\frac{A}{2}+\sum_{n=0}^{\infty}\frac{2A}{(2n+1)\pi}\sin\frac{(2n+1)\pi x}{l}.$$

完成上面这个例子后，我们来简单讨论一下傅里叶级数的收敛性问题. 从前面的讨论，我们看到，当一个函数 $f(x)$ 满足狄利克雷条件时，它就可以展开成一个相应的傅里叶级数，换句话说，狄利克雷条件是傅里叶级数收敛的充分条件. 在原函数 $f(x)$ 的连续点 x 上，相应的傅里叶级数必然收敛于函数值 $f(x)$，这也是我们从上面例子看到的. 但狄利克雷条件是允许原函数 $f(x)$ 存在第一类间断点的，即在该类间断点 x_0 处，$\lim\limits_{x\uparrow x_0} f(x) \neq \lim\limits_{x\downarrow x_0} f(x)$，如上面这个例子. 然而，三角函数的连续性告诉我们，对于傅里叶级数而言，x_0 将不再是间断点，傅里叶级数在此点将收敛于 $\left[\lim\limits_{x\uparrow x_0} f(x) + \lim\limits_{x\downarrow x_0} f(x)\right]/2$. 这些都清晰地在图 2.1.1 中反映了出来.

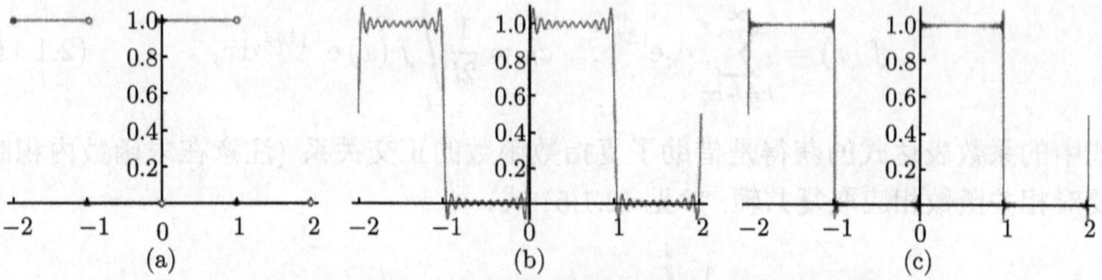

图 2.1.1 例 2.1.1 中函数及其相应傅里叶级数展开的图像
(a) 原函数图像; (b) 傅里叶级数展开前 10 项和; (c) 傅里叶级数展开前 100 项和 (这里取 $A = 1$, $l = 1$)

细心的读者很可能已经注意到，当仔细观察图 2.1.1 中的 (b) 和 (c) 两个图像时，发现图像在间断点附近会呈现高频的起伏和超量，而且这个超量起伏并不会随着傅里叶级数部分和的项数的增加而下降！我们能够观察到，随着部分和项数的增加，这个起伏会向间断点不断压缩靠近，然而这个起伏超量的峰值则在部分和项数足够大时趋于一个常数，这个常数大约是间断点处函数值跃变量的 9%. 这就是所谓的**吉布斯现象**，也称为**吉布斯效应**. 任何具有第一类间断点的函数在做傅里叶级数展开时都会出现吉布斯现象，它的根源来自在间断点处相应的傅里叶级数的不一致收敛. 由于篇幅所限，本书对此问题不做展开，有兴趣的读者可参阅吴崇试教授编著的《数学物理方法专题——复变函数与积分变换》以及 R. 柯朗与 D. 希尔伯特著的《数学物理方法 I》(钱敏、郭敦仁译).

2.1.2 复数形式的傅里叶级数

从复变函数的知识中，我们知道，由欧拉公式，三角函数与复指数函数有着密切的联系：

$$e^{i\theta} = \cos\theta + i\sin\theta, \tag{2.1.9}$$

因此，我们可以进一步来构造复数形式的傅里叶级数.

将上述欧拉公式代入 (2.1.2) 式中的傅里叶级数中, 得

$$\begin{aligned} f(x) &= \sum_{k=0}^{\infty}\left(a_k\cos\frac{k\pi x}{l}+b_k\sin\frac{k\pi x}{l}\right) \\ &= \sum_{k=0}^{\infty}\left(a_k\frac{\mathrm{e}^{\mathrm{i}\frac{k\pi x}{l}}+\mathrm{e}^{-\mathrm{i}\frac{k\pi x}{l}}}{2}+b_k\frac{\mathrm{e}^{\mathrm{i}\frac{k\pi x}{l}}-\mathrm{e}^{-\mathrm{i}\frac{k\pi x}{l}}}{2\mathrm{i}}\right) \\ &= \sum_{k=0}^{\infty}\left(\frac{a_k-\mathrm{i}b_k}{2}\mathrm{e}^{\mathrm{i}\frac{k\pi x}{l}}+\frac{a_k+\mathrm{i}b_k}{2}\mathrm{e}^{-\mathrm{i}\frac{k\pi x}{l}}\right), \end{aligned} \tag{2.1.10}$$

因此, 我们可以将上式归纳为

$$f(x)=\sum_{k=-\infty}^{\infty}c_k\mathrm{e}^{\mathrm{i}\frac{k\pi x}{l}},\quad c_k=\frac{1}{2l}\int_{-l}^{l}f(x)\,\mathrm{e}^{-\mathrm{i}\frac{k\pi x}{l}}\mathrm{d}x, \tag{2.1.11}$$

式中的系数表达式的获得是借助了复指数函数的正交关系 (注意在求函数内积时要对相关函数相应取复共轭, 参见 (2.1.5) 式)

$$\frac{1}{2l}\int_{-l}^{l}\mathrm{e}^{-\mathrm{i}\frac{k\pi x}{l}}\mathrm{e}^{\mathrm{i}\frac{n\pi x}{l}}\mathrm{d}x=\delta_{kn}. \tag{2.1.12}$$

上面的表示式说明复指数函数族 $\{\exp(\mathrm{i}k\pi x/l);\ k=-\infty,\cdots,-2,-1,0,1,2,\cdots,\infty\}$ 同样也构成了周期为 $2l$ 的函数所构成的函数空间上的一组正交完备的基底. 由之前关于三角函数基底的完备性讨论, 我们也不难理解此复指数函数基底的完备性.

例 2.1.2 求下述周期为 $2l$ 的周期函数的傅里叶级数展开表达式:

$$f(x)=\begin{cases}\mathrm{e}^{-\frac{x}{l}}, & 0\leqslant x<l\\ \mathrm{e}^{\frac{x}{l}}, & -l\leqslant x<0\end{cases}.$$

解 由此函数的形式看到, 用傅里叶级数的复指数函数展开形式会很方便, 于是有

$$f(x)=\sum_{k=-\infty}^{\infty}c_k\mathrm{e}^{\mathrm{i}\frac{k\pi x}{l}},$$

其中的展开系数可如下求得:

$$c_k=\frac{1}{2l}\int_{-l}^{l}f(x)\mathrm{e}^{-\mathrm{i}\frac{k\pi x}{l}}\mathrm{d}x$$

$$= \frac{1}{2l}\left[\int_{-l}^{0} \mathrm{e}^{\frac{x}{l}}\mathrm{e}^{-\mathrm{i}\frac{k\pi x}{l}}\mathrm{d}x + \int_{0}^{l} \mathrm{e}^{-\frac{x}{l}}\mathrm{e}^{-\mathrm{i}\frac{k\pi x}{l}}\mathrm{d}x\right] = \frac{1-(-1)^k\mathrm{e}^{-1}}{1+k^2\pi^2},$$

于是最终得

$$f(x) = \sum_{k=-\infty}^{\infty} \frac{1-(-1)^k\mathrm{e}^{-1}}{1+k^2\pi^2}\mathrm{e}^{\mathrm{i}\frac{k\pi x}{l}}.$$

这里需要再说明一下, 上述两个小节中所给出的傅里叶级数展开的两种表达式, 即三角函数表达形式和复指数函数表达形式, 均十分重要, 我们需要根据所遇到问题的特征选取合适的傅里叶级数展开形式.

2.1.3 有限区间上函数的傅里叶级数展开

有限区间上函数的傅里叶级数展开

在很多物理问题中, 物理量 $f(x)$ 是被限制在物理系统之内的, 即 $f(x)$ 是定义在一个有限区间 $(0,l)$ 上的, 它并不是周期函数. 为了运用上一节所讨论过的傅里叶级数方法来研究问题, 我们需要对此有限区间上的函数进行拓展, 人为地构造出一个新的周期函数, 而这个新的周期函数在我们所讨论关心的区间 $(0,l)$ 上与原来所要研究的函数 $f(x)$ 完全一致.

以上这段话给出了用傅里叶级数方法来研究有限区间函数的一般性方法. 单从这段话看, 似乎对于有限区间函数的延拓有许多不同的途径和方法. 但是, 一个限定在有限区间上的函数必然有其相应的边界条件, 这个边界条件就极大地限制了我们对函数进行周期性延拓的途径并最终确定了函数延拓的方案.

最常用、最基本的函数延拓有**奇延拓**和**偶延拓**两种, 分别对应于函数 $f(x)$ 的两种不同的边界条件.

我们首先来讨论**奇延拓**的情形. 对函数 $f(x)$ 进行奇延拓所需满足的边界条件: $f(x)$ 为定义在区间 $(0,l)$ 上的函数, 如满足如下的边界条件 (该边界条件一般称为“第一类齐次边界条件”)

$$f(0) = f(l) = 0, \tag{2.1.13}$$

则我们可以对该函数做奇延拓, 使

$$F(x) = \begin{cases} f(x), & 0 < x < l \\ -f(-x), & -l < x < 0 \end{cases}. \tag{2.1.14}$$

之后, 将此 $(-l,l)$ 区间上 $F(x)$ 的表达式以 $2l$ 为周期复制使其定义域覆盖整个实数域, 于是我们就由 $(0,l)$ 上的 $f(x)$ 据其边界条件延拓成一个周期为 $2l$ 的周期函数 $F(x)$, 该周期函数 $F(x)$ 在区间 $(0,l)$ 上与 $f(x)$ 完全重合, 且**自动满足**上述边界条件. 现在, 对于该周期函数 $F(x)$, 我们就可以运用前面的讨论将其展开成

一个傅里叶级数. 由于该周期函数 $F(x)$ 为奇函数, 因此它的傅里叶级数展开表达式中将只包含正弦函数部分, 即

$$F(x)=\sum_{k=1}^{\infty} b_k \sin\frac{k\pi x}{l}, \tag{2.1.15}$$

其中的展开系数 b_k 为

$$b_k=\frac{1}{l}\int_{-l}^{l} F(x)\sin\frac{k\pi x}{l}\mathrm{d}x. \tag{2.1.16}$$

由于 $F(x)$ 和 $\sin\dfrac{k\pi x}{l}$ 同为奇函数, 因此上述展开系数的表达式可进一步化为

$$b_k=\frac{2}{l}\int_{0}^{l} F(x)\sin\frac{k\pi x}{l}\mathrm{d}x. \tag{2.1.17}$$

我们最终的目的是寻求定义在区间 $(0,l)$ 上的函数 $f(x)$ 的傅里叶级数展开式, 而我们清楚 $F(x)$ 在区间 $(0,l)$ 与 $f(x)$ 完全重合, 因此, 只需对上面给出的 $F(x)$ 的傅里叶级数做出定义域的限制即可得到我们想要的结果, 即区间 $(0,l)$ 上的函数 $f(x)$ 的傅里叶级数展开式为

$$f(x)=\sum_{k=1}^{\infty} b_k \sin\frac{k\pi x}{l},\quad 0<x<l,$$

$$b_k=\frac{2}{l}\int_{0}^{l} f(x)\sin\frac{k\pi x}{l}\mathrm{d}x. \tag{2.1.18}$$

另一种基本的也是常见的延拓是**偶延拓**, 而进行偶延拓的条件为: $f(x)$ 为定义在区间 $(0,l)$ 上的函数, 如满足如下的边界条件 (该边界条件一般称为“第二类齐次边界条件”)

$$f'(0)=f'(l)=0, \tag{2.1.19}$$

则我们可以对该函数做偶延拓, 使

$$F(x)=\begin{cases} f(x), & 0<x<l \\ f(-x), & -l<x<0 \end{cases}. \tag{2.1.20}$$

这样, 我们就得到了一个周期为 $2l$ 的周期偶函数 $F(x)$, 该周期函数 $F(x)$ 在区间 $(0,l)$ 上与 $f(x)$ 完全重合, 且自动满足上述边界条件. 同上面的情形一样, 我们

可以对此函数 $F(x)$ 进行傅里叶级数展开, 之后再将所得的傅里叶级数的定义域限制在区间 $(0,l)$ 上, 就得到了 $f(x)$ 的傅里叶级数展开表达式. 只不过, 在偶延拓情形下, 函数为偶函数, 它的傅里叶级数中也将只含有余弦函数部分, 即

$$f(x)=a_0+\sum_{k=1}^{\infty}a_k\cos\frac{k\pi x}{l},\quad 0<x<l,$$

$$a_0=\frac{1}{l}\int_0^l f(x)\,\mathrm{d}x,\quad a_k=\frac{2}{l}\int_0^l f(x)\cos\frac{k\pi x}{l}\mathrm{d}x. \tag{2.1.21}$$

注意以上有限区间傅里叶级数展开系数表达式中的积分区间和积分号前面的系数.

从上面的讨论, 我们可以体会到以下两点: ① 对有限区间函数做相应周期性延拓时, 必须保证原来的函数的边界条件在延拓而成的周期函数中自然得到满足, 否则, 所做延拓将带来额外的人为引进的限制条件从而破坏原有的物理问题; ② 相应的傅里叶级数展开系数的积分表达式中的积分区间必须经过变换而限定在原有有限区间函数的定义域上.

在实际问题中, 经常会碰到体系两边的边界条件不属同类边界条件的情况, 这种情况下, 我们就必须根据边界条件的实际情况进行适当的处理. 我们来看下面这个例子.

例 2.1.3 某定义在区间 $(0,l)$ 上的函数 $y=f(x)$, 在两端分别满足边界条件 $f(0)=0$ 和 $f'(l)=0$, 求其傅里叶级数展开表达式.

解 由于该函数在端点处的边界条件不满足上述的任何一种情形, 所以不可以直接进行奇延拓或偶延拓, 但我们观察到在 l 端它满足边界条件 $f'(l)=0$, 因此, 我们可以以过该点且平行于 y 轴的直线为镜面对该函数做如下的对称扩展:

$$\tilde{f}(x)=\begin{cases} f(x), & 0<x<l \\ f(2l-x), & l<x<2l \end{cases}. \tag{2.1.22}$$

我们不难看出, 如此构造的新函数 $\tilde{f}(x)$ 的定义域是 $(0,2l)$, 且它在其定义域的端点处满足边界条件 $\tilde{f}(0)=\tilde{f}(2l)=0$, 因此, 对此新函数, 我们可以进行如上面所讲的奇延拓, 延拓后的函数的周期为 $4l$. 于是, $\tilde{f}(x)$ 可展开为如下傅里叶级数:

$$\tilde{f}(x)=\sum_{n=1}^{\infty}b_n\sin\frac{n\pi x}{2l},\ \ 0<x<2l,$$

$$b_n = \frac{1}{l}\int_0^{2l} \tilde{f}(x)\sin\frac{n\pi x}{2l}\mathrm{d}x. \tag{2.1.23}$$

将 $\tilde{f}(x)$ 的表达式代入, 我们就有

$$b_n = \frac{1}{l}\left[\int_0^{l} f(x)\sin\frac{n\pi x}{2l}\mathrm{d}x + \int_l^{2l} f(2l-x)\sin\frac{n\pi x}{2l}\mathrm{d}x\right]. \tag{2.1.24}$$

对上式右边第二项做变量代换 $2l - x \equiv y$, 并利用三角函数的和角公式, 我们就进一步有

$$b_n = \frac{1}{l}\left[\int_0^{l} f(x)\sin\frac{n\pi x}{2l}\mathrm{d}x - (-1)^n\int_0^{l} f(x)\sin\frac{n\pi x}{2l}\mathrm{d}x\right]. \tag{2.1.25}$$

从这个表达式可以看出, 只有 n 为奇数时相应的展开系数才不为零, 于是我们就有了如下的关于我们所关心的函数 $f(x)$ 的傅里叶级数展开表达式:

$$f(x) = \sum_{k=0}^{\infty} b_k \sin\frac{(2k+1)\pi x}{2l},\ \ 0 < x < l,$$

$$b_k = \frac{2}{l}\int_0^{l} f(x)\sin\frac{(2k+1)\pi x}{2l}. \tag{2.1.26}$$

2.1.4 多重傅里叶级数展开

对于多元周期函数, 只要它在它的一个周期区域上满足狄利克雷条件, 它同样也可以展开成多重傅里叶级数. 例如, 一个二元周期函数 $f(x, y)$, 它在 x 和 y 上的周期分别是 $2l$ 和 $2s$, 且该函数满足狄利克雷条件, 于是, 这个二元周期函数的二重傅里叶级数展开为

$$f(x,y) = \sum_{m=-\infty}^{\infty}\sum_{n=-\infty}^{\infty} a_{mn}\mathrm{e}^{\mathrm{i}\frac{m\pi x}{l}}\mathrm{e}^{\mathrm{i}\frac{n\pi y}{s}},$$

$$a_{mn} = \frac{1}{4ls}\int_{-l}^{l}\int_{-s}^{s} f(x,y)\mathrm{e}^{-\mathrm{i}\frac{m\pi x}{l}}\mathrm{e}^{-\mathrm{i}\frac{n\pi y}{s}}\mathrm{d}x\mathrm{d}y. \tag{2.1.27}$$

类似地, 这可以扩展到三维以至更高的维度, 从而得到更高维度的多重傅里叶级数展开.

习 题 2.1

1. 将下列周期函数展开成傅里叶级数:

(1) $f(x) = |\cos \pi x|$; (2) $f(x) = \sin \dfrac{\pi x}{l} + \left|\sin \dfrac{\pi x}{l}\right|$.

2. 将下列周期函数展开成傅里叶级数:

(1) $f(x) = (\cos x)^2$; (2) $f(x) = \dfrac{1}{1+\dfrac{1}{2}\sin x}$.

3. 有一周期为 $2l$ 的周期函数 $f(x)$, 它在区间 $[0, 2l)$ 上的表达式为 $f(x) = x$, 求其傅里叶级数展开式.

4. 有一个定义在有限区间 $(0, l)$ 上的函数 $f(x) = x$, 且具有边界条件: $f(0) = f(l) = 0$, 请将其展开成相应的傅里叶级数.

5. 有一个定义在有限区间 $(0, l)$ 上的函数 $f(x) = x$, 且具有边界条件: $f'(0) = f'(l) = 0$, 请将其展开成相应的傅里叶级数.

6. 有一个定义在有限区间 $(0, l)$ 上的函数 $f(x) = x$, 且具有边界条件: $f'(0) = f(l) = 0$, 请将其展开成相应的傅里叶级数.

2.2 傅里叶积分变换

2.2.1 傅里叶积分变换的概念

傅里叶积分变换

上面我们讨论了关于周期函数和有限区间上函数的傅里叶级数展开问题. 然后我们就立刻会想到一个问题: 对于一个定义在全空间上的非周期函数会怎样?

由于周期函数和非周期函数均定义在全空间上, 因此, 我们可以这样认为: 非周期函数可以被看作是周期无穷大的一种特殊的 “周期” 函数. 这就暗示我们, 可以从周期函数的傅里叶级数展开式推广取极限而得到关于非周期函数的相应计算.

我们首先来回顾周期函数的傅里叶级数展开式并对其形式进行适当的改写. 我们在这里采用复数形式的傅里叶级数展开式.

对于周期为 $2l$ 的周期函数 $f(x)$, 它的傅里叶级数展开和相应的展开系数为

$$f(x) = \sum_{m=-\infty}^{\infty} c_m \mathrm{e}^{\mathrm{i}\frac{m\pi x}{l}}, \quad c_m = \frac{1}{2l}\int_{-l}^{l} f(x)\,\mathrm{e}^{-\mathrm{i}\frac{m\pi x}{l}}\,\mathrm{d}x. \tag{2.2.1}$$

我们可以将其展开系数的表达式代入函数的级数展开式中而将这两个式子总地写

为一个:

$$f(x)=\sum_{m=-\infty}^{\infty}\left[\frac{1}{2l}\int_{-l}^{l}f(\xi)\,\mathrm{e}^{-\mathrm{i}\frac{m\pi\xi}{l}}\mathrm{d}\xi\right]\mathrm{e}^{\mathrm{i}\frac{m\pi x}{l}}. \tag{2.2.2}$$

令 $k=\dfrac{m\pi}{l}$, 则相邻两个 k 相差 $\Delta k=\dfrac{\pi}{l}$. 由此, 我们将上式中对 m 的求和换为对 k 的求和, 将上式积分号前面的系数进行适当重写并对上式进行略微的调整, 可得

$$\begin{aligned}f(x)&=\sum_{k=-\infty}^{\infty}\frac{1}{2\pi}\left[\int_{-l}^{l}f(\xi)\,\mathrm{e}^{-\mathrm{i}k\xi}\mathrm{d}\xi\right]\mathrm{e}^{\mathrm{i}kx}\frac{\pi}{l}\\&=\sum_{k=-\infty}^{\infty}\frac{1}{2\pi}\left[\int_{-l}^{l}f(\xi)\,\mathrm{e}^{-\mathrm{i}k\xi}\mathrm{d}\xi\right]\mathrm{e}^{\mathrm{i}kx}\,\Delta k.\end{aligned} \tag{2.2.3}$$

很显然, 当 $l\to\infty$ 时, Δk 可进一步写为 $\mathrm{d}k$, 上式中对 k 的求和则相应地要改写为积分. 于是, 我们就得到

$$f(x)=\frac{1}{2\pi}\int_{-\infty}^{\infty}c(k)\,\mathrm{e}^{\mathrm{i}kx}\mathrm{d}k, \tag{2.2.4}$$

$$c(k)=\int_{-\infty}^{\infty}f(\xi)\,\mathrm{e}^{-\mathrm{i}k\xi}\mathrm{d}\xi. \tag{2.2.5}$$

(2.2.4) 式就是定义在全实数域上的非周期函数 $f(x)$(也可理解为周期为 ∞ 的周期函数) 的傅里叶积分表示, 而 (2.2.5) 式称为函数 $f(x)$ 的傅里叶变换, 其中 $c(k)$ 称为 $f(x)$ 的傅里叶像函数; 相应地, $f(x)$ 称为 $c(k)$ 的傅里叶逆变换或 $c(k)$ 的原函数, 记为

$$c(k)=F[f(x)],$$

$$f(x)=F^{-1}[c(k)].$$

傅里叶变换原函数和像函数总是成对出现且一一对应的.

注意, 并不是所有的非周期函数都可以做傅里叶变换. 由上面的推导不难看出, 傅里叶积分变换对函数也有类似于傅里叶级数展开所要求的条件, 即可做傅里叶积分变换的函数 $f(x)$ 须满足下述两个条件:

(1) 函数在任意一个有限区间上满足狄利克雷条件;

(2) 函数必须绝对可积, 即 $\displaystyle\int_{-\infty}^{\infty}|f(x)|\,\mathrm{d}x$ 有界.

对于傅里叶积分变换关系式, 另一个需要提醒大家注意的是系数 $\frac{1}{2\pi}$, 从上面的计算不难看出, 这个系数在傅里叶积分变换表达式中是像函数和原函数共同拥有的, 它可以放在原函数的积分表达式中, 如我们在 (2.2.4) 式中所写, 也可放在像函数的积分表达式中而写成

$$\begin{cases} f(x) = \int_{-\infty}^{\infty} c(k)\,\mathrm{e}^{\mathrm{i}kx}\mathrm{d}k, \\ c(k) = \frac{1}{2\pi}\int_{-\infty}^{\infty} f(\xi)\,\mathrm{e}^{-\mathrm{i}k\xi}\mathrm{d}\xi, \end{cases} \tag{2.2.6}$$

或者两个式子中各有一个 $\frac{1}{\sqrt{2\pi}}$ 因子

$$\begin{cases} f(x) = \frac{1}{\sqrt{2\pi}}\int_{-\infty}^{\infty} c(k)\,\mathrm{e}^{\mathrm{i}kx}\mathrm{d}k, \\ c(k) = \frac{1}{\sqrt{2\pi}}\int_{-\infty}^{\infty} f(\xi)\,\mathrm{e}^{-\mathrm{i}k\xi}\mathrm{d}\xi. \end{cases} \tag{2.2.7}$$

以上三种表达形式均可以, 但需注意的是, 原函数和像函数的表达式必须按照上面的形式成对采用. 因此, 在参阅不同教科书或文献时需要注意相应的系数问题.

上面谈到原函数 $f(x)$ 和像函数 $c(k)$ 是一一对应的, 这就意味着由 $f(x)$ 所描述的物理问题可以等效地由 $c(k)$ 来描述, 只不过我们讨论的函数及其自变量发生了变化. 在量子力学、电动力学中经常能看到这种坐标空间描述和动量空间描述的相互转换.

例 2.2.1 有一个定义在全空间上的非周期函数 $f(x)$, 其表达式如下:

$$f(x) = \begin{cases} H, & 0 \leqslant x \leqslant l, \\ 0, & x < 0 \text{或} x > l. \end{cases}$$

求其相应的傅里叶变换像函数.

解 此函数可以用傅里叶积分表示为

$$f(x) = \frac{1}{2\pi}\int_{-\infty}^{\infty} c(k)\mathrm{e}^{\mathrm{i}kx}\mathrm{d}k,$$

其相应的像函数 $c(k)$ 则为

$$c(k)=\int_{-\infty}^{\infty} f(x)\mathrm{e}^{-\mathrm{i}kx}\mathrm{d}x=H\int_{0}^{l}\mathrm{e}^{-\mathrm{i}kx}\mathrm{d}x=\frac{\mathrm{i}H}{k}\left(\mathrm{e}^{-\mathrm{i}kl}-1\right).$$

上述一元函数 $f(x)$ 的傅里叶积分变换可以十分轻易地直接推广至高维情形. 例如, 对于三元函数 $f(x,y,z)$, 只需对每个自变量分别进行傅里叶积分变换即可, 即 $f(x,y,z)$ 的傅里叶积分变换为

$$f(x,y,z)=\left(\frac{1}{2\pi}\right)^3\iiint_{-\infty}^{\infty} c(k_1,k_2,k_3)\,\mathrm{e}^{\mathrm{i}(k_1x+k_2y+k_3z)}\mathrm{d}k_1\mathrm{d}k_2\mathrm{d}k_3, \tag{2.2.8}$$

$$c(k_1,k_2,k_3)=\iiint_{-\infty}^{\infty} f(x,y,z)\,\mathrm{e}^{-\mathrm{i}(k_1x+k_2y+k_3z)}\mathrm{d}x\mathrm{d}y\mathrm{d}z. \tag{2.2.9}$$

利用矢量表示形式, 上式还可简洁地写为

$$f(\boldsymbol{r})=\left(\frac{1}{2\pi}\right)^3\iiint_{-\infty}^{\infty} c(\boldsymbol{k})\,\mathrm{e}^{\mathrm{i}\boldsymbol{k}\cdot\boldsymbol{r}}\mathrm{d}^3k, \tag{2.2.10}$$

$$c(\boldsymbol{k})=\iiint_{-\infty}^{\infty} f(\boldsymbol{r})\,\mathrm{e}^{-\mathrm{i}\boldsymbol{k}\cdot\boldsymbol{r}}\mathrm{d}^3r. \tag{2.2.11}$$

2.2.2 傅里叶变换的基本性质

傅里叶积分变换性质

要想很好地利用傅里叶变换来研究问题, 我们就必须对傅里叶变换的性质进行探讨.

(1) 线性定理: 设 a_1 和 a_2 为任意常数, 则有

$$F[a_1f_1+a_2f_2]=a_1F[f_1]+a_2F[f_2]. \tag{2.2.12}$$

本定理的成立是很明显的, 可直接由积分的线性叠加性得到.

(2) 延迟定理:

$$F[f(x-x_0)]=\mathrm{e}^{-\mathrm{i}kx_0}F[f(x)]. \tag{2.2.13}$$

证明 由函数傅里叶变换像函数的定义可知

$$F[f(x-x_0)]=\int_{-\infty}^{\infty} f(x-x_0)\,\mathrm{e}^{-\mathrm{i}kx}\mathrm{d}x$$

$$= \int_{-\infty}^{\infty} f(x - x_0)\, \mathrm{e}^{-\mathrm{i}k(x-x_0)} \mathrm{e}^{-\mathrm{i}kx_0} \mathrm{d}(x - x_0)$$

$$= \int_{-\infty}^{\infty} f(\xi)\, \mathrm{e}^{-\mathrm{i}k\xi} \mathrm{e}^{-\mathrm{i}kx_0} \mathrm{d}\xi.$$

由于 $\mathrm{e}^{-\mathrm{i}kx_0}$ 与积分变量无关, 可以提到积分号外面, 于是我们就得到

$$F[f(x - x_0)] = \mathrm{e}^{-\mathrm{i}kx_0} \int_{-\infty}^{\infty} f(\xi)\, \mathrm{e}^{-\mathrm{i}k\xi} \mathrm{d}\xi = \mathrm{e}^{-\mathrm{i}kx_0} F[f(x)].$$

(3) 位移定理:

$$F\left[f(x)\, \mathrm{e}^{\mathrm{i}k_0 x}\right] = c(k - k_0). \tag{2.2.14}$$

证明 根据函数傅里叶变换规则, 有

$$F\left[f(x)\, \mathrm{e}^{\mathrm{i}k_0 x}\right] = \int_{-\infty}^{\infty} f(x)\, \mathrm{e}^{-\mathrm{i}kx} \mathrm{e}^{\mathrm{i}k_0 x} \mathrm{d}x$$

$$= \int_{-\infty}^{\infty} f(x)\, \mathrm{e}^{-\mathrm{i}(k-k_0)x} \mathrm{d}x \equiv c(k - k_0).$$

(4) 卷积定理:

$$F[f_1(x)] \cdot F[f_2(x)] = F[f_1(x) * f_2(x)], \tag{2.2.15}$$

其中

$$f_1(x) * f_2(x) \equiv \int_{-\infty}^{\infty} f_1(x - \xi)\, f_2(\xi)\, \mathrm{d}\xi \tag{2.2.16}$$

称为两个函数的卷积.

证明

$$F[f_1(x) * f_2(x)] = \int_{-\infty}^{\infty} \left(\int_{-\infty}^{\infty} f_1(x - \xi)\, f_2(\xi)\, \mathrm{d}\xi \right) \mathrm{e}^{-\mathrm{i}kx} \mathrm{d}x$$

$$= \int_{-\infty}^{\infty} \left(\int_{-\infty}^{\infty} f_1(x - \xi)\, \mathrm{e}^{-\mathrm{i}kx} \mathrm{d}x \right) f_2(\xi)\, \mathrm{d}\xi,$$

对上式括号中的积分运用上面所讨论的傅里叶变换的延迟定理, 我们立刻就有

$$F\left[f_1(x)*f_2(x)\right]=F\left[f_1(x)\right]\int_{-\infty}^{\infty}f_2(\xi)\,\mathrm{e}^{-\mathrm{i}k\xi}\mathrm{d}\xi=F\left[f_1(x)\right]\cdot F\left[f_2(x)\right].$$

完成了卷积定理的证明, 我们再回头仔细看看卷积所满足的性质. 卷积满足交换律和分配律, 对 f_1 和 f_2 有对称性, 即

$$f_1(x)*f_2(x)\equiv\int_{-\infty}^{\infty}f_1(x-\xi)\,f_2(\xi)\,\mathrm{d}\xi=\int_{-\infty}^{\infty}f_2(x-\xi)\,f_1(\xi)\,\mathrm{d}\xi. \tag{2.2.17}$$

证明

$$\begin{aligned}\int_{-\infty}^{\infty}f_2(x-\xi)\,f_1(\xi)\,\mathrm{d}\xi&=-\int_{-\infty}^{\infty}f_2(x-\xi)\,f_1(\xi)\,\mathrm{d}(-\xi)\\&=-\int_{-\infty}^{\infty}f_2(x-\xi)\,f_1(\xi)\,\mathrm{d}(x-\xi)=\int_{-\infty}^{\infty}f_1(x-\alpha)\,f_2(\alpha)\,\mathrm{d}\alpha.\end{aligned}$$

卷积定理的作用是将比较复杂的两个原函数的卷积计算化为两个像函数的乘积这样相对简单的计算, 得到一个新的函数的像函数, 然后通过傅里叶逆变换得到卷积的最终结果.

(5) 微分定理: 如 $|x|\to\infty$ 时有 $f(x)\to 0$, 则

$$F\left[f'(x)\right]=\mathrm{i}kF\left[f(x)\right]. \tag{2.2.18}$$

$$F\left[f^{(n)}(x)\right]=(\mathrm{i}k)^n F\left[f(x)\right]. \tag{2.2.19}$$

证明

$$\begin{aligned}F\left[f'(x)\right]&=\int_{-\infty}^{\infty}f'(x)\,\mathrm{e}^{-\mathrm{i}kx}\mathrm{d}x\\&=f(x)\,\mathrm{e}^{-\mathrm{i}kx}\big|_{-\infty}^{\infty}+\mathrm{i}k\int_{-\infty}^{\infty}f(x)\,\mathrm{e}^{-\mathrm{i}kx}\mathrm{d}x=\mathrm{i}kF\left[f(x)\right].\end{aligned}$$

反复利用此关系则不难证明定理中的第二个式子.

(6) 坐标缩放定理 (亦称**相似定理**): 如 $a\neq 0$, 则

$$F\left[f(ax)\right]=\frac{1}{|a|}c\left(\frac{k}{a}\right). \tag{2.2.20}$$

证明 当 $a>0$ 时, 有

$$F\left[f\left(ax\right)\right]=\int_{-\infty}^{\infty}f\left(ax\right)\mathrm{e}^{-ikx}\mathrm{d}x=\frac{1}{a}\int_{-\infty}^{\infty}f\left(ax\right)\mathrm{e}^{-\mathrm{i}\frac{k}{a}ax}\mathrm{d}\left(ax\right)=\frac{1}{a}c\left(\frac{k}{a}\right);$$

而当 $a<0$ 时, 有

$$F\left[f\left(ax\right)\right]=\int_{-\infty}^{\infty}f\left(ax\right)\mathrm{e}^{-ikx}\mathrm{d}x=\frac{1}{a}\int_{\infty}^{-\infty}f\left(y\right)\mathrm{e}^{-\mathrm{i}\frac{k}{a}y}\mathrm{d}y$$

$$=-\frac{1}{a}\int_{-\infty}^{\infty}f\left(y\right)\mathrm{e}^{-\mathrm{i}\frac{k}{a}y}\mathrm{d}y=-\frac{1}{a}c\left(\frac{k}{a}\right)=\frac{1}{|a|}c\left(\frac{k}{a}\right).$$

得证.

习 题 2.2

1. 已知一个全空间非周期函数 $f(x)$ 的表达式为

$$f(x)=\begin{cases}1, & -a\leqslant x\leqslant a\\ 0, & |x|>a\end{cases},$$

其中 $a>0$, 求其相应的傅里叶变换像函数.

2. 求函数 $f(x)=\sin(ax)/x$ (其中 $a>0$) 的傅里叶变换像函数, 并与前一题做比较.

3. 求函数 $f(x)=\mathrm{e}^{-|x|}$ 的傅里叶变换像函数.

4. 求函数 $f(x)=\mathrm{e}^{-x^2}$ 的傅里叶变换像函数.

5. 求以下函数的傅里叶变换像函数:

$$f(x)=\begin{cases}\sin x, & |x|\leqslant\pi\\ 0, & |x|>\pi\end{cases}.$$

6. 已知一个半无界区间 $(0,\infty)$ 上的函数为

$$f(x)=\begin{cases}\cos x, & 0<x\leqslant\pi\\ 0, & x>\pi\end{cases}$$

且满足边界条件 $f(0)=0$, 求其傅里叶变换像函数.

7. 求三维空间汤川势 (Yukawa potential) $U(\boldsymbol{r})=\mathrm{e}^{-\alpha r}/r$ 的傅里叶变换像函数, 其中 $\alpha>0$. (提示: 采用三维空间球坐标系来进行计算.)

8. 求三维空间函数 $f(\boldsymbol{r}) = 1/r^2$ 的傅里叶变换像函数.

9. 求库仑势 $U(\boldsymbol{r}) = 1/r$ 的傅里叶变换像函数, 并与前一题进行对照. (提示: 库仑势可看作汤川势取 $\alpha = 0$ 时的特殊情况.)

汤川势与库仑势的傅里叶变换像函数

2.3 离散傅里叶变换

从前面的章节来看, 在谈到傅里叶变换 (包括傅里叶级数展开) 问题时, 所处理的函数一般都是某个区间上的连续函数. 然而, 随着计算机的普及及其性能的不断提高, 利用计算机对问题进行数值研究越来越成为科学研究的重要手段和方法. 而利用计算机进行数值研究的一个基本步骤就是离散化, 即函数的自变量不再是连续的而是一组离散的数, 函数本身也只在这些周期点阵上取值, 相应地, 相关的积分也都退化为了求和. 这就需要我们来仔细研究定义在离散周期点阵上的函数的傅里叶变换问题. 同样, 在今后的物理学习和研究中, 大家会发现, 我们经常会碰到一些格点问题, 即物理函数只定义在相应的格点上, 对此类问题的研究同样需要我们仔细考察离散傅里叶变换问题.

鉴于此, 在本节中, 我们将简要讨论离散傅里叶变换.

2.3.1 一维点阵上周期函数的离散傅里叶级数展开

不失一般性, 考虑一个在整数上取值的周期函数 $f(X)$ $(X = 0, \pm 1, \pm 2, \cdots)$, 这其实就是一个定义在格点间距为 1 的一维点阵上的周期函数. 为方便后续的讨论, 也为了与之前讨论连续函数的傅里叶级数展开及其后的傅里叶积分变换相对照, 我们设该函数的周期为 $2N$, 即

$$f(X + 2N) = f(X), \tag{2.3.1}$$

我们来考察它的傅里叶级数展开问题. 由于我们所考虑的函数是一个定义在整数上的周期为 $2N$ 的离散函数, 为了得到它的傅里叶级数展开, 类似 2.1 节的讨论, 我们就需要找到这个定义在整数上周期为 $2N$ 的函数构成的函数空间中的一组完备正交的函数基底. 类比于连续函数的傅里叶级数展开, 这个函数基底为

$$\left\{ \mathrm{e}^{\mathrm{i}\frac{\pi n X}{N}};\ n = -N, -N+1, -N+2, \cdots, -2, -1, 0, 1, 2, \cdots, N-1 \right\}. \tag{2.3.2}$$

这个离散周期函数空间上的基底看起来形式上与连续周期函数空间的基底很相像, 但有一个很重要的区别: 这个函数基底中函数的个数是有限的！这是因为其自变量 X 只能是整数, 于是我们有

$$\mathrm{e}^{\mathrm{i}\frac{\pi(n+2N)X}{N}} = \mathrm{e}^{\mathrm{i}\left(\frac{\pi n X}{N} + 2\pi X\right)} = \mathrm{e}^{\mathrm{i}\frac{\pi n X}{N}}. \tag{2.3.3}$$

以上这些基底函数之间是满足正交关系的, 这些基底函数间的正交关系可以

写成如下在一个周期上的求和:

$$\frac{1}{2N}\sum_{X=-N}^{N-1}\left(\mathrm{e}^{\mathrm{i}\frac{\pi mX}{N}}\right)^*\mathrm{e}^{\mathrm{i}\frac{\pi nX}{N}}=\delta_{mn}, \tag{2.3.4}$$

这里需要提醒各位读者, 由于这里的函数都是定义在整数上的, 因此不存在积分而只有求和.

现在, 我们来证明以上正交关系. 上述正交关系左边可进一步合并写为

$$\frac{1}{2N}\sum_{X=-N}^{N-1}\left(\mathrm{e}^{\mathrm{i}\frac{\pi mX}{N}}\right)^*\mathrm{e}^{\mathrm{i}\frac{\pi nX}{N}}=\frac{1}{2N}\sum_{X=-N}^{N-1}\mathrm{e}^{\mathrm{i}\frac{\pi(n-m)X}{N}}. \tag{2.3.5}$$

由于 $-N\leqslant n,m\leqslant N-1$, 因此 $-(2N-1)\leqslant(n-m)\leqslant 2N-1$. 如果 $(n-m)\neq 0$, 则上式中的求和就是一个公比为 $\mathrm{e}^{\mathrm{i}\frac{\pi(n-m)}{N}}$ 的等比数列求和, 于是有

$$\begin{aligned}\frac{1}{2N}\sum_{X=-N}^{N-1}\mathrm{e}^{\mathrm{i}\frac{\pi(n-m)X}{N}}&=\frac{1}{2N}\frac{\mathrm{e}^{-\mathrm{i}\frac{\pi N(n-m)}{N}}-\mathrm{e}^{\mathrm{i}\frac{\pi N(n-m)}{N}}}{1-\mathrm{e}^{\mathrm{i}\frac{\pi(n-m)}{N}}}\\&=\frac{1}{2N}\frac{\mathrm{e}^{-\mathrm{i}\pi(n-m)}-\mathrm{e}^{\mathrm{i}\pi(n-m)}}{1-\mathrm{e}^{\mathrm{i}\frac{\pi(n-m)}{N}}}=0,\end{aligned} \tag{2.3.6}$$

而当 $(n-m)=0$ 时, 有

$$\frac{1}{2N}\sum_{X=-N}^{N-1}\mathrm{e}^{\mathrm{i}\frac{\pi(n-m)X}{N}}=\frac{1}{2N}\sum_{X=-N}^{N-1}1=1. \tag{2.3.7}$$

综合以上两种情况, 我们就有

$$\frac{1}{2N}\sum_{X=-N}^{N-1}\mathrm{e}^{\mathrm{i}\frac{\pi(n-m)X}{N}}=\delta_{nm}. \tag{2.3.8}$$

这样就证明了以上基底函数之间的正交关系.

有了以上这组正交完备的函数基底, 一个定义在整数上的周期为 $2N$ 的函数 $f(X)$ 就可以在此正交完备函数基底上展开成如下离散傅里叶级数:

$$f(X)=\sum_{n=-N}^{N-1}c_n\mathrm{e}^{\mathrm{i}\frac{\pi nX}{N}}, \tag{2.3.9}$$

其中

$$c_n=\frac{1}{2N}\sum_{X=-N}^{N-1}\mathrm{e}^{-\mathrm{i}\frac{\pi nX}{N}}f(X),\quad -N\leqslant n\leqslant N-1. \tag{2.3.10}$$

2.3.2 一维点阵上非周期函数的离散傅里叶变换

对于定义在一维点阵上的非周期函数的离散傅里叶变换表达式, 同样可以仿照之前对于连续函数傅里叶积分变换的讨论方式得到. 定义在无界一维点阵上的非周期离散函数同样可以看作周期为无限大的离散函数, 这样我们就可以通过上面得到的离散傅里叶级数展开表达式取相应极限后得到离散傅里叶变换表达式. 由于是非周期离散函数, 可以想到, 相应的求和应该覆盖从负无穷到正无穷的整个一维点阵. 为了能够得到合理的表达式, 我们首先将 (2.3.10) 式代入 (2.3.9) 式, 有

$$f(X)=\frac{1}{2N}\sum_{n=-N}^{N-1}\left[\sum_{X'=-N}^{N-1}\mathrm{e}^{-\mathrm{i}\frac{\pi nX'}{N}}f(X')\right]\mathrm{e}^{\mathrm{i}\frac{\pi nX}{N}}. \tag{2.3.11}$$

当 $N\to\infty$ 时, 我们就将得到非周期离散函数的情形. 于是, 对于非周期离散函数, 我们有

$$\begin{aligned}f(X)&=\lim_{N\to\infty}\left\{\frac{1}{2N}\sum_{n=-N}^{N-1}\left[\sum_{X'=-N}^{N-1}\mathrm{e}^{-\mathrm{i}\frac{\pi nX'}{N}}f(X')\right]\mathrm{e}^{\mathrm{i}\frac{\pi nX}{N}}\right\}\\&=\lim_{N\to\infty}\left\{\frac{1}{2\pi}\sum_{n=-N}^{N-1}\left[\sum_{X'=-N}^{N-1}\mathrm{e}^{-\mathrm{i}\frac{\pi nX'}{N}}f(X')\right]\mathrm{e}^{\mathrm{i}\frac{\pi nX}{N}}\frac{\pi}{N}\right\}.\end{aligned} \tag{2.3.12}$$

令 $\frac{\pi n}{N}\equiv k$, 相应的 $\frac{\pi}{N}\equiv\Delta k$, 则

$$f(X)=\lim_{N\to\infty}\left\{\frac{1}{2\pi}\sum_{k=-N\pi/N}^{(N-1)\pi/N}\left[\sum_{X'=-N}^{N-1}\mathrm{e}^{-\mathrm{i}kX'}f(X')\right]\mathrm{e}^{\mathrm{i}kX}\Delta k\right\}. \tag{2.3.13}$$

从以上表达式, 我们不难看出, 当 $N\to\infty$ 时

$$\frac{\pi}{N}\equiv\Delta k\to\mathrm{d}k,\quad\sum_{k=-\pi}^{(N-1)\pi/N}\to\int_{-\pi}^{\pi}, \tag{2.3.14}$$

于是, 我们就有

$$\begin{cases}f(X)=\dfrac{1}{2\pi}\displaystyle\int_{-\pi}^{\pi}c(k)\mathrm{e}^{\mathrm{i}kX}\mathrm{d}k,\\c(k)=\displaystyle\sum_{X=-\infty}^{\infty}f(X)\mathrm{e}^{-\mathrm{i}kX}.\end{cases} \tag{2.3.15}$$

以上就是定义在步长为 1 的一维无界均匀点阵上非周期函数的离散傅里叶积

分变换的表达式. 比较连续函数情形, 我们会发现, 离散函数像函数在像空间的定义域不是从负无穷到正无穷, 而是一个有界区间. 这反映出坐标空间的离散化将对应着像空间的高频截断. 离散傅里叶变换不仅在信号分析领域有着广泛的应用, 在凝聚态物理中更是有着重要的应用.

2.4 δ-函数

大家知道, 物理学中的一个最重要的模型就是点粒子模型, 然而点粒子无空间延展度的特性使得在描述点粒子系统时会有局域密度发散而其全空间积分结果有限的问题, 这就使得我们必须引入一种特殊的函数, 即 δ-函数, 这就是 δ-函数发明的最初动因. 当人们引入这样一个非同寻常的函数后, 却发现它有着更广泛的用途以及更深层的数学内涵, 并最终发展成为一个重要的领域——广义函数.

2.4.1 δ-函数的定义

点粒子系统的
密度分布与δ-函数

定义: δ-函数为定义在 $(-\infty,\infty)$ 上的一个函数 (严格说来应称作广义函数), 满足

$$\delta(x-x_0)=\begin{cases}0, & x\neq x_0\\ \infty, & x=x_0\end{cases}, \tag{2.4.1}$$

且

$$\int_a^b \delta(x-x_0)\,\mathrm{d}x=\begin{cases}1, & x_0\in(a,b)\\ 0, & x_0\notin(a,b)\end{cases}. \tag{2.4.2}$$

我们现在通过一个小例子来说明为什么 δ-函数可以正确地描述点粒子系统的密度问题. 例如, 在一维空间中, 一个点电荷位于 x_0 处, 携带电荷为 q, 则该系统的电荷密度函数可利用 δ-函数表示为

$$\rho(x)=q\delta(x-x_0). \tag{2.4.3}$$

它表示该点电荷系统空间密度分布如下: 在 x_0 点处电荷密度为无穷大 (由于点粒子不具有空间延展性), 而在 x_0 之外的地方电荷密度为零. 虽然这里有个无穷大, 然而 δ-函数的积分性质可以给出有限的总电荷

$$\int_{-\infty}^{\infty}\rho(x)\,\mathrm{d}x=q\int_{-\infty}^{\infty}\delta(x-x_0)\,\mathrm{d}x=q. \tag{2.4.4}$$

我们看到, 上面两个式子正确地反映出了该点电荷系统电荷密度空间分布和总电荷的性质.

由上面所谓的 δ-函数的定义, 我们不难看到它只是给出了此函数的局域和积分的特性, 只要是满足上述特性的表达式都可称为 δ-函数, 这与普通函数是不同的, 因此不能算作普通意义上的函数, 我们将其归类为广义函数.

也正是因为上述特性, 我们在对 δ-函数的实际操作中有了些许自由. 数学上实现 δ-函数的方法有很多, 下面简单列举几种.

(1) δ-函数可由对阶跃函数求导而获得. 定义阶跃函数 $h(x)$ 为

$$h(x)=\begin{cases}1, & x\geqslant 0\\ 0, & x<0\end{cases}, \tag{2.4.5}$$

于是

$$\frac{\mathrm{d}h(x)}{\mathrm{d}x}=\begin{cases}0, & x\neq 0\\ \infty, & x=0\end{cases}, \tag{2.4.6}$$

并且有

$$\int_{-\infty}^{\infty}\left(\frac{\mathrm{d}h(x)}{\mathrm{d}x}\right)\mathrm{d}x=h(\infty)-h(-\infty)=1. \tag{2.4.7}$$

我们发现 $\dfrac{\mathrm{d}h(x)}{\mathrm{d}x}$ 的局域特性和积分特性均满足 δ-函数的要求, 因此

$$h'(x)\equiv\delta(x).$$

(2) δ-函数可作为某些连续函数的极限情况. 例如, 我们可以构造带参量的连续函数 (见图 2.4.1):

$$D(x,\alpha)=\frac{1}{\pi}\frac{\alpha}{\alpha^2+x^2},\quad \alpha>0. \tag{2.4.8}$$

当 $\alpha\to 0$ 时, 我们有

$$\lim_{\alpha\to 0}D(x,\alpha)=\begin{cases}0, & x\neq 0\\ \infty, & x=0\end{cases}, \tag{2.4.9}$$

同时它满足

$$\begin{aligned}\lim_{\alpha\to 0}\int_{-\infty}^{\infty}D(x,\alpha)\,\mathrm{d}x&=\lim_{\alpha\to 0}\frac{1}{\pi}\int_{-\infty}^{\infty}\frac{\alpha}{\alpha^2+x^2}\mathrm{d}x\\ &=\lim_{\alpha\to 0}\frac{1}{\pi}\int_{-\infty}^{\infty}\frac{1}{1+\left(\dfrac{x}{\alpha}\right)^2}\mathrm{d}\left(\frac{x}{\alpha}\right)\end{aligned}$$

$$= \lim_{\alpha\to 0}\frac{1}{\pi}\left[\arctan\left(\frac{x}{\alpha}\right)\right]\Bigg|_{-\infty}^{\infty} = 1. \tag{2.4.10}$$

因此该函数的参数极限满足作为 δ-函数的条件, 即

$$\delta(x) = \lim_{\alpha\to 0}\frac{1}{\pi}\frac{\alpha}{\alpha^2+x^2}, \quad \alpha > 0. \tag{2.4.11}$$

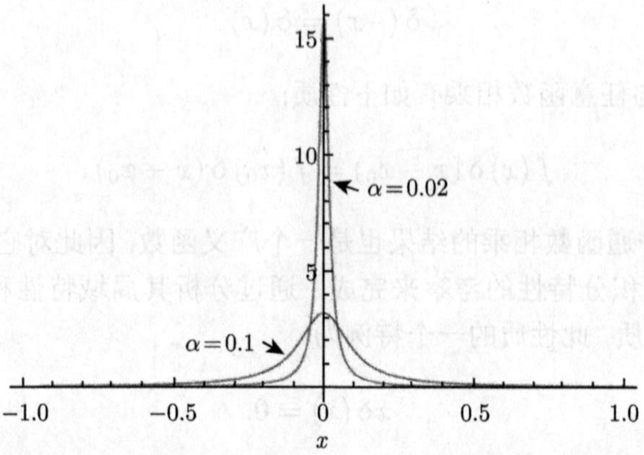

图 2.4.1 参数函数 $D(x,\alpha) = \alpha/[\pi(\alpha^2+x^2)]$ 的图像

再比如, 我们还有如下的 δ-函数的渐近形式:

$$\delta(x) = \lim_{n\to\infty}\sqrt{\frac{n}{\pi}}e^{-nx^2}; \tag{2.4.12}$$

$$\delta(x) = \lim_{n\to\infty}\frac{\sin nx}{\pi x}. \tag{2.4.13}$$

还有很多, 这里就不一一列举了.

2.4.2 δ-函数的性质

δ-函数的性质

(1) 对任意连续函数 $f(x)$, 有

$$\int_{-\infty}^{\infty} f(x)\,\delta(x-x_0)\,dx = f(x_0). \tag{2.4.14}$$

证明 可设一个任意小的正数 $\varepsilon > 0$, 由 δ-函数的定义则有

$$\int_{-\infty}^{\infty} f(x)\,\delta(x-x_0)\,dx = \int_{x_0-\varepsilon}^{x_0+\varepsilon} f(x)\,\delta(x-x_0)\,dx, \tag{2.4.15}$$

而当 $\varepsilon \to 0$ 时, 由 $f(x)$ 的连续性及 δ-函数的积分特性, 我们得到

$$\int_{x_0-\varepsilon}^{x_0+\varepsilon} f(x)\,\delta(x-x_0)\,\mathrm{d}x = f(x_0)\int_{x_0-\varepsilon}^{x_0+\varepsilon}\delta(x-x_0)\,\mathrm{d}x = f(x_0)\,. \tag{2.4.16}$$

(2) δ-函数为偶函数: 对于 $\delta(x)$ 而言, 由定义, 我们不难看出

$$\delta(-x) = \delta(x)\,. \tag{2.4.17}$$

(3) δ-函数与任意函数相乘有如下性质:

$$f(x)\,\delta(x-x_0) = f(x_0)\,\delta(x-x_0)\,. \tag{2.4.18}$$

因为 δ-函数与普通函数相乘的结果也是一个广义函数, 因此对它的考察只能通过对其局域特性和积分特性的考察来完成. 通过分析其局域特性和积分性质, 我们不难验证上述性质. 此性质的一个特例为

$$x\delta(x) = 0. \tag{2.4.19}$$

(4) 不同的 δ-函数之间也可进行乘积运算, 可以很容易验证它们的乘积满足

$$\int_{-\infty}^{\infty}\delta(x_1-x)\,\delta(x_2-x)\,\mathrm{d}x = \delta(x_1-x_2)\,. \tag{2.4.20}$$

(5) 设某函数 $f(x)$ 只有 n 个单根 x_i, 即 $f(x_i)=0$, 则

$$\delta[f(x)] = \sum_{i=1}^{n}\frac{\delta(x-x_i)}{|f'(x_i)|}. \tag{2.4.21}$$

证明 由于

$$\delta[f(x)] = \begin{cases} 0, & f(x)\neq 0 \\ \infty, & f(x)=0 \end{cases}, \tag{2.4.22}$$

而 $f(x)$ 具有 n 个单根 x_i, 即

$$\delta[f(x)] = \begin{cases} 0, & x\neq x_i \\ \infty, & x=x_i \end{cases}, \tag{2.4.23}$$

因此, 我们可以将 $\delta[f(x)]$ 写为

$$\delta\left[f\left(x\right)\right]=\sum_{i=1}^{n}c_i\delta\left(x-x_i\right), \tag{2.4.24}$$

只要确定出系数 c_i, 这个关系式就确定了. 为了得到系数 c_i, 我们可取 x_i 的邻域 $(x_i-\varepsilon,x_i+\varepsilon)$, 使得当 $j\neq i$ 时 $x_j\notin(x_i-\varepsilon,x_i+\varepsilon)$, 则将 $\delta\left[f\left(x\right)\right]$ 在该区间上进行积分, 得

$$\int_{x_i-\varepsilon}^{x_i+\varepsilon}\delta\left[f\left(x\right)\right]\mathrm{d}x=\sum_{k=1}^{n}c_k\int_{x_i-\varepsilon}^{x_i+\varepsilon}\delta\left(x-x_k\right)\mathrm{d}x=c_i, \tag{2.4.25}$$

而另一方面我们有

$$\begin{aligned}\int_{x_i-\varepsilon}^{x_i+\varepsilon}\delta\left[f\left(x\right)\right]\mathrm{d}x&=\int_{f(x_i-\varepsilon)}^{f(x_i+\varepsilon)}\delta\left[f\left(x\right)\right]\frac{\mathrm{d}\left[f\left(x\right)\right]}{f'\left(x\right)}\\&=\frac{1}{f'\left(x_i\right)}\int_{f(x_i-\varepsilon)}^{f(x_i+\varepsilon)}\delta\left[f\left(x\right)\right]\mathrm{d}\left[f\left(x\right)\right].\end{aligned} \tag{2.4.26}$$

在接下来的计算中我们必须注意上式中积分上下限的相对大小, 因为 (2.4.2) 式中的积分必须是下积分限小于上积分限. 因此, 在这里, 我们必须考虑 $f\left(x_i-\varepsilon\right)$ 与 $f\left(x_i+\varepsilon\right)$ 的相对大小问题, 即考察函数 $f\left(x\right)$ 在区间 $(x_i-\varepsilon,x_i+\varepsilon)$ 上的单调性. 如果在该区间上 $f\left(x\right)$ 为单调增, 则 $f\left(x_i+\varepsilon\right)>f\left(x_i-\varepsilon\right)$, 且 $f'\left(x\right)>0$, 于是我们有

$$\int_{x_i-\varepsilon}^{x_i+\varepsilon}\delta\left[f\left(x\right)\right]\mathrm{d}x=\frac{1}{f'\left(x_i\right)}\int_{f(x_i-\varepsilon)}^{f(x_i+\varepsilon)}\delta\left[f\left(x\right)\right]\mathrm{d}\left[f\left(x\right)\right]=\frac{1}{f'\left(x_i\right)}; \tag{2.4.27}$$

而如果在此区间上 $f\left(x\right)$ 为单调减, 则 $f\left(x_i+\varepsilon\right)<f\left(x_i-\varepsilon\right)$, 且 $f'\left(x\right)<0$, 此时有

$$\begin{aligned}\int_{x_i-\varepsilon}^{x_i+\varepsilon}\delta\left[f\left(x\right)\right]\mathrm{d}x&=\frac{1}{f'\left(x_i\right)}\int_{f(x_i-\varepsilon)}^{f(x_i+\varepsilon)}\delta\left[f\left(x\right)\right]\mathrm{d}\left[f\left(x\right)\right]\\&=\frac{-1}{f'\left(x_i\right)}\int_{f(x_i+\varepsilon)}^{f(x_i-\varepsilon)}\delta\left[f\left(x\right)\right]\mathrm{d}\left[f\left(x\right)\right]=\frac{-1}{f'\left(x_i\right)}=\frac{1}{\left|f\left(x_i\right)\right|}.\end{aligned} \tag{2.4.28}$$

结合上两式, 就得出展开系数 c_i 的表达式应为

$$c_i = \frac{1}{|f(x_i)|}, \tag{2.4.29}$$

即

$$\delta[f(x)] = \sum_{i=1}^{n} \frac{\delta(x - x_i)}{|f'(x_i)|}. \tag{2.4.30}$$

此性质下常用到的两个特例为

$$\delta(ax) = \frac{1}{|a|}\delta(x), \tag{2.4.31}$$

$$\delta\left(x^2 - a^2\right) = \frac{1}{2|a|}[\delta(x-a) + \delta(x+a)]. \tag{2.4.32}$$

2.4.3 δ-函数的导数

δ-函数导数及拾遗

δ-函数由于本身是广义函数, 因此无法直接对其进行求导, 一般都是通过将 δ-函数表示为某个连续函数的极限形式然后进行导数运算. 引入 δ-函数的导数 $\delta'(x)$ 也主要是和其他函数相乘并作一定的积分运算.

δ-函数的导数 $\delta'(x)$ 具有下列性质:

(1)

$$\int_{-\infty}^{\infty} f(x)\,\delta'(x - x_0)\,\mathrm{d}x = -f'(x_0). \tag{2.4.33}$$

证明

$$\begin{aligned}\int_{-\infty}^{\infty} f(x)\,\delta'(x - x_0)\,\mathrm{d}x &= \int_{-\infty}^{\infty} f(x)\,\mathrm{d}\delta(x - x_0)\\ &= f(x)\,\delta(x - x_0)\big|_{-\infty}^{\infty} - \int_{-\infty}^{\infty} f'(x)\,\delta(x - x_0)\,\mathrm{d}x\\ &= -f'(x_0).\end{aligned}$$

(2)

$$\delta'(-x) = -\delta'(x). \tag{2.4.34}$$

这说明, δ-函数的导数 $\delta'(x)$ 为奇函数.

(3)

$$\int_{-\infty}^{\infty} f(x)\,\delta^{(n)}(x - x_0)\,\mathrm{d}x = (-1)^n f^{(n)}(x_0). \tag{2.4.35}$$

对该性质的证明类似于性质 (1) 的证明过程.

对于 δ-函数, 我们同样可以很轻易地将其扩展到三维空间, 即我们有

$$\delta\left(\boldsymbol{r}-\boldsymbol{r}_0\right)=\begin{cases}0, & \boldsymbol{r}\neq\boldsymbol{r}_0,\\ \infty, & \boldsymbol{r}=\boldsymbol{r}_0,\end{cases}\tag{2.4.36}$$

且

$$\int\limits_V \delta\left(\boldsymbol{r}-\boldsymbol{r}_0\right)\mathrm{d}^3r=1,\quad \boldsymbol{r}_0\in V.\tag{2.4.37}$$

2.4.4 δ-函数的傅里叶变换

δ-函数的傅里叶变换及其应用

δ-函数为一个定义在整个实数域上的非周期函数, 且其全空间积分收敛, 因此, 我们可以对其作傅里叶积分变换, 相应积分变换式如下:

$$\delta\left(x\right)=\frac{1}{2\pi}\int\limits_{-\infty}^{\infty}c\left(k\right)\mathrm{e}^{\mathrm{i}kx}\mathrm{d}k,\tag{2.4.38}$$

$$c\left(k\right)=\int\limits_{-\infty}^{\infty}\delta\left(x\right)\mathrm{e}^{-\mathrm{i}kx}\mathrm{d}x.\tag{2.4.39}$$

由 δ-函数的性质不难得出

$$c\left(k\right)=1,\tag{2.4.40}$$

相应地

$$\delta\left(x\right)=\frac{1}{2\pi}\int\limits_{-\infty}^{\infty}\mathrm{e}^{\mathrm{i}kx}\mathrm{d}k.\tag{2.4.41}$$

这就是 δ-函数的傅里叶积分表达式.

上面的计算看起来似乎并不严格, 因为 $\delta\left(x\right)$ 在 $x=0$ 点处发散. 这看起来似乎是个困难, 然而 δ-函数的积分收敛特性挽救了这一点. 事实上, 对于广义函数而言, 它的特性和计算主要应从它与其他函数乘积的积分等运算来体现. 同样, δ-函数的傅里叶变换式也可严格地由这种途径得到.

首先, 考察某非周期函数 $f\left(x\right)$ 的傅里叶积分变换

$$f\left(x\right)=\frac{1}{2\pi}\int\limits_{-\infty}^{\infty}c\left(k\right)\mathrm{e}^{\mathrm{i}kx}\mathrm{d}k,$$

$$c\left(k\right)=\int\limits_{-\infty}^{\infty}f\left(x\right)\mathrm{e}^{-\mathrm{i}kx}\mathrm{d}x.$$

将之代入前式, 得

$$f(x)=\frac{1}{2\pi}\int_{-\infty}^{\infty}\left[\int_{-\infty}^{\infty}f(\xi)\,\mathrm{e}^{-\mathrm{i}k\xi}\mathrm{d}\xi\right]\mathrm{e}^{\mathrm{i}kx}\mathrm{d}k$$

$$=\frac{1}{2\pi}\int_{-\infty}^{\infty}f(\xi)\left[\int_{-\infty}^{\infty}\mathrm{e}^{\mathrm{i}k(x-\xi)}\mathrm{d}k\right]\mathrm{d}\xi.$$

将此式与

$$f(x)=\int_{-\infty}^{\infty}f(\xi)\,\delta(x-\xi)\,\mathrm{d}\xi$$

进行比较, 我们就得到了

$$\delta(x-\xi)=\frac{1}{2\pi}\int_{-\infty}^{\infty}\mathrm{e}^{\mathrm{i}k(x-\xi)}\mathrm{d}k. \tag{2.4.42}$$

这就是我们上面得到的 δ-函数的傅里叶积分表达式. 这个式子一般也看作 δ-函数的定义式.

同样, 上述 δ-函数的傅里叶积分表达式可以十分轻易地扩展到三维的情况, 对于三维的 δ-函数 $\delta(\boldsymbol{r}-\boldsymbol{r}_0)$, 我们有

$$\delta(\boldsymbol{r}-\boldsymbol{r}_0)=\frac{1}{(2\pi)^3}\iiint_{-\infty}^{\infty}\mathrm{e}^{\mathrm{i}\boldsymbol{k}\cdot(\boldsymbol{r}-\boldsymbol{r}_0)}\mathrm{d}^3k.$$

帕塞瓦尔 (Parseval) 定理: 设函数 $f(x)$ 和 $g(x)$ 的傅里叶变换像函数分别为 $F(k)$ 及 $G(k)$, 即

$$f(x)=\frac{1}{2\pi}\int_{-\infty}^{\infty}F(k)\mathrm{e}^{\mathrm{i}kx}\mathrm{d}k,$$

$$g(x)=\frac{1}{2\pi}\int_{-\infty}^{\infty}G(k)\mathrm{e}^{\mathrm{i}kx}\mathrm{d}k,$$

则有

$$\int_{-\infty}^{\infty}f(x)g^*(x)\mathrm{d}x=\frac{1}{2\pi}\int_{-\infty}^{\infty}F(k)G^*(k)\mathrm{d}k. \tag{2.4.43}$$

证明 将函数 $f(x)$ 和 $g(x)$ 的傅里叶积分表达式代入上面这个积分中, 注意对 $g(x)$ 取复共轭, 于是有

$$\int_{-\infty}^{\infty} f(x)g^*(x)\mathrm{d}x = \int_{-\infty}^{\infty} \left[\frac{1}{2\pi}\int_{-\infty}^{\infty} F(k)\mathrm{e}^{\mathrm{i}kx}\mathrm{d}k\right]\left[\frac{1}{2\pi}\int_{-\infty}^{\infty} G^*(k')\mathrm{e}^{-\mathrm{i}k'x}\mathrm{d}k'\right]\mathrm{d}x$$

$$= \frac{1}{2\pi}\iint_{-\infty}^{\infty} F(k)G^*(k')\left[\frac{1}{2\pi}\int_{-\infty}^{\infty} \mathrm{e}^{\mathrm{i}(k-k')x}\mathrm{d}x\right]\mathrm{d}k\mathrm{d}k'.$$

利用 δ-函数的傅里叶积分表达式, 上式就变为

$$\int_{-\infty}^{\infty} f(x)g^*(x)\mathrm{d}x = \frac{1}{2\pi}\iint_{-\infty}^{\infty} F(k)G^*(k')\delta(k-k')\mathrm{d}k\mathrm{d}k'.$$

接下来对 k' 积分, 并利用 δ-函数的挑选性质, 我们就得到

$$\int_{-\infty}^{\infty} f(x)g^*(x)\mathrm{d}x = \frac{1}{2\pi}\int_{-\infty}^{\infty} F(k)G^*(k)\mathrm{d}k. \tag{2.4.44}$$

得证.

在运算技巧上, δ-函数的相关性质还可以帮助我们极大地简化相关计算. 例如, 对于以下这个我们已经非常熟悉的积分:

$$\int_{-\infty}^{\infty} \frac{\sin x}{x}\mathrm{d}x,$$

我们已经知道有多个解法. 现在, 我们同样可以利用 δ-函数来方便地对此积分加以求解: 我们定义一个新的函数

$$F(\lambda) = \int_{-\infty}^{\infty} \frac{\sin \lambda x}{x}\mathrm{d}x,$$

这个函数很显然对其自变量 λ 是个奇函数. 对此函数作关于其自变量 λ 的导数, 我们有

$$F'(\lambda) = \int_{-\infty}^{\infty} \cos \lambda x\mathrm{d}x = \frac{1}{2}\left(\int_{-\infty}^{\infty} \mathrm{e}^{\mathrm{i}\lambda x}\mathrm{d}x + \int_{-\infty}^{\infty} \mathrm{e}^{-\mathrm{i}\lambda x}\mathrm{d}x\right).$$

利用 δ-函数的傅里叶积分表达式 (2.4.41), 并考虑到 δ-函数的偶函数特性, 从上式, 我们立刻就得到

$$F'(\lambda) = 2\pi\delta(\lambda),$$

也即函数 $F(\lambda)$ 可表示为

$$F(\lambda) = 2\pi \int_{-\infty}^{\lambda} \delta(\xi)\mathrm{d}\xi + C,$$

其中 $C = F(-\infty)$, 于是, 我们就有

$$F(\lambda) = \begin{cases} 2\pi + C, & \lambda > 0 \\ C, & \lambda < 0 \end{cases}.$$

考虑到函数 $F(\lambda)$ 的奇函数特性, 我们就可确定出 $C = -\pi$, 于是最终有

$$F(\lambda) = \begin{cases} \pi, & \lambda > 0 \\ -\pi, & \lambda < 0 \end{cases}.$$

而我们最开始所要求的积分其实就是该函数在 $\lambda = 1$ 时的取值, 因此我们就知道了这个积分的结果是 π.

2.4.5 利用 δ-函数讨论某些典型函数的傅里叶变换

从之前关于傅里叶积分变换的讨论中, 我们看到, 当一个函数绝对可积时, 它必然存在傅里叶变换像函数. 但必须指出, 绝对可积条件只是傅里叶变换存在的充分条件. 由前面关于 δ-函数傅里叶积分变换的讨论, 我们已经看到, 狄利克雷条件并不是傅里叶变换存在的必要条件. 在本节中, 借助 δ-函数, 我们将讨论某些典型的不满足绝对可积条件的函数的傅里叶积分变换问题.

我们首先来看三角函数 $\sin(\omega x)$ 的傅里叶积分变换. 很明显, 这个函数是一个周期振荡函数, 它在全实数域上并不满足绝对可积条件, 但我们的确可以对它进行傅里叶变换来求它的傅里叶变换像函数

$$\begin{aligned} F[\sin(\omega x)] &= \int_{-\infty}^{\infty} \sin(\omega x)\mathrm{e}^{-\mathrm{i}kx}\mathrm{d}x = \frac{1}{2\mathrm{i}}\int_{-\infty}^{\infty} \left(\mathrm{e}^{\mathrm{i}\omega x} - \mathrm{e}^{-\mathrm{i}\omega x}\right)\mathrm{e}^{-\mathrm{i}kx}\mathrm{d}x \\ &= \frac{1}{2\mathrm{i}}\int_{-\infty}^{\infty} \mathrm{e}^{\mathrm{i}(\omega-k)x}\mathrm{d}x - \frac{1}{2\mathrm{i}}\int_{-\infty}^{\infty} \mathrm{e}^{-\mathrm{i}(\omega+k)x}\mathrm{d}x. \end{aligned} \tag{2.4.45}$$

利用 (2.4.41) 式中 δ-函数的积分表达式, 我们有

$$F[\sin(\omega x)] = \mathrm{i}\pi[\delta(\omega + k) - \delta(\omega - k)]. \tag{2.4.46}$$

这正是 $\sin(\omega x)$ 的傅里叶变换像函数. 我们不难验证, 对这个像函数做傅里叶积分

就得到了原函数 $\sin(\omega x)$.

我们再来看常函数 $f(x) = N$, 这个函数同样在全实数域上不满足绝对可积条件, 但利用 (2.4.41) 式中 δ-函数的表达式, 我们很容易就得到它的傅里叶变换像函数为

$$F[N] = N\int_{-\infty}^{\infty} \mathrm{e}^{-\mathrm{i}kx}\mathrm{d}x = 2\pi N\delta(k). \tag{2.4.47}$$

另一个重要的常用的不满足绝对可积条件的函数是 (2.4.5) 式中定义的单位阶跃函数 $h(x)$, 同样可以计算它的傅里叶变换像函数. 首先, 我们看到, $h(x)$ 可以写成以下的极限形式:

$$h(x) = \begin{cases} \lim\limits_{\alpha\to 0} \mathrm{e}^{-\alpha x}, & \alpha > 0, \quad x \geqslant 0 \\ 0, & \qquad\quad\ \ x < 0 \end{cases}, \tag{2.4.48}$$

对此做傅里叶变换, 有

$$F[h(x)] = \int_{-\infty}^{\infty} h(x)\mathrm{e}^{-\mathrm{i}kx}\mathrm{d}x = \lim_{\alpha\to 0}\int_{0}^{\infty} \mathrm{e}^{-(\alpha+\mathrm{i}k)x}\mathrm{d}x = \lim_{\alpha\to 0}\frac{1}{\alpha+\mathrm{i}k}. \tag{2.4.49}$$

这里需要特别注意, 复变函数的极限必须实部和虚部的极限分别来求, 如我们在第 1 章复变函数部分所讨论过的那样, 即不能盲目地、机械地在上式中直接取 $\alpha = 0$, 而是首先要通过对分母进行实数化将上式明显写为实部与虚部的和形式, 然后再取极限, 即

$$\lim_{\alpha\to 0}\frac{1}{\alpha+\mathrm{i}k} = \lim_{\alpha\to 0}\frac{\alpha}{\alpha^2+k^2} - \mathrm{i}\lim_{\alpha\to 0}\frac{k}{\alpha^2+k^2}. \tag{2.4.50}$$

利用 (2.4.11) 式, 我们就有

$$F[h(x)] = \pi\delta(k) + P\frac{1}{\mathrm{i}k}, \tag{2.4.51}$$

其中 P 表示主值. 这就是单位阶跃函数 $h(x)$ 的傅里叶变换像函数.

2.4.6 傅里叶变换的积分定理

傅里叶变换的积分定理

借助 δ-函数, 回过头来讨论与傅里叶积分变换的微分定理密切联系的积分定理. 如果两个函数 $f(x)$ 和 $g(x)$ 之间满足关系式 $g(x) = f'(x)$, 根据傅里叶积分变换的微分定理, 它们的像函数之间满足关系

$$F[g(x)] \equiv F[f'(x)] = \mathrm{i}kF[f(x)], \tag{2.4.52}$$

即由一个函数的傅里叶变换像函数可以得到该函数导数的傅里叶变换像函数. 于

是, 很自然地, 人们理所当然地认为, 将这个变换进行一个逆操作就可以轻易地得到所谓的积分定理

$$F[f(x)] = \frac{1}{\mathrm{i}k}F[f'(x)] \equiv \frac{1}{\mathrm{i}k}F[g(x)], \tag{2.4.53}$$

即可以通过对某函数导数的傅里叶变换像函数直接除以 $(\mathrm{i}k)$ 而得到该函数的傅里叶变换像函数. 但稍微仔细一点我们立刻可以看到这是不正确的, 因为上式完全没有考虑 $k=0$ 的情况. 首先, 当除以 $(\mathrm{i}k)$ 时会引入奇异性, 这就使得在做傅里叶积分时需要做主值积分; 其次, 仔细分析的话我们就发现, 一些重要的东西从一开始就漏掉了. 我们知道, 如果 $g(x) = f'(x)$, 那么很显然 $g(x) = (f(x)+C)'$ 也是成立的, 其中 C 为常数, 于是, 上式就必须改写为

$$F[f(x)+C] = P\ \frac{1}{\mathrm{i}k}F[f'(x)], \tag{2.4.54}$$

这里的 P 表示主值. 将 (2.4.47) 式中常函数的傅里叶变换表达式代入, 我们最终得

$$F[f(x)] = P\ \frac{1}{\mathrm{i}k}F[f'(x)] - 2\pi C\delta(k). \tag{2.4.55}$$

这就是一般的**傅里叶变换的积分定理**. 这里的常数 C 需要通过对以上所得的像函数做傅里叶逆变换后与原函数进行比较加以确定.

人们也许会问, 那如此说来, 是不是傅里叶变换的微分定理也有问题啊? 毕竟 $g(x) = f'(x)$ 的话, $g(x) = (f(x)+C)'$ 也成立, 微分定理中应该会多一项与常函数傅里叶变换像函数有关的项. 当我们如此来写微分定理时, 发现

$$F[g(x)] \equiv F[(f(x)+C)'] = \mathrm{i}kF[f(x)+C] = \mathrm{i}kF[f(x)] + \mathrm{i}2\pi Ck\delta(k), \tag{2.4.56}$$

最后一项即为常函数引入的额外的项, 但由于 $k\delta(k) = 0$, 因此我们发现原先的微分定理保持不变!

利用此傅里叶变换积分定理, 我们再次来求单位阶跃函数 $h(x)$ 的傅里叶变换像函数. 我们知道 $\delta(x) = h'(x)$, 而 δ-函数的傅里叶变换像函数是 $F[\delta(x)] = 1$, 因此依据积分定理, 知

$$F[h(x)] = P\ \frac{1}{\mathrm{i}k} - 2\pi C\delta(k). \tag{2.4.57}$$

为了确定常数 C, 我们对此像函数做傅里叶逆变换

$$\frac{1}{2\pi}\int_{-\infty}^{\infty}\left[P\ \frac{1}{\mathrm{i}k} - 2\pi C\delta(k)\right]\mathrm{e}^{\mathrm{i}kx}\mathrm{d}k = \frac{1}{2\pi}P\int_{-\infty}^{\infty}\frac{\sin kx}{k}\mathrm{d}k - C = \begin{cases}\dfrac{1}{2} - C, & x>0\\ -\dfrac{1}{2} - C, & x<0\end{cases}. \tag{2.4.58}$$

将它与原函数 $h(x)$ 进行比较立刻知道 $C=-1/2$, 于是我们就得出单位阶跃函数 $h(x)$ 的傅里叶变换像函数为

$$F[h(x)]=P\frac{1}{\mathrm{i}k}+\pi\delta(k). \tag{2.4.59}$$

这与之前所得结果一致.

2.4.7 泊松求和公式

泊松求和公式的证明

利用 δ-函数的相关性质, 我们可以得到一个非常有用的公式

$$\sum_{n=-\infty}^{\infty}\delta(x-n)=\sum_{k=-\infty}^{\infty}\mathrm{e}^{\mathrm{i}2\pi kx}, \tag{2.4.60}$$

这就是著名的**泊松** (Poisson) **求和公式**.

对于此泊松求和公式的证明其实很简单巧妙. 我们可令上述公式左边的求和为函数 $f(x)$, 即

$$f(x)=\sum_{n=-\infty}^{\infty}\delta(x-n), \tag{2.4.61}$$

不难看出, 这个函数的图像如图 2.4.2 所示. 从图中可以看出, $f(x)$ 其实是一个周期为 1 的周期函数, 而由于 δ-函数特殊的积分特性, 对这个周期函数我们是可以做傅里叶级数展开的, 即

$$f(x)\equiv\sum_{n=-\infty}^{\infty}\delta(x-n)=\sum_{k=-\infty}^{\infty}C_k\mathrm{e}^{\mathrm{i}2\pi kx}, \tag{2.4.62}$$

而其中的傅里叶级数展开系数 C_k 为

$$C_k=\int_{-\frac{1}{2}}^{\frac{1}{2}}f(x)\mathrm{e}^{-\mathrm{i}2\pi kx}\mathrm{d}x=\int_{-\frac{1}{2}}^{\frac{1}{2}}\delta(x)\mathrm{e}^{-\mathrm{i}2\pi kx}\mathrm{d}x=1. \tag{2.4.63}$$

于是, 我们就得到了上面 (2.4.60) 式中所给出的泊松求和公式.

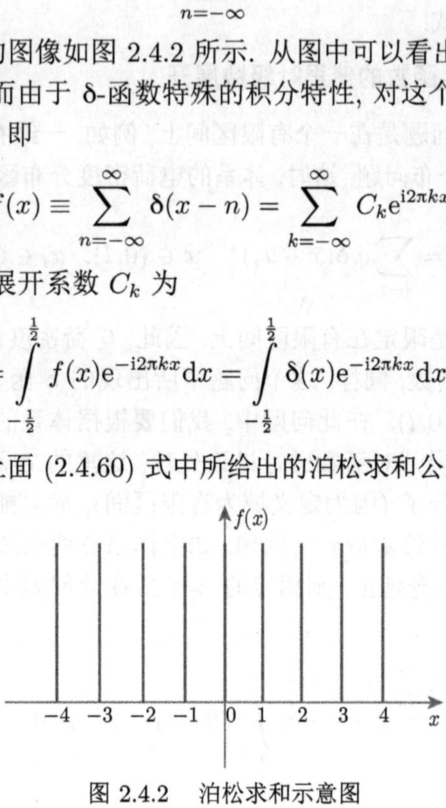

图 2.4.2 泊松求和示意图

由这个泊松求和公式出发, 我们还可以给出一个更加一般性的**泊松求和公式**

$$\sum_{n=-\infty}^{\infty} f(n) = \sum_{k=-\infty}^{\infty} \int_{-\infty}^{\infty} f(x)\mathrm{e}^{\mathrm{i}2\pi kx}\mathrm{d}x. \tag{2.4.64}$$

利用 δ-函数及 (2.4.60) 式中所给出的泊松求和公式, 这个求和公式的证明也是简单而有趣的. 我们首先意识到

$$f(n) = \int_{-\infty}^{\infty} f(x)\delta(x-n)\mathrm{d}x, \tag{2.4.65}$$

然后将此表达式代入 (2.4.64) 式左边的求和式中, 得

$$\sum_{n=-\infty}^{\infty} f(n) = \sum_{n=-\infty}^{\infty} \int_{-\infty}^{\infty} f(x)\delta(x-n)\mathrm{d}x = \int_{-\infty}^{\infty} f(x) \sum_{n=-\infty}^{\infty} \delta(x-n)\mathrm{d}x, \tag{2.4.66}$$

于是, 利用 (2.4.60) 式中的泊松求和公式, 我们立刻就可以得到 (2.4.64) 式中更一般形式的泊松求和公式.

2.4.8　有限区间上 δ-函数的傅里叶级数展开

有限区间上δ-函数的傅里叶级数展开

当我们所研究的问题是在一个有限区间上, 例如, 一维有限区间 $(0,l)$ 上的点电荷分布问题, 这时, 体系的电荷密度分布函数为

$$\rho(x) = \sum_{i=1}^{n} q_i\delta(x-x_i), \quad x\in(0,l),\ x_i\in(0,l). \tag{2.4.67}$$

由于我们所研究体系是限定在有限区间上, 因此, 电荷密度函数 $\rho(x)$ 就是定义在有限区间 $(0,l)$ 上的函数, 同样, 这个问题中所出现的 δ-函数也不例外, 在此问题中, 它的定义域也是 $(0,l)$. 在此问题中, 我们要根据体系的边界条件用有限区间上函数的傅里叶级数展开对函数进行讨论处理, 这里的 δ-函数也不例外, 对它也不能再采用傅里叶积分了 (因为定义域为有限区间), 而只能依据体系的边界条件对其进行适当的傅里叶级数展开. 例如, 如果体系在两个边界都满足第一类齐次边界条件, 可对体系做奇延拓, 则相应的 δ-函数在此问题中的傅里叶级数展开表达式就是

$$\delta(x-x_i) = \sum_{k=1}^{\infty} a_k \sin\frac{k\pi x}{l},\ \ a_k = \frac{2}{l}\int_0^l \delta(x-x_i)\sin\frac{k\pi x}{l}\mathrm{d}x = \frac{2}{l}\sin\frac{k\pi x_i}{l}, \tag{2.4.68}$$

或更紧凑地有

$$\delta(x-x_i)=\frac{2}{l}\sum_{k=1}^{\infty}\sin\frac{k\pi x}{l}\sin\frac{k\pi x_i}{l}. \tag{2.4.69}$$

类似地, 当体系两边都满足第二类齐次边界条件时, 可进行偶延拓, 此时 δ-函数的傅里叶级数展开表达式为

$$\delta(x-x_i)=\frac{1}{l}+\frac{2}{l}\sum_{k=1}^{\infty}\cos\frac{k\pi x}{l}\cos\frac{k\pi x_i}{l}. \tag{2.4.70}$$

一般来讲, 在对物理体系的理论研究中, 往往我们会取周期边界条件, 即令 $\rho(x+l)=\rho(x)$, 此时体系的相关函数就可看成是一个周期函数, 其周期为 l, 在这种情况下, δ-函数的傅里叶级数展开表达式为

$$\delta(x-x_i)=\sum_{k=-\infty}^{\infty}c_k\mathrm{e}^{\mathrm{i}\frac{2k\pi x}{l}},\quad c_k=\frac{1}{l}\int_0^l\delta(x-x_i)\mathrm{e}^{-\mathrm{i}\frac{2k\pi x}{l}}\mathrm{d}x=\frac{1}{l}\mathrm{e}^{-\mathrm{i}\frac{2k\pi x_i}{l}}, \tag{2.4.71}$$

也即

$$\delta(x-x_i)=\frac{1}{l}\sum_{k=-\infty}^{\infty}\mathrm{e}^{\mathrm{i}\frac{2k\pi(x-x_i)}{l}}. \tag{2.4.72}$$

以上这几个不同情形下的 δ-函数的傅里叶展开式也可看作定义在 $(0,l)$ 上有限区间系统中不同边界条件下的 δ-函数的定义式. 特别地, 对于 (2.4.72) 式, 当 $l=2\pi$ 时, 有

$$\delta(x-x_i)=\frac{1}{2\pi}\sum_{k=-\infty}^{\infty}\mathrm{e}^{\mathrm{i}k(x-x_i)}. \tag{2.4.73}$$

这个表达式十分常用, 它可看作与 (2.4.42) 式相对应的 δ-函数的离散表达式.

习 题 2.4

1. 利用帕塞瓦尔定理求积分

$$I=\int_{-\infty}^{\infty}\frac{\sin^2 x}{x^2}\mathrm{d}x.$$

2. 设函数 $f(x)$ 为

$$f(x)=\begin{cases}\dfrac{1}{h}, & |x|\leqslant\dfrac{h}{2}\\[2mm] 0, & |x|>\dfrac{h}{2}\end{cases},$$

试证明:

$$\lim_{h\to 0} f(x) = \delta(x).$$

3. 求解下列积分式:

$$\int_0^1\int_0^1 \delta(x+y-1)\mathrm{d}x\mathrm{d}y.$$

4. 计算符号函数

$$\mathrm{sgn}(x) = \begin{cases} 1, & x>0 \\ -1, & x<0 \end{cases}$$

的傅里叶变换像函数.

5. 设两个函数 $f(x)$ 和 $g(x)$ 的傅里叶变换像函数分别是 $F(k)$ 和 $G(k)$, 试证明:

$$F[f(x)g(x)] = \frac{1}{2\pi}F(k)*G(k),$$

其中

$$F(k)*G(k) = \int_{-\infty}^{\infty} F(k_1)G(k-k_1)\mathrm{d}k_1$$

为 $F(k)$ 和 $G(k)$ 的卷积.

6. 计算 $f(x) = h(x)\sin(\omega x)$ 的傅里叶变换像函数, 其中 $h(x)$ 为 (2.4.5) 式中定义的单位阶跃函数.

7. 利用泊松求和公式证明:

$$\sum_{n=-\infty}^{\infty} \frac{\sin^2 n\theta}{n^2} = \pi\theta, \quad 0<\theta<\pi.$$

2.5 拉普拉斯变换

前面我们介绍了傅里叶变换. 傅里叶变换是对函数乘以 $\mathrm{e}^{-\mathrm{i}kx}$ 进行积分变换的, 而 $\mathrm{e}^{-\mathrm{i}kx}$ 本身只是一个振荡因子, 它本身是不收敛的. 因此这就对积分变换原函数提出了很高的要求: 原函数必须满足绝对收敛性. 这个限制条件其实是很强的. 因此, 人们考虑在原函数的基础上乘以一个收敛因子 $\mathrm{e}^{-st}(s>0)$ 然后再作积分变换, 这就是拉普拉斯变换.

2.5.1 拉普拉斯变换的定义

拉普拉斯变换

对于定义在 $[0,\infty)$ 上的函数 $f(t)$, 它的拉普拉斯变换为

$$F(p)=\int_0^{\infty} f(t)\,\mathrm{e}^{-pt}\mathrm{d}t, \tag{2.5.1}$$

其中 $f(t)$ 为实变量 t 的实函数或复函数, p 为复数 $p=s+\mathrm{i}\sigma\ (s>0)$, e^{-pt} 称为拉普拉斯变换的核. $f(t)$ 为原函数, $F(p)$ 为像函数, 原函数和像函数的相互关系可以记为

$$f(t)\fallingdotseq F(p),\quad F(p)\risingdotseq f(t). \tag{2.5.2}$$

需要注意, 拉普拉斯变换的积分区间为 $[0,\infty)$, 因为只有在此区间上, e^{-pt} 中的 e^{-st} 部分才是一个收敛因子.

其实, 拉普拉斯变换与傅里叶变换有着极其密切的关系. 当我们定义

$$g(t)=\begin{cases} f(t)\,\mathrm{e}^{-st}, & 0\leqslant t<\infty \\ 0, & -\infty<t<0 \end{cases}, \tag{2.5.3}$$

则可得到它的傅里叶变换为

$$c(\sigma)=\int_{-\infty}^{\infty} g(t)\,\mathrm{e}^{-\mathrm{i}\sigma t}\mathrm{d}t=\int_0^{\infty} f(t)\,\mathrm{e}^{-(s+\mathrm{i}\sigma)t}\mathrm{d}t=\int_0^{\infty} f(t)\,\mathrm{e}^{-pt}\mathrm{d}t, \tag{2.5.4}$$

而这正是 (2.5.1) 式中 $f(t)$ 的拉普拉斯变换.

现在我们来考察收敛性问题. 由傅里叶变换的条件可知, 为使其傅里叶变换存在, 则必须要求 $g(t)$ 绝对收敛. 而由 $g(t)$ 与 $f(t)$ 的关系不难看出, 只要

$$|f(t)|\leqslant M\mathrm{e}^{s_0 t},\ M>0,\ s_0>0 \text{ 且 } s>s_0, \tag{2.5.5}$$

则积分 $\displaystyle\int_0^{\infty}|g(t)|\,\mathrm{d}t$ 必然收敛. 因此, 我们看到, 拉普拉斯变换中对于函数 $f(t)$ 的收敛条件放得很宽: 只要变换核 e^{-pt} 中 p 的实部 $s>s_0$, 变换总是存在的. 我们称 s_0 为函数 $f(t)$ 的**收敛横标**.

我们现在再来看拉普拉斯变换的逆变换. 从上面我们可以看到, 拉普拉斯变换与傅里叶变换关系密切, 因此我们可以从相应的傅里叶逆变换得到拉普拉斯逆变换表达式.

由上面所述, 从 (2.5.1) 和 (2.5.4) 式我们知道, $f(t)$ 的拉普拉斯像函数 $F(p)$ 就是 $g(t)$ 的傅里叶变换像函数, 因此有

$$g(t)=\frac{1}{2\pi}\int_{-\infty}^{\infty}c(\sigma)\mathrm{e}^{\mathrm{i}\sigma t}\mathrm{d}\sigma=\frac{1}{2\pi}\int_{-\infty}^{\infty}F(p)\,\mathrm{e}^{\mathrm{i}\sigma t}\frac{1}{\mathrm{i}}\mathrm{d}(\mathrm{i}\sigma)$$

$$=\frac{1}{2\pi\mathrm{i}}\int_{s-\mathrm{i}\infty}^{s+\mathrm{i}\infty}F(p)\,\mathrm{e}^{\mathrm{i}\sigma t}\mathrm{d}p, \tag{2.5.6}$$

将 (2.5.3) 式代入, 我们就得到

$$f(t)=\frac{1}{2\pi\mathrm{i}}\int_{s-\mathrm{i}\infty}^{s+\mathrm{i}\infty}F(p)\,\mathrm{e}^{pt}\mathrm{d}p. \tag{2.5.7}$$

将变换和相应的逆变换表达式结合起来就构成了一对拉普拉斯积分变换.

例2.5.1　求下列定义在 $[0,\infty)$ 上的函数的拉普拉斯变换像函数: (1) $f(t)=1$, (2) $f(t)=t$, (3) $f(t)=\cos at$.

解　(1) 依照拉普拉斯变换的定义, 我们有

$$F(p)=\int_0^{\infty}1\cdot\mathrm{e}^{-pt}\mathrm{d}t=\frac{1}{p}.$$

(2) 利用分部积分法, 不难得到

$$F(p)=\int_0^{\infty}t\mathrm{e}^{-pt}\mathrm{d}t=\frac{1}{p^2}.$$

以此类推, 利用同样的方法, 我们不难证明 $f(t)=t^n$(n 为正整数) 的拉普拉斯像函数为 $n!/(p^{n+1})$.

(3) 将此余弦函数利用欧拉公式写成复指数函数形式后, 我们很容易就得

$$F(p)=\int_0^{\infty}\cos at\mathrm{e}^{-pt}\mathrm{d}t=\int_0^{\infty}\frac{\mathrm{e}^{\mathrm{i}at}+\mathrm{e}^{-\mathrm{i}at}}{2}\mathrm{e}^{-pt}\mathrm{d}t=\frac{p}{p^2+a^2}.$$

我们知道, 傅里叶变换的原函数和像函数是一一对应的, 同样地, 拉普拉斯变换的原函数和像函数也是一一对应的.

2.5.2　拉普拉斯变换的性质

为了今后更好、更有效地利用拉普拉斯变换研究问题, 我们同样也要对拉普拉斯变换的性质加以考察. 设 $f(t)\doteq F(p)$, $g(t)\doteq G(p)$.

拉普拉斯变换的性质

(1) 线性定理: 同傅里叶变换所满足的线性定理类似, 由于积分的线性叠加性, 对于任意常数 a_1 和 a_2, 我们有

$$a_1 f(t) + a_2 g(t) \risingdotseq a_1 F(p) + a_2 G(p). \tag{2.5.8}$$

(2) 延迟定理:

$$f(t-\tau) \risingdotseq \mathrm{e}^{-p\tau} F(p). \tag{2.5.9}$$

(3) 位移定理:

$$\mathrm{e}^{-\lambda t} f(t) \risingdotseq F(p+\lambda). \tag{2.5.10}$$

上述三个定理都可直接由定义进行证明.

(4) 卷积定理:

$$f(t) * g(t) \risingdotseq F(p) G(p), \tag{2.5.11}$$

其中两个函数的卷积定义为

$$f(t) * g(t) = \int_0^t f(\tau) g(t-\tau) \mathrm{d}\tau. \tag{2.5.12}$$

(注: 这里关于函数卷积的定义与 (2.2.16) 式中的定义其实是一致的, 只不过这里已经考虑到了相关函数的定义域问题.)

证明 由于 $f(t)$ 和 $g(t)$ 的定义域为 $[0,\infty)$, 当 $t<0$ 时可设 $f(t)$ 和 $g(t)$ 均为零, 因此

$$f(t) * g(t) = \int_0^\infty f(\tau) g(t-\tau) \mathrm{d}\tau,$$

于是有

$$\begin{aligned}\int_0^\infty f(t) * g(t) \mathrm{e}^{-pt} \mathrm{d}t &= \int_0^\infty \mathrm{e}^{-pt} \mathrm{d}t \int_0^\infty f(\tau) g(t-\tau) \mathrm{d}\tau \\ &= \int_0^\infty f(\tau) \mathrm{d}\tau \int_0^\infty g(t-\tau) \mathrm{e}^{-pt} \mathrm{d}t,\end{aligned}$$

对上式右边第二个积分运用延迟定理, 我们就最终得到

$$f(t) * g(t) \risingdotseq \int_0^\infty f(t) * g(t) \mathrm{e}^{-pt} \mathrm{d}t = \left[\int_0^\infty f(\tau) \mathrm{d}\tau \mathrm{e}^{-p\tau}\right] G(p) = F(p) G(p).$$

(5) 微分定理:

$$f'(t) \risingdotseq pF(p) - f(0), \quad f(0) \equiv f(t)|_{t=0}, \tag{2.5.13}$$

$$f''(t) \risingdotseq p^2F(p) - pf(0) - f'(0), \tag{2.5.14}$$

$$f^{(n)}(t) \risingdotseq p^nF(p) - p^{n-1}f(0) - p^{n-2}f'(0) - \cdots - pf^{(n-2)}(0) - f^{(n-1)}(0). \tag{2.5.15}$$

证明 对此定理的证明只需反复利用分部积分和拉普拉斯变换的定义即可. 例如

$$f'(t) \risingdotseq \int_0^\infty f'(t)\,\mathrm{e}^{-pt}\mathrm{d}t = f(t)\,\mathrm{e}^{-pt}|_0^\infty + p\int_0^\infty f(t)\,\mathrm{e}^{-pt}\mathrm{d}t = pF(p) - f(0).$$

(6) 积分定理:

$$\int_0^t f(\tau)\mathrm{d}\tau \risingdotseq \frac{F(p)}{p}.$$

证明 由拉普拉斯变换的定义出发, 有

$$\int_0^t f(\tau)\mathrm{d}\tau \risingdotseq \int_0^\infty \left[\int_0^t f(\tau)\mathrm{d}\tau\right] \mathrm{e}^{-pt}\mathrm{d}t, \tag{2.5.16}$$

对此, 我们可以采用分部积分法, 即

$$\begin{aligned}\int_0^\infty \left[\int_0^t f(\tau)\mathrm{d}\tau\right] \mathrm{e}^{-pt}\mathrm{d}t &= -\frac{1}{p}\int_0^\infty \left[\int_0^t f(\tau)\mathrm{d}\tau\right] \mathrm{d}(\mathrm{e}^{-pt}) \\ &= -\frac{1}{p}\left[\mathrm{e}^{-pt}\int_0^t f(\tau)\mathrm{d}\tau\right]_0^\infty + \frac{1}{p}\int_0^\infty f(t)\mathrm{e}^{-pt}\mathrm{d}t. \end{aligned} \tag{2.5.17}$$

上式右边第一项在两个积分限处均为 0, 第二项的积分正是 $f(t)$ 的拉普拉斯变换像函数 $F(p)$, 于是我们就有

$$\int_0^t f(\tau)\mathrm{d}\tau \risingdotseq \frac{F(p)}{p}. \tag{2.5.18}$$

(7) 像函数微分定理:

$$tf(t) \risingdotseq -F'(p). \tag{2.5.19}$$

证明 对 (2.5.1) 式两边关于 p 求导, 我们有

$$-F'(p) = -\frac{\mathrm{d}}{\mathrm{d}p}\int_0^\infty f(t)\mathrm{e}^{-pt}\mathrm{d}t = -\int_0^\infty f(t)\frac{\mathrm{d}}{\mathrm{d}p}\mathrm{e}^{-pt}\mathrm{d}t$$

$$= \int_0^\infty [f(t)t]\mathrm{e}^{-pt}\mathrm{d}t. \tag{2.5.20}$$

从这个式子, 我们立刻就看出 $tf(t)$ 的拉普拉斯变换像函数是 $-F'(p)$. 以此类推, 我们不难证明

$$t^n f(t) \risingdotseq (-1)^n F^{(n)}(p). \tag{2.5.21}$$

(8) 像函数积分定理:

$$\frac{f(t)}{t} \risingdotseq \int_p^\infty F(s)\mathrm{d}s. \tag{2.5.22}$$

证明 将拉普拉斯变换像函数的表达形式代入上式右边, 我们就可以非常直接地得到

$$\int_p^\infty F(s)\mathrm{d}s = \int_p^\infty\int_0^\infty f(t)\mathrm{e}^{-st}\mathrm{d}t\mathrm{d}s = \int_0^\infty f(t)\left[\int_p^\infty \mathrm{e}^{-st}\mathrm{d}s\right]\mathrm{d}t$$

$$= \int_0^\infty \frac{f(t)}{t}\mathrm{e}^{-pt}\mathrm{d}t.$$

(9) 时间缩放定理:

$$f(at) \risingdotseq \frac{1}{a}F\left(\frac{p}{a}\right), \quad a > 0. \tag{2.5.23}$$

对此定理的证明也只需从拉普拉斯变换的定义出发即可.

上述拉普拉斯变换的各种性质可以使我们利用拉普拉斯变换进行问题分析的过程变得更加方便简洁, 包括求解拉普拉斯变换的反演. 我们来看以下几个例子.

例 2.5.2 求 $Y(p) = 1/(p^3 + a^2p + ap^2 + a^3)$ 的原函数.

解 对这个问题可以有两种解法, 我们先来看第一种.

第一种解法: 本问题中的像函数可化为

$$Y(p) = \frac{1}{p^3 + a^2p + ap^2 + a^3} = \frac{1}{(p+a)(p^2+a^2)} = \frac{1}{a}\frac{1}{p+a}\frac{a}{p^2+a^2}, \tag{2.5.24}$$

从这个表达式, 我们可以看到, 它其实是两个像函数的乘积, 借助拉普拉斯变换的性质, 特别是位移定理, 我们看到, 这两个拉普拉斯变换像函数的原函数分别是

$$\frac{1}{p+a} \risingdotseq \mathrm{e}^{-at}, \quad \frac{a}{p^2+a^2} \risingdotseq \sin at, \tag{2.5.25}$$

于是, 利用拉普拉斯变换的卷积定理, 我们就知道

$$Y(p) = \frac{1}{a}\frac{1}{p+a}\frac{a}{p^2+a^2} \risingdotseq \frac{1}{a}\int_0^t \mathrm{e}^{-a\tau}\sin a(t-\tau)\mathrm{d}\tau, \tag{2.5.26}$$

利用欧拉公式, 我们有

$$Y(p) \risingdotseq \frac{1}{a}\int_0^t \mathrm{e}^{-a\tau}\frac{\mathrm{e}^{\mathrm{i}a(t-\tau)} - \mathrm{e}^{-\mathrm{i}a(t-\tau)}}{2\mathrm{i}}\mathrm{d}\tau, \tag{2.5.27}$$

进一步做积分后, 我们不难得到该像函数对应的原函数为

$$Y(p) \risingdotseq y(t) = \frac{\sin at}{2a^2} - \frac{\cos at}{2a^2} + \frac{\mathrm{e}^{-at}}{2a^2}. \tag{2.5.28}$$

第二种解法: 这个问题还可以通过对该像函数的表达式进行分解而直接得到. 从上面, 我们知道

$$Y(p) = \frac{1}{p^3+a^2p+ap^2+a^3} = \frac{1}{(p+a)(p^2+a^2)}, \tag{2.5.29}$$

这可分解为

$$Y(p) = \frac{A}{p+a} + \frac{Bp+C}{p^2+a^2}. \tag{2.5.30}$$

对此式通分合并后再与前式进行比较, 不难得出

$$A = \frac{1}{2a^2}, \quad B = -A, \quad C = Aa, \tag{2.5.31}$$

也即

$$Y(p) = \frac{1}{2a^2}\frac{1}{p+a} - \frac{1}{2a^2}\frac{p}{p^2+a^2} + \frac{1}{2a^2}\frac{a}{p^2+a^2}, \tag{2.5.32}$$

从这个表达式, 我们很直接地看出本问题的原函数就为

$$Y(p) \risingdotseq y(t) = \frac{\mathrm{e}^{-at}}{2a^2} - \frac{\cos at}{2a^2} + \frac{\sin at}{2a^2}, \tag{2.5.33}$$

与上面第一种方法的结果一样.

例 2.5.3 求 $Y(p)=\mathrm{e}^{-\sqrt{p}}$ 的原函数.

解 首先, 对此像函数求一次导数, 我们有

$$Y'(p)=-\frac{1}{2\sqrt{p}}\mathrm{e}^{-\sqrt{p}}. \tag{2.5.34}$$

对此再求一次导数, 得

$$Y''(p)=\frac{1}{4p}\mathrm{e}^{-\sqrt{p}}+\frac{1}{4p^{3/2}}\mathrm{e}^{-\sqrt{p}}. \tag{2.5.35}$$

结合该像函数及其一阶导数的表达式, 上式可改写为

$$4pY''(p)+2Y'(p)-Y(p)=0. \tag{2.5.36}$$

这正是像函数 $Y(p)$ 所满足的微分方程. 设 $Y(p)\risingdotseq y(t)$, 利用拉普拉斯变换像函数微分定理, 我们知道

$$Y''(p)\risingdotseq t^2y(t),\quad Y'(p)\risingdotseq -ty(t). \tag{2.5.37}$$

由于 $t^2y(t)|_{t=0}=0$, 因此根据拉普拉斯变换的微分定理, 我们进而可得

$$pY''(p)\risingdotseq \frac{\mathrm{d}}{\mathrm{d}t}(t^2y(t))=t^2y'(t)+2ty(t). \tag{2.5.38}$$

综上, 对 (2.5.37) 式中的像函数满足的微分方程整体做拉普拉斯变换反演, 我们就得到了原函数所应满足的微分方程

$$4t^2y'(t)+(6t-1)y(t)=0. \tag{2.5.39}$$

很容易求得该微分方程的解为

$$y(t)=Ct^{-\frac{3}{2}}\mathrm{e}^{-\frac{1}{4t}}, \tag{2.5.40}$$

其中 C 为积分常数. 为了确定该积分常数, 我们回过头来看像函数, 它必可表示为

$$Y(p)=\mathrm{e}^{-\sqrt{p}}=\int_0^\infty Ct^{-\frac{3}{2}}\mathrm{e}^{-\frac{1}{4t}}\mathrm{e}^{-pt}\mathrm{d}t. \tag{2.5.41}$$

由上面求得的原函数的形式可以看出, 它的收敛横标是 0. 因此, 在上式中可以令 $p=0$, 有

$$1=C\int_0^\infty t^{-\frac{3}{2}}\mathrm{e}^{-\frac{1}{4t}}\mathrm{d}t. \tag{2.5.42}$$

做变量代换 $\frac{1}{4t}\equiv x$, 上式就变为

$$1=4C\int_0^{\infty}\mathrm{e}^{-x^2}\mathrm{d}x=2C\sqrt{\pi}, \tag{2.5.43}$$

于是我们就定出了积分常数 $C=1/(2\sqrt{\pi})$, 从而得

$$\mathrm{e}^{-\sqrt{p}}\risingdotseq\frac{1}{2\sqrt{\pi}}t^{-\frac{3}{2}}\mathrm{e}^{-\frac{1}{4t}}. \tag{2.5.44}$$

⋆ 常用的拉普拉斯变换原函数与像函数的对照

以下我们给出部分常用的拉普拉斯变换原函数和像函数的对照:

(1) $1\risingdotseq\frac{1}{p}$;　(2) $t^n\risingdotseq\frac{n!}{p^{n+1}}$;　(3) $\mathrm{e}^{\lambda t}\risingdotseq\frac{1}{p-\lambda}$;

(4) $\sin\omega t\risingdotseq\frac{\omega}{p^2+\omega^2}$;　(5) $\cos\omega t\risingdotseq\frac{p}{p^2+\omega^2}$;　(6) $\sinh\omega t\risingdotseq\frac{\omega}{p^2-\omega^2}$;

(7) $\cosh\omega t\risingdotseq\frac{p}{p^2-\omega^2}$;　(8) $\frac{1}{\sqrt{\pi t}}\risingdotseq\frac{1}{\sqrt{p}}$.

习　题　2.5

1. 求函数 $\sin at$ 的拉普拉斯变换像函数.
2. 求函数 $\sinh at$ 和 $\cosh at$ 的拉普拉斯变换像函数.
3. 求函数 $t\cos at$ 的拉普拉斯像函数.
4. 求函数 $\mathrm{e}^{bt}\sin at$ 和 $\mathrm{e}^{bt}\cosh at$ 的拉普拉斯变换像函数.
5. 已知拉普拉斯变换像函数

(1) $\frac{p-2}{(p-2)^2+4}$;　(2) $-\frac{1}{p^2(p-1)}$.

求各自对应的拉普拉斯变换原函数.

2.6　拉普拉斯变换在常微分方程求解中的应用

利用拉普拉斯变换求解常微分方程

由拉普拉斯变换的微分定理, 我们看到, 可以将一个函数的 n-阶导数变换为相对应的拉普拉斯像函数与原函数及其相应低阶导数的初值的代数和式. 这就暗示我们可以对一个常微分方程整体作拉普拉斯积分变换, 如此就可将难以求解的原函数的常微分方程化为简单的对应的拉

普拉斯像函数的代数方程, 这使得我们可以很轻易地得到像函数, 之后进行逆变换或查表而得所欲求解的原函数. 一般而言, 对于物理问题中的初始条件, 我们可由所研究系统的特性得到. 这就是利用拉普拉斯变换求解常微分方程的一般思路.

我们用一个简单的例子对此加以讨论.

例 2.6.1 求解下面这个微分方程:

$$\frac{\mathrm{d}^2y}{\mathrm{d}t^2}-2\frac{\mathrm{d}y}{\mathrm{d}t}+y=t^2\mathrm{e}^t \quad (t>0), \tag{2.6.1}$$

初始条件为 $y|_{t=0}=0$ 及 $\left.\frac{\mathrm{d}y}{\mathrm{d}t}\right|_{t=0}=0$.

解 设函数 $y(t)$ 的拉普拉斯像函数为 $Y(p)$, 借助拉普拉斯变换的微分定理, 我们有

$$\frac{\mathrm{d}y}{\mathrm{d}t} \risingdotseq pY(p)-y(0), \quad \frac{\mathrm{d}^2y}{\mathrm{d}t^2} \risingdotseq p^2Y(p)-py(0)-y'(0), \tag{2.6.2}$$

并且

$$t^n\mathrm{e}^{st} \risingdotseq \frac{n!}{(p-s)^{n+1}}. \tag{2.6.3}$$

因此, 当对上述微分方程整体作拉普拉斯变换, 同时考虑到已知的初始条件后, 我们就得到

$$p^2Y(p)-2pY(p)+Y(p)=\frac{2}{(p-1)^3}. \tag{2.6.4}$$

这就是像函数 $Y(p)$ 所满足的代数方程. 相比较题目中原来要求解的原函数的微分方程, 这个像函数的代数方程的求解可以说太容易了. 很简单, 我们就得到

$$Y(p)=\frac{2}{(p-1)^5}. \tag{2.6.5}$$

接下来的任务就是由此像函数找出与它一一对应的原函数, 问题就解决了. 由 (2.6.3) 式我们不难看出, 它所对应的原函数为

$$y(t)=\frac{t^4\mathrm{e}^t}{12}. \tag{2.6.6}$$

这样, 我们就求出了所要求的微分方程的解.

拉普拉斯变换方法不仅可以求解一元常微分方程, 也可用来求解常微分方程组, 同样也是对微分方程组整体做拉普拉斯积分变换, 将微分方程组变为相应像函数的多元代数方程组. 在经过简单代数计算得到各像函数后再运用各种可能的方式得到对应的原函数, 这组原函数就是此微分方程组解.

拉普拉斯积分变换法不仅可用来求解上面这种较为简单的常系数线性微分方程, 有时也可用来求解变系数的线性微分方程. 我们来看下面的例子.

例 2.6.2 求解零阶贝塞尔 (Bessel) 方程:

$$ty'' + y' + ty = 0 \quad (t > 0), \tag{2.6.7}$$

初始条件为 $y|_{t=0} = 1$ 及 $y'(0) = 0$.

解 设函数 $y(t)$ 的拉普拉斯像函数为 $Y(p)$, 借助拉普拉斯变换的微分定理, 考虑到本问题中的初始条件, 有

$$y' \risingdotseq pY(p) - 1, \quad y'' \risingdotseq p^2Y(p) - p. \tag{2.6.8}$$

根据 (2.5.19) 式中的拉普拉斯变换的像函数微分定理, 我们知道 ty 的像函数一定是 $[-\mathrm{d}Y(p)/\mathrm{d}p]$, 而 ty'' 的像函数也一定是 y'' 的像函数对 p 求导再加个负号. 综上, 对零阶贝塞尔方程整体做拉普拉斯变换后, 我们就得

$$-\frac{\mathrm{d}}{\mathrm{d}p}\left(p^2Y(p) - p\right) + pY(p) - 1 - \frac{\mathrm{d}}{\mathrm{d}p}Y(p) = 0, \tag{2.6.9}$$

化简后为

$$(p^2 + 1)\frac{\mathrm{d}}{\mathrm{d}p}Y(p) + pY(p) = 0. \tag{2.6.10}$$

这个一阶微分方程很容易求解, 其结果为

$$Y(p) = C\left(p^2 + 1\right)^{-1/2}, \tag{2.6.11}$$

其中 C 为积分常数. 取 $|p| > 1$, 于是我们可将上述像函数的解展开成以下幂级数:

$$Y(p) = \frac{C}{p}\left[1 + \frac{1}{p^2}\right]^{-\frac{1}{2}} = C\sum_{n=0}^{\infty}\frac{(-1)^n(2n)!}{(2^n n!)^2 p^{2n+1}}. \tag{2.6.12}$$

利用 $t^n \risingdotseq n!/(p^{n+1})$ 以及拉普拉斯变换的线性定理, 该像函数的原函数为

$$y(t) = C\sum_{n=0}^{\infty}\frac{(-1)^n}{(2^n n!)^2}t^{2n}. \tag{2.6.13}$$

利用初始条件定出积分常数 $C = 1$, 于是我们就得到了该零阶贝塞尔方程的解为

$$y(t) = \sum_{n=0}^{\infty}\frac{(-1)^n}{(2^n n!)^2}t^{2n}. \tag{2.6.14}$$

这正是我们后面章节里要提到的**零阶贝塞尔函数** $\mathrm{J}_0(t)$.

习 题 2.6

1. 求解下面这个微分方程:

$$\frac{d^2y}{dt^2}+2\frac{dy}{dt}-3y=e^{-t}\quad(t>0),$$

初始条件为 $y|_{t=0}=0$ 及 $\left.\frac{dy}{dt}\right|_{t=0}=1.$

2. 求解微分方程

$$\frac{d^2y}{dt^2}+y=2\quad(t>0),$$

初始条件为 $y|_{t=0}=0$ 及 $\left.\frac{dy}{dt}\right|_{t=0}=1.$

3. 利用拉普拉斯变换法求解常微分方程

$$\frac{d^2y}{dt^2}+\lambda y=0\quad(t>0),$$

初始条件为 $y|_{t=0}=a$ 及 $\left.\frac{dy}{dt}\right|_{t=0}=b.$

4. 求解如下强迫振动问题:

$$\begin{cases} y''+4y=f(t), & t>0 \\ y(0)=1, & y'(0)=0 \end{cases},$$

其中受迫力随时间变化关系为

$$f(t)=\begin{cases} 1, & 0<t<t_0 \\ 0, & t>t_0 \end{cases}.$$

5. 求解微分方程组

$$\begin{cases} y''-x''+x'-y=e^t-2, \\ 2y''-x''-2y'+x=-t, \\ x(0)=x'(0)=0, \\ y(0)=y'(0)=0. \end{cases}$$

第3章

数学物理方程

当对缤纷的自然世界进行探索和研究时, 我们需要对所研究的物理对象进行深入的考察而将其抽象成定量的数学语言. 一个物理体系的性质是由不同的物理量来描述的, 这些物理量随着空间、时间的变幻演化以及它们之间的相互影响和交缠就构成了绚烂多彩的自然世界. 用数学的语言来讲, 这些物理量就是一些时间和空间的函数, 而它们之间的相互作用、相互影响、相互交缠的关系其实就是一组组的数理方程, 也即偏微分方程. 之所以是偏微分方程, 是因为这些物理量通常都是时间空间的多元函数. 这些偏微分方程就是支配这些物理体系演进的物理规律, 在一定的初始条件和边界条件下解出这些偏微分方程, 我们就得到了这个物理系统的演化规律和性质. 当然, 数理方程的种类是庞杂的, 形式是多样的. 在本书中, 我们将集中讨论波动问题、输运问题以及稳定场问题这三类最基本也是最有代表性的数理方程, 从中学习、体味如何通过对一个物理体系进行考察而建立相应的数理方程、确立相应的定解问题并最终通过适当的途径和方法对其进行求解. 我们学习的不仅仅是一些数学的方法和技巧, 更重要的是从纷乱的现象中抽剥出核心矛盾的科学的分析问题的思维方式.

3.1 波动问题

波动现象, 或者说振动现象, 在自然界随处可见、形式各样, 例如乐器中弦的振动、水波的激荡、声音的传播, 甚至电磁波的传播, 都表现为相应的波动行为. 当我们对其进行深入定量分析和研究后发现, 这些不同物理体系的形态各异的波动问题通常竟然都可以由同一形式的偏微分方程来支配

$$u_{tt} - a^2\nabla^2 u(x, y, z, t) = f(x, y, z, t), \tag{3.1.1}$$

其中 $u(x,y,z,t)$ 是反映上述不同体系波动的相应的物理量, 而

$$u_{tt} \equiv \frac{\partial^2 u}{\partial t^2}, \quad \nabla^2 \equiv \frac{\partial^2}{\partial x^2} + \frac{\partial^2}{\partial y^2} + \frac{\partial^2}{\partial z^2},$$

∇^2 称为拉普拉斯算子, a 为波速. 这个方程就是描述波动问题的标准方程, 称为**波动方程**, 由于它的数学形式, 其又称为**双曲型方程**. 那么, 这个方程是怎么来的? 我们又该如何针对具体的物理问题对此方程进行求解? 在本章中, 我们将对这些问题进行一一探讨.

3.1.1 波动方程 (双曲型方程) 的导出

波动方程的导出

我们首先来看这样一个问题: 一根长为 l 的柔软的均质的细弦, 将它张紧, 如果没有任何触发, 在平衡状态时它的形态就保持为一根静止的直线, 这条直线就是它的平衡位置. 为了以后研究方便, 我们就取它的平衡位置所在的直线为 x 轴. 当对它做一个横向 (也即垂直于 x 轴的方向) 扰动后, 弦上各点将在其平衡位置附近在垂直于 x 轴的方向做往复运动, 即弦将发生小幅横振动. 各种乐器上的弦, 包括吉他弦、提琴弦以及钢琴的弦莫不如此.

其实, 弦的振动就是一种机械运动, 它一定遵循牛顿第二定律. 当然, 由于我们所研究的不是弦的整体平动, 因而不能对其整体直接应用牛顿第二定律方程 $\boldsymbol{F} = m\boldsymbol{a}$, 而是需要将弦细分成无穷多小段, 对每一小段再运用牛顿定律加以分析研究. 为此, 我们设弦的质量线密度为 ρ, 定义弦上平衡位置为 x 的点在任一时刻 t 的位移为 $u(x,t)$, 并考虑如图 3.1.1 所示任意一小段弦 $(x, x+\mathrm{d}x)$ 的动力学.

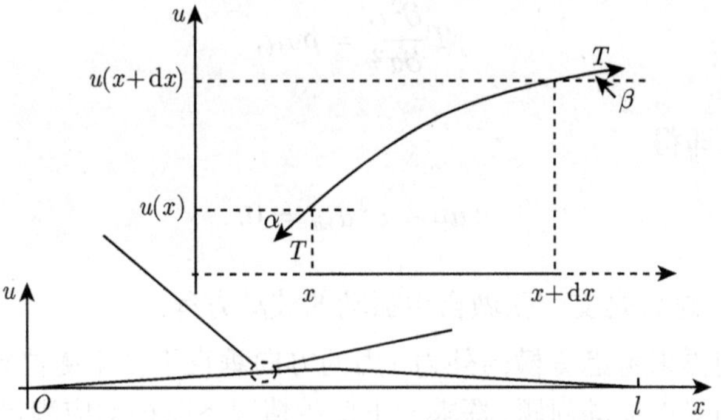

图 3.1.1 弦的微小横振动示意图

我们暂且先考虑在弦振动过程中不受外力的情况, 即弦的自由振动问题.

首先, 我们来看此种情况下这小段弦的受力情况. 不难看出, 它在两端受到弦的其他部分的拉力 $T(x)$ 和 $T(x+\mathrm{d}x)$. 由于弦只做横振动而在 x 方向上无运动,

因此我们就可写下支配这小段弦运动的牛顿方程

$$T(x)\cos\alpha - T(x+\mathrm{d}x)\cos\beta = 0, \tag{3.1.2}$$

$$T(x+\mathrm{d}x)\sin\beta - T(x)\sin\alpha = \rho\mathrm{d}x u_{tt}. \tag{3.1.3}$$

以上第一个方程表明 x 方向受力平衡, 第二个方程给出了横向方向 (垂直于 x 轴的方向) 上该小段弦加速度 u_{tt} 和受力的关系. 由于我们所考虑的是微小振动, 即 $\alpha, \beta \to 0$, 故

$$\cos\alpha \approx 1, \quad \cos\beta \approx 1; \quad \sin\alpha \approx \tan\alpha = \left.\frac{\partial u}{\partial x}\right|_x, \quad \sin\beta \approx \tan\beta = \left.\frac{\partial u}{\partial x}\right|_{x+\mathrm{d}x},$$

将此代入前式, 由 (3.1.2) 式我们得

$$T(x) = T(x+\mathrm{d}x) \equiv T,$$

即做微小横振动的弦中的张力处处相等. 从 (3.1.3) 式我们有

$$T\left(\left.\frac{\partial u}{\partial x}\right|_{x+\mathrm{d}x} - \left.\frac{\partial u}{\partial x}\right|_x\right) = \rho\mathrm{d}x u_{tt},$$

两边同除以 $\mathrm{d}x$ 并考虑到

$$\frac{\left.\frac{\partial u}{\partial x}\right|_{x+\mathrm{d}x} - \left.\frac{\partial u}{\partial x}\right|_x}{\mathrm{d}x} = \frac{\partial^2 u}{\partial x^2},$$

我们就得到以下方程:

$$T\frac{\partial^2 u}{\partial x^2} = \rho u_{tt},$$

对此方程移项, 即得

$$u_{tt} - a^2 u_{xx} = 0, \tag{3.1.4}$$

其中 $a^2 = T/\rho$. 这就是支配弦做自由振动的波动方程.

现在, 我们再来考虑有横向外力 (力的方向垂直于弦平衡位置所处的 x 轴方向) 作用下弦的**受迫振动**问题, 探求一下此种情况下弦振动应满足的方程. 我们设弦在振动过程中在 x 处在时刻 t 单位长度上所受外力为 $f_0(x,t)$. 其实, 对此问题的分析与上面弦的自由振动情形十分相似, 只是在方程 (3.1.3) 中要加上这小段弦所受到的外力, 即此方程需改写为

$$T(x+\mathrm{d}x)\sin\beta - T(x)\sin\alpha + f_0(x,t)\mathrm{d}x = \rho\mathrm{d}x u_{tt}. \tag{3.1.5}$$

由此方程出发, 按照前面同样的分析方法, 我们不难得到

$$u_{tt}-a^2u_{xx}=f(x,t), \tag{3.1.6}$$

其中 $f(x,t)=\dfrac{f_0(x,t)}{\rho}$. 这就是弦的受迫振动方程.

这里, 有一种特殊的弦在外在阻力的情况下的振动问题需要特别提及, 那就是弦在阻尼介质中的**阻尼振动**. 当弦在阻尼介质中做小振动时, 弦上各处受到的阻力是与弦在该处的振动速度成正比的, 因此, 弦在 x 处受到的阻力强度 (即单位长度上受到的阻力) 可表示为

$$R(x,t)=-cu_t(x,t), \tag{3.1.7}$$

其中 $c>0$ 为系统的阻尼系数, 表达式中的负号表示阻力始终与振动方向相反. 将此阻力考虑在内后, 经过与上面一样的讨论, 当系统不存在其他外力时, 我们得到

$$u_{tt}-a^2u_{xx}+bu_t=0, \tag{3.1.8}$$

其中 $b=c/\rho>0$. 这就是弦的阻尼振动方程. 我们看到, 与上面谈到的受迫振动所满足的非齐次方程不同, 纯阻尼振动方程是齐次方程, 这是因为虽然阻尼力是由阻尼介质施加给弦的, 但其大小决定于弦本身的振动状态, 因此这种阻力已经不能看作纯粹的外加力了, 它是弦与阻尼介质相互作用的结果.

如果除了阻尼介质施予的阻尼力外, 弦还受到其他的外加力, 则其振动方程为

$$u_{tt}-a^2u_{xx}+bu_t=f(x,t), \tag{3.1.9}$$

这是受迫阻尼振动方程.

现在, 我们再来考虑一个均匀弹性细杆的纵振动问题. 纵振动的意思就是在杆的方向上发生振动. 设杆的质量密度为 ρ. 同样, 我们先暂时考虑自由振动的情形. 为了研究杆的纵振动, 我们取杆的方向为 x 轴方向, 并在杆处于原长时将杆上各点的位置相应地标为 x, 这样, 在纵振动过程中, 平衡位置处在 x 的点在时刻 t 的位移就定义为 $u(x,t)$. 我们关心的是杆的振动问题, 而不是整体平动, 因此振动过程中杆上各点的位移量是不同的, 这种位移量的差别必然造成杆内部各部分之间相互产生作用力. 根据**胡克定律**, 杆上 x 处所感受到的张应力 P(单位横截面两边所感受到的相互之间的作用力) 正比于此处位移函数 u 的空间梯度 u_x (也即应变), 即

$$P=Yu_x, \tag{3.1.10}$$

其中 Y 为该材料的**杨氏弹性模量**. 如图 3.1.2 所示, 我们现在来看杆中任意一小段的受力及动力学情形. 这一小段两个端点的位置在平衡时分别为 x 和 $x+\mathrm{d}x$, 在时刻 t 此小段杆在 $x+\mathrm{d}x$ 和 x 端受力分别为 $YSu_x(x+\mathrm{d}x,t)$ 和 $YSu_x(x,t)$, 其

中 S 是杆的横截面积, 于是, 我们就可写出这小段杆在时刻 t 的牛顿动力学方程

$$\rho S\mathrm{d}xu_{tt} = YS[u_x(x+\mathrm{d}x,t) - u_x(x,t)].$$

上式两边除以 $\rho S\mathrm{d}x$, 通过移项, 我们就得到了均匀细杆自由纵振动的方程

$$u_{tt} - a^2u_{xx} = 0, \tag{3.1.11}$$

其中 $a^2 = Y/\rho$. 同样, 如果考虑在杆做纵振动过程中存在外在受迫力, 类似地, 此杆的纵振动方程就变为

$$u_{tt} - a^2u_{xx} = f(x,t), \tag{3.1.12}$$

这里 $f(x,t)$ 反映了外加的受迫力的信息. 从上面, 我们看到, 支配均匀细杆做纵振动的方程与支配均匀弹性弦做横振动的方程的形式是完全一致的.

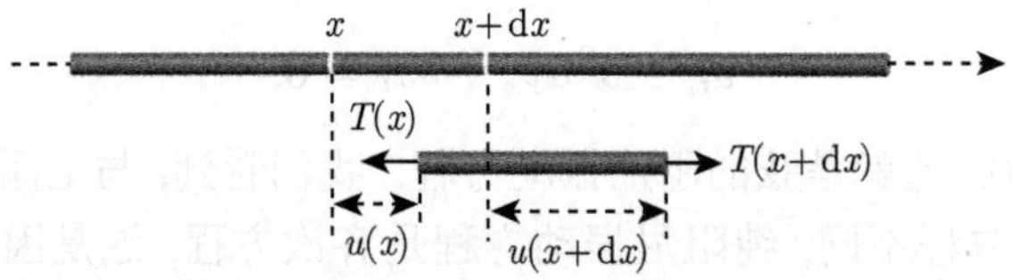

图 3.1.2 弹性杆的微小纵振动示意图

上方是杆处于平衡位置时的示意图, 下方是杆上 $(x, x+\mathrm{d}x)$ 小段在某时刻的位移情况示意图

前面我们看到的例子都是一维的, 我们现在看一个均匀的二维薄膜的小的横振动 (即膜上各点振动位移方向垂直于膜的平衡位置所处的平面) 的方程又会是什么样子.

我们依然是先考察自由振动情形. 我们考虑一个张紧了的二维弹性膜, 它的质量面密度为 ρ, 张力 (膜内单位长度直线上所受的力) 为 T, 并取膜的平衡位置所处的平面为 x-y 平面, 膜上各点在时刻 t 的位移为 $u(x,y,t)$. 现在考虑膜内任一小块膜的运动情况, 我们取这小块膜 x 方向的边界分别为 x 和 $x+\mathrm{d}x$, y 方向的边界分别为 y 和 $y+\mathrm{d}y$, 如图 3.1.3 所示. 由于是横振动, 这小块膜所受膜上其他部分所施加的力在水平方向相互平衡, 我们就不再考虑了. 而在垂直于 x-y 平面的方向上, 考虑到小振动的因素, 类似于弹性弦振动的问题, 我们可以写出以下牛顿动力学方程:

$$\begin{aligned}\rho\mathrm{d}x\mathrm{d}yu_{tt} = &T[(u_x(x+\mathrm{d}x,y,t) - u_x(x,y,t))\,\mathrm{d}y\\ &+ (u_y(x,y+\mathrm{d}y,t) - u_y(x,y,t))\,\mathrm{d}x],\end{aligned} \tag{3.1.13}$$

将此方程两边同除以 $\rho\mathrm{d}x\mathrm{d}y$, 移项后不难看出, 方程变为

$$u_{tt} - a^2(u_{xx} + u_{yy}) = 0, \tag{3.1.14}$$

其中 $a^2 = T/\rho$. 如果膜在振动过程中存在外力而做受迫振动, 相应的方程就会变为非齐次的受迫振动方程

$$u_{tt} - a^2(u_{xx} + u_{yy}) = f(x, y, t), \tag{3.1.15}$$

或者利用二维拉普拉斯算符 $\nabla^2 = \partial^2/\partial x^2 + \partial^2/\partial y^2$, 上式可以写成更加紧凑的形式

$$u_{tt} - a^2\nabla^2 u = f(x, y, t). \tag{3.1.16}$$

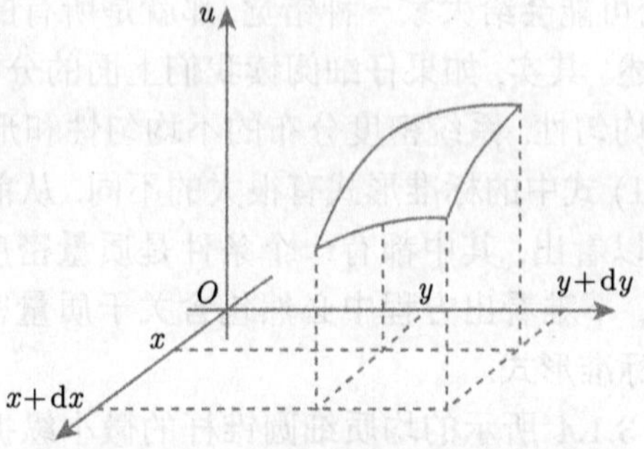

图 3.1.3 二维弹性膜横振动示意图

机械振动是这样, 那么其他类型的波动呢? 比方说真空中的电磁波. 我们知道, 真空中的电场强度和磁感应强度满足如下麦克斯韦方程:

$$\nabla \cdot \boldsymbol{E} = 0, \tag{3.1.17}$$

$$\nabla \cdot \boldsymbol{B} = 0, \tag{3.1.18}$$

$$\nabla \times \boldsymbol{E} = -\frac{\partial \boldsymbol{B}}{\partial t}, \tag{3.1.19}$$

$$\nabla \times \boldsymbol{B} = \mu_0\epsilon_0\frac{\partial \boldsymbol{E}}{\partial t}, \tag{3.1.20}$$

分别是真空中高斯定律、法拉第电磁感应定律和安培环路定理的微分形式. 我们看到, 将 (3.1.20) 式两边对时间求导, 结合 (3.1.19) 式, 并利用上面的高斯定律, 我们不难得到

$$\boldsymbol{E}_{tt} - \frac{1}{\mu_0\epsilon_0}\nabla^2\boldsymbol{E} = 0. \tag{3.1.21}$$

而由 (3.1.19) 式出发, 运用类似的方法, 我们也可得到

$$\boldsymbol{B}_{tt} - \frac{1}{\mu_0\epsilon_0}\nabla^2\boldsymbol{B} = 0. \tag{3.1.22}$$

以上这两个方程就是真空中电磁场的波动方程. 在上面计算中, 我们用到了以下公式:

$$\nabla \times \nabla \times \boldsymbol{A} = \nabla(\nabla \cdot \boldsymbol{A}) - \nabla^2 \boldsymbol{A}, \tag{3.1.23}$$

对该公式的证明可以参考本教材的附录 B.

我们现在把上面提到的这些各不相同的体系的振动、波动的方程放在一起比较, 不难发现, 虽然不同物理系统振动或波动的机理不同, 但对于这些均匀体系而言, 支配它们行为的微分方程真的统统都取本章一开始所列出的方程 (3.1.1) 的形式! 我们不得不再次感慨自然界的奇妙而简单的和谐之美.

不过, 上面的讨论可能会给大家一种错觉, 那就是所有的振动问题都由 (3.1.1) 式中的微分方程来描述. 其实, 如果仔细阅读我们上面的分析, 会注意到我们不断地在强调体系的均质均匀性, 系统密度分布的不均匀性和形状的不均匀性都会导致其振动方程与 (3.1.1) 式中的标准形式有很大的不同. 从前面对于弦和细杆的振动方程的推导我们可以看出, 其中都有一个条件是质量密度均匀, 如果系统各点质量密度分布不均匀, 不难看出方程中必然包含关于质量密度梯度的项, 从而使得方程不再具有上述标准形式.

我们再来看如图 3.1.4 所示的均质细圆锥杆的微小纵振动问题. 设圆锥杆的质量密度为 ρ, 杨氏模量为 Y, 同时设圆锥杆在 x 处横截面半径为 $r = \alpha x$, 于是我们知道在振动过程中 $(x, x + \mathrm{d}x)$ 这一小段杆两端的受力大小分别是

$$T(x) = YS(x)u_x|_x, \quad T(x + \mathrm{d}x) = YS(x + \mathrm{d}x)u_x|_{x+\mathrm{d}x}, \tag{3.1.24}$$

其中 $S(x)$ 为 x 处的横截面积. 于是, 类似于我们对均匀细杆振动方程的推导过程, 对这一小段锥杆列出其牛顿方程并略去高阶小量, 我们就得

$$YS(x + \mathrm{d}x)u_x|_{x+\mathrm{d}x} - YS(x)u_x|_x = \rho S(x)\mathrm{d}x u_{tt}. \tag{3.1.25}$$

两边同除以 $\rho S(x)\mathrm{d}x$ 并将 $S(x) = \pi\alpha^2 x^2$ 代入, 我们就得

$$u_{tt} - a^2 \frac{1}{x^2} \frac{\partial}{\partial x}(x^2 u_x) = 0. \tag{3.1.26}$$

这就是均质细圆锥杆的自由纵振动方程, 我们看到它与标准的振动方程是不同的. 在以后的讨论中, 如不特别说明, 我们将主要研究均质均匀系统的问题.

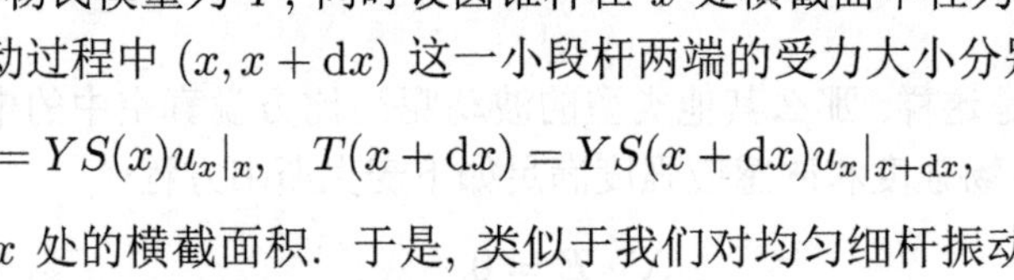

图 3.1.4 均质细圆锥杆的微小纵振动示意图

3.1.2 定解问题的建立

上面我们看到, 通过细致的分析, 建立了刻画波动问题的方程, 这个方程具有普适性. 但由于波动方程为空间坐标和时间参数的微分方程, 仅有方程本身是无法解决问题的, 我们还需要知道具体所研究问题的初始条件和边界条件.

波动定解问题的确立及三类边界条件的物理含义

下面我们就通过考察弦振动这个简单的问题来对此进行讨论.

初始条件比较好确定, 由于方程对于时间变量为二阶微分方程, 因此需要有两个初始条件, 对于弦振动问题, 这正是弦上各点的初始位移和初始速度:

$$\begin{cases} u(x,0)=\varphi(x), & 0<x<l, \\ u_t(x,0)=v(x), & 0<x<l. \end{cases} \tag{3.1.27}$$

我们看到, 方程同时又是空间变量的二阶微分方程, 因此我们同时还需要两个空间方面的条件, 这就是**边界条件**.

关于边界条件, 一般有如下三类:

(1) 第一类边界条件. 这一类边界条件直接给出相应端点处任意时刻的位移:

$$u(0,t)=g_1(t),$$

给出弦端点 $x=0$ 处的位移, 而

$$u(l,t)=g_2(t),$$

给出弦端点 $x=l$ 处的位移. 一种特殊情况是

$$u(0,t)=0,\quad u(l,t)=0,$$

这说明端点是固定的, 此类边界条件称为**第一类齐次边界条件**.

(2) 第二类边界条件. 这一类边界条件给出端点处位移对空间变量的导数随时间变化的关系, 而此条件所给出的正是端点处的受外力情况, 即

$$-\left.\frac{\partial u}{\partial x}\right|_{x=0}=g_1(t), \tag{3.1.28}$$

$$\left.\frac{\partial u}{\partial x}\right|_{x-l}=g_2(t), \tag{3.1.29}$$

其中 $g_1(t)$ 给出端点 $x=0$ 处所受外力的情况, 而 $g_2(t)$ 则给出端点 $x=l$ 处所受外力的情况. 或者可以更紧凑地写为

$$\left.\frac{\partial u}{\partial n}\right|_{x=a}=g_a(t), \tag{3.1.30}$$

其中 $\partial/\partial n$ 代表对外法线方向求导, a 代表某个端点. 外法向指垂直于表面且指向所研究体系的外向.

关于第二类边界条件与端点处所受外力相关, 我们可以从以下这个小例子中看到.

我们来考虑一个细均质弹性杆的纵振动问题. 设杆在 l 端受到外力的作用, 如图 3.1.5(a) 所示, 其单位面积上所受外力为 $h_2(t)$. 由于力是有方向的, 为了正确反映其方向性, 不失一般性, 我们将假定外力沿 x 轴的正向. 我们来考察该端点附近一小段杆 $(l-\epsilon, l)$ 的运动情况, 由于杆在运动过程中有相对伸长, 因此这小段杆在 $l-\epsilon$ 端会受到杆的余下部分施予的弹性力的作用, 按照胡克定律, 该力的大小为 $YSu_x(l-\epsilon,t)$ (Y 为杨氏模量, S 为杆的横截面积). 我们知道, 任意小段杆的左端所受的杆的余下部分施予的弹性力的方向始终与该处 u_x 的方向相反. 设杆的质量密度为 ρ, 我们就可写出这一小段杆的牛顿方程

$$Sh_2(t) - YSu_x(l-\epsilon,t) = \rho S\epsilon u_{tt}. \tag{3.1.31}$$

要考察边界条件, 我们须令这小段杆的长度趋近于零, 即取 $\epsilon \to 0$ 的极限, 此时上述方程中等号右边的项就变成 0 了, 再经过移项整理后, 我们就有

$$u_x(l,t) = \frac{h_2(t)}{Y}. \tag{3.1.32}$$

这正是 (3.1.29) 式中给出的边界条件, 它反映了杆在 $x=l$ 端点处受外力的情况.

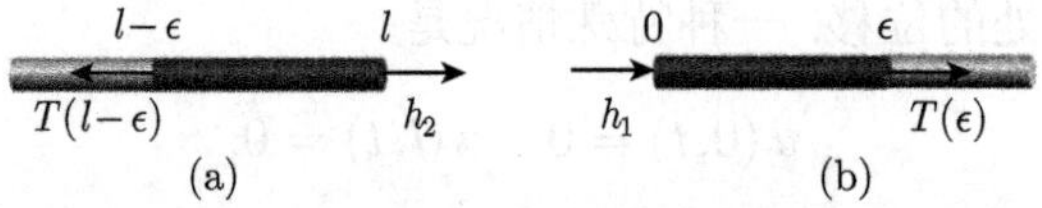

图 3.1.5　弹性杆端点受外力时的边界条件分析

(a) $x=l$ 端的情形; (b) $x=0$ 端的情形

用同样的方法可以给出杆在 $x=0$ 端在受外力情况下的边界条件. 设杆在此端点单位截面积上受到外力 $h_1(t)$ 的作用, 如图 3.1.5(b) 所示, 我们来考察该端点附近一小段杆 $(0,\epsilon)$ 的动力学问题. 同样, 不失一般性, 我们始终假设外力指向 x 的正向. 同时, 我们知道, 该小段杆在 $x=\epsilon$ 端必然会受到杆的余下部分施予它的弹性力, 该力的大小为 $YSu_x(\epsilon,t)$. 考虑到任何小段杆在其右端所受的杆的余下部分施予的弹性力的方向始终与该处 u_x 的方向一致, 我们就可写下这小段杆的牛顿动力学方程

$$Sh_1(t) + YSu_x(\epsilon,t) = \rho S\epsilon u_{tt}. \tag{3.1.33}$$

当取 $\epsilon \to 0$ 来考察边界条件时, 我们就发现

$$-u_x(0,t) = \frac{h_1(t)}{Y}. \tag{3.1.34}$$

这正是 (3.1.28) 式中给出的边界条件, 它反映了杆在 $x=0$ 端点处所受的外力的情况.

当采用外法向导数表示时, $\partial u/\partial n|_{x=0} = -(\partial u/\partial x)|_{x=0}$ 而 $\partial u/\partial n|_{x=l} = (\partial u/\partial x)|_{x=l}$, 于是上面给出的这个两个端点处的边界条件, 就可统一取 (3.1.30) 式中的一般表达式. 这种外法向导数表达方式更加具有一般性, 更加容易推广至高维的情形.

以上分析很容易移植到弹性弦端点受外力时的情形, 这时须注意, 为了保持弦的横振动, 外力的沿着弦的平衡位置方向的分力与弦的张力的水平分量平衡, 前面式中的 $h_i(t)$ 表示外力在弦的振动方向 (横向) 上的分力.

第二类边界条件中的一种特殊情形是

$$\left.\frac{\partial u}{\partial x}\right|_{x=l} = 0, \quad \left.\frac{\partial u}{\partial x}\right|_{x=0} = 0. \tag{3.1.35}$$

这样的边界条件反映出系统 (弹性细杆或柔软弹性细弦) 在端点处不受外力, 即当端点为自由端点时, 我们就说这个端点处的边界条件满足第二类齐次边界条件. 注意, 对于弦振动问题, 我们必须要清楚, 这里所说的自由端或端点处不受外力指的是弦的端点处在振动方向上的外力为零, 而不是弦在端点处完全不受外力, 那样弦是松弛的而不是张紧的, 即张力 $T=0$, 由前面的推导可知, 松弛的弦是无法产生振动的.

(3) 第三类边界条件. 这一类边界条件为上两类边界条件的线性组合

$$-\left.\frac{\partial u}{\partial x}\right|_{x=0} + a_1 u(0,t) = h_1(t), \tag{3.1.36}$$

$$\left.\frac{\partial u}{\partial x}\right|_{x=l} + a_2 u(l,t) = h_2(t). \tag{3.1.37}$$

当端点处所受外力与端点位移呈线性关系时的边界条件就有上述形式. 关于这点, 读者可以通过考察分析弹性杆端点与一个轻质弹簧相连的情形来体会第三类边界条件的含义. 限于篇幅, 这里就不再赘述.

需要提醒大家注意的是两个端点处的边界条件不必为同一类边界条件, 两个端点处的边界条件其实是独立的, 需要根据实际情况进行确定.

通过上面用简单的例子进行说明后, 我们了解到, 定解问题就是由一个偏微分方程 (称为泛定方程, 由体系所满足的物理定律来得到) 连同相应的定解条件 (初

始条件和边界条件) 构成, 即对于一个有限区域上的振动问题, 其相应的完整的定解问题的构成如下:

$$\begin{cases} u_{tt} - a^2\nabla^2 u = f(\boldsymbol{r}, t), \quad \boldsymbol{r} \in D\,(\text{系统占据的空间区域}) & (\text{泛定方程}), \\ u(\boldsymbol{r}, 0) = \phi(\boldsymbol{r}), \quad u_t(\boldsymbol{r}, 0) = v(\boldsymbol{r}), \quad \boldsymbol{r} \in D & (\text{初始条件}), \\ Au|_{\partial D} + Bu_n|_{\partial D} = h(\partial D, t), \quad \partial D\text{为区域}D\text{的边界} & (\text{边界条件}). \end{cases} \tag{3.1.38}$$

这里需要注意的是, 以上关于定解问题的讨论均是针对均匀系统而言的, 即在这类系统中组成系统的材质是均匀单一的, 外部给体系施加的作用是连续的. 当体系中存在跃变点 x_0 时, 描述系统运动的泛定方程在该跃变点就失去了意义, 取而代之, 在这个跃变点 x_0 处, 我们就需要给出相应的**衔接条件**.

例如, 有一个弹性细杆是由两截材质不同的弹性杆粘接而成, 连接点位于 x_0. 这两截弹性杆由于材质不同, 它们的杨氏模量、质量密度等物理量也不相同, 从前一节建立泛定方程的讨论中我们知道, 波在这两截杆中传播的速度是不相同的, 在讨论它的振动问题时 (比如说自由振动) 就需要为两截杆分别写下各自所满足的泛定方程

$$\begin{cases} u_{1tt} - a_1^2 u_{1xx} = 0, \quad 0 < x < x_0; \\ u_{2tt} - a_2^2 u_{2xx} = 0, \quad x_0 < x < l. \end{cases} \tag{3.1.39}$$

但这两段杆的振动并不是独立的, 它们在 x_0 点衔接在一起, 因此就需要我们给出相应的衔接条件. 进行分析后我们知道, 这两部分杆的振动位移函数在此衔接点必须相等, 且两段杆在衔接点处的张应力必须相等, 即

$$\begin{cases} \lim\limits_{x\uparrow x_0} u_1(x,t) = \lim\limits_{x\downarrow x_0} u_2(x,t) & (\text{位移相等}), \\ \lim\limits_{x\uparrow x_0} Y_1 u_{1x}(x,t) = \lim\limits_{x\downarrow x_0} Y_2 u_{2x}(x,t) & (\text{应力相等}), \end{cases} \tag{3.1.40}$$

这就是以上问题的衔接条件.

再如电磁波的传播问题. 电磁波从一种介质经过分界面进入另一种介质时会发生折射现象. 由于两种介质的介电常量和磁导率都不相同, 因此我们必须对界面两侧的区域分别给出各自的电磁波传播的泛定方程, 但这两部分的电磁波传播不是独立的, 必须为此建立边界处的衔接条件, 这个条件就是在两种介质的分界面处电场强度的切向分量须连续而电位移矢量的法向分量须连续, 即 $E_{1t}|_\Sigma = E_{2t}|_\Sigma$ 以及 $D_{1n}|_\Sigma = D_{2n}|_\Sigma$.

当我们从物理规律出发对一个所要研究的物理体系建立起了相应的定解问题后, 我们接下来的任务就是想方设法将这一问题求解出来. 当然, 上面所给出的这个定解问题只是一个一般性的振动问题的表达式. 对于一个实际的定解问题, 我

们还需将所研究的物理系统依据它所占据的空间大小分为有限区间问题和无界及半无界问题两大类, 在接下来的章节, 我们将对此两类系统的波动定解问题的求解分别加以讨论.

3.1.3 有限区间齐次方程齐次边界条件波动定解问题的分离变量法求解

有限区间齐次方程齐次边界条件振动问题的分离变量法求解

凡事循序渐进, 科学研究更是如此. 只有在搞清楚简单的问题的基础上我们才能进一步去研究更复杂的系统. 对于上述波动问题的定解问题, 一般来讲, 其中的泛定方程和边界条件可能会包含一些非齐次项, 这些非齐次项会增加我们处理问题的难度. 而波动问题中最简单的情形就是有限区间上齐次方程齐次边界条件定解问题, 因此, 在本小节, 我们将通过对这个简单的问题加以讨论, 探寻出解决这一问题的基本思想及方法, 并找出解决更加复杂的问题的思路和要点, 然后循序渐进展开讨论.

1. 一维自由振动问题

我们来考虑一个长为 l、两端固定的弦的自由横振动问题. 从 3.1.2 节的讨论我们知道, 这是一个齐次方程加第一类齐次边界条件问题, 相应的定解问题为

$$\begin{cases} u_{tt}-a^2u_{xx}=0 & (0<x<l,\ t>0),\\ u(0,t)=u(l,t)=0 & (\text{两端点固定}),\\ u(x,0)=\varphi(x) & (\text{初始位移}),\\ u_t(x,0)=v(x) & (\text{初始速度}). \end{cases} \tag{3.1.41}$$

求解体系定解问题的方法很多, 对于不同的情形有不同的处理方法, 各种方法都有相应的适用范围和限制. 在这里, 我们将重点关注分离变量法. 我们知道, 定解问题中的泛定方程一般来讲都是偏微分方程, 分离变量法的思想总的来说就是想方设法将求解偏微分方程的问题转化为求解常微分方程的问题.

对于这个有限区间上的自由振动问题, 我们假设 $u(x,t)$ 取如下形式:

$$u(x,t)=X(x)T(t), \tag{3.1.42}$$

即 $u(x,t)$ 中的变量可分离. 然后, 将此变量分离表达式代入到前面的泛定方程中去, 移项后得

$$\frac{T''}{a^2T}=\frac{X''}{X}.$$

我们看到, 这个等式两边的自变量不同, 这种情况下等式能够成立的唯一条件就是等式的两边等于同一个常数, 因为我们不论将上式两边对 x 求导还是对 t 求导,

其结果都为零. 为了后续计算方便, 我们令这个常数为 $-\lambda$, 于是就有

$$\frac{T''}{a^2T}=\frac{X''}{X}=-\lambda. \tag{3.1.43}$$

这样一来, 就有

$$\begin{cases} T''+a^2\lambda T=0, \\ X''+\lambda X=0. \end{cases} \tag{3.1.44}$$

于是, 我们就将我们所关心的形为二阶线性偏微分方程的泛定方程化为了两个二阶常微分方程, 这两个常微分方程通过一个共同的常数 λ 相联系. 这就是分离变量法最基本的思想. 当对泛定方程进行分离变量后, 为了求解相应的问题, 我们也必须同时对边界条件作相应的变量分离, 即

$$X(0)T(t)=X(l)T(t)=0.$$

这个边界条件成立有两种可能性. 一种是 $T(t)=0$, 但这样一来, 从方程 (3.1.42) 中我们立即可以看出这是个恒为零的平凡解, 没有任何意义. 因此只剩下了另一种情形, 即

$$X(0)=X(l)=0.$$

这就是空间变量部分应满足的边界条件. 将它同 $X(x)$ 所满足的微分方程结合起来, 有

$$\begin{cases} X''+\lambda X=0, \\ X(0)=X(l)=0, \end{cases} \tag{3.1.45}$$

就构成了关于空间部分 X 的一个定解问题, 我们称之为本征值问题, 因为这里的 λ 是我们在分离变量过程中人为引入的一个常数, 而这个常数以及 $X(x)$ 的表达式的确定就是通过分析以上这个定解问题来实现的.

我们现在来对此空间部分的常微分方程定解问题进行分析. 这个泛定方程的通解其实是很容易写出的, 关键是需要知道这个常数 λ 的正负. 如果 $\lambda<0$, 则不难知道该泛定方程的通解为

$$X(x)=C_1\mathrm{e}^{\sqrt{-\lambda}x}+C_2\mathrm{e}^{-\sqrt{-\lambda}x}.$$

但当把这个解代入上述 $X(x)$ 需满足的边界条件中后却得到 C_1 和 C_2 这两个常数只能为零, 这样一来就是个平凡解, 没有任何意义, 因此 λ 不能小于零. 如果 $\lambda=0$ 会怎样? 这种情形下, 上述方程变得十分简单, 用一句话概括就是此时 $X(x)$ 的二阶导数为零, 即有

$$X(x)=C_1x+C_2.$$

但当把此结果代入边界条件后, 我们发现这两个待定常数仍然只能为零, 这又是一个平凡解, 因此 $\lambda=0$ 也是不可取的. 因此, 只剩下一种情形了, 即 $\lambda>0$.

当 $\lambda>0$ 时, 不难知道, 上述二阶常微分方程的通解为

$$X(x)=C_1\cos(\sqrt{\lambda}x)+C_2\sin(\sqrt{\lambda}x).$$

这个解须满足上述边界条件, 由第一个边界条件

$$X(0)=0,$$

我们知道

$$C_1=0.$$

由第二个边界条件, 结合上面得到的这个结果, 我们有

$$X(l)=C_2\sin(\sqrt{\lambda}l)=0.$$

但此时我们不能再要求 $C_2=0$, 因为如果这样的话又会成为一个平凡解, 因此唯一的可能性就是令

$$\sin(\sqrt{\lambda}l)=0.$$

这就对我们在进行分离变量时人为引入的常数 λ 做出了限制. 为使上式成立, 由正弦函数的特性我们不难看出, λ 只能取如下这些分立的值:

$$\lambda_n=\left(\frac{n\pi}{l}\right)^2. \tag{3.1.46}$$

这些分立的值称为在此边界条件下的**本征值** (有些书中也称之为特征值). 这就是为什么我们将 (3.1.45) 式中的问题称为本征值问题.

将给定的本征值 λ_n 连同上面所讨论而得的 C_1 和 C_2 的特性代入 $X(x)$ 的表达式, 我们就发现, 对于一个给定的本征值 λ_n , 必有一个 $X_n(x)$ 与之对应

$$X_n(x)\sim\sin\left(\frac{n\pi}{l}x\right), \tag{3.1.47}$$

我们称之为 λ_n 所对应的**本征函数**.

到此, 我们只是求得了分立的本征值及其相应的本征函数. 但不要忘了, 时间部分所满足的微分方程同空间部分的微分方程不是独立的, 它们共有一个常数 λ. 因此, 对于一个给定的 λ_n, 将它代入方程 (3.1.44) 中的 $T(t)$ 所应满足的微分方程, 有

$$T''+a^2\frac{n^2\pi^2}{l^2}T=0, \tag{3.1.48}$$

我们很容易就可写出此方程的解为

$$T_n(t) = A_n \cos\left(\frac{an\pi}{l}t\right) + B_n \sin\left(\frac{an\pi}{l}t\right), \tag{3.1.49}$$

其中下标 n 表示这个解对应于本征值 λ_n. 因此, 综上所得, 对于一个给定的本征值常数 λ_n, 就有一个对应的 $u_n(x,t)$

$$u_n(x,t) = X_n(x)T_n(t) = \left[A_n \cos\left(\frac{an\pi}{l}t\right) + B_n \sin\left(\frac{an\pi}{l}t\right)\right] \sin\left(\frac{n\pi}{l}x\right) \tag{3.1.50}$$

满足最初定解问题中的泛定方程及边界条件. 不难看出, 所有的满足 (3.1.46) 式的本征值所对应的函数 $u_n(x,t)$ 都将是上述定解问题泛定方程的解, 这些解的线性叠加即构成了该定解问题的通解

$$u(x,t) = \sum_{n=1}^{\infty} \left[A_n \cos\left(\frac{an\pi}{l}t\right) + B_n \sin\left(\frac{an\pi}{l}t\right)\right] \sin\left(\frac{n\pi}{l}x\right). \tag{3.1.51}$$

但问题还没有解决, 我们还有两组系数 A_n 和 B_n 需要确定, 而我们也恰好还有两个初始条件没有用到, 这配合得真是天衣无缝! 我们接下来就要从这两个初始条件中求解出这两组待定常数.

将 (3.1.51) 式代入初始位移表达式中, 得

$$u|_{t=0} = \sum_{n=1}^{\infty} A_n \sin\left(\frac{n\pi}{l}x\right) = \varphi(x),$$

此式左边很显然是一个傅里叶级数, 因此, 根据三角函数的正交性, 我们立刻可以写出

$$A_n = \frac{2}{l}\int_0^l \varphi(x) \sin\left(\frac{n\pi}{l}x\right) \mathrm{d}x.$$

将 (3.1.51) 式代入初始速度表达式中, 得

$$u_t|_{t=0} = \sum_{n=1}^{\infty} \frac{n\pi a}{l} B_n \sin\left(\frac{n\pi}{l}x\right) = v(x),$$

同样, 我们须对 $v(x)$ 进行傅里叶级数展开然后比较系数, 可得到

$$B_n = \frac{2}{n\pi a}\int_0^l v(x) \sin\left(\frac{n\pi}{l}x\right) \mathrm{d}x.$$

至此, 我们确定出了所有的待定系数从而完整地求解了这个定解问题.

振动问题结果的讨论

我们现在来分析一下这个解所蕴含的物理图像. 对于每一个 $u_n(x,t)$, 我们可以利用三角函数的和角公式将其重新写为

$$\begin{aligned}u_n(x,t)&=\left[A_n\cos\left(\frac{an\pi}{l}t\right)+B_n\sin\left(\frac{an\pi}{l}t\right)\right]\sin\left(\frac{n\pi}{l}x\right)\\&=C_n\sin\left(\frac{n\pi}{l}x\right)\sin\left(\frac{n\pi a}{l}t+\theta_n\right),\end{aligned}\tag{3.1.52}$$

其中

$$C_n=\sqrt{A_n^2+B_n^2},\quad \theta_n=\arctan\left(\frac{A_n}{B_n}\right).\tag{3.1.53}$$

从这个表达式, 我们就可以看出, 每一个 u_n 都给出了这个两端固定的弦的一种简谐振动模式. 在弦上 x 处的点, 它的简谐振动的振幅为

$$a_n=\left|C_n\sin\left(\frac{n\pi}{l}x\right)\right|,\tag{3.1.54}$$

振动圆频率为

$$\omega_n=\frac{n\pi a}{l},\tag{3.1.55}$$

而 θ_n 则为振动的初相位. 不难看出, 这些振动模式是驻波. 在 $x=0,\frac{l}{n},\cdots,\frac{n-1}{n}l,$ l 这些点上振幅为零, 这些地方就是波节所在; 而在 $x=\frac{l}{2n},\frac{3l}{2n},\cdots,\frac{2n-1}{2n}l$ 这些点上振幅 $a_n=C_n$ 为最大, 这称为波腹. $n=1$ 的振动模式的特征解 $u_1(x,t)$ 称为基波, 其他 $n>1$ 的特征解 $u_n(x,t)$ 称为 n 次谐波, 因为它们的振动圆频率都是基波振动圆频率 $\omega_1=\pi a/l$ 的整数倍. 我们看到, 这样一个两端固定的弦的振动问题就这样完完全全地通过分离变量法解了出来, 并且得到了关于这个弦的振动的全部信息.

我们再来考察一个长为 l 且两端不受力的弹性均匀细杆的自由纵振动问题. 这是一个齐次方程加第二类齐次边界条件的问题, 相应的定解问题为

$$\begin{cases}u_{tt}-a^2u_{xx}=0 & (0<x<l,t>0),\\ u_x(0,t)=u_x(l,t)=0 & (\text{两端自由}),\\ u(x,0)=\varphi(x) & (\text{初始位移}),\\ u_t(x,0)=v(x) & (\text{初始速度}).\end{cases}\tag{3.1.56}$$

同上面讨论弦的横振动一样, 我们采用分离变量法, 设 $u(x,t)=X(x)T(t)$, 将此代入泛定方程中移项后我们也得到 $\frac{T''}{a^2T}=\frac{X''}{X}$. 这个方程的两边相等且只能

等于一个常数, 我们令这个常数为 $-\lambda$, 于是也同样得到了如下一对方程:

$$\begin{cases} T'' + \lambda a^2 T = 0, \\ X'' + \lambda X = 0. \end{cases} \tag{3.1.57}$$

我们同样需要对边界条件作相应的分离变量操作

$$X'(0)T(t) = X'(l)T(t) = 0. \tag{3.1.58}$$

为了得到非平凡解, 我们只能要求 $X'(0) = X'(l) = 0$, 于是就得到了相应的本征值问题

$$\begin{cases} X'' + \lambda X = 0, \\ X'(0) = X'(l) = 0. \end{cases} \tag{3.1.59}$$

同样, 我们发现 $\lambda < 0$ 时 $X(x) = C_1 \exp(\sqrt{-\lambda}x) + C_2 \exp(-\sqrt{-\lambda}x)$, 这是无法满足上述边界条件的, 因此 λ 不可能小于零. 当 $\lambda = 0$ 时

$$X = C_1 + C_2 x, \tag{3.1.60}$$

将此代入上面的边界条件, 我们可得 $C_2 = 0$ 而 C_1 可任意取值, 即 $\lambda = 0$ 时 $X = C_1$ 为常数. 当 $\lambda > 0$ 时, 我们同样有

$$X(x) = C_1 \cos(\sqrt{\lambda}x) + C_2 \sin(\sqrt{\lambda}x). \tag{3.1.61}$$

考虑 $X'(0) = 0$ 的边界条件, 我们得

$$C_2 = 0. \tag{3.1.62}$$

$X'(l) = 0$ 的边界条件则要求

$$\cos'(\sqrt{\lambda}l) = -\sqrt{\lambda}\sin(\sqrt{\lambda}l) = 0. \tag{3.1.63}$$

这就要求 $\sqrt{\lambda}l = n\pi$, 即我们得到了分立的本征值

$$\lambda_n = \left(\frac{n\pi}{l}\right)^2, \tag{3.1.64}$$

相应的本征函数为

$$X_n = \cos\left(\frac{n\pi}{l}x\right). \tag{3.1.65}$$

考虑到 $\lambda = 0$ 是可能的本征值且对应的本征函数为常数, 因此, 在上面两式的表达式中, n 可从 0 开始取值.

现在, 我们将上面所得的可能的 λ 的取值代入 $T(t)$ 所满足的方程. 当 $n = 0$ 时, 得

$$T_0 = A_0 + B_0 t. \tag{3.1.66}$$

而当 $n > 0$ 时, 有

$$T_n = A_n \cos\left(\frac{an\pi}{l}t\right) + B_n \sin\left(\frac{an\pi}{l}t\right). \tag{3.1.67}$$

于是, 此定解问题的通解为

$$u(x,t) = A_0 + B_0 t + \sum_{n=1}^{\infty}\left[A_n \cos\left(\frac{an\pi}{l}t\right) + B_n \sin\left(\frac{an\pi}{l}t\right)\right]\cos\left(\frac{n\pi}{l}x\right). \tag{3.1.68}$$

将此通解代入初始位移条件中, 我们有

$$u|_{t=0} = A_0 + \sum_{n=1}^{\infty} A_n \cos\left(\frac{n\pi}{l}x\right) = \varphi(x). \tag{3.1.69}$$

将 $\varphi(x)$ 在函数基底 $\left\{\cos\left(\frac{n\pi}{l}x\right), n = 0, 1, 2, \cdots\right\}$ 上展开成傅里叶级数并对方程两边比较系数, 我们得

$$A_0 = \frac{1}{l}\int_0^l \varphi(x)\mathrm{d}x, \quad A_n = \frac{2}{l}\int_0^l \varphi(x)\cos\left(\frac{n\pi}{l}x\right)\mathrm{d}x \quad (n > 0). \tag{3.1.70}$$

将通解代入初始速度条件, 则有

$$u_t\Big|_{t=0} = B_0 + \sum_{n=1}^{\infty}\frac{an\pi}{l}B_n \cos\left(\frac{n\pi}{l}x\right) = v(x). \tag{3.1.71}$$

于是我们得

$$B_0 = \frac{1}{l}\int_0^l v(x)\mathrm{d}x, \quad B_n = \frac{2}{an\pi}\int_0^l v(x)\cos\left(\frac{n\pi}{l}x\right)\mathrm{d}x \quad (n > 0). \tag{3.1.72}$$

分离变量法与傅里叶级数展开

至此, 我们就确定出了通解中所有需要确定的系数从而完整地求解出了本均匀细杆自由振动问题.

到此, 我们一定会有一个疑问: 虽然这个分离变量法很强大, 但我们怎么知道我们所要求解的函数 $u(x,t)$ 就可以进行分离变量呢? 对此问题做一个简单回答, 我们之前也提到过: 这一方法的思路的出发点是想方设法将一个偏微分方程化为几个常微分方程, 而能够实现这一目的的途径就是我们上面讨论的分离变量法, 并且我们真的把这个问题解出来了! 这样的回答当然总的来说是对的, 而且很多时候我们求解问题确实是通过猜解的方式, 但是我们这样做的背后是否还有其他看起来更合理、更易于我们接受的解释呢? 有!

在第 2 章我们看到, 一个有限区间上的满足狄利克雷条件的函数可以展开成傅里叶级数. 我们现在从这个角度对上述问题再做一次简略的推导.

两端固定的弦在振荡时各点的位移一定是随着时间变化的, 即位移函数是 x 和 t 的函数 $u(x,t)$. 这看起来似乎比较难处理, 因为是二元函数. 但我们可以设想, 在某个时刻 t, 我们可以对此振动的弦抓拍一张照片, 弦上各点的位移不同, 这就构成了某个时刻空间的一条曲线, 这条曲线的函数当然是满足狄利克雷条件的. 换句话说, 对于 $u(x,t)$, 我们可以将 t 当作参数而对它进行傅里叶级数展开. 由于我们上面所考虑的振动问题的边界条件为一类齐次边界条件, 因此我们可以对此参数函数 $u(x,t)$ 做奇延拓, 并将 $\sin\dfrac{n\pi}{l}x$ 作为基底对此参数函数进行傅里叶级数展开, 参数 t 则只可能出现在展开系数中, 于是 $u(x,t)$ 就可以写为

$$u(x,t)=\sum_{n=1}^{\infty}\left[T_n(t)\sin\frac{n\pi}{l}x\right]. \tag{3.1.73}$$

从这个式子, 我们已经看出, 对于给定的 n, 函数的表达式确实取变量分离形式. 注意, 我们在写出这个表达式的时候已经考虑到了相应的边界条件. 接下来, 将这个表达式代入本定解问题的泛定方程中去确定 $T_n(t)$ 应满足的关系. 代入后, 我们有

$$\sum_{n=1}^{\infty}\left[T_n''+\frac{n^2\pi^2a^2}{l^2}T_n\right]\sin\frac{n\pi}{l}x=0. \tag{3.1.74}$$

这个方程成立的条件只能是左边这个傅里叶级数的各项系数均为零, 即

$$T_n''+\frac{n^2\pi^2a^2}{l^2}T_n=0. \tag{3.1.75}$$

求解这个方程给出

$$T_n(t)=A_n\cos\left(\frac{an\pi}{l}t\right)+B_n\sin\left(\frac{an\pi}{l}t\right), \tag{3.1.76}$$

与之前推导的完全一样. 接下来就是将 $u(x,t)$ 的表达式代入初始条件来确定 A_n 和 B_n 这两组系数, 这里不再赘述.

从上面这个简单的例子, 我们看到, 本节问题中的分离变量法背后的数学解释就是有限区间上的傅里叶级数展开, 因此, 这里的分离变量法有时也被称为傅里叶级数法.

当然, 一般情况下, 在处理具体问题时, 最根本的做法仍然是我们之前讨论的分离变量后从本征值问题入手, 这不仅方便, 同时有着更加基本和广泛的意义. 为了理解这一点, 我们回过头来再仔细看看 (3.1.51) 式和 (3.1.73) 式, 不难看出, 这

其实就是将 $u(x,t)$ 在 $X_n(x)=\sin\dfrac{n\pi x}{l}$ 所构成的函数基底上做函数级数展开，而 $X_n(x)$ 正是 (3.1.45) 式中本征值问题所求解得到的本征函数. 因此，更一般地，分离变量法有时也称为本征函数展开法. 关于本征值问题，我们将在后面的章节专门详细讲述.

2. 二维自由振动问题

我们现在来考虑一个边长分别为 c 和 d 的四边固定张紧了的二维长方形弹性膜的自由横振动问题. 由 (3.1.14) 式前后的讨论，我们知道，这同样是一个齐次泛定方程加第一类齐次边界条件问题，相应的定解问题如下:

$$\begin{cases} u(x,y,t)_{tt}-a^2\left([u(x,y,t)_{xx}+u(x,y,t)_{yy}\right]=0, & 0<x<c, 0<y<d, t>0,\\ u(x,y,0)=\varphi(x,y), & 0<x<c, 0<y<d,\\ u_t(x,y,0)=v(x,y), & 0<x<c, 0<y<d,\\ u(0,y,t)=u(c,y,t)=0,\\ u(x,0,t)=u(x,d,t)=0. \end{cases} \tag{3.1.77}$$

注意，由于是二维膜振动，相较于一维弦振动问题，这里的边界条件有两组. 对此问题的求解，我们同样采用分离变量法. 设

$$u(x,y,t)=X(x)Y(y)T(t), \tag{3.1.78}$$

将此代入上述泛定方程，两边同除以 $a^2X(x)Y(y)T(t)$，移项后可得

$$\frac{T''}{a^2T}=\frac{X''}{X}+\frac{Y''}{Y}. \tag{3.1.79}$$

我们不难看到，此式左右两边的三项分别只是 t 的函数、x 的函数以及 y 的函数，因此，无论将上式两边对哪个自变量求导，其结果均为零，这就可以判断出，这三项均为常数，令

$$\frac{T''}{a^2T}=-\lambda, \quad \frac{X''}{X}=-\alpha, \quad \frac{Y''}{Y}=-\beta, \tag{3.1.80}$$

而且这三个常数满足关系

$$\lambda=\alpha+\beta. \tag{3.1.81}$$

于是，前述的泛定方程就化为了如下耦合在一起的三个常微分方程:

$$\begin{cases} T''+a^2\lambda T=0,\\ X''+\alpha X=0, \qquad \lambda=\alpha+\beta.\\ Y''+\beta Y=0, \end{cases} \tag{3.1.82}$$

当把上述分离变量设定代入到前述两组边界条件后, 非平凡解的要求使得 $X(x)$ 和 $Y(y)$ 分别在其各自的边界上满足如下的齐次边界条件:

$$X(0)=X(c)=0,\quad Y(0)=Y(d)=0, \tag{3.1.83}$$

它们与各自的微分方程分别构成了相应的本征值问题

$$\begin{cases} X''+\alpha X=0, \\ X(0)=X(c)=0, \end{cases} \quad \begin{cases} Y''+\beta Y=0, \\ Y(0)=Y(d)=0, \end{cases} \tag{3.1.84}$$

类似 "一维自由振动问题" 中的讨论, 我们不难得相应的本征值和本征函数为

$$\begin{cases} \alpha_n=\left(\dfrac{n\pi}{c}\right)^2, \\ X_n(x)=\sin\dfrac{n\pi x}{c}, \end{cases} \quad \begin{cases} \beta_m=\left(\dfrac{m\pi}{d}\right)^2, \\ Y_m(y)=\sin\dfrac{m\pi y}{d}. \end{cases} \tag{3.1.85}$$

由此, 我们有

$$\lambda_{nm}=\alpha_n+\beta_m=\left(\frac{n\pi}{c}\right)^2+\left(\frac{m\pi}{d}\right)^2, \tag{3.1.86}$$

相应地有

$$T_{nm}=A_{nm}\cos\sqrt{\lambda_{nm}}at+B_{nm}\sin\sqrt{\lambda_{nm}}at. \tag{3.1.87}$$

于是, 我们就得到了该问题的通解

$$u(x,y,t)=\sum_{n=1}^{\infty}\sum_{m=1}^{\infty}\left[A_{nm}\cos\sqrt{\lambda_{nm}}at+B_{nm}\sin\sqrt{\lambda_{nm}}at\right]\sin\frac{n\pi x}{c}\sin\frac{m\pi y}{d}, \tag{3.1.88}$$

其中的两组系数 A_{nm} 和 B_{nm} 可利用初始条件加以确定. 将此通解代入初始位移表达式中, 得

$$u(x,y,0)=\sum_{n=1}^{\infty}\sum_{m=1}^{\infty}A_{nm}\sin\frac{n\pi x}{c}\sin\frac{m\pi y}{d}=\varphi(x,y), \tag{3.1.89}$$

这其实就是一个有限区域上二元函数的傅里叶级数展开的问题, 于是, 我们立刻可以得到

$$A_{nm}=\frac{2}{c}\frac{2}{d}\int_0^c\int_0^d\varphi(x,y)\sin\frac{n\pi x}{c}\sin\frac{m\pi y}{d}\mathrm{d}x\mathrm{d}y. \tag{3.1.90}$$

将通解代入到初始速度表达式后, 我们有

$$u_t(x,y,0)=\sum_{n=1}^{\infty}\sum_{m=1}^{\infty}B_{nm}\sqrt{\lambda_{nm}}a\sin\frac{n\pi x}{c}\sin\frac{m\pi y}{d}=v(x,y), \tag{3.1.91}$$

由此就得

$$B_{nm} = \frac{1}{\sqrt{\lambda_{nm}}a}\frac{4}{cd}\int_0^c\int_0^d v(x,y)\sin\frac{n\pi x}{c}\sin\frac{m\pi y}{d}\mathrm{d}x\mathrm{d}y. \tag{3.1.92}$$

至此, 我们就完整求解出了此二维弹性膜自由横振动问题. 对于更高维的齐次边界条件自由振动问题的求解, 方法是类似的, 各位读者不妨自己来试试看.

3. 纯阻尼振动问题

纯阻尼振动问题求解

我们在前面看到, 不仅自由振动问题的泛定方程是齐次方程, 纯粹的**阻尼振动**问题的泛定方程也是齐次方程, 在本节的末尾, 我们就来具体讨论一下纯阻尼振动问题. 设一长为 l 的两端固定的弦在阻尼介质中做阻尼振动, 依据 (3.1.8) 式中的纯阻尼振动的泛定方程, 结合本问题的具体边界条件和初始条件, 其定解问题如下:

$$\begin{cases} u_{tt} - a^2u_{xx} + bu_t = 0, & 0 < x < l, t > 0; \\ u(x,0) = \varphi(x), & 0 < x < l; \\ u_t(x,0) = v(x), & 0 < x < l; \\ u(0,t) = u(l,t) = 0, & t > 0. \end{cases} \tag{3.1.93}$$

对此采用分离变量法, 设 $u(x,t) = X(x)T(t)$, 代入上述定解问题后, 我们发现 $T(t)$ 满足方程

$$T'' + bT' + a^2\lambda T = 0, \tag{3.1.94}$$

而 $X(x)$ 则同前面所讨论的问题一样满足如下本征值问题:

$$\begin{cases} X'' + \lambda X = 0, \\ X(0) = X(l) = 0. \end{cases} \tag{3.1.95}$$

解此本征值问题得到满足条件的本征值 λ_n 及其相应的本征函数 $X_n(x)$ 为

$$\lambda_n = \frac{n^2\pi^2}{l^2}, \quad X_n(x) = \sin\frac{n\pi}{l}x, \quad n = 1,2,3,\cdots. \tag{3.1.96}$$

将此本征值代入 $T(t)$ 所满足的方程, 我们有

$$T_n'' + bT_n' + \omega_n^2T_n = 0, \quad \omega_n = \frac{an\pi}{l}. \tag{3.1.97}$$

对于此常系数齐次常微分方程, 我们设其试探解为 $T_n(t) \sim \mathrm{e}^{s_nt}$, 其中 s_n 是复数.

将此代入上式后我们就得到了相应的特征方程

$$s_n^2+bs_n+\omega_n^2=0. \tag{3.1.98}$$

由于 b 和 ω_n 均大于零, 此特征方程的根为

$$s_{n1}=-\frac{b}{2}+\sqrt{\left(\frac{b}{2}\right)^2-\omega_n^2},\quad s_{n2}=-\frac{b}{2}-\sqrt{\left(\frac{b}{2}\right)^2-\omega_n^2}. \tag{3.1.99}$$

因此, 依据 $\frac{b}{2}$ 与 ω_n 的相对大小, T_n 的通解将取三种不同的形式:

(1) 当 $\frac{b}{2}>\omega_n$ 时, s_{n1} 和 s_{n2} 为两个不相等的实根, 这两个根给出 $T_n(t)$ 的两个线性独立的特解, 于是它的通解为

$$T_n(t)=\mathrm{e}^{-\frac{b}{2}t}\left(A_n\cosh q_nt+B_n\sinh q_nt\right),\quad q_n=\sqrt{\left(\frac{b}{2}\right)^2-\omega_n^2}. \tag{3.1.100}$$

我们发现, 此种情形下并不会形成振动. 这正是过阻尼情形.

(2) 当 $\frac{b}{2}<\omega_n$ 时有 $s_{n1}=-\frac{b}{2}+\mathrm{i}q_n$ 和 $s_{n2}=-\frac{b}{2}-\mathrm{i}q_n$, 此时 $q_n=\sqrt{\left(\omega_n^2-\frac{b}{2}\right)^2}$, 这同样给出 $T_n(t)$ 的两个线性独立的特解, 此时其通解写为

$$T_n(t)=\mathrm{e}^{-\frac{b}{2}t}\left(A_n\cos q_nt+B_n\sin q_nt\right). \tag{3.1.101}$$

这是欠阻尼情形, 虽然依然会发生振荡行为, 但其振幅随时间呈指数衰减.

(3) 当 $\frac{b}{2}=\omega_n$ 时得重根 $s_{n1}=s_{n2}=-\frac{b}{2}$, 这只给出了 $T_n(t)$ 的一个特解 $\mathrm{e}^{-bt/2}$. 为了找到另一个与之线性独立的特解, 我们需回头来看方程 (3.1.97), 此时它为

$$T_n''+bT_n'+\frac{b^2}{4}T_n=0. \tag{3.1.102}$$

这可变形成

$$\left(T_n'+\frac{b}{2}T_n\right)'+\frac{b}{2}\left(T_n'+\frac{b}{2}T_n\right)=0, \tag{3.1.103}$$

由此我们可得此种情况下 $T_n(t)$ 的另一个特解 $T_n(t)\sim t\mathrm{e}^{-bt/2}$, 于是当 $\frac{b}{2}=\omega_n$ 时, $T_n(t)$ 的通解为

$$T_n(t)=A_n\mathrm{e}^{-\frac{b}{2}t}+B_nt\mathrm{e}^{-\frac{b}{2}t}. \tag{3.1.104}$$

这个情形就是临界阻尼情况.

以上三种通解中的 A_n 和 B_n 为待定常数. 这样, 给定一个本征值 λ_n 就有一个对应的 $u_n(x,t)=T_n(t)\sin(n\pi x/l)$ 满足阻尼振动方程, 因此此阻尼振动问题的通解即为

$$u(x,t)=\sum_{n=1}^{\infty}T_n(t)\sin(n\pi x/l). \tag{3.1.105}$$

利用初始条件就可定出各组待定系数 A_n 和 B_n 从而完整解决问题.

3.1.4 有限区间非齐次方程齐次边界条件定解问题的分离变量法求解

有了上面讨论齐次方程齐次边界条件定解问题的分离变量法求解过程, 我们现在进一步来考虑非齐次方程齐次边界条件定解问题的求解.

有限区间非齐次方程齐次边界条件振动问题求解

考虑长为 l 的两端固定的弦的受迫振动问题. 这个问题可由如下定解问题来描述:

$$\begin{cases} u_{tt}-a^2u_{xx}=f(x,t) & (0<x<l,t>0),\\ u(0,t)=u(l,t)=0 & (\text{固定端点}),\\ u(x,0)=\varphi(x) & (\text{初始位移}),\\ u_t(x,0)=v(x) & (\text{初始速度}), \end{cases} \tag{3.1.106}$$

其中 $f(x,t)$ 为已知的弦上 x 处单位长度单位质量上所受的外力.

根据我们之前的讨论, 分离变量法其实就是傅里叶级数法, 因此, 我们将从这个角度来探讨对非齐次方程齐次边界条件问题的分离变量法求解的一般过程.

我们知道, 在一个有限区间上, 只要一个函数满足狄利克雷条件, 它就可以展开成相应的傅里叶级数, 所展开的基底由边界条件决定. 考虑到此问题中边界条件为 $u(0,t)=u(l,t)=0$, 即两端固定情形, 满足有限区间函数做奇延拓而进行傅里叶级数展开的条件, 因此我们就知道, 在我们现有的问题中, 如同前面所讨论的自由振动问题, $u(x,t)$ 也同样可以在 $\sin\dfrac{n\pi}{l}x$ 的基底上展开成傅里叶级数

$$u(x,t)=\sum_{n=1}^{\infty}\left[T_n(t)\sin\frac{n\pi}{l}x\right], \tag{3.1.107}$$

只不过这里的展开系数将与前面的例子中有很大的不同, 并且将通过后续步骤来求得.

这里需要强调一点, 我们可以如此轻松地写出这个展开式是因为这个边界条件十分简单, 我们非常熟悉这种情形下的傅里叶级数展开基底. 一般情况下, 我们需要首先求解同所考虑的非齐次方程相对应的齐次方程在分离变量下所给出的本

征值问题来确定本征值及空间部分的本征函数, 这个空间部分的本征函数就给出了 $u(x,t)$ 进行级数展开的函数基底. 例如, 在本问题中, 非齐次泛定方程所对应的齐次泛定方程为

$$u_{tt}-a^2u_{xx}=0,$$

对此方程及本问题中的边界条件进行分离变量法操作后所得到的空间部分所满足的定解问题正是 (3.1.45) 式中的本征值问题, 这个本征值问题所求得的本征函数集 $\left\{\sin\dfrac{n\pi}{l}x, n=1,2,3,\cdots\right\}$ 也正是我们在 (3.1.107) 式中对 $u(x,t)$ 进行级数展开的函数基底. 因此, 对于非齐次方程齐次边界条件问题的这种分离变量解法有时也称作本征函数展开法.

完成了 $u(x,t)$ 的级数展开后, 我们同时需要将 $f(x,t)$ 在上述给定的基底 $\sin\dfrac{n\pi}{l}x$ 上展开成傅里叶级数

$$f(x,t)=\sum_{n=1}^{\infty}\left[f_n(t)\sin\frac{n\pi}{l}x\right], \tag{3.1.108}$$

其中

$$f_n(t)=\frac{2}{l}\int_0^l f(x,t)\sin\frac{n\pi}{l}x\mathrm{d}x. \tag{3.1.109}$$

这里需要说明的是, $f(x,t)$ 之所以能够在 $\sin\dfrac{n\pi}{l}x$ 上展开成傅里叶级数是因为同一个方程中的函数一定也必须能够在同一个函数基底上展开.

现在我们关键就是要求解 $T_n(t)$. 我们将 $u(x,t)$ 的傅里叶展开表达式及 $f(x,t)$ 的展开式代入我们所研究的定解问题的泛定方程及初始条件中 (上述傅里叶展开式已经充分考虑了边界条件), 就得到

$$\begin{cases}\displaystyle\sum_{n=1}^{\infty}\left[T_n''(t)+\frac{a^2n^2\pi^2}{l^2}T_n(t)\right]\sin\frac{n\pi}{l}x=\sum_{n=1}^{\infty}f_n(t)\sin\frac{n\pi}{l}x,\\ \displaystyle\sum_{n=1}^{\infty}\left[T_n(0)\sin\frac{n\pi}{l}x\right]=\varphi(x)=\sum_{n=1}^{\infty}\left[\varphi_n\sin\frac{n\pi}{l}x\right],\\ \displaystyle\sum_{n=1}^{\infty}\left[T_n'(0)\sin\frac{n\pi}{l}x\right]=v(x)=\sum_{n=1}^{\infty}\left[v_n\sin\frac{n\pi}{l}x\right],\end{cases} \tag{3.1.110}$$

其中

$$\begin{cases} \varphi_n = \dfrac{2}{l}\displaystyle\int_0^l \varphi(x)\sin\frac{n\pi}{l}x\mathrm{d}x, \\ v_n = \dfrac{2}{l}\displaystyle\int_0^l v(x)\sin\frac{n\pi}{l}x\mathrm{d}x. \end{cases} \tag{3.1.111}$$

基于三角函数的正交性, 这个方程组如若成立, 则每个方程等号两边的傅里叶级数系数必须逐项相等, 于是我们就有

$$\begin{cases} T_n''(t) + \dfrac{a^2n^2\pi^2}{l^2}T_n(t) = f_n(t), \\ T_n(0) = \varphi_n, \quad T_n'(0) = v_n. \end{cases} \tag{3.1.112}$$

这是一个再普通不过的二阶常微分方程的求解问题, 我们可以有很多种方法去求解它, 例如, 第 2 章所讨论的拉普拉斯变换法.

我们现在就用拉普拉斯变换法来求解此二阶常微分方程. 设

$$T_n(t) \risingdotseq \mathcal{T}_n(p), \quad f_n(t) \risingdotseq \mathcal{F}_n(p), \tag{3.1.113}$$

通过对 (3.1.112) 式进行拉普拉斯变换, 同时运用拉普拉斯变换的微分定理, 我们有

$$p^2\mathcal{T}_n(p) - pT_n(0) - T_n'(0) + \omega_n^2\mathcal{T}_n(p) = \mathcal{F}_n(p), \tag{3.1.114}$$

其中

$$\omega_n \equiv \frac{an\pi}{l} \tag{3.1.115}$$

是系统的本征圆频率. 将 $T_n(t)$ 相应的初始条件代入, 我们就得到了 $T_n(t)$ 的拉普拉斯像函数 $\mathcal{T}_n(p)$ 的表达式

$$\mathcal{T}_n(p) = [\mathcal{F}_n(p) + p\varphi_n + v_n]\frac{1}{p^2+\omega_n^2}. \tag{3.1.116}$$

这个表达式中, $\mathcal{F}_n(p)$、φ_n 和 v_n 都是已知的, 因此我们接下来要做的就是想方设法寻求 $\mathcal{T}_n(p)$ 的原函数. 为此, 我们首先来对 $\mathcal{T}_n(p)$ 的表达式进行些许改写以使得它的形式看起来会更加清晰

$$\begin{aligned} \mathcal{T}_n(p) &= \frac{\mathcal{F}_n(p) + p\varphi_n + v_n}{\omega_n}\frac{\omega_n}{p^2+\omega_n^2} \\ &= \frac{1}{\omega_n}\mathcal{F}_n(p)\frac{\omega_n}{p^2+\omega_n^2} + \varphi_n\frac{p}{p^2+\omega_n^2} + \frac{v_n}{\omega_n}\frac{\omega_n}{p^2+\omega_n^2}. \end{aligned} \tag{3.1.117}$$

利用

$$\begin{cases} \sin(\omega_n t) \risingdotseq \dfrac{\omega_n}{p^2+\omega_n^2}, \\ f_n(t) * \sin(\omega_n t) \risingdotseq \mathcal{F}_n(p)\dfrac{\omega_n}{p^2+\omega_n^2}, \\ \cos(\omega_n t) \risingdotseq \dfrac{p}{p^2+\omega_n^2}, \end{cases} \tag{3.1.118}$$

我们就得到了我们想要求解的 $T_n(t)$ 的表达式

$$T_n(t) = \frac{1}{\omega_n}\int_0^t f_n(\tau)\sin[\omega_n(t-\tau)]\mathrm{d}\tau + \varphi_n\cos(\omega_n t) + \frac{v_n}{\omega_n}\sin(\omega_n t). \tag{3.1.119}$$

由此, 结合前面的讨论, 我们就得到了整个定解问题的解

$$u(x,t) = \sum_{n=1}^{\infty} T_n(t)\sin\left(\frac{n\pi}{l}x\right). \tag{3.1.120}$$

当我们通过上面例子的讨论明了了利用分离变量法求解非齐次方程齐次边界条件问题的步骤后, 回头再来看看在本节开头谈论的关于通过空间部分所满足的本征方程的求解来找寻函数展开基底的问题. 我们之前谈到, 在此问题中, 通过相应本征方程求解的方法虽然与傅里叶级数展开分析可以给出同样的结果, 但本征值问题更加普适更加基本. 对本征值问题的理论分析留待后面章节详细讨论, 我们这里仅仅想通过一个小例子来使大家对此点有所感受.

我们来看以下均质弹性细杆的受迫振动问题:

$$\begin{cases} u_{tt} - a^2 u_{xx} = f(x,t) & (0<x<l, t>0), \\ u(0,t) = 0 & (\text{固定端点}), \\ u_x(l,t) = 0 & (\text{自由端点}), \\ u(x,0) = \varphi(x) & (\text{初始位移}), \\ u_t(x,0) = v(x) & (\text{初始速度}). \end{cases} \tag{3.1.121}$$

初看起来, 这个问题同本节开头所讨论的问题一样, 但仔细看我们发现这两个问题的边界条件是不同的, 从这里的边界条件我们看到, 它的 $x=0$ 的端点是固定的, 而 $x=l$ 的端点则是自由的. 如果我们依然想通过边界条件性质直接进行傅里叶级数展开分析而得此问题中函数的展开基底, 已经不再像之前那么简单和直接了, 而需要用类似于 2.1.3 节末尾例题中的方法, 对函数进行两次相应的延拓后才能找到函数展开基底. 因此, 我们不妨遵循前面所提到的通过分析求解此非齐次方程所对应的齐次方程在分离变量下给出的空间部分所满足的本征值问题来确定函数展开基底.

我们知道, 此非齐次方程所对应的齐次方程为

$$u_{tt}-a^2u_{xx}=0\quad(0<x<l,t>0).$$

由 3.1.3 节的分离变量手续, 我们知道空间部分 $X(x)$ 所满足的方程应为

$$X''+\lambda X=0.$$

同样, 对此问题的边界条件进行分离变量后不难看出, 空间部分需满足的边界条件为 $X(0)=0$ 且 $X'(l)=0$, 即我们需求解如下的本征值问题:

$$\begin{cases}X''+\lambda X=0\quad(0<x<l),\\X(0)=0,\quad X'(l)=0.\end{cases}\tag{3.1.122}$$

对于人为引进的常数 λ, 我们需要对它的取值进行分析. 同 3.1.3 节一样, 我们分别讨论 $\lambda<0$、$\lambda=0$ 和 $\lambda>0$ 的情况. 类似地, 当进行细致分析后, 我们发现 $\lambda<0$ 和 $\lambda=0$ 的情况只能导致平凡解. 我们现在来仔细讨论 $\lambda>0$ 的情况, 在此情形下, 我们不难看出, 上面方程的解为

$$X(x)=A\cos\sqrt{\lambda}x+B\sin\sqrt{\lambda}x,$$

代入 $X(0)=0$ 的边界条件, 得出 $A=0$. 接下来再代入 $X'(l)=0$ 这个边界条件, 我们就有

$$B\sqrt{\lambda}\cos\sqrt{\lambda}l=0.$$

由于 $\lambda>0$ 且 B 不允许为零 (否则会得到平凡解), 因此唯一的可能性就是令

$$\cos\sqrt{\lambda}l=0,$$

这使得 λ 不能任意取值, 而只可能取以下分立的值:

$$\lambda_n=\frac{\left(n+\dfrac{1}{2}\right)^2\pi^2}{l^2},$$

也即, 我们找到了该本征值问题的本征值 λ_n $(n=0,1,2,\cdots)$, 相应的本征函数为

$$X_n(x)=\sin\frac{\left(n+\dfrac{1}{2}\right)\pi}{l}x.$$

由此, 我们就知道, 对于我们所要求解的受迫振动问题, $u(x,t)$ 和 $f(x,t)$ 将在此函数基底 $X_n(x)$ 上展开成傅里叶级数

$$u(x,t)=\sum_{n=0}^{\infty}T_n(t)\sin\frac{\left(n+\frac{1}{2}\right)\pi}{l}x$$

以及

$$f(x,t)=\sum_{n=0}^{\infty}F_n(t)\sin\frac{\left(n+\frac{1}{2}\right)\pi}{l}x,$$

其中

$$F_n(t)=\frac{2}{l}\int_0^l f(x,t)\sin\frac{\left(n+\frac{1}{2}\right)\pi}{l}x\mathrm{d}x.$$

之后的求解过程就与本节前面的求解过程完全类似了.

3.1.5 共振

受迫振动的一个有趣而且重要的现象就是**共振**. 若外加受迫力的频率同系统的某个本征频率合拍, 则会发生共振现象. 作为一个非齐次方程问题的例子, 我们现在就来具体讨论一下共振的问题.

共振

我们来看这样一个例子, 一根长为 l 的弦, 两端固定, 最初该弦静止于平衡位置, 之后它受到了如下形式的受迫力:

$$f(x,t)=A(x)\sin(\omega t), \tag{3.1.123}$$

这是一个周期力, 它的大小随着位置的不同而不同. 在这个外加力的作用下, 该弦开始做受迫振动. 同我们刚才讨论的一般情况相比, 这里只不过给出了 $f(x,t)$ 的具体形式, 同时初始位移和初始速度均为零, 即

$$u(x,0)=0,\quad u_t(x,0)=0, \tag{3.1.124}$$

这意味着我们之前计算式中的 $\varphi_n=0$ 以及 $v_n=0$. 因此, 按照上面的步骤, 我们首先要对 $f(x,t)$ 作相应的傅里叶级数展开

$$f(x,t)=\sin(\omega t)\sum_{n=1}^{\infty}\alpha_n\sin\left(\frac{n\pi}{l}x\right), \tag{3.1.125}$$

其中

$$\alpha_n=\frac{2}{l}\int_0^l A(x)\sin\left(\frac{n\pi}{l}x\right)\mathrm{d}x, \tag{3.1.126}$$

也就是说, 在此问题中 $f_n(t) = \alpha_n \sin(\omega t)$. 因此, 关于 $T_n(t)$ 的微分方程及初始条件就为

$$\begin{cases} T_n''(t) + \omega_n^2 T_n(t) = \alpha_n \sin(\omega t), \quad \omega_n = \dfrac{n\pi a}{l}, \\ T_n(0) = 0, \quad T_n'(0) = 0. \end{cases} \tag{3.1.127}$$

这个方程的求解看起来应该是非常容易的. 但这里有个问题需要特别注意, 我们需要很小心地考察 ω 是否跟系统的某个本征频率 ω_n 一致. 如果对于任意一个 n, 都有

$$\omega \neq \omega_n, \tag{3.1.128}$$

则问题很简单, 经过简单的计算, 我们得

$$T_n(t) = \frac{\alpha_n}{\omega_n(\omega^2 - \omega_n^2)}[\omega \sin(\omega_n t) - \omega_n \sin(\omega t)], \tag{3.1.129}$$

相应地, 该弦的受迫振动的函数就为

$$u(x,t) = \sum_{n=1}^{\infty} \frac{\alpha_n}{\omega_n(\omega^2 - \omega_n^2)}[\omega \sin(\omega_n t) - \omega_n \sin(\omega t)] \sin\left(\frac{n\pi}{l}x\right). \tag{3.1.130}$$

但如果 ω 同系统的某个本征频率 ω_k 相等, 即

$$\omega = \omega_k, \tag{3.1.131}$$

则问题会变得比较复杂. 因为, 从 (3.1.129) 式中可以看到, 分母中含有 ω 和本征频率的差, 由于 $\omega = \omega_k$, 则相应的 $T_k(t)$ 不能再用上面这个式子来描述了, 不过, 却可通过洛毕达法则由上面的表达式通过求极限而得到:

$$\begin{aligned} T_k(t) &= \lim_{\omega \to \omega_k} \frac{\alpha_k}{\omega_k(\omega^2 - \omega_k^2)}[\omega \sin(\omega_k t) - \omega_k \sin(\omega t)] \\ &= \frac{\alpha_k}{2\omega_k^2} \sin(\omega_k t) - t\frac{\alpha_k}{2\omega_k} \cos(\omega_k t). \end{aligned} \tag{3.1.132}$$

这样一来, 当 $\omega = \omega_k$ 时, 即外加受迫力的频率同某个系统的某个本征频率相一致时, 系统的解为

$$\begin{aligned} u(x,t) = &\sum_{n \neq k} \frac{\alpha_n}{\omega_n(\omega^2 - \omega_n^2)}[\omega \sin(\omega_n t) - \omega_n \sin(\omega t)] \sin\left(\frac{n\pi x}{l}\right) \\ &+ \left[\frac{\alpha_k}{2\omega_k^2} \sin(\omega_k t) - t\frac{\alpha_k}{2\omega_k} \cos(\omega_k t)\right] \sin\left(\frac{k\pi x}{l}\right). \end{aligned} \tag{3.1.133}$$

我们看到, 由于在最后一项中存在一个 t 的额外的因子, 因此该项中的振幅将随着时间的推移而呈线性增长, 这就是共振!

3.1.6 有限区间非齐次边界条件定解问题的求解

在探讨了齐次边界条件定解问题的求解后, 我们现在来看非齐次边界条件的情形. 一般来讲, 在处理相对复杂的问题的时候, 我们总是想方设法将其尽可能化为我们熟悉的简单的问题. 对于非齐次边界条件定解问题的求解也不例外, 我们总是想方设法将其化为我们上面熟悉的齐次边界条件的问题. 下面我们以一个非齐次边界条件的振动问题来对此加以说明.

有限区间非齐次边界条件振动问题求解

考虑如下的一个一般性的非齐次边界条件定解问题:

$$\begin{cases} u_{tt}-a^2u_{xx}=f(x,t) \quad (0<x<l,t>0), \\ u(0,t)=g_1(t), \\ u(l,t)=g_2(t), \\ u(x,0)=\varphi(x), \\ u_t(x,0)=v(x). \end{cases} \tag{3.1.134}$$

这是一个非齐次振动问题, 同时我们看到边界条件也不再是齐次的了. 现在我们来作如下的函数代换: 令

$$u(x,t)=w(x,t)+\frac{x}{l}g_2(t)+\frac{l-x}{l}g_1(t). \tag{3.1.135}$$

当把这个函数代换代入上面定解问题的边界条件中后, 我们发现, 对于这个新的函数 $w(x,t)$ 来说, 它所满足的边界条件正是齐次的边界条件:

$$w(0,t)=w(l,t)=0. \tag{3.1.136}$$

相应地, $w(x)$ 所满足的泛定方程为

$$w_{tt}-a^2w_{xx}=f(x,t)-\frac{x}{l}\frac{\mathrm{d}^2(g_2(t))}{\mathrm{d}t^2}-\frac{l-x}{l}\frac{\mathrm{d}^2(g_1(t))}{\mathrm{d}t^2}, \tag{3.1.137}$$

而 $w(x)$ 所满足的初始条件为

$$w(x,0)=\varphi(x)-\frac{x}{l}g_2(0)-\frac{l-x}{l}g_1(0), \tag{3.1.138}$$

$$w_t(x,0)=v(x)-\frac{x}{l}\frac{\mathrm{d}g_2(t)}{\mathrm{d}t}\bigg|_{t=0}-\frac{l-x}{l}\frac{\mathrm{d}g_1(t)}{\mathrm{d}t}\bigg|_{t=0}. \tag{3.1.139}$$

换句话说, 通过 (3.1.135) 式中的函数代换, 我们将上面关于 $u(x,t)$ 的非齐次边界条件定解问题化为了如下关于 $w(x,t)$ 的齐次边界条件定解问题:

$$\begin{cases} w_{tt} - a^2 w_{xx} = f(x,t) - \dfrac{x}{l}\dfrac{\mathrm{d}^2(g_2(t))}{\mathrm{d}t^2} - \dfrac{l-x}{l}\dfrac{\mathrm{d}^2(g_1(t))}{\mathrm{d}t^2} \quad (0 < x < l, t > 0), \\ w(0,t) = w(l,t) = 0, \\ w(x,0) = \varphi(x) - \dfrac{x}{l}g_2(0) - \dfrac{l-x}{l}g_1(0), \\ w_t(x,0) = v(x) - \dfrac{x}{l}\dfrac{\mathrm{d}g_2(t)}{\mathrm{d}t}\bigg|_{t=0} - \dfrac{l-x}{l}\dfrac{\mathrm{d}g_1(t)}{\mathrm{d}t}\bigg|_{t=0}. \end{cases} \tag{3.1.140}$$

这样, 我们就把一个未知问题的求解化为了对我们所熟悉的问题的求解, 从而解决了这个问题.

3.1.7 积分变换法求解无界和半无界弦振动问题

前面几节所谈论的问题都是有界区间上的定解问题, 一般都存在分立的特征值和特征函数, 此类问题基本上可以用傅里叶级数法来进行求解. 而对于无界或者半无界区域上的物理系统, 则不会出现分立的特征值, 相应地, 我们可以利用之前所讨论的傅里叶积分变换或拉普拉斯变换来对此类问题进行求解.

当然, 我们之前也讨论过, 同一类问题的求解方法是很多的, 而在这里, 基于我们的课程体系的统一和紧凑, 主要讨论积分变换法.

1. 一维无界问题

1) 一维无界弦自由振动问题

一维无界弦振动问题的积分变换法求解、达朗贝尔公式

我们首先来看一个一维无界区域上的弦的无外力自由振动问题, 描述这一问题的定解方程组为

$$\begin{cases} u_{tt} - a^2 u_{xx} = 0 \quad (-\infty < x < \infty, t > 0) & (\text{泛定方程}), \\ u(x,0) = \varphi(x) & (\text{初始位移}), \\ u_t(x,0) = v(x) & (\text{初始速度}). \end{cases} \tag{3.1.141}$$

由于我们讨论的问题在空间上是无界的, 因此在上述定解问题中看起来似乎不存在边界条件, 然而, 我们不能忘记, 我们所讨论的是物理问题, 对于无界区域, 物理可观测量在无穷远处必为零, 或者说, 相应的待求函数 $u(x,t)$ 是需要满足自然边界条件的.

如何求解这一问题? 对于待求的物理量 $u(x,t)$, 我们有理由相信它是满足狄利克雷条件的, 同时它还必定满足上述的自然边界条件, 因此, 类似于之前我们讨论分离变量法时所提到的, 我们可以将时间变量 t 看作一个参数, 对于给定的时刻 t, 我们可以将未知函数 $u(x,t)$ 对变量 x 写为傅里叶积分形式

$$u(x,t)=\frac{1}{2\pi}\int_{-\infty}^{\infty}U(k,t)\mathrm{e}^{\mathrm{i}kx}\mathrm{d}k, \tag{3.1.142}$$

其中 $U(k,t)$ 是 t 时刻时 $u(x,t)$ 的像函数, 相应的傅里叶变换为

$$U(k,t)=\int_{-\infty}^{\infty}u(x,t)\mathrm{e}^{-\mathrm{i}kx}\mathrm{d}x. \tag{3.1.143}$$

将 $u(x,t)$ 的傅里叶积分形式代入上述无界空间定解问题, 则其中的泛定方程变为

$$\frac{1}{2\pi}\int_{-\infty}^{\infty}U_{tt}(k,t)\mathrm{e}^{\mathrm{i}kx}\mathrm{d}k+\frac{a^2}{2\pi}\int_{-\infty}^{\infty}k^2U(k,t)\mathrm{e}^{\mathrm{i}kx}\mathrm{d}k=0, \tag{3.1.144}$$

这可进一步写为

$$\frac{1}{2\pi}\int_{-\infty}^{\infty}\left[U_{tt}(k,t)+a^2k^2U(k,t)\right]\mathrm{e}^{\mathrm{i}kx}\mathrm{d}k=0. \tag{3.1.145}$$

由于此式对任意的 t 和 x 都须成立, 因此我们可以得出结论: $U(k,t)$ 必须满足

$$U_{tt}(k,t)+a^2k^2U(k,t)=0. \tag{3.1.146}$$

同时, 我们也需相应将初始条件 $\varphi(x)$ 和 $v(x)$ 写为傅里叶积分形式

$$\varphi(x)=\frac{1}{2\pi}\int_{-\infty}^{\infty}\varPhi(k)\mathrm{e}^{\mathrm{i}kx}\mathrm{d}k, \tag{3.1.147}$$

$$v(x)=\frac{1}{2\pi}\int_{-\infty}^{\infty}V(k)\mathrm{e}^{\mathrm{i}kx}\mathrm{d}k, \tag{3.1.148}$$

相应的像函数 $\varPhi(k)$ 和 $V(k)$ 分别为

$$\varPhi(k)=\int_{-\infty}^{\infty}\varphi(x)\mathrm{e}^{-\mathrm{i}kx}\mathrm{d}x, \tag{3.1.149}$$

$$V(k)=\int_{-\infty}^{\infty}v(x)\mathrm{e}^{-\mathrm{i}kx}\mathrm{d}x. \tag{3.1.150}$$

将上面这些函数的傅里叶积分一并代入定解问题的初始条件, 并考虑到对任意

的 x 都要成立, 则定解问题的初始条件就相应地变为

$$U(k,0)=\varPhi(k), \tag{3.1.151}$$

$$U_t(k,0)=V(k), \tag{3.1.152}$$

也即定解问题化为

$$U_{tt}(k,t)+a^2k^2U(k,t)=0 \quad (\text{泛定方程}), \tag{3.1.153}$$

$$U(k,0)=\varPhi(k) \quad (\text{初始位移}), \tag{3.1.154}$$

$$U_t(k,0)=V(k) \quad (\text{初始速度}). \tag{3.1.155}$$

我们看到, 通过傅里叶变换方法, 我们将原来定解问题中求解偏微分方程的问题转化为了一个常微分方程定解问题, 这里, 在求解此常微分方程的过程中, 我们始终将 k 看作一个参数. 当我们求得 $U(k,t)$ 后, 再通过傅里叶积分变换就可以得到定解问题所要求解的 $u(x,t)$. 这就是我们对这一无界振动问题求解的大致思路.

我们不难看出, 方程 (3.1.153) 的通解为

$$U(k,t)=A\mathrm{e}^{\mathrm{i}akt}+B\mathrm{e}^{-\mathrm{i}akt}, \tag{3.1.156}$$

将它代入初始条件 (3.1.154) 和 (3.1.155) 式, 有

$$\begin{cases} U(k,0)=A+B=\varPhi(k), \\ U_t(k,0)=\mathrm{i}ak(A-B)=V(k), \end{cases} \tag{3.1.157}$$

可得

$$\begin{cases} A=\dfrac{1}{2}\left[\varPhi(k)+\dfrac{1}{\mathrm{i}ak}V(k)\right], \\ B=\dfrac{1}{2}\left[\varPhi(k)-\dfrac{1}{\mathrm{i}ak}V(k)\right]. \end{cases} \tag{3.1.158}$$

因此我们就得到

$$U(k,t)=\frac{1}{2}\left[\varPhi(k)+\frac{1}{\mathrm{i}ak}V(k)\right]\mathrm{e}^{\mathrm{i}akt}+\frac{1}{2}\left[\varPhi(k)-\frac{1}{\mathrm{i}ak}V(k)\right]\mathrm{e}^{-\mathrm{i}akt}. \tag{3.1.159}$$

最初的定解问题中的 $u(x,t)$ 正是 $U(k,t)$ 的傅里叶变换原函数, 它为

$$u(x,t)=\frac{1}{2\pi}\int_{-\infty}^{\infty}U(k,t)\mathrm{e}^{\mathrm{i}kx}\mathrm{d}k$$

$$=\frac{1}{4\pi}\int_{-\infty}^{\infty}\Phi(k)\mathrm{e}^{\mathrm{i}k(x+at)}\mathrm{d}k+\frac{1}{4a\pi}\int_{-\infty}^{\infty}\frac{1}{\mathrm{i}k}V(k)\mathrm{e}^{\mathrm{i}k(x+at)}\mathrm{d}k$$

$$+\frac{1}{4\pi}\int_{-\infty}^{\infty}\Phi(k)\mathrm{e}^{\mathrm{i}k(x-at)}\mathrm{d}k-\frac{1}{4a\pi}\int_{-\infty}^{\infty}\frac{1}{\mathrm{i}k}V(k)\mathrm{e}^{\mathrm{i}k(x-at)}\mathrm{d}k. \tag{3.1.160}$$

现在的问题就变成了如何通过利用傅里叶变换的各种性质来从上式中得到相应的原函数. 利用傅里叶变换的延迟定理, 我们不难看出, 上式等号右边的第一项和第三项分别为

$$\frac{1}{2}\varphi(x+at) \text{ 和 } \frac{1}{2}\varphi(x-at).$$

逆用微分定理, 我们可看出第二项为

$$\frac{1}{2a}\int_{-\infty}^{x+at}v(\xi)\mathrm{d}\xi,$$

而第四项为

$$-\frac{1}{2a}\int_{-\infty}^{x-at}v(\xi)\mathrm{d}\xi=\frac{1}{2a}\int_{x-at}^{-\infty}v(\xi)\mathrm{d}\xi.$$

综合上述结果, 我们最终得到了 $u(x,t)$ 的一般表达式为

$$u(x,t)=\frac{1}{2}\left[\varphi(x+at)+\varphi(x-at)\right]+\frac{1}{2a}\int_{x-at}^{x+at}v(\xi)\mathrm{d}\xi. \tag{3.1.161}$$

这正是关于一维无界弦自由振动的**达朗贝尔** (d'Alembert) **方程**.

我们现在来看看达朗贝尔公式所描绘的物理图像. 我们首先来讨论一种简单的情形, 即当 $v(x)=0$ 时的情形, 在这种情况中弦上各点的初速度都为零. 于是, 达朗贝尔公式告诉我们, 此种情况下

$$u(x,t)=\frac{1}{2}\left[\varphi(x+at)+\varphi(x-at)\right]. \tag{3.1.162}$$

很明显, 对于函数 $\varphi(x-at)$ 而言, 由于 t 时刻在 $x=x_0+at$ 处的函数值与 $t=0$ 时刻在 x_0 处的函数值是一样的, 我们看到, $\varphi(x-at)$ 就代表一个以 a 为传播速度向着 x 轴的正向传播的行波. 同理, $\varphi(x+at)$ 为一个沿着 x 轴负向以相同速度 a 传播的行波. 这就是说, 这种情况下, 弦的运动形态就是波形相同、速度相等的左

行波 $\varphi(x+at)$ 和右行波 $\varphi(x-at)$ 的叠加, 且这两列波的波形与弦的初始位移形态一样, 只是幅度均为初始位移的一半.

当 $v(x) \neq 0$ 时, (3.1.161) 式中达朗贝尔公式的最后一项可以写为如下形式:

$$\frac{1}{2a}\int_{x-at}^{x+at} v(\xi)\mathrm{d}\xi \equiv V(x+at) - V(x-at), \tag{3.1.163}$$

如此, 我们就有

$$u(x,t) = f_1(x+at) + f_2(x-at), \tag{3.1.164}$$

其中

$$f_1(x+at) = \varphi(x+at) + V(x+at), \quad f_2(x-at) = \varphi(x-at) - V(x-at). \tag{3.1.165}$$

不难看出, 这依然是两列速度相同的左行波和右行波的叠加, 只不过由于弦上各点初速度的影响, 左行波和右行波将发生不同程度的畸变.

从上面的分析, 我们就可看出, 弦上位于 x 的点在 t 时刻的运动形态其实是由从弦上 $x_1 = x - at$ 处出发的一个右行波和从弦上 $x_2 = x + at$ 处出发的一列左行波经过 t 时间后抵达 x 点叠加而成.

2) 一维无界弦的受迫振动问题

有了上面讨论无界弦自由振动问题的基础, 我们现在来看一维无界区域上的弦在外力作用下的受迫振动问题. 设该弦上 x 处单位长度上受外力 $f(x,t)$, 则此无界弦受迫振动问题由如下定解方程组刻画:

$$\begin{cases} u_{tt} - a^2 u_{xx} = f(x,t) \quad (-\infty < x < \infty, t > 0) & (\text{泛定方程}), \\ u(x,0) = \varphi(x) & (\text{初始位移}), \\ u_t(x,0) = v(x) & (\text{初始速度}). \end{cases} \tag{3.1.166}$$

同前面讨论自由振动问题类似, 我们对该定解方程组做傅里叶变换, 得

$$\begin{cases} U_{tt}(k,t) + a^2k^2U(k,t) = F(k,t), \\ U(k,0) = \Phi(k), \quad U_t(k,0) = V(k), \end{cases} \tag{3.1.167}$$

其中 $U(k,t)$、$F(k,t)$、$\Phi(k)$ 以及 $V(k)$ 分别是 $u(x,t)$、$f(x,t)$、$\varphi(x)$ 和 $v(x)$ 的傅里叶变换像函数. 很明显, 这就是一个普通的含参数 k 的二阶常微分方程定解问题. 对此问题的求解可以用拉普拉斯变换来完成. 设 $U(k,t) \risingdotseq \mathcal{U}(k,p)$、$F(k,t) \risingdotseq \mathcal{F}(k,p)$, 对上面的微分方程做拉普拉斯变换后得

$$\mathcal{U}(k,p)=\frac{\mathcal{F}(k,p)}{p^2+a^2k^2}+\frac{p}{p^2+a^2k^2}\Phi(k)+\frac{V(k)}{p^2+a^2k^2}. \tag{3.1.168}$$

利用拉普拉斯变换的相关性质, 我们得

$$\begin{aligned}U(k,t)=&\frac{1}{2}\Phi(k)\left[\mathrm{e}^{\mathrm{i}akt}+\mathrm{e}^{-\mathrm{i}akt}\right]+\frac{1}{2\mathrm{i}ak}V(k)\left[\mathrm{e}^{\mathrm{i}akt}-\mathrm{e}^{-\mathrm{i}akt}\right]\\&+\frac{1}{2\mathrm{i}ak}\int_0^t F(k,\tau)\left[\mathrm{e}^{\mathrm{i}ak(t-\tau)}-\mathrm{e}^{-\mathrm{i}ak(t-\tau)}\right]\mathrm{d}\tau,\end{aligned} \tag{3.1.169}$$

由此, 再利用傅里叶变换的相关性质, 我们最终得

$$u(x,t)=\frac{1}{2}\left[\varphi(x+at)+\varphi(x-at)\right]+\frac{1}{2a}\int_{x-at}^{x+at}v(\xi)\mathrm{d}\xi+\frac{1}{2a}\int_0^t\int_{x-a(t-\tau)}^{x+a(t-\tau)}f(\xi,\tau)\mathrm{d}\xi\mathrm{d}\tau. \tag{3.1.170}$$

上式最后一项就是由外力引起的扰动. 当外加受迫力始终为零时, 上式就退回到了我们所熟知的达朗贝尔公式.

2. 一维半无界问题

我们不断强调, 对于新的问题, 一个重要的解决办法的可能性就是想方设法将这个新的问题化为一个老的问题. 对于一个一维半无界问题, 我们当然就希望能够通过某种方法将其化为我们上面已经解决的一维无界问题.

一维半无界振动问题求解

根据第 2 章积分变换中所讨论的, 依据定解条件, 即 $x=0$ 处的边界条件, 我们可以进行解析延拓 (奇延拓或偶延拓) 从而将问题构造为无界空间问题.

我们来看下面这个例子:

$$\begin{cases}u_{tt}-a^2u_{xx}=0\quad(0<x<\infty,t>0) & \text{(泛定方程)},\\ u(x,0)=\varphi(x) & \text{(初始位移)},\\ u_t(x,0)=v(x) & \text{(初始速度)},\\ u(0,t)=g(t) & \text{(边界条件)}.\end{cases} \tag{3.1.171}$$

这是一个具有第一类边界条件的半无界弦振动问题. 我们现在就需要对这个边界条件分情况加以讨论.

1) $g(t)=0$ 的情况

这其实就是端点固定的情形. 对于这类问题, 我们可以做奇延拓. 令

$$\begin{cases} \tilde{u}(x,t)=\begin{cases} u(x,t) & (x>0) \\ -u(-x,t) & (x<0) \end{cases}, \\ \tilde{\varphi}(x)=\begin{cases} \varphi(x) & (x>0) \\ -\varphi(-x) & (x<0) \end{cases}, \\ \tilde{v}(x)=\begin{cases} v(x) & (x>0) \\ -v(-x) & (x<0) \end{cases}. \end{cases} \tag{3.1.172}$$

于是, 延拓之后, 原来的半无界空间定解问题就变为了如下无界空间定解问题:

$$\begin{cases} \tilde{u}_{tt}-a^2\tilde{u}_{xx}=0 \quad (-\infty<x<\infty, t>0), \\ \tilde{u}(x,0)=\tilde{\varphi}(x), \\ \tilde{u}_t(x,0)=\tilde{v}(x), \end{cases} \tag{3.1.173}$$

原来的端点固定边界条件在此延拓下自动满足. 利用达朗贝尔公式, 我们就可解得 $\tilde{u}$, 在 $x>0$ 的区域, $\tilde{u}(x,t)\equiv u(x,t)$. 但这里需要特别注意, 虽然在我们考虑的区域 $x>0$, 但 $x-at$ 是有可能小于零的, 考虑到由边界条件引入的奇延拓, 我们接下来需要对 $x-at>0$ 和 $x-at<0$ 的情况分别进行讨论.

当 $x-at>0$ 时, 在 $x>0$ 的区域, 利用达朗贝尔公式, 我们不难得出

$$u(x,t)=\frac{1}{2}\left[\varphi(x+at)+\varphi(x-at)\right]+\frac{1}{2a}\int_{x-at}^{x+at} v(\xi)\mathrm{d}\xi. \tag{3.1.174}$$

这与无界弦的振动结果是一样的. 这很好理解, 因为 $x-at>0$, 此时来自端点 $x=0$ 处的扰动还没有传递至此处, 该点的运动形态当然也就与无界弦时的情形一致.

而当 $x-at<0$ 时, 由于上面所给出的奇延拓, 我们有

$$\begin{aligned} u(x,t)&=\frac{1}{2}\left[\tilde{\varphi}(x+at)+\tilde{\varphi}(x-at)\right]+\frac{1}{2a}\int_{x-at}^{x+at} \tilde{v}(\xi)\mathrm{d}\xi \\ &=\frac{1}{2}\left[\varphi(x+at)-\varphi(at-x)\right]+\frac{1}{2a}\left[\int_{0}^{x+at} v(\xi)\mathrm{d}\xi-\int_{x-at}^{0} v(-\xi)\mathrm{d}\xi\right]. \end{aligned} \tag{3.1.175}$$

不难看出, 上式右边最后一项

$$-\int_{x-at}^{0} v(-\xi)\mathrm{d}\xi=\int_{at-x}^{0} v(\xi)\mathrm{d}\xi,$$

于是, 就得

$$u(x,t)=\frac{1}{2}\left[\varphi(x+at)-\varphi(at-x)\right]+\frac{1}{2a}\int_{at-x}^{x+at}v(\xi)\mathrm{d}\xi. \tag{3.1.176}$$

我们看到, 此时端点的扰动已影响到了弦的运动形态, 上式右边第二项的负号以及最后一项积分下限的变化恰恰反映了波在固定端反射引起的半波损失.

2) $g(t)\neq 0$ 的情况

对于此种非齐次边界条件, 我们先来看如下这个相对简单的问题:

$$\begin{cases} u_{tt}-a^2u_{xx}=0 \quad (0<x<\infty, t>0) & (\text{泛定方程}),\\ u(x,0)=0 & (\text{初始位移}),\\ u_t(x,0)=0 & (\text{初始速度}),\\ u(0,t)=g(t) & (\text{边界条件}), \end{cases} \tag{3.1.177}$$

即初始位移和初始速度均为 0.

对于此问题, 我们是否还可以用类似于有限区间上的非齐次边界条件问题那样做函数变换 $u(x,t)=w(x,t)+g(t)$ 来进行简单的边界条件齐次化处理, 然后用上面的傅里叶积分变换进行求解? 答案显然是否定的, 因为能够运用傅里叶积分变换法的条件是待求函数须满足狄利克雷条件且满足积分的绝对收敛性, 即待求函数在无穷远处须为 0. 而通过刚才这个简单的函数变换所得到的 $w(x,t)$ 显然不满足这个条件. 因此, 我们需要采取其他方法.

我们注意到, 此问题的初始位移和初始速度都已给出, 且形式相当简单, 因此, 我们可以采用拉普拉斯变换来求解此问题. 将空间坐标 x 看作参量, 设 $u(x,t)$ 关于时间参量 t 的拉普拉斯变换为

$$u(x,t)\doteq U(x,p),$$

利用拉普拉斯变换的微分定理, 结合定解问题中所给出的初始条件, 我们于是发现 $u(x,t)$ 的拉普拉斯像函数 $U(x,p)$ 满足如下方程:

$$p^2U(x,p)-a^2U_{xx}(x,p)=0.$$

不难看出, 这个方程的解为

$$U(x,p)=A\mathrm{e}^{-\frac{px}{a}}+B\mathrm{e}^{\frac{px}{a}}.$$

我们知道, 函数 $u(x,t)$ 满足自然边界条件, 它的拉普拉斯像函数 $U(x,p)$ 也必须在 $x\to\infty$ 时有限, 而 a 和 p 的实部均大于零, 因此, 上式中的第二项前的系数必须为零, 即 $B=0$, 否则, 此函数在 $x\to\infty$ 时必发散, 这样就不满足自然边界条件

了. 另一个系数 A 的确定需要借助边界条件. 我们知道, $g(t)$ 的拉普拉斯变换像函数为 $g(t) \fallingdotseq G(p)$, 因此, 问题中的边界条件给出

$$U(0,p)=A=G(p),$$

于是, 我们就得

$$U(x,p)=G(p)\mathrm{e}^{-\frac{px}{a}}.$$

至此, 利用拉普拉斯变换的延迟定理, 我们不难得出

$$u(x,t)=g\left(t-\frac{x}{a}\right).$$

这个结果说明端点处的运动形态将会以速度 a 向右传递出去, 这与我们的实际观察是吻合的.

有了上面的讨论, 我们现在来看一个相对一般性的问题, 即如下初始条件不为零的非齐次边界条件的半无界波动问题:

$$\begin{cases} u_{tt}-a^2u_{xx}=0 \quad (0<x<\infty, t>0) & (\text{泛定方程}), \\ u(x,0)=\varphi(x) & (\text{初始位移}), \\ u_t(x,0)=v(x) & (\text{初始速度}), \\ u(0,t)=g(t) & (\text{边界条件}). \end{cases} \tag{3.1.178}$$

原则上, 我们还是可以直接利用上述拉普拉斯变换法进行求解, 但相应得到的关于 $u(x,t)$ 的拉普拉斯变换像函数 $U(x,p)$ 所满足的方程的形式会相当复杂, 带有由非零初始条件所引起的非齐次项, 这会使得求解过程异常麻烦. 因此, 我们考虑是否可以有别的相对简单的途径. 我们注意到, 上述定解问题, 从泛定方程到定解条件都是线性的, 因此, 我们可以将 $u(x,t)$ 分成两部分, 即令

$$u(x,t)=w_1(x,t)+w_2(x,t), \tag{3.1.179}$$

并使 $w_1(x,t)$ 满足如下定解问题:

$$\begin{cases} w_{1tt}-a^2w_{1xx}=0 \quad (0<x<\infty, t>0), \\ w_1(x,0)=\varphi(x), \\ w_{1t}(x,0)=v(x), \\ w_1(0,t)=0, \end{cases} \tag{3.1.180}$$

而 $w_2(x,t)$ 满足如下定解问题:

$$\begin{cases} w_{2tt}-a^2w_{2xx}=0 \quad (0<x<\infty,\ t>0), \\ w_2(x,0)=0, \\ w_{2t}(x,0)=0, \\ w_2(0,t)=g(t), \end{cases} \tag{3.1.181}$$

不难看出, 上述两个定解问题的叠加即是我们上面给出的一般性的定解问题, 而这两个定解问题我们之前都已经讨论过了. 于是, 利用前述方法分别解出 $w_1(x,t)$ 和 $w_2(x,t)$, 叠加之后就得到了我们想要求的 $u(x,t)$.

如果边界条件是第二类边界条件, 即边界条件为

$$u_x(0,t) = g(t), \tag{3.1.182}$$

处理方法与上面第一类边界条件的情形基本类似. 对于第二类齐次边界条件, 也就是开放的自由端点的情况, 我们可以对定解问题作偶延拓而得到相应的无界振动问题从而利用达朗贝尔公式对此问题加以求解. 我们会发现, 对于自由端点的情况, 端点反射并不会引起半波损失. 对于第二类非齐次边界条件, 原则上我们可以如同前面所讨论的那样, 利用对 t 做拉普拉斯变换的方法相应地进行求解.

习 题 3.1

1. 一根长为 l 的均匀细弦, 其线密度为 ρ, 弦的两端 $x=0$ 和 $x=l$ 处固定, 弦上的张力为 T. 在 $x=l/4$ 处以一个微小的横向力 F ($F \ll T$) 拉弦, 达到稳定后放手让其自由振动.

(1) 推导本问题的泛定方程, 确定相应的定解条件, 并最终给出完整的定解问题.

(2) 利用分离变量法求解上面所确定的弦的振动的定解问题.

2. 长为 l 的均匀细杆, 横截面积为 S, 密度为 ρ, 其杨氏模量为 Y. 杆的 $x=0$ 端固定, 并用手对其 $x=l$ 端用力压缩使其长度变为 $l(1-2\epsilon)$, 达到稳定后放手任其自由振动.

(1) 确定本均匀细杆纵振动的定解问题.

(2) 利用分离变量法求解此振动的定解问题.

3. 长为 l 的均匀细杆, 横截面积为 S, 密度为 ρ, 其杨氏模量为 Y. 用手从两端对其施压使其长度缩为 $l(1-2\epsilon)$, 达到稳定后放手任其自由振动.

(1) 确定本均匀细杆纵振动的定解问题.

(2) 利用分离变量法求解此振动的定解问题.

4. 均匀细弦在阻尼介质中做横振动, 单位长度的弦在介质中所受阻力为 $f=-Ru_t$, 请推导弦在此阻尼介质中的振动方程. (可设弦的线密度为 ρ, 弦中的张力为 T.)

5. 长为 l 的均匀细杆, 横截面积为 S, 密度为 ρ, 其杨氏模量为 Y. 杆的 $x=0$ 端固定, $x=l$ 端与一个弹性系数为 k 的轻质弹簧连接, 弹簧的另一端固定. 在平衡位置时弹簧处于原长. 现对杆在 $x=l$ 端用力压缩使杆的长度变为 $l(1-2\epsilon)$, 达到稳定后放手任其在弹簧的作用下振动.

(1) 确定本均匀细杆纵振动的定解问题.

(2) 利用分离变量法求解此振动的定解问题.

6. 一根长为 l、密度为 ρ 的均质柔软重绳一端固定悬挂, 另一端自由. 试推导此绳相对于平衡位置的横振动方程.

7. 一根长为 l、密度为 ρ 的均质柔软轻绳一端固定于竖直轴上, 另一端自由. 轴带动绳子以角速度 ω 转动, 试推导此绳相对于水平线的横振动方程.

8. 两端固定、长为 l 的均质柔软的弦, 在其上某固定点 x_0 挂有一个质量为 m 的砝码, 试确定弦做横振动时该点处的衔接条件.

9. 两端固定、长为 l、密度为 ρ 的均质柔软的弦, 初始处于平衡位置. 用宽为 2δ 的铁片瞬间敲击弦上的点 x_0 处 (可设敲击范围为 $[x_0-\delta, x_0+\delta]$), 使弦获得冲量 I 后开始做微小横振动.

(1) 试确定该弦横振动的定解问题;

(2) 利用分离变量法求解弦的振动规律.

10. 考虑一个二维膜的横振动问题. 一个边长为 l 的正方形膜, 四边固定, 膜的初始位移为 $\varphi(x,y)$, 初始速度为 $v(x,y)$, 试求解此二维膜的横振动规律.

11. 长为 l 且两端固定的均质弦, 在单位长度单位质量上持续外力 $f(x,t)=A\sin\dfrac{2\pi x}{l}\sin\omega t$ 的作用下由静止从平衡位置开始振动, 求解此弦的受迫振动.

12. 长为 l 且两端固定的均质弦, 在弦上 x_0 点受到外力 $f(t)=A\sin\omega t$ 的作用, 求解弦在此外力作用下由静止从平衡位置开始的受迫振动规律.

13. 长为 l 的均质细杆, 一端固定, 另一端受到外力 $f(t)=A\sin\omega t$ 的持续作用, 求解此杆的由静止从平衡位置开始的振动规律.

14. 处于平衡位置的无限长均质弦初始时刻在弦上 x_0 点受到了冲击, 冲量为 I, 求解该无界弦的振动.

15. 完整求解 (3.1.178) 式中的一维半无界振动问题.

16. 一半无限长均质弦, 其初始位移和初始速度均为零, $x=0$ 端受周期性外力作用 $f=A\sin\omega t$, 求此半无界弦的振动.

3.2 输运问题

除了 3.1 节中所探讨的振动现象外, 自然界中还有另一类常见的现象, 即输运. 我们知道, 在导热介质中, 当介质内部的温度分布不均匀时, 热量就会从温度高的地方向温度低的地方流动, 这就是热传导现象; 同样, 当系统内某种物质粒子浓度分布不均匀时, 这些物质粒子就会从浓度高的地方向浓度低的地方扩散. 不论是热传导还是物质扩散, 这都属于输运现象. 在这类现象中, 其核心的物理量,如热传导问题中的温度或是扩散问题中的粒子浓度, 都是时间和空间的函数, 我们把它们统一记作 $u(t,\boldsymbol{r})$, 这些函数所满足的偏微分方程被称为**输运方程**. 这类方程的标准形式为

$$u_t - a^2\nabla^2 u = f\left(x,y,z,t\right). \tag{3.2.1}$$

它描述了物理中输运过程的规律. 由于方程的形式, 数学上又称之为**抛物型方程**. 接下来, 我们就将详细讨论这类方程的导出, 相关定解问题的建立, 以及对其的求解.

3.2.1 输运方程 (抛物型方程) 的导出及其定解问题的确立

输运问题的导出及定解问题的确立

本节中, 我们将详细探讨输运方程的导出及其相关定解问题的确立. 我们举一个简单的例子对此加以说明.

1. 一维输运方程的建立

我们来考虑一个无源无汇系统的一维扩散问题 (见图 3.2.1). 我们知道, 杂质的扩散一定是跟杂质浓度 u 的梯度有关, 如果杂质的浓度只在 x 方向上有差别, 那么这就是一个沿 x 方向的一维杂质扩散问题. 在杂质浓度变化不剧烈的情形下, 单位时间内通过单位面积的杂质量 (即扩散流强度) 与浓度的梯度呈正比关系:

$$q = -D\frac{\partial u}{\partial x}, \tag{3.2.2}$$

这里的 D 为**扩散系数**, 由于杂质扩散一定是从浓度高处向浓度低处扩散, 因此上式中有一个负号. 此式称为**扩散定律**.

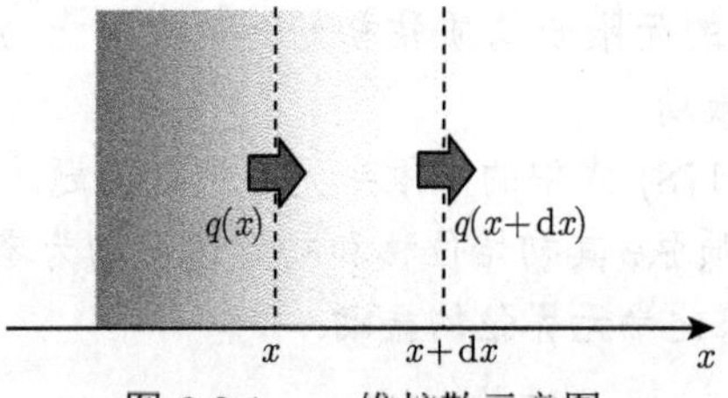

图 3.2.1 一维扩散示意图

我们现在来考虑 x 到 $x+\mathrm{d}x$ 这一个薄壳层内杂质浓度随时间变化的情况. 由上述扩散定律, 我们知道, 在 x 处, 在 $\mathrm{d}t$ 时间段内通过单位面积流入该薄壳层的杂质总量为

$$q(x)\mathrm{d}t = -D\frac{\partial u}{\partial x}\bigg|_x \mathrm{d}t,$$

而在 $x+\mathrm{d}x$ 处, 在 $\mathrm{d}t$ 时间段内通过单位面积流出体系的杂质总量为

$$q(x+\mathrm{d}x)\mathrm{d}t = -D\left.\frac{\partial u}{\partial x}\right|_{x+\mathrm{d}x}\mathrm{d}t.$$

由于该系统无源无汇, 即系统内部没有产生杂质的源也没有消除杂质的机制, 因此这两个截面处流入和流出的杂质量的差就等于此单位截面积厚度为 $\mathrm{d}x$ 的区域内杂质的增量, 设在 $\mathrm{d}t$ 时间段内该区域杂质浓度的变化率为 $\partial u/\partial t$, 则我们有

$$\frac{\partial u}{\partial t}\mathrm{d}t\mathrm{d}x = \left[q\left(x,t\right) - q\left(x+\mathrm{d}x,t\right)\right]\mathrm{d}t = D\left(\left.\frac{\partial u}{\partial x}\right|_{x+\mathrm{d}x} - \left.\frac{\partial u}{\partial x}\right|_{x}\right)\mathrm{d}t, \tag{3.2.3}$$

两边同除以 $\mathrm{d}t\mathrm{d}x$, 就得到

$$u_t - a^2 u_{xx} = 0, \quad a^2 \equiv D. \tag{3.2.4}$$

这就是无源情况下系统的一维**扩散方程**.

这里, 方程为齐次的, 这是因为系统内部没有杂质源. 如果系统内部本身含有杂质源, 且该杂质源在系统单位体积内单位时间产生的杂质量为 $f\left(x,t\right)$, 则在上式右边须加入此项, 于是方程变为

$$u_t - a^2 u_{xx} = f\left(x,t\right). \tag{3.2.5}$$

我们看到, 这正是本节开头所给出的方程在一维情形下的表达式.

2. 三维输运方程的建立

如果所研究系统内杂质的浓度在三个空间方向上均有差别, 则我们所考虑的问题就是一个三维杂质扩散问题. 由于杂质的浓度在 x、y、z 三个空间方向上均有差别, 因此 (3.2.2) 式中所定义的扩散流强度就相应地扩展为扩散流强度矢量 $\boldsymbol{q}$, 它正比于杂质浓度 u 的空间梯度, 或它在 x、y 和 z 方向的三个分量分别正比于相应方向上杂质浓度 u 在该方向上的偏导数, 即

$$\boldsymbol{q} = -D\nabla u(x,y,z,t) = -D\left(\frac{\partial u}{\partial x}\boldsymbol{e}_x + \frac{\partial u}{\partial y}\boldsymbol{e}_x + \frac{\partial u}{\partial z}\boldsymbol{e}_z\right). \tag{3.2.6}$$

这就是三维扩散定律, 也称作**菲克 (Fick) 定律**.

现在, 我们来考虑该体系中由 x 和 $x+\mathrm{d}x$、y 和 $y+\mathrm{d}y$ 以及 z 和 $z+\mathrm{d}z$ 这三对六个面所围出来的长、宽、高分别为 $\mathrm{d}x$、$\mathrm{d}y$ 和 $\mathrm{d}z$ 的一个微小的长方体中的杂质总量随时间的变化情况, 如图 3.2.2 所示. 通过分析, 我们不难发现, 在 $\mathrm{d}t$ 时间段内在 x 方向上净流入该微小长方体的杂质总量为

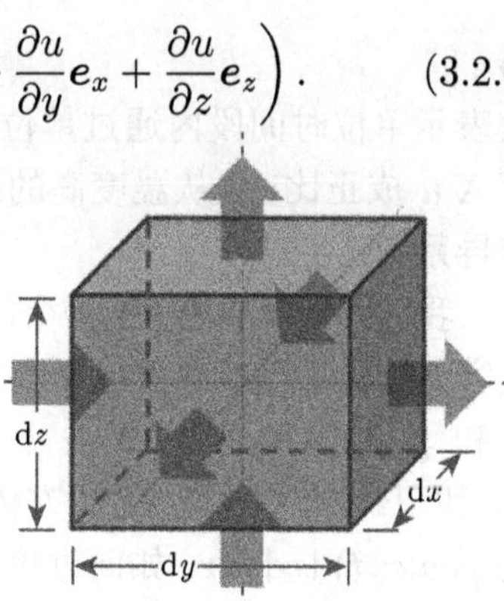

图 3.2.2　三维扩散示意图

$$\left(-D\left.\frac{\partial u}{\partial x}\right|_{x} + D\left.\frac{\partial u}{\partial x}\right|_{x+\mathrm{d}x}\right)\mathrm{d}y\mathrm{d}z\mathrm{d}t = D\frac{\partial^2 u}{\partial x^2}\mathrm{d}x\mathrm{d}y\mathrm{d}z\mathrm{d}t,$$

其中 $\mathrm{d}y\mathrm{d}z$ 是该微小长方体在 x 方向上的截面积. 同理, 我们可知 $\mathrm{d}t$ 时间段内在 y 方向上净流入该微小长方体的杂质总量为

$$\left(-D\frac{\partial u}{\partial y}\bigg|_{y}+D\frac{\partial u}{\partial y}\bigg|_{y+\mathrm{d}y}\right)\mathrm{d}x\mathrm{d}z\mathrm{d}t=D\frac{\partial^2 u}{\partial y^2}\mathrm{d}x\mathrm{d}y\mathrm{d}z\mathrm{d}t,$$

而在 z 方向净流入的杂质总量则为

$$\left(-D\frac{\partial u}{\partial z}\bigg|_{z}+D\frac{\partial u}{\partial z}\bigg|_{z+\mathrm{d}z}\right)\mathrm{d}x\mathrm{d}y\mathrm{d}t=D\frac{\partial^2 u}{\partial z^2}\mathrm{d}x\mathrm{d}y\mathrm{d}z\mathrm{d}t.$$

设体系内没有杂质源或汇, 则上面这三个式子的和就是在 $\mathrm{d}t$ 时间段内这个微小长方体内杂质总量的增量, 而杂质浓度的变化率为 $\partial u/\partial t$, 于是, 我们就有

$$\frac{\partial u}{\partial t}\mathrm{d}t\mathrm{d}x\mathrm{d}y\mathrm{d}z=D\left(\frac{\partial^2 u}{\partial x^2}+\frac{\partial^2 u}{\partial y^2}+\frac{\partial^2 u}{\partial z^2}\right)\mathrm{d}t\mathrm{d}x\mathrm{d}y\mathrm{d}z, \tag{3.2.7}$$

两边同除以 $\mathrm{d}t\mathrm{d}x\mathrm{d}y\mathrm{d}z$, 我们就得到了

$$\frac{\partial u}{\partial t}-a^2\nabla^2 u=0,\quad a^2\equiv D. \tag{3.2.8}$$

这就是三维无源扩散方程.

如果体系内存在杂质源, 且杂质源密度函数为 $f(x,y,z,t)$, 通过类似于上面的分析, 我们就得到了本节开头所讲的 (3.2.1) 式.

热传导问题类似于此. 我们知道, 体系内温度的不均衡必然导致热量由温度高的地方流向温度低的地方, 即热传导现象. 支配热传导现象的规律为热传导定律, 也称为**傅里叶定律**:

$$\boldsymbol{q}=-k\nabla u, \tag{3.2.9}$$

它表示单位时间段内通过单位面积的热流强度 (热流密度) $\boldsymbol{q}$ 与温度 u 的空间梯度 ∇u 成正比, 且从温度高的地方流向温度低的地方, 其中的比例系数 k 称为**热传导系数**.

我们来一般性地讨论一个体系的热传导问题. 我们来考虑一个质量密度为 ρ、比热容为 c 的系统的热传导问题. 不失一般性, 我们来考察该体系中由 x 和 $x+\mathrm{d}x$、y 和 $y+\mathrm{d}y$ 以及 z 和 $z+\mathrm{d}z$ 这三对六个面所围成的长、宽、高分别为 $\mathrm{d}x$、$\mathrm{d}y$ 和 $\mathrm{d}z$ 的一个微小的长方体中热量的变化情况. 在时刻 t, 该区域内的总热量为 $\rho c u(\boldsymbol{r},t)\mathrm{d}x\mathrm{d}y\mathrm{d}z$. 如前讨论, 在 $\mathrm{d}t$ 时间段内在 x 方向、y 方向以及 z 方向上净流入该小长方体的热量分别为

$$\left(-k\frac{\partial u}{\partial x}\bigg|_{x}+k\frac{\partial u}{\partial x}\bigg|_{x+\mathrm{d}x}\right)\mathrm{d}y\mathrm{d}z\mathrm{d}t=ku_{xx}\mathrm{d}x\mathrm{d}y\mathrm{d}z\mathrm{d}t,$$

$$\left(-k\frac{\partial u}{\partial y}\bigg|_{y}+k\frac{\partial u}{\partial y}\bigg|_{y+\mathrm{d}y}\right)\mathrm{d}x\mathrm{d}z\mathrm{d}t=ku_{yy}\mathrm{d}x\mathrm{d}y\mathrm{d}z\mathrm{d}t,$$

$$\left(-k\frac{\partial u}{\partial z}\bigg|_{z}+k\frac{\partial u}{\partial z}\bigg|_{z+\mathrm{d}z}\right)\mathrm{d}x\mathrm{d}y\mathrm{d}t=ku_{zz}\mathrm{d}x\mathrm{d}y\mathrm{d}z\mathrm{d}t.$$

如体系内没有热源、热汇, 则上面三个式子的和就是在 $\mathrm{d}t$ 时间内净流入该微小区域的总热量, 也即该区域在 $\mathrm{d}t$ 时间段内的热量的增量, 于是有

$$\rho c u_t \mathrm{d}t\mathrm{d}x\mathrm{d}y\mathrm{d}z=k\left(u_{xx}+u_{yy}+u_{zz}\right)\mathrm{d}t\mathrm{d}x\mathrm{d}y\mathrm{d}z, \tag{3.2.10}$$

进一步就得到了无源情况下的**热传导方程**

$$u_t-a^2\nabla^2u=0,\quad a^2=k/(\rho c). \tag{3.2.11}$$

而对于系统内存在热源或热汇且其密度为 $f(x,y,z,t)$ 的情况, 上述方程变为

$$u_t-a^2\nabla^2u=f(x,y,z,t). \tag{3.2.12}$$

我们看到, 热传导问题所满足的方程同前面所讨论的输运问题的方程形式上完全一样.

从上面这两个例子, 我们看出, 无论是扩散还是热传导问题, 凡涉及输运的问题, 体系所满足的方程均取 (3.2.1) 式中所给出的形式.

当然, 这样一个泛定方程本身是无法给出结果的, 为了求解相关的特定问题, 我们需要进一步给出相应的定解条件以构成一个关于输运问题的定解问题. 为了简便起见, 且不失一般性, 我们下面将着重讨论一维热传导问题的定解问题.

3. 定解问题的确立

本小节中我们以一维热传导问题为例来讨论输运问题的定解问题的确立. 由于输运方程对于时间变量为一阶微分方程, 因此我们只需要一个**初始条件**, 即初始时刻系统的温度分布

$$u(x,0)=\varphi(x).$$

对于**边界条件**, 由于一维输运方程对于空间变量 x 而言为二阶微分方程, 因此我们需要两个边界条件. 类似之前所讨论的波动问题, 通常来讲有以下三类.

(1) 第一类边界条件:

$$u\,(0,t)=g_1(t),\quad u\,(l,t)=g_2(t). \tag{3.2.13}$$

它给出边界处实时温度分布. 如果端点处此类边界条件是齐次边界条件, 则说明系统在此边界处的温度始终保持为 0 度.

(2) 第二类边界条件:

$$u_x(0,t) = -\frac{q(0,t)}{k}, \quad u_x(l,t) = -\frac{q(l,t)}{k}. \tag{3.2.14}$$

从热传导定律不难看出, 它给出边界处的热流强度. 如果某端点处此类边界条件为齐次边界条件, 则说明在此端点无热量流入或流出, 代表系统在此端点处绝热.

注意, 对于我们这里所讨论的一维问题, 我们设定的热传导的正向均为 x-正向方向, 因此我们看到, 在 $x=0$ 处的表达式代表边界处流入体系的热流强度, 而在 $x=l$ 处的表达式代表边界处流出体系的热流强度. 但是, 往往我们在实际问题中所给的条件的表述是在边界处流入体系的热流强度, 因此, 上面给出的边界条件可进一步用对边界处外法线方向的导数 $\partial u/\partial n$ 改写为

$$\left.\frac{\partial u}{\partial n}\right|_{x=a} = \frac{q|_{x=a}}{k}. \tag{3.2.15}$$

其实, 这个外法向导数形式更具一般性, 更容易推广到高维且具有一般边界形状的情形:

$$\left.\frac{\partial u}{\partial n}\right|_{\Sigma} = \frac{q(\Sigma,t)}{k}, \tag{3.2.16}$$

其中 Σ 表示体系的边界, $(\partial u/\partial n)|_\Sigma$ 表示 u 在边界处的外法向导数, $q(\Sigma,t)$ 表示边界处流入体系的热流强度.

(3) 第三类边界条件. 这类边界条件显示边界处的热流强度与体系边界处温度及相应位置的环境温度有关:

$$q(0,t) = -k\left.\frac{\partial u}{\partial x}\right|_{x=0} = H\left[\bar{u}_0 - u(0,t)\right], \tag{3.2.17}$$

$$q(l,t) = -k\left.\frac{\partial u}{\partial x}\right|_{x=l} = H\left[u(l,t) - \bar{u}_l\right], \tag{3.2.18}$$

其中 $\bar{u}_0$ 为 $x=0$ 处外界环境温度, $\bar{u}_l$ 为 $x=l$ 处外界环境温度. 这即是**牛顿自由冷却定律**, 其中 H 为体系与外部环境间的**热交换系数**. 如果我们将此第三类边界条件用对外法线方向的导数来表示, 进一步整理可得

$$\left.\left(u + \frac{k}{H}\frac{\partial u}{\partial n}\right)\right|_{x=a} = \bar{u}|_{x=a}, \tag{3.2.19}$$

即给出端点 $x=a$ 处的自由冷却行为. 不难看出, 如果某端点处的第三类边界条件为齐次边界条件, 意味着该端点处外界环境温度为 0 度. 如前讨论, 外法向导数形式其实更具一般性, 也更易推广至高维且具有一般边界形状的情形:

$$\left(u+\frac{k}{H}\frac{\partial u}{\partial n}\right)\bigg|_{\Sigma}=\bar{u}|_{\Sigma},\tag{3.2.20}$$

其中 Σ 表示体系的边界.

当对所研究的某输运问题给定了相应的初始条件和边界条件后，我们就确立了求解该系统输运特性的定解问题.

3.2.2 有限区间上输运方程的分离变量法求解

当定解问题确立后，我们接下来的任务就是对此定解问题进行求解. 我们将对实际研究的物理系统依据其所占有的空间大小分为有限区间问题和无界及半无界空间问题两大类来分别进行讨论. 在本节中我们将集中讨论有限区间输运问题，而将无界及半无界空间输运问题留到 3.2.3 节进行讨论.

当然，解决问题的手段是多样的，在这里，结合本教材之前的相关内容，对于有限区间系统的输运问题而言，我们同样将重点关注分离变量法. 依循序渐进之原则，我们还是从齐次方程齐次边界条件的定解问题开始讨论，逐步深入.

1. 齐次方程齐次边界条件定解问题的分离变量法求解

有限区间齐次方程齐次边界条件输运问题求解

我们来考虑一个长度为 l 的均匀导热细杆，其侧面和两端均保持绝热，杆内初始时刻有不均匀的温度分布 $\varphi(x)$，求杆内的温度随时间的变化.

首先，我们来对此问题进行分析：由于考虑的体系为一个均匀细杆且其侧面保持绝热，因此这其实就是一个均匀导热介质中的一维热传导问题. 并且体系内部并不存在任何热源或热汇，因此，我们知道，该系统热传导行为满足一维齐次热传导方程. 同时，由于细杆的两端绝热，即两端都没有热量的流入和流出，因此，体系的两个端点处均满足第二类齐次边界条件.

据此分析，我们就可写出该一维热传导定解问题：

$$\begin{cases}u_t-a^2u_{xx}=0 & (0<x<l,t>0),\\ u_x(0,t)=u_x(l,t)=0 & (\text{两端绝热}),\\ u(x,0)=\varphi(x) & (\text{初始温度分布}).\end{cases}\tag{3.2.21}$$

对待求的温度函数 $u(x,t)$，我们做分离变量设定，即令

$$u(x,t)=T(t)X(x),\tag{3.2.22}$$

将此代入前面的泛定方程中，移项分析后，我们就将上述偏微分泛定方程化为了如下两个由一个共同常数 λ 关联在一起的常微分方程：

$$\begin{cases}T'+a^2\lambda T=0,\\ X''+\lambda X=0.\end{cases}$$

注意, 由于我们所讨论的问题是输运问题, 这里 $T(t)$ 所满足的方程是一阶微分方程.

将上面给出的分离变量设定同样应用于边界条件, 为了求得非平凡解, 我们就得到了空间部分函数 $X(x)$ 所满足的边界条件: $X'(0)=X'(l)=0$, 此边界条件与上述 $X(x)$ 所满足的方程结合

$$\begin{cases} X''+\lambda X=0, \\ X'(0)=X'(l)=0, \end{cases} \tag{3.2.23}$$

就构成一个本征值问题. 对 λ 的取值进行分析, 结合边界条件, 我们不难得出 λ 只能取如下分立的本征值:

$$\lambda_n=\frac{n^2\pi^2}{l^2}, \quad n=0,1,2,\cdots, \tag{3.2.24}$$

且其相对应的本征函数 $X_n(x)$ 为

$$X_n(x)\sim\cos\frac{n\pi}{l}x. \tag{3.2.25}$$

接下来, 我们将得到的本征值 λ_n 代入 $T(t)$ 所满足的方程中. 不难看出, 对应于 λ_n, 该方程相应的解 $T_n(t)$ 为

$$T_n(t)\sim\mathrm{e}^{-\frac{a^2n^2\pi^2}{l^2}t}. \tag{3.2.26}$$

结合上面所得, 对于给定的本征值 λ_n, 我们就有

$$u_n(x,t)=\mathrm{e}^{-\frac{a^2n^2\pi^2}{l^2}t}\cos\frac{n\pi}{l}x, \tag{3.2.27}$$

它一定满足上述热传导泛定方程. 于是, 所有可能的 λ_n 所对应的 $u_n(x,t)$ 的线性叠加即为上述热传导泛定方程的通解, 即

$$u(x,t)=\sum_{n=0}^{\infty}A_n\mathrm{e}^{-\frac{a^2n^2\pi^2}{l^2}t}\cos\frac{n\pi}{l}x. \tag{3.2.28}$$

对于线性叠加系数 A_n, 我们可以通过本输运定解问题的初始条件加以确定. 在初始时刻 $t=0$, 我们有

$$u(x,0)=\sum_{n=0}^{\infty}A_n\cos\frac{n\pi}{l}x=\varphi(x), \tag{3.2.29}$$

因此, 将 $\varphi(x)$ 在函数基底 $\left\{\cos\frac{n\pi}{l}x, n=0,1,2,\cdots\right\}$ 上进行傅里叶级数展开, 相应的展开系数即为待定的系数 A_n, 即

$$A_0 = \frac{1}{l}\int_0^l \varphi(x)\mathrm{d}x, \quad A_n = \frac{2}{l}\int_0^l \varphi(x)\cos\frac{n\pi}{l}x\mathrm{d}x. \tag{3.2.30}$$

对 (3.2.28) 式中的解进行仔细观察, 我们发现, 它对于时间的依赖关系与振动问题中的解完全不同, 对于热传导问题的解, 它随时间呈指数衰减. 对于我们当前这个具体的问题, 系统满足第二类齐次边界条件, 即在两个端点处绝热, 我们从解的形式发现, 足够长时间后, (3.2.28) 式中所有 $n \neq 0$ 的项都将消失, 只剩下 $n = 0$ 的常数项 A_0, 而从 (3.2.30) 式可以看出, A_0 正是此细杆的初始平均温度! 这与我们的日常经验是完全吻合的.

2. 非齐次方程齐次边界条件定解问题的分离变量法求解

有限区间非齐次方程输运问题的求解

有了上面对于齐次泛定方程齐次边界条件输运定解问题的探讨, 我们就可在此基础上前进一步来探讨非齐次泛定方程齐次边界条件定解问题, 即体系内含有源的输运问题.

我们来考虑一个一维有源热传导问题, 即长为 l 的一个均匀的细导热杆, 侧面绝热, 杆的两端温度保持 0 度, 杆内有不均匀的初始温度分布 $\varphi(x)$, 且杆内有密度为 $f(x,t)$ 的热源. 我们现在来讨论此导热杆内各点温度随时间的变化情况.

据上面的描述, 我们不难写出相应的定解问题, 这是一个非齐次泛定方程第一类齐次边界条件问题, 即

$$\begin{cases} u_t - a^2 u_{xx} = f(x,t) & (0 < x < l, t > 0), \\ u(0,t) = u(l,t) = 0 & (\text{两端保持 0 度}), \\ u(x,0) = \varphi(x) & (\text{初始温度分布}). \end{cases} \tag{3.2.31}$$

从之前对于波动问题的讨论以及前面对于齐次方程输运问题的讨论, 我们不难发现, 分离变量法中最核心的是构建相应的本征值问题并得到相应的本征函数集, 因为这个本征函数集构成了相应定解问题中各函数进行函数级数展开的基底, 包括非齐次方程问题的处理. 对于非齐次方程问题, 相应的本征值问题的构建是需要通过对该非齐次方程所对应的齐次方程结合问题中的边界条件进行分离变量法操作来确立的. 对于我们当前的这个问题, 此非齐次泛定方程所对应的齐次方程为

$$u_t - a^2 u_{xx} = 0, \tag{3.2.32}$$

结合 (3.2.31) 式中的第一类齐次边界条件, 做变量分离后, 我们不难得出相应的本征值问题为

$$\begin{cases} X'' + \lambda X = 0, \\ X(0) = X(l) = 0, \end{cases}$$

这个本征值问题所确定的本征值及相应的本征函数为

$$\lambda_n = \frac{n^2\pi^2}{l^2}, \quad X_n(x) \sim \sin\frac{n\pi}{l}x, \quad n = 1, 2, 3, \cdots, \tag{3.2.33}$$

此本征函数集 $\{X_n(x)\}$ 就构成了我们所要求解的定解问题中各函数进行级数展开的函数基底. 当确定了待求问题中的函数基底后, 我们就可将 $u(x,t)$ 及 $f(x,t)$ 在此基底上展开成傅里叶级数, 相应的级数的各项系数必然是时间变量 t 的函数, 即我们有

$$u(x,t) = \sum_{n=1}^{\infty} T_n(t)\sin\frac{n\pi}{l}x, \tag{3.2.34}$$

以及

$$f(x,t) = \sum_{n=1}^{\infty} F_n(t)\sin\frac{n\pi}{l}x, \quad F_n(t) = \frac{2}{l}\int_0^l f(x,t)\sin\frac{n\pi}{l}x\mathrm{d}x. \tag{3.2.35}$$

将上述两个级数展开式代入 (3.2.31) 式中的泛定方程, 比较两边傅里叶级数展开的系数后, 我们有

$$T_n'(t) + \frac{a^2n^2\pi^2}{l^2}T_n(t) = F_n(t). \tag{3.2.36}$$

同时, 我们也对初始条件 $\varphi(x)$ 在此基底上做相应的傅里叶级数展开

$$u(x,0) = \varphi(x) = \sum_{n=1}^{\infty} \phi_n \sin\frac{n\pi}{l}x, \quad \phi_n = \frac{2}{l}\int_0^l \varphi(x)\sin\frac{n\pi}{l}x\mathrm{d}x. \tag{3.2.37}$$

由此, 我们就得到了求解 $T_n(t)$ 的一阶常微分方程定解问题

$$\begin{cases} T_n'(t) + \dfrac{a^2n^2\pi^2}{l^2}T_n(t) = F_n(t), \\ T_n(0) = \phi_n. \end{cases} \tag{3.2.38}$$

从此常微分方程定解问题中求出相应的 $T_n(t)$ 后代入 (3.2.34) 式后就得到了我们所要求的此一维导热杆内温度随时间的变化关系.

对此常微分方程, 我们可以采用拉普拉斯变换的方法. 设 $T_n(t) \risingdotseq \mathcal{T}_n(p)$ 以及 $F_n(t) \risingdotseq \mathcal{F}_n(p)$, 对上述方程整体做拉普拉斯变换后, 得

$$p\mathcal{T}_n(p) - \phi_n + \frac{a^2n^2\pi^2}{l^2}\mathcal{T}_n(p) = \mathcal{F}_n(p), \tag{3.2.39}$$

由此进一步得

$$\mathcal{T}_n(p) = \frac{1}{p + \dfrac{a^2n^2\pi^2}{l^2}}\mathcal{F}_n(p) + \phi_n\frac{1}{p + \dfrac{a^2n^2\pi^2}{l^2}}. \tag{3.2.40}$$

利用拉普拉斯变换相关性质我们就可求得相应的原函数为

$$T_n(t)=\phi_n \mathrm{e}^{-\frac{a^2n^2\pi^2}{l^2}t}+\int_0^t F_n(\tau)\mathrm{e}^{-\frac{a^2n^2\pi^2}{l^2}(t-\tau)}\mathrm{d}\tau, \tag{3.2.41}$$

即我们最终得到体系内各点温度随时间的变化关系

$$u(x,t)=\sum_{n=1}^{\infty}\left[\phi_n \mathrm{e}^{-\frac{a^2n^2\pi^2}{l^2}t}+\int_0^t F_n(\tau)\mathrm{e}^{-\frac{a^2n^2\pi^2}{l^2}(t-\tau)}\mathrm{d}\tau\right]\sin\frac{n\pi}{l}x. \tag{3.2.42}$$

3. 非齐次边界条件输运定解问题的分离变量法求解

从前面不论是关于输运问题的讨论还是波动问题的讨论, 我们发现, 分离变量法的一个关键所在是提取和确立所研究系统中蕴含的本征值问题, 而这个本征值问题的确立需要边界条件为齐次边界条件. 因此, 当我们碰到非齐次边界条件的定解问题并采用分离变量法对其进行求解时, 我们的首要任务就是想方设法对边界条件进行齐次化.

例如, 我们有如下具有非齐次边界条件的一维输运问题:

$$\begin{cases} u_t-a^2u_{xx}=f(x,t) & (0<x<l,t>0),\\ u(0,t)=g_1(t),\quad u(l,t)=g_2(t) & (\text{非齐次边界条件}),\\ u(x,0)=\varphi(x) & (\text{初始温度分布}). \end{cases} \tag{3.2.43}$$

对于此问题的求解, 按照我们上面说的, 首要的任务就是进行边界条件的齐次化. 我们令

$$u(x,t)=w(x,t)+\frac{x}{l}g_2(t)+\frac{l-x}{l}g_1(t).$$

当我们将此函数代换代入上面定解问题的边界条件中后, 我们发现 $w(x,t)$ 所满足的边界条件正是齐次边界条件

$$w(0,t)=w(l,t)=0.$$

相应地, 将此函数代换代入泛定方程及初始条件中后, 我们就可以分别找出 $w(x,t)$ 所满足的泛定方程及初始条件, 于是我们就得到了关于 $w(x,t)$ 的定解问题

$$\begin{cases} w_t-a^2w_{xx}=f(x,t)-\frac{x}{l}g_2'(t)-\frac{l-x}{l}g_1'(t) \quad (0<x<l,t>0),\\ w(0,t)=w(l,t)=0,\\ w(x,0)=\varphi(x)-\frac{x}{l}g_2(0)-\frac{l-x}{l}g_1(0). \end{cases} \tag{3.2.44}$$

于是, 我们就将求解关于 $u(x,t)$ 的非齐次边界条件输运问题转化为了求解关于 $w(x,t)$ 的齐次边界条件非齐次方程输运问题, 而这已是我们之前讨论过的老问题, 原则上来讲, 我们是知道如何对它进行求解处理的. 当对此齐次边界

条件定解问题进行求解后, 再通过上面的函数代换, 我们就得到了所要求解的 $u(x,t)$.

以上就是求解、处理非齐次边界条件输运问题的大致步骤和方法, 关键点就是对边界条件进行齐次化. 而在齐次化的过程中免不了要对待求函数 $u(x,t)$ 做相应的函数代换. 我们的目的就是函数代换后所得的 $w(x,t)$ 满足齐次边界条件, 那么很显然, 这种函数代换就有相当大的选择余地. 在实际操作中, 我们在进行齐次化的函数代换时所遵循的总的原则就是在达到边界条件齐次化目的的同时尽可能使后续的计算简单易行.

3.2.3　无界与半无界空间上输运问题的求解

积分变换法求解无界输运问题

对于无界或半无界空间上的输运问题, 我们同样可以采用积分变换的方法来进行研究.

1. 一维无界空间输运问题

对于一维无界空间上的输运问题, 我们首先讨论无源输运问题. 我们来看如下的定解问题:

$$\begin{cases} u_t(x,t) - a^2 u_{xx}(x,t) = 0 \quad (-\infty < x < \infty, t > 0), \\ u(x,0) = \varphi(x). \end{cases} \tag{3.2.45}$$

这可以是一个无界空间一维热传导问题, 也可以是一个杂质扩散问题. $\varphi(x)$ 给出初始温度分布或初始杂质浓度分布. 这些物理可观测量必然满足狄利克雷条件, 它们在无穷远处必然满足自然边界条件 $\lim\limits_{|x|\to\infty} u(x,t) = 0$, $\lim\limits_{|x|\to\infty} \varphi(x) = 0$, 因此, 对于任意一个给定的时刻 t, 我们可对 $u(x,t)$ 做关于变量 x 的傅里叶积分变换

$$\begin{cases} u(x,t) = \dfrac{1}{2\pi}\displaystyle\int_{-\infty}^{\infty} U(k,t)\mathrm{e}^{\mathrm{i}kx}\mathrm{d}k, \\ U(k,t) = \displaystyle\int_{-\infty}^{\infty} u(\xi,t)\mathrm{e}^{-\mathrm{i}k\xi}\mathrm{d}\xi. \end{cases} \tag{3.2.46}$$

同理有

$$\begin{cases} \varphi(x) = \dfrac{1}{2\pi}\displaystyle\int_{-\infty}^{\infty} \varPhi(k)\mathrm{e}^{\mathrm{i}kx}\mathrm{d}k, \\ \varPhi(k) = \displaystyle\int_{-\infty}^{\infty} \varphi(\xi)\mathrm{e}^{-\mathrm{i}k\xi}\mathrm{d}\xi. \end{cases} \tag{3.2.47}$$

将上述傅里叶积分代入原方程后有

$$\begin{cases} U_t(k,t)+a^2k^2U(k,t)=0, \\ U(k,0)=\Phi(k). \end{cases} \tag{3.2.48}$$

很容易解得

$$U(k,t)=\Phi(k)\mathrm{e}^{-a^2k^2t}. \tag{3.2.49}$$

这其实是 $\Phi(k)$ 和 $\mathrm{e}^{-a^2k^2t}$ 两个像函数的乘积, 因此 $U(k,t)$ 的原函数 $u(x,t)$ 必然是这两个像函数对应的原函数的卷积. 我们知道 $\Phi(k)$ 的原函数是 $\varphi(x)$, 而对于 $\mathrm{e}^{-a^2k^2t}$, 它的原函数为

$$f(x)=\frac{1}{2\pi}\int_{-\infty}^{\infty}\mathrm{e}^{-a^2k^2t}\mathrm{e}^{\mathrm{i}kx}\mathrm{d}k=\frac{1}{2\pi}\mathrm{e}^{-\frac{x^2}{4a^2t}}\int_{-\infty}^{\infty}\mathrm{e}^{-a^2t(k-\mathrm{i}x/(2a^2t))^2}\mathrm{d}k=\frac{1}{2a\sqrt{t\pi}}\mathrm{e}^{-\frac{x^2}{4a^2t}}, \tag{3.2.50}$$

最后一步用到了高斯积分公式

$$\int_{-\infty}^{\infty}\mathrm{e}^{-a^2x^2}\mathrm{d}x=\frac{\sqrt{\pi}}{a}. \tag{3.2.51}$$

于是, 我们就最终得

$$u(x,t)=\frac{1}{2a\sqrt{t\pi}}\int_{-\infty}^{\infty}\varphi(\xi)\mathrm{e}^{-\frac{(x-\xi)^2}{4a^2t}}\mathrm{d}\xi. \tag{3.2.52}$$

接下来我们来讨论一维无界空间有源输运问题

$$\begin{cases} u_t(x,t)-a^2u_xx(x,t)=f(x,t) \quad (-\infty<x<\infty, t>0), \\ u(x,0)=\varphi(x). \end{cases} \tag{3.2.53}$$

此时定解问题中的泛定方程变为了非齐次方程, 右边的非齐次项给出了源的强度. 对此定解问题做傅里叶变换后, 我们有

$$\begin{cases} U_t(k,t)+a^2k^2U(k,t)=F(k,t), \\ U(k,0)=\Phi(k). \end{cases} \tag{3.2.54}$$

对此方程进行求解, 例如用拉普拉斯变换法, 我们得

$$U(k,t)=\Phi(k)\mathrm{e}^{-a^2k^2t}+\int_0^t F(k,\tau)\mathrm{e}^{-a^2k^2(t-\tau)}\mathrm{d}\tau. \tag{3.2.55}$$

利用傅里叶变换的线性定理及卷积定理, 该像函数的原函数 (也即我们所讨论的定解问题的解) 为

$$u(x,t)=\frac{1}{2a\sqrt{t\pi}}\int_{-\infty}^{\infty}\varphi(\xi)\mathrm{e}^{-\frac{(x-\xi)^2}{4a^2t}}\mathrm{d}\xi+\frac{1}{2\pi}\int_{-\infty}^{\infty}\int_{0}^{t}F(k,\tau)\mathrm{e}^{-a^2k^2(t-\tau)}\mathrm{e}^{\mathrm{i}kx}\mathrm{d}\tau\mathrm{d}k. \tag{3.2.56}$$

把

$$F(k,t)=\int_{-\infty}^{\infty}f(\xi,t)\mathrm{e}^{-\mathrm{i}k\xi}\mathrm{d}\xi \tag{3.2.57}$$

代入上式最后一项并利用高斯积分公式, 我们最终就得到一维无界空间有源扩散问题的解

$$u(x,t)=\frac{1}{2a\sqrt{t\pi}}\int_{-\infty}^{\infty}\varphi(\xi)\mathrm{e}^{-\frac{(x-\xi)^2}{4a^2t}}\mathrm{d}\xi+\int_{-\infty}^{\infty}\int_{0}^{t}\frac{1}{2a\sqrt{\pi(t-\tau)}}f(\xi,\tau)\mathrm{e}^{-\frac{(x-\xi)^2}{4a^2(t-\tau)}}\mathrm{d}\tau\mathrm{d}\xi. \tag{3.2.58}$$

2. 一维半无界空间上的输运问题

积分变换法求解半无界输运问题

现在来研究一维半无界空间中的输运问题, 比如说半无限导热细杆中的热传导问题. 由于是半无限长细杆, 因此它必有端点, 所以在其相应的定解问题中必然会给出该端点处的边界条件. 我们来看如下定解问题:

$$\begin{cases} u_t(x,t)-a^2u_{xx}(x,t)=0 \quad (x>0,t>0), \\ u(x,0)=0, \\ u(0,t)=N_0. \end{cases} \tag{3.2.59}$$

对此问题, 我们可以采用拉普拉斯变换法来求解. 将 x 看作参量, 对上式做关于 t 的拉普拉斯变换, 得

$$\begin{cases} pU(x,p)-a^2U_{xx}(x,p)=0 \quad (x>0), \\ U(0,p)=\dfrac{N_0}{p}. \end{cases} \tag{3.2.60}$$

其中 $U(x,p)\doteq u(x,t)$. 此时将 p 看作参量对上面这个二阶微分方程进行求解, 得

$$U(x,p)=C_1\mathrm{e}^{\frac{\sqrt{p}}{a}x}+C_2\mathrm{e}^{-\frac{\sqrt{p}}{a}x}. \tag{3.2.61}$$

其中 C_1 和 C_2 为积分常数. 考虑到上面的边界条件以及 $\lim\limits_{x\to\infty}U(x,p)=0$ 的自然

边界条件, 于是有

$$U(x,p)=\frac{N_0}{p}\mathrm{e}^{-\frac{\sqrt{p}}{a}x}. \tag{3.2.62}$$

这是两个像函数 $\frac{1}{p}$ 和 $\mathrm{e}^{-\sqrt{p}x/a}$ 的乘积, 它的原函数 $u(x,t)$ 必定是这两个像函数所对应的原函数的卷积. 我们知道 $\frac{1}{p}\doteq 1$, 而 $\mathrm{e}^{-\sqrt{p}x/a}$ 的原函数为 (参考例 2.5.3)

$$\mathrm{e}^{-\sqrt{p}x/a}\doteq\frac{x}{2a\sqrt{\pi}t^{3/2}}\mathrm{e}^{-\frac{x^2}{4a^2t}}, \tag{3.2.63}$$

于是

$$u(x,t)=N_0\int_0^t\frac{x}{2a\sqrt{\pi}\tau^{3/2}}\mathrm{e}^{-\frac{x^2}{4a^2\tau}}\mathrm{d}\tau. \tag{3.2.64}$$

做变量代换 $y=\frac{x}{2a\sqrt{\tau}}$, 上式变为

$$u(x,t)=\frac{2N_0}{\sqrt{\pi}}\int_{\frac{x}{2a\sqrt{t}}}^{\infty}\mathrm{e}^{-y^2}\mathrm{d}y=\frac{2N_0}{\sqrt{\pi}}\left[\int_0^{\infty}\mathrm{e}^{-y^2}\mathrm{d}y-\int_0^{\frac{x}{2a\sqrt{t}}}\mathrm{e}^{-y^2}\mathrm{d}y\right]. \tag{3.2.65}$$

利用高斯积分公式 (3.2.51) 的结果以及误差函数 $\mathrm{erf}(x)$ 的定义

$$\mathrm{erf}(x)=\frac{2}{\sqrt{\pi}}\int_0^x\mathrm{e}^{-y^2}\mathrm{d}y, \tag{3.2.66}$$

(3.2.65) 式最终可以紧凑地写为

$$u(x,t)=N_0\left[1-\mathrm{erf}\left(\frac{x}{2a\sqrt{t}}\right)\right]. \tag{3.2.67}$$

这就是所研究的一维半无限长均匀细杆导热问题的解.

对于这个问题, 我们还可以用傅里叶积分变换来求解. 傅里叶积分变换要求函数的定义域是整个实数域, 因此对于半无界空间上的问题, 我们需要对边界条件进行齐次化然后做相应的延拓. 令

$$u(x,t)=N_0+w(x,t), \tag{3.2.68}$$

将此函数变换代入所讨论的半无界空间定解问题中, 我们得

$$\begin{cases}w_t(x,t)-a^2w_{xx}(x,t)=0 \quad (x>0,t>0),\\ w(x,0)=-N_0,\\ w(0,t)=0.\end{cases} \tag{3.2.69}$$

我们看到, 通过上述函数变换, 就将问题转化为关于 $w(x,t)$ 的具有第一类齐次边界条件的一维半无界无源输运问题. 对此, 我们就可做奇延拓, 然后利用 3.2.3.1 节的结果对此问题加以求解. 初始条件在奇延拓之后变为

$$\varphi(x)=\begin{cases}-N_0, & x>0,\\ N_0, & x<0.\end{cases} \tag{3.2.70}$$

将此代入 (3.2.52) 式, 得

$$w(x,t)=\frac{N_0}{2a\sqrt{\pi t}}\left[\int_{-\infty}^{0}\mathrm{e}^{-\frac{(x-\xi)^2}{4a^2t}}\mathrm{d}\xi-\int_{0}^{\infty}\mathrm{e}^{-\frac{(x-\xi)^2}{4a^2t}}\mathrm{d}\xi\right]. \tag{3.2.71}$$

令 $(x-\xi)/(2a\sqrt{t})=y$, 上式化为

$$w(x,t)=\frac{N_0}{\sqrt{\pi}}\left[\int_{x/(2a\sqrt{t})}^{\infty}\mathrm{e}^{-y^2}\mathrm{d}y-\int_{-\infty}^{x/(2a\sqrt{t})}\mathrm{e}^{-y^2}\mathrm{d}y\right], \tag{3.2.72}$$

考虑到其中被积函数的偶函数特性, 上式最终化为

$$w(x,t)=-\frac{2N_0}{\sqrt{\pi}}\int_{0}^{x/(2a\sqrt{t})}\mathrm{e}^{-y^2}\mathrm{d}y=-N_0\mathrm{erf}\left(\frac{x}{2a\sqrt{t}}\right), \tag{3.2.73}$$

于是, 我们就得到此半无界空间上无源输运问题的解为

$$u(x,t)=N_0+w(x,t)=N_0\left[1-\mathrm{erf}\left(\frac{x}{2a\sqrt{t}}\right)\right]. \tag{3.2.74}$$

这个结果与前面用拉普拉斯变换法所得结果一致.

习 题 3.2

1. 长为 l 的均质金属细杆通有稳定电流 I. 金属细杆的横截面积为 S, 质量密度为 ρ, 比热为 c, 热传导系数为 k, 电阻率为 r. 金属细杆的一端 $(x=0)$ 温度保持为零度, 另一端 $(x=l)$ 温度保持为 u_0, 杆的初始温度分布为 $\dfrac{x}{l}u_0$.

(1) 试推导金属细杆内的热传导方程并完整给出相应的定解问题.

(2) 利用分离变量法求解杆上温度随时间的变化规律.

(设杆的侧面为绝热, 即此问题为一个一维热传导问题.)

2. 混凝土浇灌后逐渐放出水化热, 放热速率正比于当时尚储存于混凝土中的水化热密度 Q, $\mathrm{d}Q/\mathrm{d}t = -\beta Q$. 设该混凝土的比热为 c, 质量密度为 ρ, 初始时刻体内储存的水化热密度为 Q_0. 试推导浇水后混凝土内的热传导方程.

3. 半径为 ρ_0 的表面熏黑的金属球曝晒于日光下, 阳光的热流强度为 q_0. 设金属球所处的环境温度为 $\bar{u}_0$, 试确定该问题的边界条件.

4. 长为 l 的均匀细杆, 侧面绝热. 设杆的一端 $(x=0)$ 温度保持为零度, 另一端 $(x=l)$ 绝热. 已知杆的初始温度分布为 $x(l-x)$.

(1) 试给出完整的定解问题.

(2) 利用分离变量法求解杆上的温度随时间的变化规律.

5. 长为 l 的均匀细杆, 侧面绝热. 设杆的两端温度均保持为零度, 杆的初始温度为 $3\sin(\pi x/l) + 2\sin(3\pi x/l)$.

(1) 试给出完整的定解问题.

(2) 利用分离变量法求解杆上的温度随时间的变化规律.

6. 长为 l 的均匀细杆, 侧面绝热. 设杆的两端温度保持为零度, 杆内存在热源, 且单位体积单位时间内产生的热量与该处的温度成正比, 比例系数为 β. 设杆上的初始温度分布为 $\phi(x)$.

(1) 求杆内温度随时间的变化关系.

(2) 求杆的临界长度, 当杆的长度超过这个临界长度后, 杆内的温度将随时间急剧升高.

7. 二维热传导问题. 一个边长为 l 的正方形薄片置于 x-y 平面的第一象限, 且其一角位于坐标原点. 薄片的四边均保持绝热, 薄片的初始温度分布为 $\phi(x, y)$. 求解薄片在任意时刻的温度分布.

3.3 稳定场问题

我们有这样的经验, 当把两个温度不同的物体进行接触后, 由于两个物体之间的温度差, 热量会从高温物体流向低温物体, 这就是我们前面所讨论过的热传导问题. 但当经过足够长时间后, 体系达到热平衡, 体系各处的温度将不再随着时间的推移而有任何变化从而形成了体系中稳定的温度分布. 我们还知道, 当在空间中放置一些静止的点电荷后, 经过足够长的时间, 当最初的扰动消散后, 空间中也将建立起稳定的不随时间变化的电势分布. 所有的这些函数分布有个共同的特点, 即不随时间变化. 我们将这些不随时间变化的空间中的函数称为**稳定场**. 接下来, 我们就将通过几个具体的问题来导出稳定场问题的标准泛定方程, 给出定解问题, 并对稳定场定解问题进行分析求解.

3.3.1 稳定场方程 (椭圆方程) 及其定解问题的确立

考察 (3.2.1) 式中的输运方程, 当外源 (热源或杂质源) 分布函数与时间无关, 则在一定条件下经过足够长的时间后, 函数 u (温度分布或杂质浓度分布) 将不再随时间推移而改变, 即它不再是时间的函数, 于是方程就变为

$$\nabla^2 u\,(x, y, z) = f(x, y, z). \tag{3.3.1}$$

这就是稳定的温度分布函数或杂质浓度分布函数所应满足的泛定方程, 其中 $f\,(x, y, z)$ 给出了源的分布. 这个方程就是所谓的**泊松方程**. 当体系中不存在源时, $f(x, y, z) = 0$, 于是方程退化为

$$\nabla^2 u\,(x, y, z) = 0. \tag{3.3.2}$$

这就是**拉普拉斯方程**, 它描述了无源稳定场分布问题.

再来看真空静电场电势分布问题. 由静电学知识我们知道, 真空中电场强度在某点的散度给出该点的电荷密度分布 (高斯定律), 即

$$\nabla \cdot \boldsymbol{E}(x, y, z) = \frac{1}{\varepsilon_0}\rho(x, y, z). \tag{3.3.3}$$

而静电场是无旋场, 因此静电场强 $\boldsymbol{E}(x, y, z)$ 可表示为静电势 $u(x, y, z)$ 的梯度:

$$\boldsymbol{E}(x, y, z) = -\nabla u(x, y, z). \tag{3.3.4}$$

将此式代入 (3.3.3) 式, 我们就得

$$\nabla^2 u(x, y, z) = -\frac{1}{\varepsilon_0}\rho(x, y, z). \tag{3.3.5}$$

这就是真空静电场电势所满足的方程. 若在真空中某个区域内没有静电荷, 则在此区域内静电势满足的方程就退化为

$$\nabla^2 u(x, y, z) = 0. \tag{3.3.6}$$

通过对上面这两类不同的物理问题进行分析比较并归纳总结后, 我们发现, 有源稳定场问题泛定方程的标准形式就是泊松方程

$$\nabla^2 u\,(\boldsymbol{r}) = f(\boldsymbol{r}), \tag{3.3.7}$$

而无源稳定场问题则满足拉普拉斯方程

$$\nabla^2 u\,(\boldsymbol{r}) = 0. \tag{3.3.8}$$

这类方程在数学上称为**椭圆方程**.

当然, 上述稳定场方程只是泛定方程, 为了求解, 相应的定解条件是必不可少

的. 由于稳定场函数与时间无关, 因此在定解条件中不再需要初始条件, 而只需给出边界条件, 而边界条件需要对所研究的问题进行具体分析而确定. 在此, 我们对边界条件建立的具体过程不再赘述, 但无论怎样, 由于泛定方程为二阶偏微分方程, 问题中的边界条件也必然为以下三种形式中的一种.

(1) 第一类边界条件: 已知边界上场函数 u 的表达式.

(2) 第二类边界条件: 已知边界上场函数 u 的法向导数 $\partial_n u$.

(3) 第三类边界条件: 混合边界条件, 即 u 与 ∂u 的线性组合.

接下来, 我们就将对不同情形下的稳定场定解问题进行分析求解.

3.3.2 有限区间上稳定场问题的分离变量法求解

有限区间无源稳定场问题求解

在此部分, 我们将针对拉普拉斯方程和泊松方程分别进行讨论.

1. 拉普拉斯方程定解问题

我们来看如下二维矩形区域内的无源稳定场定解问题:

$$\begin{cases} u_{xx} + u_{yy} = 0, & 0 < x < a,\ 0 < y < b, \\ u(0,y) = 0, u(a,y) = 0, & 0 \leqslant y \leqslant b, \\ u(x,0) = f_1(x), u(x,b) = f_2(x), & 0 \leqslant x \leqslant a. \end{cases} \tag{3.3.9}$$

对此定解问题, 我们同样可以采用分离变量法. 令 $u(x,y) = X(x)Y(y)$, 将此代入上式中的泛定方程, 有

$$X'' + \lambda X = 0, \tag{3.3.10}$$

$$Y'' - \lambda Y = 0. \tag{3.3.11}$$

其中 λ 为分离变量过程中人为引进的待定常数. 分离变量法的核心是要构造本征值问题, 这就需要相应的齐次边界条件. 对于上述二维矩形系统, 从其定解条件中我们看到, 系统在 $x = 0$ 和 $x = a$ 这两条边上满足齐次边界条件, 因此, 当对 (3.3.9) 式第二行中的边界条件进行分离变量时, 有

$$X(0)Y(y) = 0, \quad X(a)Y(y) = 0, \quad 0 \leqslant y \leqslant b. \tag{3.3.12}$$

非平凡解的要求给出 $X(x)$ 必须满足 $X(0) = X(a) = 0$, 这个齐次边界条件与 (3.3.10) 式联立, 就构成了本征值问题

$$\begin{cases} X'' + \lambda X = 0 \quad (0 < x < a), \\ X(0) = X(a) = 0. \end{cases} \tag{3.3.13}$$

对这个本征值问题求解, 得其本征值及相应的本征函数为

$$\lambda_n = \frac{n^2\pi^2}{a^2}, \quad X_n \sim \sin\frac{n\pi}{a}x, \quad n = 1, 2, 3, \cdots. \tag{3.3.14}$$

将此本征值 λ_n 代入 (3.3.11) 式中就得到了 $Y(y)$ 对应于该本征值的解为

$$Y_n(y) = A_n \cosh\frac{n\pi}{a}y + B_n \sinh\frac{n\pi}{a}y. \tag{3.3.15}$$

于是, 我们就得到了整个问题的通解为

$$u(x,y) = \sum_{n=1}^{\infty}\left[A_n \cosh\frac{n\pi}{a}y + B_n \sinh\frac{n\pi}{a}y\right]\sin\frac{n\pi}{a}x, \tag{3.3.16}$$

其中 A_n 和 B_n 是两组待定系数, 需要通过定解问题中的另外一组边界条件来确定. 由于 $u(x,0) = f_1(x)$, 所以

$$u(x,0) = \sum_{n=1}^{\infty} A_n \sin\frac{n\pi}{a}x = f_1(x), \tag{3.3.17}$$

这给出了

$$A_n = \frac{2}{a}\int_0^a f_1(x)\sin\frac{n\pi}{a}x\mathrm{d}x. \tag{3.3.18}$$

又由于 $u(x,b) = f_2(x)$, 因此

$$u(x,b) = \sum_{n=1}^{\infty}\left[A_n \cosh\frac{nb\pi}{a} + B_n \sinh\frac{nb\pi}{a}\right]\sin\frac{n\pi}{a}x = f_2(x), \tag{3.3.19}$$

也即

$$A_n \cosh\frac{nb\pi}{a} + B_n \sinh\frac{nb\pi}{a} = \frac{2}{a}\int_0^a f_2(x)\sin\frac{n\pi}{a}x\mathrm{d}x, \tag{3.3.20}$$

这最终给出

$$B_n = \frac{2\mathrm{csch}(nb\pi/a)}{a}\int_0^a f_2(x)\sin\frac{n\pi}{a}x\mathrm{d}x - \frac{2\coth(nb\pi/a)}{a}\int_0^a f_1(x)\sin\frac{n\pi}{a}x\mathrm{d}x. \tag{3.3.21}$$

至此, 我们就将本稳定场问题完全求解了出来.

我们再来看下面这个二维矩形区域内的无源稳定场定解问题:

$$\begin{cases} u_{xx}+u_{yy}=0, & 0<x<a,\quad 0<y<b, \\ u(0,y)=g_1(y),\quad u(a,y)=g_2(y), & 0\leqslant y\leqslant b, \\ u(x,0)=f_1(x),\quad u(x,b)=f_2(x), & 0\leqslant x\leqslant a. \end{cases} \tag{3.3.22}$$

我们发现, 在此问题中没有一组边界条件是齐次的, 乍一看, 我们似乎无法利用分离变量法通过求解相应本征值问题来研究此定解问题了. 所幸, 我们所研究的问题是线性偏微分方程问题. 我们知道, 线性算子的作用是具有叠加性的, 即如果 $\mathcal{L}$ 是某线性算子, 它作用在某函数 u 上记为 $\mathcal{L}[u]$, 则

$$\mathcal{L}[c_1u_1+c_2u_2]=c_1\mathcal{L}[u_1]+c_2\mathcal{L}[u_2]. \tag{3.3.23}$$

推而广之, 如果某函数可写成两个函数的叠加, 即 $u=u_1+u_2$, 则 u 所满足的线性方程

$$\mathcal{L}[u]=f \tag{3.3.24}$$

必可看作以下两个线性方程的叠加:

$$\mathcal{L}[u_1]=f_1,\quad \mathcal{L}[u_2]=f_2, \tag{3.3.25}$$

其中 $f_1+f_2=f$. 这就是线性方程的**叠加原理**. 我们之前讨论的各类定解条件其实也是线性方程.

回到我们准备求解的问题. 运用叠加原理, 令 $u(x,y)=w_1(x,y)+w_2(x,y)$, 并使得 $w_1(x,y)$ 和 $w_2(x,y)$ 分别满足如下定解问题:

$$\begin{cases} w_{1xx}+w_{1yy}=0, & 0<x<a,\quad 0<y<b, \\ w_1(0,y)=g_1(y),\quad w_1(a,y)=g_2(y), & 0\leqslant y\leqslant b, \\ w_1(x,0)=0,\quad w_1(x,b)=0, & 0\leqslant x\leqslant a, \end{cases} \tag{3.3.26}$$

以及

$$\begin{cases} w_{2xx}+w_{2yy}=0, & 0<x<a,\quad 0<y<b, \\ w_2(0,y)=0,\quad w_2(a,y)=0, & 0\leqslant y\leqslant b, \\ w_2(x,0)=f_1(x),\quad w_2(x,b)=f_2(x), & 0\leqslant x\leqslant a. \end{cases} \tag{3.3.27}$$

不难验证, (3.3.26) 和 (3.3.27) 两式的和就是 (3.3.22) 式中我们所关心的定解问题, 并且我们看到 (3.3.26) 式和 (3.3.27) 式中均有一组边界条件是齐次的. 于是我们就可通过本节最初讨论的分离变量的方法分别从上面两个定解问题中求出 w_1 和 w_2, 它们的和就给出了我们想要的结果. 具体计算这里就不再赘述.

2. 泊松方程定解问题

有限区间有源稳定场问题求解

如果体系内有稳定的源或汇, 刻画这个稳定场问题的泛定方程将不再是拉普拉斯方程, 而是泊松方程. 我们现在来看以下定解问题:

$$\begin{cases} u_{xx}+u_{yy}=f(x,y), & 0<x<a,\ 0<y<b, \\ u(0,y)=0, \quad u(a,y)=0, & 0\leqslant y\leqslant b, \\ u(x,0)=0, \quad u(x,b)=0, & 0\leqslant x\leqslant a. \end{cases} \tag{3.3.28}$$

对于此非齐次偏微分方程, 我们可以采用与非齐次波动问题或非齐次输运问题类似的方法, 通过对相应的齐次方程经变量分离 $u(x,y)=X(x)Y(y)$ 构造适当的本征值问题而找到 $u(x,y)$ 和 $f(x,y)$ 进行级数展开的函数基底, 然后在此基础上进行求解. 由于此问题在 x 方向和 y 方向均满足第一类齐次边界条件, 因此 X 函数和 Y 函数均可用来构建相关的本征值问题. 这里我们选取 X 来构造本征值问题

$$\begin{cases} X''+\lambda X=0, \\ X(0)=X(a)=0, \end{cases} \tag{3.3.29}$$

这给出相应的本征函数组 $\{\sin(n\pi x/a), n=1,2,\cdots\}$. 将 $u(x,y)$ 和 $f(x,y)$ 分别在此函数基底上展开成傅里叶级数, 它们的系数均为 y 的函数

$$u(x,y)=\sum_{n=1}^{\infty}Y_n(y)\sin\frac{n\pi x}{a}, \tag{3.3.30}$$

$$f(x,y)=\sum_{n=1}^{\infty}F_n(y)\sin\frac{n\pi x}{a}, \quad F_n(y)=\frac{2}{a}\int_0^a f(x,y)\sin\frac{n\pi x}{a}\mathrm{d}x. \tag{3.3.31}$$

将这些展开式代入原非齐次方程及剩余的一组边界条件中, 我们就得到了关于 $Y_n(y)$ 的二阶非齐次常微分方程定解问题

$$\begin{cases} Y_n''(y)-\dfrac{n^2\pi^2}{a^2}Y_n(y)=F_n(y), \\ Y_n(0)=Y_n(b)=0. \end{cases} \tag{3.3.32}$$

由于 $Y_n(y)$ 在其定义域区间边界上满足第一类齐次边界条件, 于是由有限区间函数傅里叶级数展开讨论, 我们知道 $Y_n(y)$ 可在函数基底 $\{\sin(m\pi y/b), m=1,2,\cdots\}$ 上展开成傅里叶级数, $F_n(y)$ 也一样, 即

$$Y_n(y)=\sum_{m=1}^{\infty}C_{mn}\sin\frac{m\pi y}{b}, \tag{3.3.33}$$

$$F_n(y) = \sum_{m=1}^{\infty} F_{mn} \sin\frac{m\pi y}{b}, \quad F_{mn} = \frac{2}{b}\frac{2}{a}\int_0^a\int_0^b f(x,y)\sin\frac{n\pi x}{a}\sin\frac{m\pi x}{b}\mathrm{d}x\mathrm{d}y. \tag{3.3.34}$$

将这些展开式代入 (3.3.32) 式中, 我们就得到了待定系数 C_{mn} 与已知 F_{mn} 之间的关系

$$C_{mn} = -\frac{F_{mn}}{\lambda_{mn}}, \quad \lambda_{mn} = \frac{m^2\pi^2}{b^2} + \frac{n^2\pi^2}{a^2}. \tag{3.3.35}$$

将以上所得代入 (3.3.30) 式中, 我们最终得

$$u(x,y) = -\sum_{m=1}^{\infty}\sum_{n=1}^{\infty}\frac{F_{mn}}{\lambda_{mn}}\sin\frac{m\pi y}{b}\sin\frac{n\pi x}{a}. \tag{3.3.36}$$

上面这个问题比较简单, 是因为系统在这个矩形区域的四条边界上都满足第一类齐次边界条件. 现在我们来看以下这个稳定场问题:

$$\begin{cases} u_{xx} + u_{yy} = h(x,y), & 0 < x < a, \quad 0 < y < b, \\ u(0,y) = g_1(y), \quad u(a,y) = g_2(y), & 0 \leqslant y \leqslant b, \\ u(x,0) = f_1(x), \quad u(x,b) = f_2(x), & 0 \leqslant x \leqslant a. \end{cases} \tag{3.3.37}$$

我们注意到在这个问题中没有一个边界条件是齐次的, 而且方程也是非齐次的, 该如何处理这个看起来十分棘手的问题呢? 不要忘掉线性方程的叠加原理, 我们可以设 $u(x,y) = w(x,y) + v(x,y)$, 同时令 $w(x,y)$ 和 $v(x,y)$ 分别满足如下定解问题:

$$\begin{cases} w_{xx} + w_{yy} = h(x,y), & 0 < x < a, \quad 0 < y < b, \\ w(0,y) = 0, \quad w(a,y) = 0, & 0 \leqslant y \leqslant b, \\ w(x,0) = 0, \quad w(x,b) = 0, & 0 \leqslant x \leqslant a, \end{cases} \tag{3.3.38}$$

以及

$$\begin{cases} v_{xx} + v_{yy} = 0, & 0 < x < a, \quad 0 < y < b, \\ v(0,y) = g_1(y), \quad v(a,y) = g_2(y), & 0 \leqslant y \leqslant b, \\ v(x,0) = f_1(x), \quad v(x,b) = f_2(x), & 0 \leqslant x \leqslant a. \end{cases} \tag{3.3.39}$$

不难发现 (3.3.38) 式和 (3.3.39) 式中定解问题的叠加正是 (3.3.37) 式中原初的定解问题, 而这两个定解问题正是我们之前所讨论过的, 只要将这两个定解问题的解加在一起就是我们所要求的稳定场函数, 相关讨论不再赘述.

3. 圆形区域上稳定场问题的求解

由前面的讨论我们发现, 分离变量法的确是一个十分有用且好用的工具. 它不仅可以在直角坐标系下运用, 也可以在曲线坐标系下应用. 关于三维曲线坐标系下用分离变量法求解数理方程的问题, 我们将在第 5 章中进行详细讨论. 这里, 为了后续相关讨论方便起见, 同时也为了能够使大家对曲线坐标系下分离变量法的应用有初步的认识和了解, 我们来讨论一个二维圆形区域内拉普拉斯方程的定解问题.

想象我们有一个薄圆片形的导热材料, 上、下两个面绝热, 这就构成了一个二维导热系统. 研究这样几何形状的系统, 选取极坐标系才能最大限度地反映出体系的对称性. 我们选取这个圆片的圆心为极坐标的原点, 空间中任意一点的位置都可以用极径和极角 (ρ,ϕ) 这一对参量来表示. 假定这个圆片的半径为 a, 该薄圆片边缘有温度分布 $f(\phi)$, 且系统内没有热源. 我们希望知道此种情况下薄圆片内的稳定的温度分布. 由上面的题设, 我们不难看出, 这个定解问题由以下方程来刻画:

$$\begin{cases} \nabla^2 u(\boldsymbol{r}) \equiv \dfrac{1}{\rho}\dfrac{\partial}{\partial\rho}\left(\rho\dfrac{\partial u}{\partial\rho}\right)+\dfrac{1}{\rho^2}\dfrac{\partial^2 u}{\partial\phi^2}=0, \quad 0<\rho<a, \quad 0<\phi\leqslant 2\pi, \\ u(a,\phi)=f(\phi), \qquad\qquad\qquad\qquad\qquad\qquad\qquad 0<\phi\leqslant 2\pi. \end{cases} \tag{3.3.40}$$

第一眼看到这个定解问题, 我们可能会觉得这里的定解条件不够, 因为方程为具有两个自变量的二阶偏微分方程, 而上面只给出了一个边界条件. 但稍微一思考, 我们就发现这个系统还具有两个**自然边界条件**: ① 在整个圆内, 包括圆心处, 体系温度应该有限, 即 $\lim\limits_{\rho\to 0}u(\rho,\phi)<\infty$; ② 函数具有单值性, 即 $u(\rho,\phi)=u(\rho,\phi+2n\pi)$ (n 为整数).

我们现在对上面定解问题进行分离变量. 令

$$u(\rho,\phi)=R(\rho)\varPhi(\phi), \tag{3.3.41}$$

将它代入泛定方程中, 有

$$\frac{\rho}{R(\rho)}\frac{\mathrm{d}}{\mathrm{d}\rho}\left(\rho\frac{\mathrm{d}R}{\mathrm{d}\rho}\right)=-\frac{1}{\varPhi}\frac{\mathrm{d}^2\varPhi}{\mathrm{d}\phi^2}, \tag{3.3.42}$$

方程两边如若相等则只能等于一个常数. 因此, 通过分离变量, 极坐标系中的拉普拉斯方程又分解为了两个关联在一起的二阶常微分方程

$$\rho^2R''+\rho R'-\lambda R=0, \tag{3.3.43}$$

$$\varPhi''+\lambda\varPhi=0. \tag{3.3.44}$$

(3.3.43) 式称为径向方程而 (3.3.44) 式称为角向方程, 它们同各自满足的自然边界条件分别构成了常微分方程的定解问题:

$$\begin{cases} \Phi'' + \lambda\Phi = 0, \\ \Phi(\phi + 2\pi) = \Phi(\phi). \end{cases} \tag{3.3.45}$$

$$\begin{cases} \rho^2 R'' + \rho R' - \lambda R = 0, \\ \lim\limits_{\rho \to 0} R(\rho) < \infty. \end{cases} \tag{3.3.46}$$

这两个定解问题由一个共有的常数 λ 联系在一起.

由 Φ 的 2π 周期性, 从角向方程的定解问题中, 我们立刻就可以得出 λ 只能取分立的本征值 $\lambda_n = n^2$ $(n = 0, 1, 2, \cdots)$, 相对应的本征函数

$$\Phi_n(\phi) = A_n \cos n\phi + B_n \sin n\phi. \tag{3.3.47}$$

将相应的本征值 $\lambda_n = n^2$ 代入径向方程, 有

$$\rho^2 R_n'' + \rho R_n' - n^2 R_n = 0. \tag{3.3.48}$$

当 $n = 0$ 时, 方程退化为 $\rho^2 R_0'' + \rho R_0' = 0$, 很容易得到它的解为

$$R_0 = C_0 + D_0 \ln \rho. \tag{3.3.49}$$

而当 $n \neq 0$ 时, 在对 (3.3.48) 式仔细观察后, 我们发现, 如果 $R(\rho)$ 为 ρ 的某一幂次, 该方程各项关于 ρ 的幂次是相同的, 因此我们可假设 $R \sim \rho^s$, 代入 (3.3.48) 式, 求得所有可能的 s, 这些可能的 ρ^s 的线性叠加就是我们想要找的径向方程的解. 按此方法, 我们不难求得 $s = \pm n$, 于是

$$R(\rho) = C_n \rho^n + D_n \frac{1}{\rho^n}. \tag{3.3.50}$$

但从自然边界条件 $\lim\limits_{\rho \to 0} R(\rho) < \infty$ 我们知, 为了保证 $R(\rho)$ 在圆内不发散, 我们必须取 $D_0 = 0$ 以及 $D_n = 0$. 这样一来, 当本征值 $\lambda = 0$ 时 $u_0(\rho, \phi) = R_0 \Phi_0 = A_0$, 当 $\lambda_n = n^2$ 时对应的解为 $u_n(\rho, \phi) = (A_n \cos n\phi + B_n \sin n\phi)\rho^n$, 于是

$$u(\rho, \phi) = A_0 + \sum_{n=1}^{\infty} (A_n \cos n\phi + B_n \sin n\phi)\rho^n. \tag{3.3.51}$$

其中的常数 A_0、A_n 以及 B_n 需要通过 $\rho = a$ 处的边界条件来确定:

$$u(a, \phi) = A_0 + \sum_{n=1}^{\infty} (A_n \cos n\phi + B_n \sin n\phi)a^n = f(\phi). \tag{3.3.52}$$

这给出

$$\begin{cases} A_0 = \dfrac{1}{2\pi}\displaystyle\int_0^{2\pi} f(\phi)\mathrm{d}\phi, \\ A_n = \dfrac{1}{a^n\pi}\displaystyle\int_0^{2\pi} f(\phi)\cos n\phi\mathrm{d}\phi, \\ B_n = \dfrac{1}{a^n\pi}\displaystyle\int_0^{2\pi} f(\phi)\sin n\phi\mathrm{d}\phi. \end{cases} \tag{3.3.53}$$

至此我们就求解出了这个圆形薄片上无源稳定温度分布问题.

3.3.3 无界空间上稳定场问题的求解

对于无界空间上的稳定场问题, 同样, 我们可以采用积分变换方法来处理.

例 3.3.1 设真空中存在静电荷, 其电荷密度分布函数为 $\rho(\boldsymbol{r})$, 求真空中的静电势 $u(\boldsymbol{r})$.

解 依据上述问题, 我们知道, 真空中的静电势 $u(\boldsymbol{r})$ 满足方程

$$\nabla^2 u(\boldsymbol{r}) = -\frac{\rho(\boldsymbol{r})}{\epsilon_0}. \tag{3.3.54}$$

设 $u(\boldsymbol{r})$ 的傅里叶变换像函数为 $U(\boldsymbol{k})$, 根据傅里叶积分变换的微分定理, 有

$$F[\nabla^2 u(\boldsymbol{r})] = -k^2 U(\boldsymbol{k}). \tag{3.3.55}$$

设 $\rho(\boldsymbol{r})$ 的傅里叶变换像函数为 $\varPsi(\boldsymbol{k})$, 于是我们有

$$U(\boldsymbol{k}) = \frac{1}{\epsilon_0}\frac{1}{k^2}\varPsi(\boldsymbol{k}). \tag{3.3.56}$$

我们看到, 真空静电势的像函数是两个像函数 $1/k^2$ 和 $\varPsi(\boldsymbol{k})$ 的乘积, 因此静电势必然是这两个像函数所对应原函数的卷积. 我们知道 $1/k^2$ 的原函数为

$$F^{-1}\left[\frac{1}{k^2}\right] = \frac{1}{4\pi r}, \tag{3.3.57}$$

于是我们最终就有

$$u(\boldsymbol{r}) = \frac{1}{4\pi\epsilon_0}\iiint_{-\infty}^{\infty} \frac{\rho(\boldsymbol{r}')}{|\boldsymbol{r}-\boldsymbol{r}'|}\mathrm{d}^3 r'. \tag{3.3.58}$$

这正是我们所熟知的真空静电势的表达式.

习 题 3.3

1. 求以下二维有限区域稳定场定解问题:

$$\begin{cases} u_{xx}+u_{yy}=0, & 0<x<a,\quad 0<y<b, \\ u(0,y)=0, u(a,y)=0, & 0\leqslant y\leqslant b, \\ u(x,0)=0, u(x,b)=f(x), & 0\leqslant x\leqslant a. \end{cases}$$

2. 求以下二维有限区域稳定场定解问题:

$$\begin{cases} u_{xx}+u_{yy}=0, & 0<x<a,\quad 0<y<b, \\ u(x,y)|_{x=0}=0, u_x(x,y)|_{x=a}=f(y), & 0\leqslant y\leqslant b, \\ u(x,y)|_{y=0}=0, u_y(x,y)|_{y=b}=0, & 0\leqslant x\leqslant a. \end{cases}$$

3. 求以下二维有限区域稳定场定解问题:

$$\begin{cases} u_{xx}+u_{yy}=0, & 0<x<a,\quad 0<y<b, \\ u(0,y)=Ay(b-y), u(a,y)=0, & 0\leqslant y\leqslant b, \\ u(x,0)=B\sin\dfrac{\pi x}{a}, u(x,b)=0, & 0\leqslant x\leqslant a. \end{cases}$$

3.4 施图姆–刘维尔本征值问题

在本章前面, 我们不断地碰到本征值问题, 而且也不断地强调, 本征值问题是分离变量法中的核心问题. 当回过头来再看看所碰到的本征值问题时, 我们发现这些本征值问题大体都是如下的形式:

施图姆–刘维尔本征值问题

$$\begin{cases} y''(x)+\lambda y(x)=0,\ a<x<b, \\ \text{齐次边界条件}\quad\text{或}\quad\text{自然边界条件}, \end{cases} \tag{3.4.1}$$

而且所得本征函数也都是三角函数形式. 于是我们就有一个问题: 是不是只有这样的方程才能构成本征值问题? 是不是相应的本征函数只能取三角函数的形式? 其实不然. 在本节中, 我们将简要对本征值问题进行探讨.

3.4.1 施图姆–刘维尔本征值问题的概念

一般来讲, 对于一个形如

$$\frac{\mathrm{d}}{\mathrm{d}x}\left[k(x)\frac{\mathrm{d}y}{\mathrm{d}x}\right]-q(x)y(x)+\lambda\rho(x)y=0,\quad a<x<b \tag{3.4.2}$$

的二阶线性齐次常微分方程, 在一些特定的边界条件下, 只有当参数 λ 取某些特定的值时才有非平凡的解存在, 这些特定的 λ 的取值 $\lambda_i(i=1,2,\cdots)$ 就称为**本征值**, 相应的方程的非平凡解 $y_i(x)$ 称为该本征值对应的**本征函数**. 这种形式的二阶线性齐次常微分方程称为**施图姆–刘维尔** (Sturm-Liouville) **型方程**, 因此该本征值问题也称为**施图姆–刘维尔本征值问题**. 方程中的 $\rho(x)$ 称为**权函数**.

我们不难看到, (3.4.1) 式中的方程就是施图姆–刘维尔型方程, 其相应的 $k(x)=1$、$q(x)=0$ 以及 $\rho(x)=1$, 因此, 我们之前所讨论的本征值问题都是施图姆–刘维尔本征值问题.

其实我们不难验证, 任何一个二阶线性齐次方程

$$y''(x)+p(x)y'(x)-w(x)y(x)+\lambda v(x)y(x)=0, \tag{3.4.3}$$

通过对方程两边同乘以一个函数

$$k(x)=\mathrm{e}^{\int p(x)\mathrm{d}x}, \tag{3.4.4}$$

均可化为上述施图姆–刘维尔型方程. 在实际问题中, 此二阶线性方程中的参数 λ 经常会在分离变量步骤中引入.

那么, 施图姆–刘维尔型方程在哪些边界条件下才能构成本征值问题呢? 一般来讲, 根据方程中 $k(x)$、$q(x)$ 和 $\rho(x)$ 这几个函数的性质, 有以下三种情况:

(1) 如果在某端点处 (例如在端点 a 处) $k(x)|_a\neq 0$, 则方程在此端需要满足齐次边界条件 $\alpha y'(a)+\beta y(a)=0$ 才可构成本征值问题. 我们在有限区间弦振动问题以及输运问题中所碰到的本征值问题就属此类.

(2) 如果在某边界处 $k=0$, 则此时通常需要考虑函数的有限性自然边界条件才可能构成本征值问题. 我们在第 5 章中将要讨论的勒让德方程在自然边界条件下的求解就属此类型.

(3) 如果在两个端点处有 $k(a)=k(b)$ 且 $k(x)$、$q(x)$ 和 $\rho(x)$ 都是以区间 (a,b) 为周期, 则方程与周期性自然边界条件就可构成本征值问题. 我们前面讨论过的二维圆形区域内拉普拉斯定解问题中遇到的本征值问题就属此类.

当满足了上述边界条件, $k(x)$、$k'(x)$、$q(x)$ 及 $\rho(x)$ 在所考察区间 (a,b) 上连续, 且 $k(x)$ 和 $q(x)$ 以及 $\rho(x)$ 均为非负的实函数, 则相应的施图姆–刘维尔本征值问题将存在无穷多个非负的实本征值 $\{\lambda_i, i=1,2,\cdots\}$, 这些本征值构成一个递增序列

$$\lambda_1<\lambda_2<\lambda_3<\cdots, \tag{3.4.5}$$

并且当 $i\to\infty$ 时, 本征值 λ_i 将趋于无穷大. 对于此论述的详细证明请参阅 R. 柯朗和 D. 希尔伯特著、钱敏与郭敦仁两位先生翻译的《数学物理方法 I》.

3.4.2 本征函数族的正交性与广义傅里叶级数

假定我们在对所研究相关偏微分方程定解问题进行分离变量后得到了一个施图姆–刘维尔型方程, 且这个方程满足上述边界条件, 即我们得到了一个施图姆–刘维尔本征值问题, 对于不同的本征值, 有相应的本征函数与之对应. 设两个不同的本征值 λ_m 和 λ_n, 与它们相对应的两个本征函数 $y_m(x)$ 和 $y_n(x)$ 分别满足以下恒等式:

$$\begin{cases} \dfrac{\mathrm{d}}{\mathrm{d}x}\left[k(x)\dfrac{\mathrm{d}y_m}{\mathrm{d}x}\right]-q(x)y_m(x)+\lambda_m\rho(x)y_m\equiv 0, \\ \dfrac{\mathrm{d}}{\mathrm{d}x}\left[k(x)\dfrac{\mathrm{d}y_n}{\mathrm{d}x}\right]-q(x)y_n(x)+\lambda_n\rho(x)y_n\equiv 0. \end{cases} \tag{3.4.6}$$

考虑到本征函数有可能取复形式 (如 $\mathrm{e}^{\mathrm{i}(n\pi x)/l}$), 不失一般性, 我们对上面第一式两边乘以 y_n^*, 并对第二式取复共轭后两边乘以 y_m, 然后两式相减, 得

$$\left\{y_n^*\frac{\mathrm{d}}{\mathrm{d}x}\left[k(x)\frac{\mathrm{d}y_m}{\mathrm{d}x}\right]-y_m\frac{\mathrm{d}}{\mathrm{d}x}\left[k(x)\frac{\mathrm{d}y_n^*}{\mathrm{d}x}\right]\right\}+(\lambda_m-\lambda_n)\rho(x)y_my_n^*\equiv 0. \tag{3.4.7}$$

对此式在整个本征值问题区域 $[a,b]$ 上进行积分, 有

$$\int_a^b\left\{y_n^*\frac{\mathrm{d}}{\mathrm{d}x}\left[k(x)\frac{\mathrm{d}y_m}{\mathrm{d}x}\right]-y_m\frac{\mathrm{d}}{\mathrm{d}x}\left[k(x)\frac{\mathrm{d}y_n^*}{\mathrm{d}x}\right]\right\}\mathrm{d}x+(\lambda_m-\lambda_n)\int_a^b\rho(x)y_my_n^*\mathrm{d}x\equiv 0. \tag{3.4.8}$$

对上式左边第一项积分运用分部积分推演后, 我们得到

$$\left[ky_n^*y_m'-ky_my_n^{*\prime}\right]_{x=b}-\left[ky_n^*y_m'-ky_my_n^{*\prime}\right]_{x=a}+(\lambda_m-\lambda_n)\int_a^b\rho(x)y_my_n^*\mathrm{d}x\equiv 0. \tag{3.4.9}$$

如果本征值问题满足的是第一类、第二类或第三类齐次边界条件, 即在边界处满足 $\alpha y'+\beta y=0$, 于是有

$$\begin{aligned}\frac{1}{\alpha}\left[ky_n^*\alpha y_m'-ky_m\alpha y_n^{*\prime}\right]=&\ \frac{1}{\alpha}\Big[ky_n^*(\alpha y_m'+\beta y_m)-\beta ky_n^*y_m \\ &-ky_m(\alpha y_n^{*\prime}+\beta y_n^*)+\beta ky_n^*y_m\Big].\end{aligned} \tag{3.4.10}$$

我们发现 (3.4.9) 式中左边的前两项为零. 而如果此本征值问题的边界满足有限性自然边界条件, 则此种情况下在边界处 $k=0$, 前两式同样为零; 而在周期性边界条件下, 前两项相同, 它们的差同样给出零结果. 于是, 我们就得出结论: 当 $\lambda_m \neq$

λ_n 时, 它们所对应的本征函数 $y_m(x)$ 和 $y_n(x)$ 之间满足

$$\int_a^b \rho(x) y_m y_n^* \mathrm{d}x = 0. \tag{3.4.11}$$

这说明不同本征函数之间在区间 $[a,b]$ 上满足带权 $\rho(x)$ 的正交关系. 这也就是为什么我们称 $\rho(x)$ 为权函数. 我们知道, $y'' + \lambda y = 0$ 在区间 $[0,l]$ 边界上满足第一类齐次边界条件的话, 它的本征函数 $\sin(n\pi x/l)$ 就满足带权正交关系, 只不过其权函数为 1 罢了.

由于不同本征函数之间满足带权正交关系, 类似于三角函数族 $\{\cos(n\pi x/l), \sin(n\pi x/l)\}$, 一个施图姆–刘维尔本征值问题中所有的本征函数 $\{y_m(x), m=1, 2, \cdots\}$ 就构成了一个正交完备的函数基底, 凡具有与该本征值问题相同的边界条件且满足狄利克雷条件的函数 $f(x)$ 均可在此函数基底上展开成函数级数

$$f(x) = \sum_{n=1}^{\infty} c_n y_n(x), \tag{3.4.12}$$

其展开系数为

$$c_n = \frac{\int_a^b f(x) y_n^* \rho(x) \mathrm{d}x}{\int_a^b \rho(x) |y_n|^2 \mathrm{d}x}. \tag{3.4.13}$$

此类以本征函数族为基底的函数级数就称为**广义傅里叶级数**, 上式就是 $f(x)$ 在 $\{y_m(x)\}$ 上的广义傅里叶级数展开.

习 题 3.4

1. 试将拉盖尔 (Laguerre) 方程

$$xy'' + (1-x)y' + ay = 0$$

化为 (3.4.2) 式中标准的施图姆–刘维尔型方程, 并确定其相应的权函数.

2. 试将厄米 (Hermite) 方程

$$y'' - 2xy' + 2ay = 0$$

化为 (3.4.2) 式中标准的施图姆–刘维尔型方程, 并确定其相应的权函数.

3. 试将切比雪夫 (Chebyshev) 方程

$$(1-x^2)y''-xy'+n^2y=0$$

化为 (3.4.2) 式中标准的施图姆–刘维尔型方程, 并确定其相应的权函数.

4. 对于施图姆–刘维尔本征值问题

$$\begin{cases}\dfrac{\mathrm{d}}{\mathrm{d}x}\left[k(x)\dfrac{\mathrm{d}y}{\mathrm{d}x}\right]-q(x)y(x)+\lambda\rho(x)y=0, \quad a<x<b,\\ \alpha_1y(a)-\alpha_2y'(a)=0,\\ \beta_1y(b)+\beta_2y'(b)=0,\end{cases}$$

当 $k(x)$、$q(x)$ 和 $\rho(x)$ 均为非负的实函数, 且 α_1、α_2、β_1 及 β_2 均为非负的实常数时, 试证明:

(1) 所有本征值 λ_i 均是实数;

(2) 所有本征值 λ_i 均是非负的.

第 4 章

二阶线性常微分方程

在物理问题中, 对相应定解问题中的泛定偏微分方程进行分离变量后所得方程往往是二阶常微分方程, 而其中较为基本的是齐次线性常微分方程, 因此为了能够讨论更加一般的定解问题, 我们在本章中将仔细考察二阶线性齐次常微分方程的解的问题.

为了一般性起见, 我们来讨论复变量常微分方程. 二阶线性齐次常微分方程的标准形式为

$$\frac{\mathrm{d}^2u(z)}{\mathrm{d}z^2}+p(z)\frac{\mathrm{d}u(z)}{\mathrm{d}z}+q(z)u(z)=0, \tag{4.0.1}$$

其中 z 为复变量, $p(z)$ 和 $q(z)$ 是已知的复变函数.

4.1 线性齐次常微分方程解的线性相关性

线性齐次常微分方程解的相关性

我们首先来考察这个方程的线性无关解的个数. 为此, 我们先来讨论一个函数组 $\{\phi_i(z)\ (i=1,2,\cdots,n)\}$ 的线性相关性. 我们知道, 如果存在一组不全为零的数 $\lambda_i\ (i=1,2,\cdots,n)$, 使得

$$\sum_{i=1}^{n}\lambda_i\phi_i(z)=0 \tag{4.1.1}$$

对于任意一个可能的自变量 z 都成立, 则我们说该函数组 $\{\phi_1(z),\phi_2(z),\cdots,\phi_n(z)\}$ 是线性相关的, 否则该函数组就是线性无关的.

上述表述只是一个对于线性相关性的定义性描述. 那么, 如何判断一个给定函数组的线性相关性? 我们可以通过以下的简单方法做出判定. 我们假定上述函数组中的 n 个函数均是 $(n-1)$-阶可导的, 对 (4.1.1) 式重复求 $(n-1)$ 次导数, 并将这些方程联立, 我们就得到如下关于 $\{\lambda_i\}$ 的 n 元方程组:

$$\lambda_1\phi_1(z)+\lambda_2\phi_2(z)+\cdots+\lambda_n\phi_n(z)=0,$$

$$\lambda_1\phi_1'(z)+\lambda_2\phi_2'(z)+\cdots+\lambda_n\phi_n'(z)=0,$$

$$\cdots\cdots$$

$$\lambda_1\phi_1^{(n-1)}(z)+\lambda_2\phi_2^{(n-1)}(z)+\cdots+\lambda_n\phi_n^{(n-1)}(z)=0, \tag{4.1.2}$$

该方程组具有不全为零的 λ_i 的解的条件是系数行列式 (**朗斯基行列式** (Wronskian)) 为零, 即

$$\begin{vmatrix} \phi_1(z) & \phi_2(z) & \cdots & \phi_n(z) \\ \phi_1'(z) & \phi_2'(z) & \cdots & \phi_n'(z) \\ \vdots & \vdots & & \vdots \\ \phi_1^{(n-1)}(z) & \phi_2^{(n-1)}(z) & \cdots & \phi_n^{(n-1)}(z) \end{vmatrix}=0. \tag{4.1.3}$$

换句话说, 如果上述朗斯基行列式对于定义域内的任何一个 z 均为零, 则函数组 $\{\phi_i(z)\}$ 线性相关; 而如果此朗斯基行列式不为零, 该函数组就是线性无关的.

有了这个基础, 我们回头来看我们所关心的 (4.0.1) 式中的二阶齐次线性常微分方程的线性独立的解的个数问题. 设三个函数 $u_1(z)$、$u_2(z)$ 和 $u_3(z)$ 均是此方程的解, 由于方程为二阶常微分方程, 因此这三个函数均是 2-阶可导的. 按照上述线性相关性判据, 我们来考察相应的朗斯基行列式

$$L=\begin{vmatrix} u_1(z) & u_2(z) & u_3(z) \\ u_1'(z) & u_2'(z) & u_3'(z) \\ u_1''(z) & u_2''(z) & u_3''(z) \end{vmatrix}. \tag{4.1.4}$$

此行列式可进一步由代数余子式表示为

$$L=-u_1'(z)L_{23}+u_2'(z)L_{13}-u_3'(z)L_{12}, \tag{4.1.5}$$

其中

$$L_{ij}=\begin{vmatrix} u_i(z) & u_j(z) \\ u_i''(z) & u_j''(z) \end{vmatrix}=u_i(z)u_j''(z)-u_i''(z)u_j(z). \tag{4.1.6}$$

由于 $u_i(z)$ 和 $u_j(z)$ 均是上述常微分方程的解, 因此, 将 $u_i(z)$ 和 $u_j(z)$ 分别代入 (4.0.1) 式, 有

$$u_i''+p(z)u_i'+q(z)u_i\equiv 0, \tag{4.1.7}$$

$$u_j''+p(z)u_j'+q(z)u_j\equiv 0, \tag{4.1.8}$$

(4.1.7)$\times u_j-$ (4.1.8)$\times u_i$, 我们就得到

$$u_i(z)u_j''(z)-u_j(z)u_i''(z)=-p(z)\left[u_i(z)u_j'(z)-u_i'(z)u_j(z)\right]. \tag{4.1.9}$$

结合上面提到的代数余子式的表述形式, 我们很容易就看出

$$L = -p(z)\begin{vmatrix} u_1(z) & u_2(z) & u_3(z) \\ u_1'(z) & u_2'(z) & u_3'(z) \\ u_1'(z) & u_2'(z) & u_3'(z) \end{vmatrix} \equiv 0. \tag{4.1.10}$$

此朗斯基行列式恒等于零的结果表明, 此二阶线性齐次常微分方程的任何三个解都是线性相关的, 于是我们就得出结论: 一个二阶线性齐次常微分方程最多只能有两个线性独立的解.

依此类推, 我们不难得出结论: n-阶线性齐次常微分方程最多只能有 n 个线性独立的解. 这些线性独立的解的一般性的线性叠加就给出了方程的通解

$$u(z) = \sum_{i=1}^{n} c_i u_i(z), \tag{4.1.11}$$

其中 c_i 为线性叠加系数, 通常需要根据数理问题的边界条件来确定.

习 题 4.1

1. 利用朗斯基行列式证明下列这组函数是线性独立的:

$$\left\{\frac{x^n}{n!}, n = 0, 1, 2, \cdots, N\right\}.$$

2. 如果 $y_1(x)$ 和 $y_2(x)$ 两个函数的朗斯基行列式恒为零, 试证明它们之间必然满足关系式

$$y_1(x) = cy_2(x),$$

其中 c 为常数, 即这两个函数是线性相关的.

3. 试证明二阶线性齐次常微分方程

$$p(x)y'' + q(x)y' + r(x)y = 0$$

的朗斯基行列式为

$$L = \frac{C}{p(x)},$$

其中 C 为常数.

4.2 二阶齐次常微分方程的级数解法

接下来, 我们讨论二阶线性齐次常微分方程的解. 这里我们将主要讨论级数解法, 此方法也称为**弗罗贝尼乌斯** (Frobenius) **方法**. 在进行讨论前, 我们首先要对方程的解析性做一定的考察. 可以说, (4.0.1) 式中的微分方程的解析性完全决定于 $p(z)$ 和 $q(z)$ 这两个系数函数. 因此, 通过对这两个系数函数的解析性的分析, 我们就可将所研究区域内的点分为以下两大类.

方程的正常点 (**正则点**): $p(z)$ 和 $q(z)$ 在此点及其邻域内解析.

方程的孤立奇点: 该点为 $p(z)$ 或 $q(z)$ 的孤立奇点.

由之前第 1 章所讨论的复变函数, 我们知道, 复变函数在任意一点的邻域上都可展开成幂级数的形式, 依据展开中心点的奇异性, 或为泰勒级数, 或为洛朗级数. 这也正是我们为什么首先要讨论方程在给定点处的奇异性. 接下来, 我们将分别就 (4.0.1) 式中的二阶线性齐次常微分方程在正常点和奇点处的解的形式进行讨论.

4.2.1 方程正常点邻域内的解

二阶线性齐次常微分方程在正常点附近邻域内的级数解法

定理: 对于方程的正常点 z_0, 如 $p(z)$ 和 $q(z)$ 在圆域 $|z-z_0| \leqslant R$ 内解析, 则该方程的解在此圆域内解析, 且其级数展开形式均为

$$u(z) = \sum_{k=0}^{\infty} a_k (z-z_0)^k. \tag{4.2.1}$$

在这里, 由于篇幅所限以及我们的内容侧重点问题, 将不给出此定理的严格证明, 推荐读者去阅读相关参考书籍 (如王竹溪、郭敦仁著《特殊函数概论》(北京大学出版社)). 但不论如何, 我们总还是能通过一点简单的尝试来验证这个定理.

假设 z_0 点是方程解 $u(z)$ 的单极点, 于是 $u(z)$ 在该点邻域内须展开成相应的洛朗级数

$$u(z) = \sum_{k=-1}^{\infty} a_k (z-z_0)^k, \tag{4.2.2}$$

由于在此区域内 $p(z)$ 和 $q(z)$ 是解析的, 因此有

$$p(z) = \sum_{k=0}^{\infty} p_k (z-z_0)^k, \quad q(z) = \sum_{k=0}^{\infty} q_k (z-z_0)^k. \tag{4.2.3}$$

将以上级数展开代入方程 (4.0.1) 中, 得

$$\sum_{k=-1}^{\infty} a_k k(k-1)(z-z_0)^{k-2} + \sum_{k=-1}^{\infty} a_k k(z-z_0)^{k-1} \sum_{m=0}^{\infty} p_m(z-z_0)^m$$
$$+ \sum_{k=-1}^{\infty} a_k(z-z_0)^k \sum_{m=0}^{\infty} q_m(z-z_0)^m = 0,$$

此等式成立的条件是方程左边的各阶项的系数为零, 对方程最低阶项 $(z-z_0)^{-3}$ 的系数进行考察, 我们就发现 $a_{-1}=0$, 因此, 在方程的正常点邻域内, 函数 $u(z)$ 不可能有单极点.

同样地, 我们还可以考察如果 z_0 点是 $u(z)$ 的二阶极点会怎样. 依此假定, $u(z)$ 的洛朗展开为 $u(z)=\sum\limits_{k=-2}^{\infty} a_k(z-z_0)^k$. 利用与上面同样的方法, 我们将 $u(z)$、$p(z)$ 和 $q(z)$ 的展开式代入方程中, 考察最低阶项 $(z-z_0)^{-4}$ 的系数 a_{-2}, 不难发现 $a_{-2}=0$, 于是我们看到, 该区域也不可能有函数的二阶极点. 依此方法类推, 我们就不难看出, 在方程的正常点及其邻域内, 函数 $u(z)$ 只可能有 (4.2.1) 式中所示的解析解.

或者, 我们还有一种更加系统也更加容易推广的简单证明. 一般来讲, 函数 $u(z)$ 在 z_0 点的邻域上总是可以写成某种级数的形式. 假设该函数的级数展开的最低次幂为 s (注意, 一般来讲, s 可以不为整数), 于是, $u(z)$ 在 z_0 的邻域上可以写为如下形式:

$$u(z)=(z-z_0)^s \sum_{k=0}^{\infty} a_k(z-z_0)^k = \sum_{k=0}^{\infty} a_k(z-z_0)^{(s+k)}. \tag{4.2.4}$$

由于我们假定该函数的最低次幂为 s, 因此很容易判断出 a_0 必不为零. 将此展开式代入 (4.0.1) 式中的方程中, 我们有

$$\begin{aligned}&\sum_{k=0}^{\infty} a_k(s+k)(s+k-1)(z-z_0)^{s+k-2}\\&+\sum_{k=0}^{\infty} a_k(s+k)(z-z_0)^{s+k-1}\sum_{m=0}^{\infty} p_m(z-z_0)^m\\&+\sum_{k=0}^{\infty} a_k(z-z_0)^{s+k}\sum_{m=0}^{\infty} q_m(z-z_0)^m=0.\end{aligned} \tag{4.2.5}$$

上述等式成立的条件是方程左边各幂次项前面的系数均为零. 对其最低阶项 $(z-z_0)^{s-2}$ 前的系数进行考察, 我们发现

$$a_0 s(s-1)=0, \tag{4.2.6}$$

由于 a_0 不为零, 因此上式成立的条件只能是 $s=0$ 或 $s=1$, 也即函数 $u(z)$ 的幂级数展开的最低阶幂次只能是 0 或 1. 这样就验证了我们前面所给出的定理.

从这个定理所给出的方程在正常点附近圆域上解的形式, 我们不难通过如下方法求出该方程的解. 将 (4.2.1) 式中解的形式代入 (4.0.1) 式中, 我们有

$$\sum_{k=0}^{\infty} a_k k(k-1)(z-z_0)^{k-2} + \sum_{k=0}^{\infty} a_k k(z-z_0)^{k-1} \sum_{m=0}^{\infty} p_m (z-z_0)^m + \sum_{k=0}^{\infty} a_k (z-z_0)^k \sum_{m=0}^{\infty} q_m (z-z_0)^m = 0, \tag{4.2.7}$$

将明显为零的项去掉, 并适当做指标代换, 我们就有

$$\sum_{k=0}^{\infty} a_{k+2}(k+1)(k+2)(z-z_0)^k + \sum_{k=0}^{\infty} a_{k+1}(k+1)(z-z_0)^k \sum_{m=0}^{\infty} p_m (z-z_0)^m + \sum_{k=0}^{\infty} a_k (z-z_0)^k \sum_{m=0}^{\infty} q_m (z-z_0)^m = 0, \tag{4.2.8}$$

方程成立的条件是各幂次项前面的系数为零, 于是我们就有

$$2a_2 + p_0 a_1 + q_0 a_0 = 0,$$

$$6a_3 + 2p_0 a_2 + p_1 a_1 + q_0 a_1 + q_1 a_0 = 0,$$

$$\cdots\cdots$$

由上面这组方程的第一个式子, 我们看到, 只要我们知道 a_0 和 a_1 (这是一定的, 因为它们是求解二阶微分方程所必需的初始条件), 就可求出 a_2 ($p(z)$ 和 $q(z)$ 是已知函数, 因此它们的幂级数展开的各阶系数也是已知的); 在知道了 a_2 的情况下, 依据第二个式子我们又可以推出 a_3, 以此类推, 通过上述各阶系数为零导出的方程, 我们就可以通过递推关系求得 $u(z)$ 幂级数展开式中所有的系数 a_k, 从而确定出该函数.

例 4.2.1 利用幂级数法求解二阶线性齐次常微分方程 $u''+\omega^2 u=0$.

解 从方程我们看到, 相应的 $p(z)\equiv 0$ 而 $q(z)\equiv \omega^2$, 因此我们发现 $z_0=0$ 是方程的正常点, 且方程在所有 $|z|<\infty$ 的区域内都解析, 因此, 该方程的

解具有如 (4.2.1) 式中的形式. 将此解的形式代入上述待求方程中, 我们得

$$\sum_{k=0}^{\infty} a_k k(k-1)z^{k-2} + \omega^2 \sum_{k=0}^{\infty} a_k z^k = 0, \tag{4.2.9}$$

去掉明显为零的项并进行适当的指标代换后, 有

$$\sum_{k=0}^{\infty} a_{k+2}(k+2)(k+1)z^k + \omega^2 \sum_{k=0}^{\infty} a_k z^k = 0, \tag{4.2.10}$$

于是, 我们就得到了幂级数展开系数之间的递推关系式

$$a_{k+2} = -\frac{\omega^2}{(k+2)(k+1)} a_k. \tag{4.2.11}$$

从这个递推关系式, 我们知道, 由 a_0 我们可以得到所有偶幂次项的系数, 由 a_1 可以得到所有奇次幂项的系数. 经过简单计算, 我们不难得出, 满足该方程的解应为

$$\begin{aligned} u(z) = {} & a_0 \left[1 - \frac{1}{2!}(\omega z)^2 + \frac{1}{4!}(\omega z)^4 + \cdots\right] \\ & + \frac{a_1}{\omega}\left[(\omega z) - \frac{1}{3!}(\omega z)^3 + \frac{1}{5!}(\omega z)^5 + \cdots\right], \end{aligned} \tag{4.2.12}$$

这正是

$$u(z) = a_0 \cos(\omega z) + a_1' \sin(\omega z), \quad a_1' = \frac{a_1}{\omega}, \tag{4.2.13}$$

与我们的预期一致.

例 4.2.2 利用幂级数法在 $z=0$ 及其邻域内求解下述勒让德方程:

勒让德方程正常点附近邻域上的求解

$$(1-z^2)u'' - 2zu' + l(l+1)u = 0, \tag{4.2.14}$$

其中 l 为已知参数.

解 对方程两边除以 $(1-z^2)$ 将方程整理成 (4.0.1) 式中标准的二阶线性齐次常微分方程后, 我们看到

$$p(z) = -\frac{2z}{1-z^2}, \quad q(z) = \frac{l(l+1)}{1-z^2}, \tag{4.2.15}$$

从中我们看出 $z=0$ 是方程的正常点而 $z=-1$ 和 $z=1$ 为方程的两个孤

立奇点, 因此在以 $z=0$ 为中心且 $|z|<1$ 的区域内方程解析, 即勒让德方程在该区域的解具有 (4.2.1) 式中的形式, 将此解的形式代入勒让德方程中, 我们有

$$\sum_{k=0}^{\infty} k(k-1)a_k z^{k-2} - \sum_{k=0}^{\infty} k(k-1)a_k z^k - 2\sum_{k=0}^{\infty} k a_k z^k + l(l+1)\sum_{k=0}^{\infty} a_k z^k = 0. \tag{4.2.16}$$

对此式进行适当整理后, 我们有

$$\sum_{k=0}^{\infty}\left\{(k+1)(k+2)a_{k+2} - \left[k(k+1)-l(l+1)\right]a_k\right\}z^k = 0. \tag{4.2.17}$$

此等式成立的条件是方程左边各项系数为零, 于是就有了如下系数间递推关系式:

$$a_{k+2} = \frac{k(k+1)-l(l+1)}{(k+1)(k+2)}a_k = \frac{(k-l)(k+l+1)}{(k+1)(k+2)}a_k. \tag{4.2.18}$$

这个递推关系式分别给出了偶次幂项和奇次幂项系数的递推关系式, 因此我们最终有

$$u(z) = a_0 u_0(z) + a_1 u_1(z), \tag{4.2.19}$$

其中 $u_0(z)$ 和 $u_1(z)$ 分别代表相应求得的偶次幂级数和奇次幂级数, a_0 和 a_1 是两个需要通过定解条件来确定的常数.

4.2.2 方程奇点邻域内的解

二阶齐次常微分方程正则奇点附近邻域内的级数解法

对于方程的奇点, 根据两个系数函数的奇异性, 又可分为两类.

正则奇点: 如果 z_0 为方程的奇点, 而 $(z-z_0)p(z)$ 在此点及其邻域解析, 且 $(z-z_0)^2q(z)$ 亦在此点及其邻域内解析, 则点 z_0 称为方程的正则奇点.

非正则奇点: 不满足正则奇点条件的孤立奇点称为方程的非正则奇点.

1. 第一类型解

我们现在首先用级数展开法求解正则奇点 z_0 附近邻域上的二阶齐次常微分方程. 与之前类似, 我们设 $u(z)$ 在 z_0 的邻域内的幂级数展开的最低幂次为 s, 于是 $u(z)$ 的幂级数展开可写为

$$u(z) = (z-z_0)^s\sum_{k=0}^{\infty} a_k (z-z_0)^k, \tag{4.2.20}$$

其中, 依据上面的设定, a_0 必不为零. 同时, 由于 z_0 为方程的正则奇点, 它最多是 $p(z)$ 的单极点和 $q(z)$ 的二阶极点, 因此它们在 z_0 的邻域内的洛朗级数展开式

分别为

$$p(z)=\sum_{m=-1}^{\infty}p_m(z-z_0)^m,\quad q(z)=\sum_{m=-2}^{\infty}q_m(z-z_0)^m. \tag{4.2.21}$$

将上面三个级数展开表达式代入 (4.0.1) 式中的二阶齐次常微分方程中, 有

$$\begin{aligned}&\sum_{k=0}^{\infty}a_k(s+k)(s+k-1)(z-z_0)^{s+k-2}\\&+\sum_{k=0}^{\infty}a_k(s+k)(z-z_0)^{s+k-1}\sum_{m=-1}^{\infty}p_m(z-z_0)^m\\&+\sum_{k=0}^{\infty}a_k(z-z_0)^{s+k}\sum_{m=-2}^{\infty}q_m(z-z_0)^m=0.\end{aligned} \tag{4.2.22}$$

如果该方程成立的话, 方程左边的幂级数各幂次项系数必须为零. 对于最低次幂项 $(z-z_0)^{s-2}$, 它前面的系数为 $a_0[s(s-1)+sp_{-1}+q_{-2}]$. 由于 $a_0\neq 0$, 因此有

$$s^2+(p_{-1}-1)s+q_{-2}=0. \tag{4.2.23}$$

这个方程就是在级数解法中起重要作用的**指标方程** (indicial equation, 也称为**判定方程**). 这是一个关于 s 的一元二次方程, 它的解给出了 $u(z)$ 在 z_0 附近幂级数展开的可能的最低次幂.

我们设指标方程 (4.2.23) 的两个根分别为 s_1 和 s_2, 不失一般性, 为了以后讨论方便, 我们令 $s_1\geqslant s_2$.

把 $s=s_1$ 代入 (4.2.22) 式中, 考察倒数第二低阶次幂项 $(z-z_0)^{s_1-1}$ 前面的系数, 有

$$a_1[s_1(s_1+1)+(s_1+1)p_{-1}+q_{-2}]+a_0(s_1p_0+q_{-1})=0, \tag{4.2.24}$$

也即可从 a_0 得到 a_1:

$$a_1=-\frac{s_1p_0+q_{-1}}{s_1(s_1+1)+(s_1+1)p_{-1}+q_{-2}}a_0. \tag{4.2.25}$$

类似地, 我们知道 $(z-z_0)^{s_1}$ 前面的系数需满足

$$a_2[(s_1+1)(s_1+2)+(s_1+2)p_{-1}+q_{-2}]+a_1[(s_1+1)p_0+q_{-1}]+a_0(s_1p_1+q_0)=0, \tag{4.2.26}$$

这就给出

$$a_2=-\frac{(s_1+1)p_0+q_{-1}}{(s_1+1)(s_1+2)+(s_1+2)p_{-1}+q_{-2}}a_1$$

$$-\frac{s_1p_1+q_0}{(s_1+1)(s_1+2)+(s_1+2)p_{-1}+q_{-2}}a_0. \tag{4.2.27}$$

以此类推, 我们不难验证, 对 $(z-z_0)^{s_1+k-2}$ 项前面的系数加以考察就得关于 a_k 的递推式

$$\begin{aligned}a_k=&-\frac{(s_1+k-1)p_0+q_{-1}}{(s_1+k-1)(s_1+k)+(s_1+k)p_{-1}+q_{-2}}a_{k-1}\\&-\frac{(s_1+k-2)p_1+q_0}{(s_1+k-1)(s_1+k)+(s_1+k)p_{-1}+q_{-2}}a_{k-2}-\cdots\\&-\frac{s_1p_{k-1}+q_{k-2}}{(s_1+k-1)(s_1+k)+(s_1+k)p_{-1}+q_{-2}}a_0.\end{aligned} \tag{4.2.28}$$

于是, 我们就完全确定了当 $s=s_1$ 时方程的一个特解

$$u_1(z)=(z-z_0)^{s_1}\sum_{k=0}^{\infty}a_k(z-z_0)^k. \tag{4.2.29}$$

一个十分直接的想法是, 当令 $s=s_2$ 再重复以上步骤, 我们必然得到所求微分方程的第二个线性独立的特解

$$u_2(z)=(z-z_0)^{s_2}\sum_{k=0}^{\infty}b_k(z-z_0)^k, \tag{4.2.30}$$

其中系数 b_k 的递推关系式与上面 a_k 所满足的别无二致, 只需将 a_k 递推式中的 s_1 换成 s_2 即可. 但当我们仔细分析上面的递推关系式后, 我们发现以上关于方程第二个线性独立解的结论有点想当然了. 其实, 第二个线性独立的解是否取 (4.2.30) 式中的形式取决于 s_1 和 s_2 的差是否不为整数.

如果 s_1-s_2 不为整数, 那么从 b_k 的递推式

$$\begin{aligned}b_k=&-\frac{(s_2+k-1)p_0+q_{-1}}{(s_2+k-1)(s_2+k)+(s_2+k)p_{-1}+q_{-2}}b_{k-1}-\cdots\\&-\frac{s_2p_{k-1}+q_{k-2}}{(s_2+k-1)(s_2+k)+(s_2+k)p_{-1}+q_{-2}}b_0\end{aligned} \tag{4.2.31}$$

看出, 我们是可以毫无困难地将所有的 b_k 通过以上递推关系算出来的, 也即如果 s_1-s_2 不为整数, 则我们所讨论的二阶齐次常微分方程将具有两个线性独立的解, 其形式如下:

$$\begin{cases}u_1(z)=(z-z_0)^{s_1}\displaystyle\sum_{k=0}^{\infty}a_k(z-z_0)^k,\\u_2(z)=(z-z_0)^{s_2}\displaystyle\sum_{k=0}^{\infty}b_k(z-z_0)^k.\end{cases} \tag{4.2.32}$$

如果 $s_1 - s_2 = \alpha$ 是一个整数, 我们立刻就发现上面给出的方程的第二个解是有问题的. 首先, 如果 $\alpha = 0$, 也即指标方程给出的是重根, 这时通过以上级数展开法我们只能确定出微分方程的一个解. 其次, 当 α 是一个不为零的整数时, 我们在通过以上递推关系求 b_α 时遇到了严重的问题: 由于 $s_1 - s_2 = \alpha$, 因此在上面求解 b_α 的递推式中各项的分母 $(s_2+\alpha-1)(s_2+\alpha)+(s_2+\alpha)p_{-1}+q_{-2} = (s_1-1)s_1+s_1p_{-1}+q_{-2}$, 而 s_1 是指标方程 (4.2.23) 的一个解, 这就使得 b_α 的递推式中各项的分母为零从而导致发散! 因此, 当 $s_1 - s_2 = \alpha$ 是一个整数时, 我们需要另外的方法去寻求微分方程的另一个解.

2. 第二类型解

我们知道, 二阶线性齐次常微分方程 $u''(z)+p(z)u'(z)+q(z)u(z)=0$ 的两个线性独立解 $u_1(z)$ 和 $u_2(z)$ 所组成的朗斯基行列式

$$L(z) = \begin{vmatrix} u_1(z) & u_2(z) \\ u_1'(z) & u_2'(z) \end{vmatrix} = u_1(z)u_2'(z) - u_1'(z)u_2(z) \equiv u_1^2(z)\left(\frac{u_2(z)}{u_1(z)}\right)' \quad (4.2.33)$$

必不为零. 同时我们可以很容易验证

$$L'(z) = -p(z)L(z), \quad (4.2.34)$$

这给出

$$L(z) = L(a)\exp\left[-\int_a^z p(z_1)\mathrm{d}z_1\right]. \quad (4.2.35)$$

$L(a)$ 为朗斯基行列式在 $z=a$ 点的取值, 这是一个常数. 结合以上两式, 做进一步积分, 我们就得

$$u_2(z) = u_1(z)L(a)\int_b^z \frac{\exp\left[-\int_a^{z_2} p(z_1)\mathrm{d}z_1\right]}{u_1^2(z_2)}\mathrm{d}z_2. \quad (4.2.36)$$

通过此式我们总可以找到与已知解 $u_1(z)$ 线性无关的另一个解. 需要指出的是, 在上面这个式子中我们省略了 $u_1(z)u_2(b)/u_1(b)$, 因为这项其实就是一个常数乘以 $u_1(z)$, 而如果 $u_2(z)$ 与 $u_1(z)$ 线性无关, $u_2(z)+cu_1(z)$ 也一定与 $u_1(z)$ 线性无关.

将 (4.2.29) 式中 $u_1(z)$ 的表达式以及 $p(z)$ 的幂级数展开式代入 (4.2.36) 式, 我们有

$$u_2(z)=u_1(z)L(a)\int_b^z \frac{\exp\left[-\int_a^{z_2}\sum_{m=-1}^{\infty}p_m(z_1-z_0)^m\mathrm{d}z_1\right]}{(z_2-z_0)^{2s_1}\left[\sum_{k=0}^{\infty}a_k(z_2-z_0)^k\right]^2}\mathrm{d}z_2. \tag{4.2.37}$$

上式指数函数中的积分为

$$\int_a^{z_2}\sum_{m=-1}^{\infty}p_m(z_1-z_0)^m\mathrm{d}z_1=p_{-1}\ln(z_2-z_0)+\sum_{m=0}^{\infty}\frac{p_m}{m+1}(z_2-z_0)^{m+1}+A(a). \tag{4.2.38}$$

其中 $A(a)$ 是相应的积分常数. 于是

$$\begin{aligned}&\exp\left[-\int_a^{z_2}\sum_{m=-1}^{\infty}p_m(z_1-z_0)^m\mathrm{d}z_1\right]\\&=\mathrm{e}^{-A(a)}(z_2-z_0)^{-p_{-1}}\exp\left[-\sum_{m=0}^{\infty}\frac{p_m}{m+1}(z_2-z_0)^{m+1}\right].\end{aligned} \tag{4.2.39}$$

将此式右边的指数函数做泰勒级数展开, 代回到 (4.2.37) 式中后经过适当运算并按 (z_2-z_0) 的幂次重新归并整理, 我们就有

$$u_2(z)=u_1(z)\int_b^z (z_2-z_0)^{-p_{-1}-2s_1}\sum_{n=0}^{\infty}c_n(z_2-z_0)^n\mathrm{d}z_2. \tag{4.2.40}$$

这里, $L(a)$ 和 $\mathrm{e}^{-A(a)}$ 已吸收到整理好的幂级数系数 c_n 中去了. 我们知道 s_1 和 $s_2=s_1-\alpha$ (由前面的讨论, 我们这里讨论的是 α 为整数的情形) 是指标方程 $s^2+s(p_{-1}-1)+q_{-2}=0$ 的解, 因此 $(s-s_1)(s-s_1+\alpha)=s^2+(\alpha-2s_1)s+s_1(s_1-\alpha)\equiv 0$, 将这个式子和原指标方程对比, 我们就得 $p_{-1}+2s_1=\alpha+1$, 将此关系代入上面的方程, 我们就得

$$\begin{aligned}u_2(z)&=u_1(z)\int_b^z (z_2-z_0)^{-\alpha-1}\sum_{n=0}^{\infty}c_n(z_2-z_0)^n\mathrm{d}z_2\\&=u_1(z)\int_b^z\sum_{n=0}^{\infty}c_n(z_2-z_0)^{n-\alpha-1}\mathrm{d}z_2.\end{aligned} \tag{4.2.41}$$

从这里不难看出, 被积函数中 $n=\alpha$ 的项的积分给出一个对数函数 $\ln(z-z_0)$, 其他项的积分与 $u_1(z)$ (注意 $u_1(z)$ 是最低次幂为 s_1 的幂级数) 相乘就构成了一个

最低次幂为 $s_1-\alpha=s_2$ 的幂级数. 于是, 通过上面较为烦琐的步骤, 我们最终得到了二阶齐次常微分方程的与 $u_1(z)$ 线性无关的第二个特解

$$u_2(z)=Au_1(z)\ln(z-z_0)+(z-z_0)^{s_2}\sum_{k=0}^{\infty}d_k(z-z_0)^k. \tag{4.2.42}$$

3. ν-阶贝塞尔方程及其解

贝塞尔方程求解

作为一个例子, 我们来求解以下 ν-阶贝塞尔方程:

$$z^2u''+zu'+(z^2-\nu^2)u=0,\quad \nu\neq \text{整数或半整数}. \tag{4.2.43}$$

将方程两边同时除以 z^2 使之变成 (4.0.1) 式中的标准的二阶线性齐次常微分方程后, 发现该方程中

$$p(z)=\frac{1}{z},q(z)=1-\frac{\nu^2}{z^2}. \tag{4.2.44}$$

从这里我们可以看出 $z_0=0$ 这点是贝塞尔方程的正则奇点. 于是, 我们设该方程的解在 $z_0=0$ 点邻域的幂级数展开表达式为

$$u(z)=z^s\sum_{k=0}^{\infty}a_kz^k. \tag{4.2.45}$$

将此表达式代入贝塞尔方程后, 有

$$\sum_{k=0}^{\infty}a_k(k+s)(k+s-1)z^{k+s}+\sum_{k=0}^{\infty}a_k(k+s)z^{k+s}+(z^2-\nu^2)\sum_{k=0}^{\infty}a_kz^{k+s}=0, \tag{4.2.46}$$

相应的指标方程为

$$s(s-1)+s-\nu^2=0. \tag{4.2.47}$$

这个指标方程有两个根: $s_1=\nu$, $s_2=-\nu$, 且 $s_1-s_2=2\nu\neq$ 整数, 因此, 该贝塞尔方程的两个线性独立的解均取上述形式, 即

$$u_1(z)=z^{\nu}\sum_{k=0}^{\infty}a_kz^k,\quad u_2(z)=z^{-\nu}\sum_{k=0}^{\infty}b_kz^k. \tag{4.2.48}$$

我们先来确定 a_k 间的递推关系式. 从 (4.2.46) 式中我们不难看出, 当把 s 替换成 $s_1=\nu$ 后, 系数间满足递推关系式

$$\left[(k+\nu)(k+\nu-1)+(k+\nu)-\nu^2\right]a_k+a_{k-2}=0, \tag{4.2.49}$$

即

$$a_k=-\frac{1}{k(k+2\nu)}a_{k-2}. \tag{4.2.50}$$

同时, 由 (4.2.46) 式我们也注意到 $z^{\nu+1}$ 的系数须满足

$$\left[(\nu+1)^2-\nu^2\right]a_1=0, \tag{4.2.51}$$

这给出

$$a_1=0. \tag{4.2.52}$$

由上述系数递推关系, 我们立刻可知, 在 $u_1(z)$ 的幂级数表达式中, 所有 k 为奇数的项的系数均为零. 因此, 据上述递推关系式, 我们就得到了 $u_1(z)$ 的幂级数展开式为

$$\begin{aligned}u_1(z)=a_0z^{\nu}\Big[1&-\frac{1}{2(2+2\nu)}z^2+\frac{1}{4\cdot 2(4+2\nu)(2+2\nu)}z^4\\&-\frac{1}{6\cdot 4\cdot 2(6+2\nu)(4+2\nu)(2+2\nu)}z^6+\cdots\Big].\end{aligned} \tag{4.2.53}$$

这可进一步化为

$$\begin{aligned}u_1(z)=a_0z^{\nu}\Big[1&-\frac{1}{1!(1+\nu)}\left(\frac{z}{2}\right)^2+\frac{1}{2!(1+\nu)(2+\nu)}\left(\frac{z}{2}\right)^4+\cdots\\&+\frac{(-1)^n}{n!(1+\nu)(2+\nu)\cdots(n+\nu)}\left(\frac{z}{2}\right)^{2n}+\cdots\Big].\end{aligned} \tag{4.2.54}$$

由达朗贝尔比值判别法, 我们不难看出, 该幂级数的收敛半径 R 为无穷大, 即

$$R^2=\lim_{k\to\infty}\frac{a_{k-2}}{a_k}=\lim_{k\to\infty}(k+2\nu)k=\infty, \tag{4.2.55}$$

这说明该幂级数对于所有 $|z|<\infty$ 都收敛.

当我们取定 (4.2.54) 式中的待定系数 a_0 为

$$a_0=\frac{1}{2^{\nu}\Gamma(\nu+1)}, \tag{4.2.56}$$

相应的表达式就化为

$$\mathrm{J}_{\nu}(z)=\sum_{n=0}^{\infty}\frac{(-1)^n}{n!\Gamma(n+\nu+1)}\left(\frac{z}{2}\right)^{2n+\nu}. \tag{4.2.57}$$

这个表达式称为 **ν-阶贝塞尔函数**.

同理, 我们可以确定出贝塞尔方程的第二个解为

$$\begin{aligned}u_2(z)=b_0z^{-\nu}\Big[1&-\frac{1}{1!(1-\nu)}\left(\frac{z}{2}\right)^2+\frac{1}{2!(1-\nu)(2-\nu)}\left(\frac{z}{2}\right)^4+\cdots\\&+\frac{(-1)^n}{n!(1-\nu)(2-\nu)\cdots(n-\nu)}\left(\frac{z}{2}\right)^{2n}+\cdots\Big].\end{aligned} \tag{4.2.58}$$

当取

$$b_0 = \frac{1}{2^{-\nu}\Gamma(-\nu+1)} \tag{4.2.59}$$

时, 此解就化为了 $(-\nu)$-阶贝塞尔函数

$$\mathrm{J}_{-\nu}(z) = \sum_{n=0}^{\infty} \frac{(-1)^n}{n!\Gamma(n-\nu+1)} \left(\frac{z}{2}\right)^{2n-\nu}. \tag{4.2.60}$$

综上, 我们就得 ν-阶贝塞尔方程的通解为

$$u(z) = C_1 \mathrm{J}_{\nu}(z) + C_2 \mathrm{J}_{-\nu}(z), \tag{4.2.61}$$

C_1 和 C_2 为线性叠加常数. 特别地, 当取 $C_1 = \cot \nu\pi$ 以及 $C_2 = -\csc \nu\pi$ 时, 我们就得到一个贝塞尔方程常用的解

$$\mathrm{N}_{\nu}(z) = \frac{\mathrm{J}_{\nu}(z)\cos\nu\pi - \mathrm{J}_{-\nu}(z)}{\sin\nu\pi}, \tag{4.2.62}$$

$\mathrm{N}_{\nu}(z)$ 称为 **ν-阶诺伊曼 (Neumann) 函数**. 我们也经常将 $\mathrm{J}_{\nu}(z)$ 和 $\mathrm{N}_{\nu}(z)$ 取做贝塞尔方程的两个线性独立的解从而通过它们的线性叠加来构造通解.

贝塞尔函数间的递推关系式

我们现在来考察下面这个算式:

$$\frac{\mathrm{d}}{\mathrm{d}x}\left[x^{\nu}\mathrm{J}_{\nu}(x)\right] = \nu x^{\nu-1}\mathrm{J}_{\nu}(x) + x^{\nu}\mathrm{J}'_{\nu}(x). \tag{4.2.63}$$

由 (4.2.57) 式中 ν-阶贝塞尔函数 $\mathrm{J}_{\nu}(x)$ 的表达式, 我们很容易算出上式右边的第一项为

$$\begin{aligned} \nu x^{\nu-1}\mathrm{J}_{\nu}(x) &= \nu x^{\nu-1} \sum_{n=0}^{\infty} \frac{(-1)^n}{n!\Gamma(n+\nu+1)} \left(\frac{x}{2}\right)^{2n+\nu} \\ &= x^{\nu} \sum_{n=0}^{\infty} \frac{(-1)^n}{n!\Gamma(n+\nu+1)} \left(\frac{\nu}{2}\right) \left(\frac{x}{2}\right)^{2n+\nu-1}, \end{aligned} \tag{4.2.64}$$

第二项为

$$x^{\nu}\mathrm{J}'_{\nu}(x) = x^{\nu} \sum_{n=0}^{\infty} \frac{(-1)^n}{n!\Gamma(n+\nu+1)} \left(\frac{2n+\nu}{2}\right) \left(\frac{x}{2}\right)^{2n+\nu-1}. \tag{4.2.65}$$

将这两项加在一起, 并利用 Γ-函数的性质 $\Gamma(x) = \Gamma(x+1)/x$, 我们就有

$$\nu x^{\nu-1}\mathrm{J}_\nu(x)+x^\nu\mathrm{J}'_\nu(x)=x^\nu\sum_{n=0}^{\infty}\frac{(-1)^n}{n!\Gamma(n+\nu)}\left(\frac{x}{2}\right)^{2n+\nu-1}=x^\nu\mathrm{J}_{\nu-1}(x),\tag{4.2.66}$$

于是我们就得到如下的相邻阶贝塞尔函数间的递推关系式:

$$[x^\nu\mathrm{J}_\nu(x)]'=x^\nu\mathrm{J}_{\nu-1}(x).\tag{4.2.67}$$

同样, 我们也可以很容易推导出其他几种常用的递推关系式:

$$x\mathrm{J}'_\nu(x)-\nu\mathrm{J}_\nu(x)=-x\mathrm{J}_{\nu+1}(x),\tag{4.2.68}$$

$$\mathrm{J}_{\nu-1}(x)-\mathrm{J}_{\nu+1}(x)=2\mathrm{J}'_\nu(x),\tag{4.2.69}$$

$$x\mathrm{J}_{\nu+1}(x)-2\nu\mathrm{J}_\nu(x)+x\mathrm{J}_{\nu-1}(x)=0.\tag{4.2.70}$$

不难证明, 相邻阶诺伊曼函数间也满足同上面完全相同的递推关系式.

4. 二阶齐次常微分方程在正则奇点邻域内级数解法小结

简单总结一下, 对于 (4.0.1) 式中的二阶齐次常微分方程, 如在其正则奇点 z_0 处其指标方程 (4.2.23) 的解 s_1 和 s_2 之间的差为非整数, 则该二阶齐次常微分方程在此正则奇点邻域上的两个线性独立的解分别为

$$\begin{cases}u_1(z)=(z-z_0)^{s_1}\displaystyle\sum_{k=0}^{\infty}a_k(z-z_0)^k,\\ u_2(z)=(z-z_0)^{s_2}\displaystyle\sum_{k=0}^{\infty}b_k(z-z_0)^k.\end{cases}\tag{4.2.71}$$

而如果 $s_1-s_2=\alpha$ 为一个非负整数, 则方程的两个线性独立的解分别为

$$\begin{cases}u_1(z)=(z-z_0)^{s_1}\displaystyle\sum_{k=0}^{\infty}a_k(z-z_0)^k,\\ u_2(z)=Au_1(z)\ln(z-z_0)+(z-z_0)^{s_2}\displaystyle\sum_{k=0}^{\infty}d_k(z-z_0)^k.\end{cases}\tag{4.2.72}$$

以上讨论的是当 z_0 为正则奇点时的情形, 如果 z_0 是非正则奇点, 我们是否还能利用弗罗贝尼乌斯方法来给出方程在该点邻域的解? 从以上级数解法的分析和讨论中, 我们不难发现, 其重要的关键一环是指标方程的建立和求解. 然而, 如果 z_0 是非正则奇点, $p(z)$ 和 $q(z)$ 的洛朗级数展开的最低阶次幂将分别低于 (-1) 次和 (-2) 次, 当把它们的幂级数展开式代入待求的微分方程后不难验证, 我们是得不到相应的指标方程的, 因此也就无法用弗罗贝尼乌斯方法在该非正则奇点处求解微分方程.

习 题 4.2

1. 在 $x_0 = 0$ 的邻域上级数求解厄米方程

$$y'' - 2xy' + (\lambda - 1)y = 0,$$

并确定当 λ 取何值时可以使其解退化为多项式. 当对这些多项式乘以适当的常数使其最高次幂项变为 $(2x)^n$ 的形式时, 此多项式就被称为 n-阶厄米多项式 (Hermite polynomial) $\mathrm{H}_n(x)$, 写出前三阶厄米多项式.

2. 在 $x_0 = 0$ 的邻域上求解切比雪夫方程

$$(1 - x^2)y'' - xy' + n^2 y = 0.$$

3. 在 $x_0 = 0$ 的邻域上级数求解超几何方程 (hypergeometric equation)

$$x(x-1)y'' + [(1+a+b)x - c]y' + aby = 0.$$

4. 在 $x = 0$ 的邻域上求解合流超几何方程 (confluent hypergeometric equation)

$$xy'' + (c - x)y' - ay = 0.$$

5. 在 $x = 1$ 的邻域上求解勒让德方程

$$(1 - x^2)y'' - 2xy' + l(l+1)y = 0.$$

6. 在 $x = 0$ 的邻域上求解拉盖尔方程

$$xy'' + (1 - x)y' + \lambda y = 0.$$

当 λ 取何值时可以使其解退化成多项式? 当对这些多项式乘以适当的常数使其最高次幂项变为 $(-x)^n$ 的形式时, 此多项式就称为 n-阶拉盖尔多项式 $\mathrm{L}_n(x)$, 写出前三阶拉盖尔多项式.

4.3 二阶非齐次常微分方程

在本章最后, 我们再来简要讨论一下关于二阶非齐次常微分方程的一般求解方式. 我们来看以下这个一般性的二阶非齐次常微分方程:

二阶非齐次常微分方程的求解

$$\frac{\mathrm{d}^2 u(z)}{\mathrm{d}z^2} + p(z)\frac{\mathrm{d}u(z)}{\mathrm{d}z} + q(z)u(z) = f(z). \tag{4.3.1}$$

我们假定已经通过之前的幂级数展开法 (弗罗贝尼乌斯方法) 得到了与这个二阶非齐次方程对应的齐次方程的线性独立的解 $u_1(z)$ 和 $u_2(z)$, 利用这两个函数, 我

们假定以上非齐次方程的特解取以下形式:

$$u_0(z) = y_1(z)u_1(z) + y_2(z)u_2(z), \tag{4.3.2}$$

其中 $y_1(z)$ 和 $y_2(z)$ 为两个待定函数. 对此式两边求一次导数, 我们有

$$u_0'(z) = y_1'(z)u_1(z) + y_2'(z)u_2(z) + y_1(z)u_1'(z) + y_2(z)u_2'(z). \tag{4.3.3}$$

如果 $y_1(z)$ 和 $y_2(z)$ 满足条件

$$y_1'(z)u_1(z) + y_2'(z)u_2(z) = 0, \tag{4.3.4}$$

则 $u_0(z)$ 的一阶导数退化为

$$u_0'(z) = y_1(z)u_1'(z) + y_2(z)u_2'(z). \tag{4.3.5}$$

将此代入上面的非齐次方程中, 经整理, 我们有

$$\begin{aligned} &y_1(z)[u_1''(z) + p(z)u_1'(z) + q(z)u_1(z)] + y_2(z)[u_2''(z) \\ &+ p(z)u_2'(z) + q(z)u_2(z)] + y_1'(z)u_1'(z) + y_2'(z)u_2'(z) = f(z). \end{aligned} \tag{4.3.6}$$

由于 $u_1(z)$ 和 $u_2(z)$ 均为对应的齐次方程的解, 因此上式左边前两项均为零, 这样我们就得到了待定函数 $y_1(z)$ 和 $y_2(z)$ 须满足的第二个条件

$$y_1'(z)u_1'(z) + y_2'(z)u_2'(z) = f(z). \tag{4.3.7}$$

总结上文, 如果我们能够求得满足以下联立方程组

$$\begin{cases} y_1'(z)u_1(z) + y_2'(z)u_2(z) = 0 \\ y_1'(z)u_1'(z) + y_2'(z)u_2'(z) = f(z) \end{cases} \tag{4.3.8}$$

的 $y_1(z)$ 和 $y_2(z)$ 的非平凡解, 则 (4.3.2) 式中给出的 $u_0(z)$ 必是 (4.3.1) 式中二阶非齐次常微分方程的特解. 我们发现, 上面这个关于 $y_1'(z)$ 和 $y_2'(z)$ 联立方程组的系数行列式就是 $u_1(z)$ 和 $u_2(z)$ 组成的朗斯基行列式

$$L(z) = \begin{vmatrix} u_1(z) & u_2(z) \\ u_1'(z) & u_2'(z) \end{vmatrix}, \tag{4.3.9}$$

而由于 u_1 和 u_2 的线性独立性, 毫无疑问其朗斯基行列式 $L(z) \neq 0$, 这就说明我们必然可以从上面的联立方程组中确定出 $y_1'(z)$ 和 $y_2'(z)$, 并进一步积分可得 $y_1(z)$ 和 $y_2(z)$. 于是 (4.3.1) 式中二阶非齐次常微分方程的通解即为

$$u(z) = a_1u_1(z) + a_2u_2(z) + u_0 = (a_1 + y_1(z))u_1(z) + (a_2 + y_2(z))u_2(z), \tag{4.3.10}$$

其中 a_1 和 a_2 为线性叠加系数. 这个求解非齐次方程的方法有时候也称为**常数变异法**. 还有其他的方法, 我们这里就不再赘述了.

第5章

三维曲线坐标系下分离变量法与特殊函数

对于三维波动方程

$$u_{tt}(\boldsymbol{r},t)-a^2\nabla^2 u(\boldsymbol{r},t)=0, \tag{5.0.1}$$

当把时间变量和空间变量分离变量后, 即设 $u(\boldsymbol{r},t)=T(t)v(\boldsymbol{r})$, 上式变为

$$\frac{T''(t)}{a^2T(t)}=\frac{\nabla^2 v(\boldsymbol{r})}{v(\boldsymbol{r})}, \tag{5.0.2}$$

上式两边若相等, 只能同时等于一个常数, 为了后续讨论方便, 我们令这个常数为 $-k^2$, 于是我们就有

$$\begin{cases}T''(t)+a^2k^2T(t)=0,\\ \nabla^2 v(\boldsymbol{r})+k^2v(\boldsymbol{r})=0.\end{cases} \tag{5.0.3}$$

我们发现, 上面空间部分 $v(\boldsymbol{r})$ 所满足的方程是一个标准的**亥姆霍兹** (Helmholtz) **方程**.

对于三维输运方程

$$u_t(\boldsymbol{r},t)-a^2\nabla^2 u(\boldsymbol{r},t)=0, \tag{5.0.4}$$

当把时间变量和空间变量分离变量后, 即设 $u(\boldsymbol{r},t)=T(t)v(\boldsymbol{r})$, 不难得到

$$\begin{cases}T'(t)+a^2k^2T(t)=0,\\ \nabla^2 v(\boldsymbol{r})+k^2v(\boldsymbol{r})=0.\end{cases} \tag{5.0.5}$$

我们发现, 对输运问题分离变量后, 它的空间部分 $v(\boldsymbol{r})$ 同样满足亥姆霍兹方程.

因此, 若把稳定场问题也考虑在内, 我们发现, 当通过分离变量法求解上述三类问题时, 我们的核心任务是求解一定边界条件下的拉普拉斯方程或亥姆霍兹方程.

当我们所研究体系的区域是空间中的一个长方体时, 我们总可以依据长方体

的相互垂直的边选取合适的直角坐标系, 此时该区域的边界与相应的坐标面是重合的, 从而实现对边界条件的分离变量进而建立相应的本征值问题, 然后对问题加以求解.

然而, 当所研究系统的区域呈其他形状, 如球形或柱形, 我们发现, 即便在最简单情况下, 我们都不可能在直角坐标系下对体系的边界条件进行分离变量, 因为无论怎样选取直角坐标系, 都无法使这样的系统的边界和坐标面重合. 因此, 对于这些系统, 我们就需根据其形状选取适当的正交曲线坐标系来加以研究.

在前面讨论二维圆形区域内稳定场问题时, 我们已经体验过如何根据圆形区域的几何形状建立极坐标系对问题加以研究. 在本章中, 我们将重点考察体系呈球状或是柱状的情形, 也即我们将分别在球坐标系和柱坐标系中来详细求解拉普拉斯方程和亥姆霍兹方程的定解问题.

5.1 正交曲线坐标系

在开始讨论前, 为了后续讨论的方便, 也为了能够正确写出曲线坐标系下拉普拉斯算子的表达式, 我们首先来简单地介绍并讨论关于正交曲线坐标系的一些基本概念.

简单来讲, 在三维空间中由三族相互正交的曲面定义的坐标系就称作正交曲线坐标系, 这三族曲面由三个不同的参数 (q_1, q_2, q_3) 来确定, 这组参数就称作该曲线坐标系下的坐标. 如何判断这三族曲面是正交的? 我们可以如下操作:确定 q_1、q_2 和 q_3 的值, 即从这三族曲面中各选一个曲面出来, 如图 5.1.1 所示, 这三个曲面必定相交于一点 (q_1, q_2, q_3), 这三个曲面两两相交而得到的三条曲线就相交于该点, 如果三条曲线在该点相互垂直, 我们就说这三个曲面在该点正交, 如果这三族曲面在空间中任何一点都正交, 就构成了正交曲线坐标系. 这三条由坐标曲面两两相交而得的曲线称为坐标曲线, 这三条坐标曲线在其相交点 (q_1, q_2, q_3) 处的三条切线依照右手定则确定方向后就构成了在该点处的局域坐标轴, 这三个局域坐标轴方向上的单位矢量表示为 $\boldsymbol{e}_1$、$\boldsymbol{e}_2$ 以及 $\boldsymbol{e}_3$.

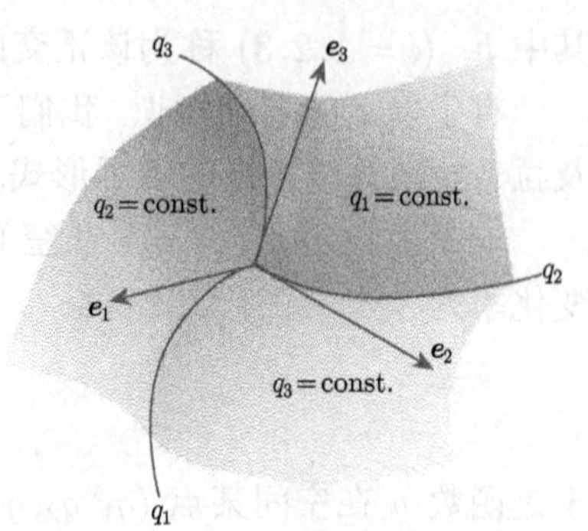

图 5.1.1 曲线坐标系示意图

我们可以选取直角坐标系来标定空间中的位置, 也可以选用曲线坐标系来进行标定, 因此必存在直角坐标系和曲线坐标系之间的坐标变换关系

$$\begin{cases} x = x(q_1, q_2, q_3), \\ y = y(q_1, q_2, q_3), \\ z = z(q_1, q_2, q_3). \end{cases} \tag{5.1.1}$$

在正交曲线坐标系中, 在一条 q_2 和 q_3 都保持恒定的曲线上, 由点 (q_1, q_2, q_3) 到点 $(q_1 + \mathrm{d}q_1, q_2, q_3)$ 的这段弧长可写为

$$(\mathrm{d}s_1)^2 = (\mathrm{d}x)^2 + (\mathrm{d}y)^2 + (\mathrm{d}z)^2 = \left[\left(\frac{\mathrm{d}x}{\mathrm{d}q_1}\right)^2 + \left(\frac{\mathrm{d}y}{\mathrm{d}q_1}\right)^2 + \left(\frac{\mathrm{d}z}{\mathrm{d}q_1}\right)^2\right](\mathrm{d}q_1)^2, \tag{5.1.2}$$

因而可进一步表示为

$$\mathrm{d}s_1 = h_1 \mathrm{d}q_1, \quad h_1 \equiv \sqrt{\left(\frac{\mathrm{d}x}{\mathrm{d}q_1}\right)^2 + \left(\frac{\mathrm{d}y}{\mathrm{d}q_1}\right)^2 + \left(\frac{\mathrm{d}z}{\mathrm{d}q_1}\right)^2}. \tag{5.1.3}$$

类似地, 我们可以得到 $\mathrm{d}s_2$ 和 $\mathrm{d}s_3$, 它们的一般表达式为

$$\mathrm{d}s_i = h_i \mathrm{d}q_i, \quad h_i \equiv \sqrt{\left(\frac{\mathrm{d}x}{\mathrm{d}q_i}\right)^2 + \left(\frac{\mathrm{d}y}{\mathrm{d}q_i}\right)^2 + \left(\frac{\mathrm{d}z}{\mathrm{d}q_i}\right)^2}, \tag{5.1.4}$$

其中 h_i $(i = 1, 2, 3)$ 称为该正交曲线坐标系的**度规系数** (也称为**拉梅系数**) .

有了以上的基础知识, 我们下面来讨论曲线坐标系中梯度算符、散度算符以及拉普拉斯算符各自的表示形式.

一个函数 $u(q_1, q_2, q_3)$ 在空间某点 (q_1, q_2, q_3) 沿着某一个局域坐标轴方向的变化率为

$$\frac{\partial u}{\partial s_i} = \frac{1}{h_i} \frac{\partial u}{\partial q_i}, \tag{5.1.5}$$

于是函数 u 在空间某点 (q_1, q_2, q_3) 的梯度就是

$$\nabla u(q_1, q_2, q_3) = \frac{1}{h_1} \frac{\partial u}{\partial q_1} \boldsymbol{e}_1 + \frac{1}{h_2} \frac{\partial u}{\partial q_2} \boldsymbol{e}_2 + \frac{1}{h_3} \frac{\partial u}{\partial q_3} \boldsymbol{e}_3. \tag{5.1.6}$$

对于一个矢量函数 $\boldsymbol{A}(q_1, q_2, q_3)$, 它在空间某点的散度的定义为这个矢量函数通过包围该点的无穷小闭曲面的通量除以该闭曲面所包围区域的体积, 即

$$\nabla \cdot \boldsymbol{A} = \lim_{V \to 0} \int_{\partial V} \boldsymbol{A} \cdot \mathrm{d}\boldsymbol{\Sigma} \Big/ V, \tag{5.1.7}$$

其中 V 为包含该点的空间区域的体积, ∂V 为该区域的边界曲面, $\mathrm{d}\boldsymbol{\Sigma}$ 为边界面上的无穷小面元, 其方向为边界面的外法向. 我们可以取包含该点的无穷小区域

为 q_1、$q_1+\mathrm{d}q_1$、q_2、$q_2+\mathrm{d}q_2$、q_3、$q_3+\mathrm{d}q_3$ 这六个坐标曲面围成的无穷小六面体. 很显然, 这个无穷小六面体的体积为

$$V=\mathrm{d}s_1\mathrm{d}s_2\mathrm{d}s_3=h_1h_2h_3\mathrm{d}q_1\mathrm{d}q_2\mathrm{d}q_3, \tag{5.1.8}$$

而 $\boldsymbol{A}$ 通过 q_1 和 $q_1+\mathrm{d}q_1$ 这两个面的通量的和 (注意曲面外法线方向) 为

$$\begin{aligned}A_1\mathrm{d}s_2\mathrm{d}s_3|_{q_1+\mathrm{d}q_1}-A_1\mathrm{d}s_2\mathrm{d}s_3|_{q_1}&=[(A_1h_2h_3)|_{q_1+\mathrm{d}q_1}-(A_1h_2h_3)|_{q_1}]\mathrm{d}q_2\mathrm{d}q_3\\&=\frac{\partial}{\partial q_1}(A_1h_2h_3)\mathrm{d}q_1\mathrm{d}q_2\mathrm{d}q_3.\end{aligned} \tag{5.1.9}$$

类似地, 我们可以得到另外四个面上通量的和, 因此, 矢量函数 $\boldsymbol{A}$ 的散度就为

$$\nabla\cdot\boldsymbol{A}=\frac{1}{h_1h_2h_3}\left[\frac{\partial}{\partial q_1}(A_1h_2h_3)+\frac{\partial}{\partial q_2}(A_2h_3h_1)+\frac{\partial}{\partial q_3}(A_3h_1h_2)\right]. \tag{5.1.10}$$

我们知道一个标量函数 $u(q_1,q_2,q_3)$ 的梯度的散度就构成了对这个标量函数的拉普拉斯算符作用, 即 $\nabla^2u=\nabla\cdot(\nabla u)$, 因此根据以上梯度和散度的表达式, 我们立即就可以得到曲线坐标系下拉普拉斯算符的表达式

$$\nabla^2u=\frac{1}{h_1h_2h_3}\left[\frac{\partial}{\partial q_1}\left(\frac{h_2h_3}{h_1}\frac{\partial u}{\partial q_1}\right)+\frac{\partial}{\partial q_2}\left(\frac{h_1h_3}{h_2}\frac{\partial u}{\partial q_2}\right)+\frac{\partial}{\partial q_3}\left(\frac{h_1h_2}{h_3}\frac{\partial u}{\partial q_3}\right)\right]. \tag{5.1.11}$$

对于球坐标 (r,θ,ϕ) 而言, 如图 5.1.2 所示, 我们知道直角坐标与之的变换关系为

$$x=r\sin\theta\cos\phi,\ \ y=r\sin\theta\sin\phi,\ \ z=r\cos\theta, \tag{5.1.12}$$

不难得出, 球坐标系的度规系数为

$$h_r=1,\ \ h_\theta=r,\ \ h_\phi=r\sin\theta, \tag{5.1.13}$$

于是我们就可写出球坐标系下的拉普拉斯算子的表达式为

$$\nabla^2u(r,\theta,\phi)=\frac{1}{r^2}\frac{\partial}{\partial r}\left(r^2\frac{\partial u}{\partial r}\right)+\frac{1}{r^2\sin\theta}\frac{\partial}{\partial\theta}\left(\sin\theta\frac{\partial u}{\partial\theta}\right)+\frac{1}{r^2\sin^2\theta}\frac{\partial^2u}{\partial\phi^2}. \tag{5.1.14}$$

如图 5.1.3 所示, 柱坐标 (ρ,ϕ,z) 与直角坐标之间的变换关系为

$$x=\rho\cos\phi,\ \ y=\rho\sin\phi,\ \ z=z, \tag{5.1.15}$$

于是知柱坐标系的度规系数为

$$h_\rho = 1,\ \ h_\phi = \rho,\ \ h_z = 1, \tag{5.1.16}$$

这样我们就得到了柱坐标系中的拉普拉斯算符的表达式

$$\nabla^2 u(\rho, \phi, z) = \frac{1}{\rho}\frac{\partial}{\partial \rho}\left(\rho\frac{\partial u}{\partial \rho}\right) + \frac{1}{\rho^2}\frac{\partial^2 u}{\partial \phi^2} + \frac{\partial^2 u}{\partial z^2}. \tag{5.1.17}$$

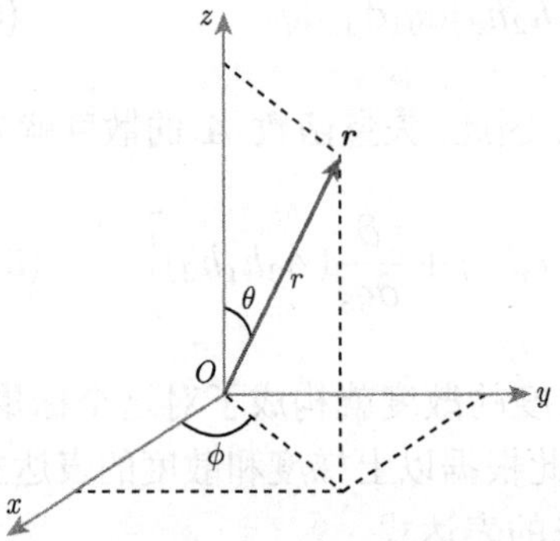

图 5.1.2 球坐标系参数示意图

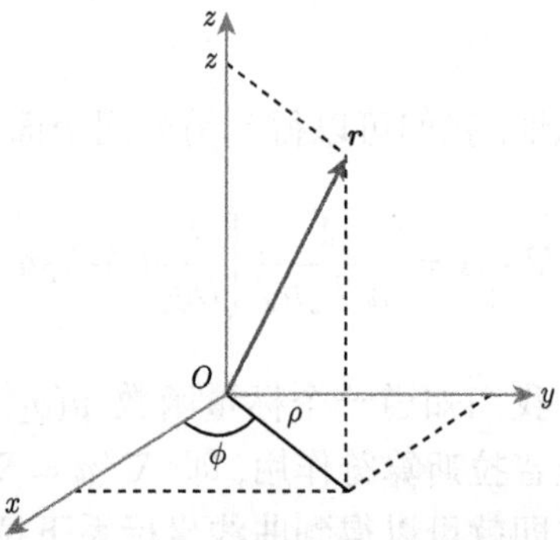

图 5.1.3 柱坐标系参数示意图

以此为基础, 我们接下来就将逐一讨论球坐标系和柱坐标系下拉普拉斯方程和亥姆霍兹方程的定解问题.

习 题 5.1

对于矢量 $\boldsymbol{A}(q_1, q_2, q_3)$, 其旋度 $\nabla \times \boldsymbol{A}$ 是一个矢量, 它的第 i 个分量的定义为

$$(\nabla \times \boldsymbol{A})_i = \oint_{\partial S_i} \boldsymbol{A} \cdot \mathrm{d}\boldsymbol{l}_i \Big/ S_i,$$

其中 S_i 为法线方向为 $\boldsymbol{e}_i$ 且包含 (q_1, q_2, q_3) 点的无穷小面元, ∂S_i 为 S_i 的闭合边界线, $\mathrm{d}\boldsymbol{l}_i$ 为该闭合边界线上的线元, 其走向关于 $\boldsymbol{e}_i$ 呈右手螺旋. 试证明:

$$\begin{aligned}\nabla \times \boldsymbol{A} \ =\ & \frac{1}{h_2 h_3}\left[\frac{\partial}{\partial q_2}(A_3 h_3) - \frac{\partial}{\partial q_3}(A_2 h_2)\right]\boldsymbol{e}_1 \\ & + \frac{1}{h_3 h_1}\left[\frac{\partial}{\partial q_3}(A_1 h_1) - \frac{\partial}{\partial q_1}(A_3 h_3)\right]\boldsymbol{e}_2 \\ & + \frac{1}{h_1 h_2}\left[\frac{\partial}{\partial q_1}(A_2 h_2) - \frac{\partial}{\partial q_2}(A_1 h_1)\right]\boldsymbol{e}_3.\end{aligned}$$

5.2 球坐标系下拉普拉斯方程定解问题求解

球坐标系下拉普拉斯方程的分离变数

现在, 我们来考虑边界为球面的系统中的无源稳定场问题. 我们所考虑的问题可以是在一个特定半径的球面所包围的区域内的问题, 也可以是在一个球面以外的区域的问题, 还可以是两个同心球面所包围的厚球壳区域内的问题. 这几种情况中, 不论区域有几个边界, 它们的共同点都是球面, 因此, 在处理这类问题时, 我们须以边界球面的球心作为原点建立球坐标系对问题加以求解, 即此时我们处理的定解问题是由球坐标系中的拉普拉斯方程

$$\frac{1}{r^2}\frac{\partial}{\partial r}\left(r^2\frac{\partial u}{\partial r}\right)+\frac{1}{r^2\sin\theta}\frac{\partial}{\partial\theta}\left(\sin\theta\frac{\partial u}{\partial\theta}\right)+\frac{1}{r^2\sin^2\theta}\frac{\partial^2 u}{\partial\phi^2}=0 \tag{5.2.1}$$

与相应的边界条件组成的.

我们采用分离变量法. 令

$$u(r,\theta,\phi)=R(r)Y(\theta,\phi), \tag{5.2.2}$$

其中 $R(r)$ 称为**径向函数**, 而 $Y(\theta,\phi)$ 称为**球函数**. 将此变量分离表达式代入上面的拉普拉斯方程中, 我们有

$$\frac{Y(\theta,\phi)}{r^2}\frac{\mathrm{d}}{\mathrm{d}r}\left(r^2\frac{\mathrm{d}R(r)}{\mathrm{d}r}\right)+\frac{R(r)}{r^2\sin\theta}\frac{\partial}{\partial\theta}\left(\sin\theta\frac{\partial Y(\theta,\phi)}{\partial\theta}\right)+\frac{R(r)}{r^2\sin^2\theta}\frac{\partial^2 Y(\theta,\phi)}{\partial\phi^2}=0, \tag{5.2.3}$$

两边同乘以 $r^2/(YR)$ 再适当移项后, 上式可进一步化为

$$\frac{1}{R(r)}\frac{\mathrm{d}}{\mathrm{d}r}\left(r^2\frac{\mathrm{d}R(r)}{\mathrm{d}r}\right)=-\frac{1}{Y\sin\theta}\frac{\partial}{\partial\theta}\left(\sin\theta\frac{\partial Y(\theta,\phi)}{\partial\theta}\right)-\frac{1}{Y\sin^2\theta}\frac{\partial^2 Y(\theta,\phi)}{\partial\phi^2}. \tag{5.2.4}$$

上式左边只是 r 的函数, 而右边只是角变量 θ 和 ϕ 的函数, 这个等式成立的唯一可能就是它们都等于一个常数. 为了后续讨论方便, 我们将这个人为引进的常数记作 $l(l+1)$, 于是, 球坐标系中的拉普拉斯方程就分解为了两个相互关联的方程

$$\begin{cases}\dfrac{\mathrm{d}}{\mathrm{d}r}\left(r^2\dfrac{\mathrm{d}R(r)}{\mathrm{d}r}\right)-l(l+1)R(r)=0,\\[2ex] \dfrac{1}{\sin\theta}\dfrac{\partial}{\partial\theta}\left(\sin\theta\dfrac{\partial Y(\theta,\phi)}{\partial\theta}\right)+\dfrac{1}{\sin^2\theta}\dfrac{\partial^2 Y(\theta,\phi)}{\partial\phi^2}+l(l+1)Y=0.\end{cases} \tag{5.2.5}$$

上式第一个方程就是球坐标系中拉普拉斯问题的**径向方程**, 第二个方程为**球函数方程**.

将上述径向方程进一步展开为

$$r^2\frac{\mathrm{d}^2R(r)}{\mathrm{d}r^2}+2r\frac{\mathrm{d}R(r)}{\mathrm{d}r}-l(l+1)R(r)=0, \tag{5.2.6}$$

不难看出, 如果 $R(r)\sim r^n$, 则上式各项关于 r 的幂次是相等的, 因此, 我们将此 $R(r)$ 幂函数表达式代入径向方程中, 求得所有可能的 n , 然后将这些可能的幂函数线性叠加就是径向方程的解. 将此幂函数表达式 $R(r)\sim r^n$ 代入上述方程后, 我们不难发现

$$n(n-1)r^n+2nr^n-l(l+1)r^n=0. \tag{5.2.7}$$

此式如有非平凡解, 必有 $n(n+1)-l(l+1)=0$, 于是我们就看到, n 只能有两个取值可能: $n=l$ 和 $n=-(l+1)$, 因此, 径向方程的通解就为

$$R_l(r)=A_lr^l+B_l\frac{1}{r^{l+1}}. \tag{5.2.8}$$

对于球函数方程, 这依然是一个偏微分方程, 因此我们还需进一步对球函数进行分离变量 $Y(\theta,\phi)=\Theta(\theta)\Phi(\phi)$, 代入球函数方程中, 我们就有

$$\frac{\Phi(\phi)}{\sin\theta}\frac{\mathrm{d}}{\mathrm{d}\theta}\left(\sin\theta\frac{\mathrm{d}\Theta(\theta)}{\mathrm{d}\theta}\right)+\frac{\Theta(\theta)}{\sin^2\theta}\frac{\mathrm{d}^2\Phi(\phi)}{\mathrm{d}\phi^2}+l(l+1)\Theta(\theta)\Phi(\phi)=0. \tag{5.2.9}$$

对它两边同乘以 $\sin^2\theta/(\Theta\Phi)$, 经移项后得

$$\frac{\sin\theta}{\Theta(\theta)}\frac{\mathrm{d}}{\mathrm{d}\theta}\left(\sin\theta\frac{\mathrm{d}\Theta(\theta)}{\mathrm{d}\theta}\right)+l(l+1)\sin^2\theta=-\frac{1}{\Phi(\phi)}\frac{\mathrm{d}^2\Phi(\phi)}{\mathrm{d}\phi^2}. \tag{5.2.10}$$

我们看到, 方程等号左边是 θ 的函数而右边只依赖于 ϕ , 因此这两边只能同时等于一个常数 λ , 于是球函数方程也进一步分解为两个相互关联的常微分方程

$$\frac{\mathrm{d}^2\Phi(\phi)}{\mathrm{d}\phi^2}+\lambda\Phi(\phi)=0, \tag{5.2.11}$$

$$\frac{1}{\sin\theta}\frac{\mathrm{d}}{\mathrm{d}\theta}\left(\sin\theta\frac{\mathrm{d}\Theta(\theta)}{\mathrm{d}\theta}\right)+\left[l(l+1)-\frac{\lambda}{\sin^2\theta}\right]\Theta(\theta)=0. \tag{5.2.12}$$

这里 λ 又是一个由于分离变量而人为引进的待定常数.

我们先来看 $\Phi(\phi)$ 所满足的方程. 表面看来, 这只是一个方程, 似乎还不足以给出解的形式. 但我们知道这里其实有一个自然边界条件, 那就是函数 $u(r,\theta,\phi)$ 的单值性要求: 由于 (r,θ,ϕ) 和 $(r,\theta,\phi+2\pi)$ 代表空间中同一个点, 因此 $u(r,\theta,\phi)=u(r,\theta,\phi+2\pi)$, 经分离变量就给出了 $\Phi(\phi)$ 的周期性边界条件, 于是就形成了一

个关于待定常数 λ 的施图姆–刘维尔本征值问题

$$\begin{cases} \dfrac{\mathrm{d}^2\Phi(\phi)}{\mathrm{d}\phi^2}+\lambda\Phi(\phi)=0, \\ \Phi(\phi+2\pi)=\Phi(\phi). \end{cases} \tag{5.2.13}$$

不难得出, 本征值和相应的本征函数为

$$\lambda_m=m^2,\ \ \Phi_m(\phi)=\begin{Bmatrix} \cos m\phi \\ \sin m\phi \end{Bmatrix},\ \ m=0,1,2,\cdots. \tag{5.2.14}$$

本征函数也可用复指数函数形式表示为

$$\Phi_m(\phi)=\mathrm{e}^{\mathrm{i}m\phi},\quad m=0,\pm1,\pm2,\pm3,\cdots. \tag{5.2.15}$$

注意上、下两种表示中整数 m 的取值范围.

将本征值 λ_m 代入 (5.2.12) 式得 Θ 相应满足的方程为

$$\frac{1}{\sin\theta}\frac{\mathrm{d}}{\mathrm{d}\theta}\left(\sin\theta\frac{\mathrm{d}\Theta(\theta)}{\mathrm{d}\theta}\right)+\left[l(l+1)-\frac{m^2}{\sin^2\theta}\right]\Theta(\theta)=0. \tag{5.2.16}$$

将此方程做变量代换

$$x\equiv\cos\theta,\qquad y(x)\equiv\Theta(\theta), \tag{5.2.17}$$

相应地

$$\frac{1}{\sin\theta}\frac{\mathrm{d}}{\mathrm{d}\theta}=\frac{\mathrm{d}}{\mathrm{d}x},\quad \sin^2\theta=1-x^2, \tag{5.2.18}$$

于是方程变为

$$(1-x^2)\frac{\mathrm{d}^2y(x)}{\mathrm{d}x^2}-2x\frac{\mathrm{d}y(x)}{\mathrm{d}x}+\left[l(l+1)-\frac{m^2}{1-x^2}\right]y(x)=0. \tag{5.2.19}$$

此方程就是 l-阶**缔合勒让德方程** (associated Legendre equation, 也称为**连带勒让德方程**) . 需要注意的是, 由于 $x\equiv\cos\theta$, 而 $0\leqslant\theta\leqslant\pi$, 因此这里的自变量 x 的取值范围为 $x\in[-1,1]$.

若系统具有极轴转动对称性, 则系统函数将与 ϕ 无关, 即 $\Phi(\phi)=\text{const.}$, 此时 $m=0$, 相应地, 上述缔合勒让德方程就退化成了我们之前讨论过的**勒让德方程**

$$(1-x^2)\frac{\mathrm{d}^2y(x)}{\mathrm{d}x^2}-2x\frac{\mathrm{d}y(x)}{\mathrm{d}x}+l(l+1)y(x)=0. \tag{5.2.20}$$

接下来, 我们将从最简单的具有极轴转动对称性的系统入手, 探讨不同情形下具有球形边界的系统的无源稳定场问题.

5.2.1　勒让德多项式及轴对称系统拉普拉斯方程的求解

对于一个具有极轴转动对称性的系统的稳定场问题, 由于其极轴转动对称性, 场函数 $u(r,\theta,\phi)$ 与 ϕ 角无关, 当我们利用分离变量法 $u(r,\theta)=R(r)\Theta(\theta)$ 对其进行分析时, 从上面的讨论我们知道其中的径向函数 $R(r)$ 满足 (5.2.6) 式中的径向方程, 它的解取 (5.2.8) 式中的形式, 而轴对称球函数 $Y(\theta,\phi)\equiv\Theta(\theta)$ 经 (5.2.17) 式中的变量代换后就满足 (5.2.20) 式中的勒让德方程, 因此, 解出勒让德方程得到 $\Theta(\theta)$ 的表达式后, 我们的问题基本就得解了, 只剩下一些线性叠加系数需要通过边界条件来确定. 因此, 我们首先将对本定解问题中的勒让德方程进行讨论求解.

1. 勒让德多项式的引入

勒让德多项式

在对 (5.2.20) 式中的勒让德方程进行求解时, 我们必须注意到, 这里还存在一个物理上的自然边界条件: 函数值在定义域上必须有限, 因此这个边界条件与勒让德方程就共同构成了确定待定常数 l 及相应函数解的施图姆–刘维尔本征值问题

$$\begin{cases}(1-x^2)\dfrac{\mathrm{d}^2y(x)}{\mathrm{d}x^2}-2x\dfrac{\mathrm{d}y(x)}{\mathrm{d}x}+l(l+1)y(x)=0, \quad -1\leqslant x\leqslant 1,\\ |y(x)|<\infty, \quad -1\leqslant x\leqslant 1.\end{cases} \tag{5.2.21}$$

当把勒让德方程变为 (4.0.1) 式中标准的二阶齐次常微分方程的形式后, 我们发现, 该方程在其定义域的中心点 $x_0=0$ 及其邻域上是解析的, 只是在定义域的边界处存在两个正则奇点 ±1. 由 4.2.1 节的讨论及相关例题, 我们知勒让德方程的解为

$$y(x)=a_0y_0(x)+a_1y_1(x), \tag{5.2.22}$$

其中 $y_0(x)$ 和 $y_1(x)$ 分别为偶次幂项无穷级数和奇次幂项无穷级数, a_0 和 a_1 为待定系数, 同时 $y_0(x)$ 和 $y_1(x)$ 这两个无穷幂级数的各幂次项系数间均存在递推关系式

$$a_{k+2}=\frac{(k-l)(k+l+1)}{(k+1)(k+2)}a_k. \tag{5.2.23}$$

从这个系数递推关系式, 由达朗贝尔比值判别法可知此幂级数的收敛半径为

$$R=\lim_{k\to\infty}\left|\frac{a_k}{a_{k+2}}\right|=1, \tag{5.2.24}$$

即上述级数在 $|x|<1$ 时收敛, 但在 $x=\pm 1$ 这两个定义域边界点上是否收敛则需进一步判断. 然而我们可利用高斯判别法得出结论：上述幂级数在这两点是发散的！因此, 必须通过某种合理的限定, 使得此幂级数解在这两个点上满足上述定解问题的自然边界条件.

我们知道, 非负幂次项组成的多项式无论如何都不会发散, 因此, 如果有某种自然的限定方式使得上面的幂级数自然截断为一个多项式, 则上述边界处的发散困难就可以解决. 回头看我们的勒让德方程, 发现方程中包含一个我们在分离变量过程中人为引进的常数 l, 而从 (5.2.23) 式中我们发现其递推关系式中分子上有一个因子 $(k-l)$, 这说明, 如果 l 是整数, 当通过递推关系式递推求解到 $(l+2)$ 次幂项前面的系数时, 立刻就得 $a_{l+2}=0$, 由递推关系, 此后的相同奇偶的各次幂项的系数均为零. 因此, 当限定 l 只能取正整数时, 依据其奇偶性, 我们发现 $y_0(x)$ 和 $y_1(x)$ 中之一将自然截断为最高次幂为 l-次的多项式, 若把 (5.2.22) 式中另一个幂级数前面的待定系数取为零, 则上述勒让德方程的解就的确退化为一个多项式从而保证了函数在整个定义域区间上的有限性. 例如, 如果 l 为偶数, 则 $y_0(x)$ 会截断为最高幂次为 l-次的偶数幂项多项式, 记为 $y_l(x)$, 而 $y_1(x)$ 依然是无穷级数, 于是令 (5.2.22) 式中的待定系数 $a_1=0$, 这样 $y(x)\sim y_l(x)$ 在区间 $[-1,1]$ 均有限.

通过以上分析, 对 (5.2.21) 式中的本征值问题进行求解后知, 其本征值 $l(l+1)$ 中的参数 l 必须为非负整数, 对应的本征函数为最高幂次为 l-次的多项式 $y_l(x)$：

$$y_l(x)=\begin{cases}\displaystyle\sum_{n=0}^{l/2}a_{2n}x^{2n}, & l=0,2,4,8,\cdots\\ \displaystyle\sum_{n=0}^{(l-1)/2}a_{2n+1}x^{2n+1}, & l=1,3,5,7,\cdots\end{cases},\tag{5.2.25}$$

各阶系数之间满足 (5.2.23) 式中的递推关系. 由于对于多项式而言, 系数递推关系式也可由高阶到低阶逆向递推, 即

$$a_k=-\frac{(k+1)(k+2)}{(l-k)(k+l+1)}a_{k+2}.\tag{5.2.26}$$

同时, 由于这个本征函数的表达式中还存在一个系数可以自由选择, 当将该多项式的最高幂次系数 a_l 取为

$$a_l=\frac{(2l)!}{2^l(l!)^2}\tag{5.2.27}$$

时, 上述本征函数就最终确定了下来, 我们将它记为 $y_l(x)\equiv \mathrm{P}_l(x)$. 由 a_l 的表达

式以及 (5.2.26) 式中的递推关系式, 我们不难证明 $\mathrm{P}_l(x)$ 的具体表达式为

$$\mathrm{P}_l(x)=\sum_{k=0}^{N}\frac{(-1)^k(2l-2k)!}{2^l k!(l-k)!(l-2k)!}x^{l-2k},\quad N=\begin{cases}\dfrac{l}{2}, & l\text{ 为偶数},\\ \dfrac{l-1}{2}, & l\text{ 为奇数}.\end{cases}\tag{5.2.28}$$

此多项式 $\mathrm{P}_l(x)$ 称为 l-阶**勒让德多项式**.

我们将前几阶勒让德多项式在下面列出：

$$\begin{aligned}&\mathrm{P}_0(x)=1, && \mathrm{P}_1(x)=x,\\ &\mathrm{P}_2(x)=\frac{1}{2}(3x^2-1), && \mathrm{P}_3(x)=\frac{1}{2}(5x^3-3x),\\ &\mathrm{P}_4(x)=\frac{1}{8}(35x^4-30x^2+3), && \mathrm{P}_5(x)=\frac{1}{8}(63x^5-70x^3+15x).\end{aligned}\tag{5.2.29}$$

在图 5.2.1 中我们画出了前 5 阶勒让德多项式函数图形.

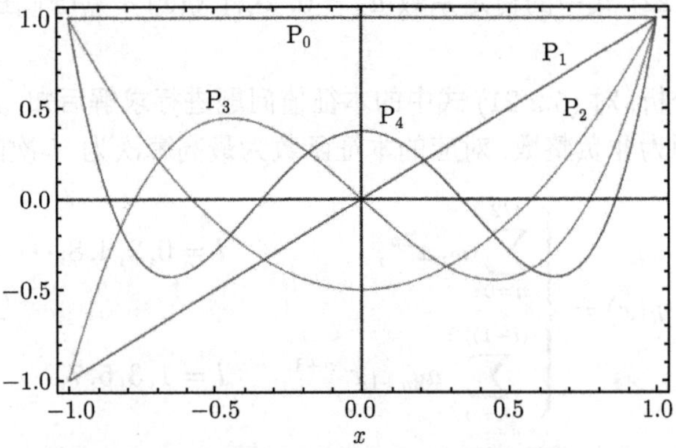

图 5.2.1　前 5 阶勒让德多项式函数图形

从上面勒让德多项式的表达式以及函数图像中, 我们不难看出, 偶数阶勒让德多项式均为偶函数而奇数阶勒让德多项式均为奇函数. 同时我们也看到, 任意阶勒让德多项式在 $x=1$ 点的取值恒为 $\mathrm{P}_l(1)=1$, 而在 $x=-1$ 点的取值为 $\mathrm{P}_l(-1)=(-1)^l$. 如此简洁统一的表达式正是来自 (5.2.27) 式中对最高阶项系数 a_l 的选取.

由于我们在最初的定解问题中进行了变量代换 $x=\cos\theta$, 因此, 为了后续讨论的方便, 我们将此变量代换代入上面各阶勒让德多项式中并在下面列出前几阶常用的 $\mathrm{P}_l(\cos\theta)$ 的表达式

$$
\begin{aligned}
&\mathrm{P}_0(\cos\theta)=1,\\
&\mathrm{P}_1(\cos\theta)=\cos\theta,\\
&\mathrm{P}_2(\cos\theta)=\frac{1}{2}(3\cos^2\theta-1)=\frac{1}{4}(3\cos 2\theta+1),\\
&\mathrm{P}_3(\cos\theta)=\frac{1}{2}(5\cos^3\theta-3\cos\theta)=\frac{1}{8}(5\cos 3\theta+3\cos\theta),\\
&\cdots\cdots
\end{aligned}
\tag{5.2.30}
$$

2. 勒让德多项式的微分表示和积分表示

勒让德多项式的微分表示和积分表示

为了能够对勒让德多项式加以灵活应用, 也为了以后讨论的方便, 我们在本小节以及后面两小节对勒让德多项式的常用表示形式以及重要的性质做一些简单的讨论. 本小节中我们首先来探讨勒让德多项式的微分表示形式和积分表示形式.

勒让德多项式的微分表示：勒让德多项式可以由以下微分形式来表示

$$
\mathrm{P}_l(x)=\frac{1}{2^l l!}\frac{\mathrm{d}^l}{\mathrm{d}x^l}(x^2-1)^l. \tag{5.2.31}
$$

这个微分表达式称为**罗德里格斯 (Rodrigues) 公式**.

证明 利用二项式定理

$$
(a+b)^l=\sum_{k=0}^{l}C_l^k a^{l-k}b^k=\sum_{k=0}^{l}\frac{l!}{k!(l-k)!}a^{l-k}b^k, \tag{5.2.32}
$$

我们有

$$
(x^2-1)^l=\sum_{k=0}^{l}\frac{(-1)^k l!}{k!(l-k)!}x^{2(l-k)}. \tag{5.2.33}
$$

对它求 l 次导数的话, 幂次为 $2l-2k<l$ 的项均为零, 因此对其求 l 次导数后, 只有 $k\leqslant l/2$ 的项才会给出不为零的结果. 令 N 为不大于 $l/2$ 的最大的整数, 于是

$$
\frac{1}{2^l l!}\frac{\mathrm{d}^l}{\mathrm{d}x^l}(x^2-1)^l=\sum_{k=0}^{N}(-1)^k\frac{(2l-2k)(2l-2k-1)\cdots(l-2k+1)}{2^l k!(l-k)!}x^{l-2k}. \tag{5.2.34}
$$

此式等号右边的分式因子的分子和分母同乘以 $(l-2k)!$, 其分子就变为 $(2l-2k)!$, 于是有

$$
\frac{1}{2^l l!}\frac{\mathrm{d}^l}{\mathrm{d}x^l}(x^2-1)^l=\sum_{k=0}^{N}(-1)^k\frac{(2l-2k)!}{2^l k!(l-k)!(l-2k)!}x^{l-2k}\equiv\mathrm{P}_l(x). \tag{5.2.35}
$$

得证.

勒让德多项式的积分表示：与上面微分表示紧密相连, 我们有勒让德多项式的积分表示

$$\mathrm{P}_l(x)=\frac{1}{2\pi\mathrm{i}2^l}\oint_C\frac{(z^2-1)^l}{(z-x)^{l+1}}\mathrm{d}z, \tag{5.2.36}$$

其中积分回路 C 为复平面上任意一个包围实轴上点 x 的闭合回路. 该积分表示称为**施列夫利** (Schläfli) **积分**.

证明 由 (1.4.18) 式中复变函数导数的柯西积分公式

$$f^{(l)}(z_0)=\frac{l!}{2\pi\mathrm{i}}\oint_C\frac{f(z)}{(z-z_0)^{l+1}}\mathrm{d}z, \tag{5.2.37}$$

从上面给出的勒让德多项式的微分表示式, 我们立刻可知

$$\mathrm{P}_l(x)=\frac{1}{2^l l!}\frac{\mathrm{d}^l}{\mathrm{d}x^l}(x^2-1)^l=\frac{1}{2\pi\mathrm{i}2^l}\oint_C\frac{(z^2-1)^l}{(z-x)^{l+1}}\mathrm{d}z. \tag{5.2.38}$$

得证.

从上面勒让德多项式的积分表示, 利用复变函数回路积分的留数定理, 我们很容易证明 $\mathrm{P}_l(1)=1$ 以及 $\mathrm{P}_l(-1)=(-1)^l$. 例如, 当 $x=1$ 时, 相应的勒让德多项式的积分表示式化为

$$\mathrm{P}_l(1)=\frac{1}{2\pi\mathrm{i}2^l}\oint_C\frac{(z^2-1)^l}{(z-1)^{l+1}}\mathrm{d}z=\frac{1}{2\pi\mathrm{i}2^l}\oint_C\frac{(z+1)^l}{(z-1)}\mathrm{d}z. \tag{5.2.39}$$

容易看出 $z=1$ 为被积函数的单极点, 且依据勒让德多项式积分表示的定义, 该单极点在积分回路包围区域内, 于是根据留数定理, 有

$$\mathrm{P}_l(1)=\frac{1}{2\pi\mathrm{i}2^l}\Big[2\pi\mathrm{i}\,\mathrm{Res}f(1)\Big]=1. \tag{5.2.40}$$

利用同样的方法, 可以证明 $\mathrm{P}_l(-1)=(-1)^l$, 具体的证明过程留给各位读者.

3. 勒让德多项式的生成函数及递推公式

1) 勒让德多项式的生成函数

勒让德多项式的生成函数及勒让德多项式的递推关系

对于一个函数族 $y_n(x)$ (n 为整数), 如果它们是某个参数函数 $g(x,t)$ 关于参数 t 的幂级数展开各项的系数, 即

$$g(x,t)=\sum_n y_n(x)t^n, \tag{5.2.41}$$

则此参数函数 $g(x,t)$ 称为函数族 $y_n(x)$ 的**生成函数**, 也称为**母函数**.

我们来考虑如下参数函数:

$$g(x,z)=\frac{1}{\sqrt{1-2zx+z^2}},\tag{5.2.42}$$

其中 $|x|\leqslant 1$, z 为复变量. 不难求出, $g(x,z)$ 的两个奇点在 $z_1=x+\mathrm{i}\sqrt{1-x^2}$ 和 $z_1=x+\mathrm{i}\sqrt{1-x^2}$ 处, 并且这两个奇点的模均为 $z_{1,2}=1$, 因此在 $|z|<1$ 圆域内 $g(x,z)$ 是解析的, 它可以在此圆域内以 $z_0=0$ 为中心展开成泰勒级数

$$g(x,z)=\sum_{l=0}^{\infty}a_l z^l,\tag{5.2.43}$$

其中展开系数为

$$a_l=\frac{1}{2\pi\mathrm{i}}\oint_C\frac{(1-2xz+z^2)^{-1/2}}{z^{l+1}}\mathrm{d}z,\tag{5.2.44}$$

其中 C 为此圆域内包围原点 $z_0=0$ 的任意一个闭合回路. 对此积分我们做变换

$$z=\frac{2(\xi-x)}{\xi^2-1},\tag{5.2.45}$$

这样就有

$$\sqrt{1-2xz+z^2}=1-z\xi,\quad \mathrm{d}z=2\frac{2\xi x-1-\xi^2}{(\xi^2-1)^2}\mathrm{d}\xi,\tag{5.2.46}$$

于是展开式系数 a_l 的表达式就变为

$$a_l=\frac{1}{2^l2\pi\mathrm{i}}\oint_{C'}\frac{(\xi^2-1)^l}{(\xi-x)^{l+1}}\mathrm{d}\xi.\tag{5.2.47}$$

将此式与前面给出的勒让德多项式的积分表达式对比, 我们立刻发现, $a_l=\mathrm{P}_l(x)$, 因此

$$g(x,z)=\frac{1}{\sqrt{1-2xz+z^2}}=\sum_{l=0}^{\infty}\mathrm{P}_l(x)z^l,\quad |x|\leqslant 1,\quad |z|<1.\tag{5.2.48}$$

这说明 $g(x,z)$ 是勒让德多项式 $\mathrm{P}_l(x)$ 的生成函数.

虽然上面在讨论时我们限定 $|z|<1$, 但其实对于 $|z|>1$ 的情况, $g(x,z)$ 仍然是勒让德多项式的母函数, 此时

$$g(x,z)=\sum_{l=0}^{\infty}\mathrm{P}_l(x)\frac{1}{z^{l+1}},\quad |x|\leqslant 1,\quad |z|>1.\tag{5.2.49}$$

这个很容易证明, 因为在此时 $g(x,z)$ 可以变为

$$g(x,z)=\frac{1}{\sqrt{1-2xz+z^2}}=\frac{1}{z}\frac{1}{\sqrt{1-2x/z-1/z^2}},\quad |x|\leqslant 1,\quad |z|>1,\tag{5.2.50}$$

在此基础上作变量代换 $1/z=t$, 上式变为

$$g(x,z)=\tilde{g}(x,t)=t\frac{1}{\sqrt{1-2xt+t^2}},\quad |x|\leqslant 1,\quad |t|<1.\tag{5.2.51}$$

利用 (5.2.48) 式我们立刻得

$$\tilde{g}(x,t)=\sum_{l=0}^{\infty}\mathrm{P}_l(x)t^{l+1},\quad |x|\leqslant 1,\quad |t|<1.\tag{5.2.52}$$

于是得证.

2) 勒让德多项式的递推公式

利用勒让德多项式生成函数, 我们还可以得到不同阶勒让德多项式之间的递推关系式. 对 (5.2.48) 式两边关于 z 求导, 得

$$\frac{x-z}{(1-2xz+z^2)^{3/2}}=\sum_{l=0}^{\infty}lz^{l-1}\mathrm{P}_l(x).\tag{5.2.53}$$

两边同乘以 $(1-2xz+z^2)$, 得

$$\frac{x-z}{(1-2xz+z^2)^{1/2}}=(1-2xz+z^2)\sum_{l=0}^{\infty}lz^{l-1}\mathrm{P}_l(x).\tag{5.2.54}$$

对上式左边再次利用生成函数关系式, 有

$$(x-z)\sum_{l=0}^{\infty}\mathrm{P}_l(x)z^l=(1-2xz+z^2)\sum_{l=0}^{\infty}lz^{l-1}\mathrm{P}_l(x).\tag{5.2.55}$$

对此式进行整理, 得

$$\sum_{l=0}^{\infty}(2l+1)xz^l\mathrm{P}_l(x)-\sum_{l=0}^{\infty}(l+1)z^{l+1}\mathrm{P}_l(x)=\sum_{l=0}^{\infty}lz^{l-1}\mathrm{P}_l(x),\tag{5.2.56}$$

比较两边 z^l 的系数, 我们就得

$$(2l+1)x\mathrm{P}_l(x)-l\mathrm{P}_{l-1}(x)=(l+1)\mathrm{P}_{l+1}(x).\tag{5.2.57}$$

这就是勒让德多项式的递推关系式, 由 $\mathrm{P}_l(x)$ 和 $\mathrm{P}_{l-1}(x)$ 的表达式从上式就可推导出 $\mathrm{P}_{l+1}(x)$ 的表达式.

不仅有上面给出的这个递推关系式, 勒让德多项式之间还存在多种递推关系式. 例如, 通过对 (5.2.48) 式两边关于 x 求导, 经过整理, 我们可以得到一个新的递推关系式

$$\mathrm{P}_l(x)=\mathrm{P}'_{l+1}(x)-2x\mathrm{P}'_l(x)+\mathrm{P}'_{l-1}(x). \tag{5.2.58}$$

运用类似的各种方法, 从勒让德生成函数表达式出发, 借助其他已知的递推关系式, 我们还可得到

$$(2l+1)\mathrm{P}_l(x)=\mathrm{P}'_{l+1}(x)-\mathrm{P}'_{l-1}(x), \tag{5.2.59}$$

$$\mathrm{P}'_{l+1}(x)=(l+1)\mathrm{P}_l(x)+x\mathrm{P}'_l(x), \tag{5.2.60}$$

$$l\mathrm{P}_l(x)=x\mathrm{P}'_l(x)-\mathrm{P}'_{l-1}(x), \tag{5.2.61}$$

$$(2l+1)x\mathrm{P}'_l(x)=l\mathrm{P}'_{l+1}(x)+(l+1)\mathrm{P}'_{l-1}(x), \tag{5.2.62}$$

$$\cdots\cdots$$

4. 勒让德多项式的正交性及广义傅里叶级数

勒让德多项式的正交性及相应的广义傅里叶级数

由 3.4.2 节的讨论我们知, 施图姆–刘维尔本征值问题中不同本征函数之间是带权正交的. 而 (5.2.21) 式中的勒让德方程定解问题就是一个权函数为 1 的施图姆–刘维尔本征值问题, 因此它的本征函数即不同阶勒让德多项式 $\mathrm{P}_n(x)$ 和 $\mathrm{P}_m(x)$ 之间也不例外, 是正交的.

我们知道, $\mathrm{P}_n(x)$ 和 $\mathrm{P}_m(x)$ 分别满足

$$(1-x^2)\mathrm{P}''_m(x)-2x\mathrm{P}'_m(x)+m(m+1)\mathrm{P}_m(x)\equiv 0, \tag{5.2.63}$$

$$(1-x^2)\mathrm{P}''_n(x)-2x\mathrm{P}'_n(x)+n(n+1)\mathrm{P}_n(x)\equiv 0, \tag{5.2.64}$$

将第一式两边同乘以 $\mathrm{P}_n(x)$, 第二式两边同乘以 $\mathrm{P}_m(x)$, 然后两式相减, 得

$$\begin{aligned}&\mathrm{P}_n(x)\frac{\mathrm{d}}{\mathrm{d}x}\Big[(1-x^2)\mathrm{P}'_m(x)\Big]-\mathrm{P}_m(x)\frac{\mathrm{d}}{\mathrm{d}x}\Big[(1-x^2)\mathrm{P}'_n(x)\Big]\\&+\Big[m(m+1)-n(n+1)\Big]\mathrm{P}_m(x)\mathrm{P}_n(x)=0,\end{aligned} \tag{5.2.65}$$

对此式两边在区间 $[-1,1]$ 上作积分

$$\begin{aligned}&\int_{-1}^{1}\left\{\mathrm{P}_n(x)\frac{\mathrm{d}}{\mathrm{d}x}\Big[(1-x^2)\mathrm{P}'_m(x)\Big]-\mathrm{P}_m(x)\frac{\mathrm{d}}{\mathrm{d}x}\Big[(1-x^2)\mathrm{P}'_n(x)\Big]\right\}\mathrm{d}x\\&+\Big[m(m+1)-n(n+1)\Big]\int_{-1}^{1}\mathrm{P}_m(x)\mathrm{P}_n(x)\mathrm{d}x=0.\end{aligned} \tag{5.2.66}$$

利用分部积分法, 得

$$(1-x^2)\Big[\mathrm{P}_n(x)\mathrm{P}'_m(x)-\mathrm{P}_m(x)\mathrm{P}'_n(x)\Big]_{-1}^{1}+\int_{-1}^{1}(1-x^2)\Big[\mathrm{P}'_m(x)\mathrm{P}'_n(x)$$

$$-\mathrm{P}'_n(x)\mathrm{P}'_m(x)\Big]\mathrm{d}x+\Big[m(m+1)-n(n+1)\Big]\int_{-1}^{1}\mathrm{P}_m(x)\mathrm{P}_n(x)\mathrm{d}x=0. \quad (5.2.67)$$

此式第一项由于因子 $(1-x^2)$ 的存在而在两个积分限上均为零, 第二项很明显为零, 而我们又有 $m\neq n$, 于是得

$$\int_{-1}^{1}\mathrm{P}_m(x)\mathrm{P}_n(x)\mathrm{d}x=0. \quad (5.2.68)$$

这就证明了**不同阶勒让德多项式是正交的**.

而对于一个勒让德多项式平方的积分, 我们可以利用 (5.2.48) 式中的勒让德生成函数来计算. 从 (5.2.48) 式中, 我们知道

$$\left(\frac{1}{\sqrt{1-2xt+t^2}}\right)^2=\sum_{l=0}^{\infty}\mathrm{P}_l(x)t^l\sum_{k=0}^{\infty}\mathrm{P}_k(x)t^k, \quad (5.2.69)$$

注意上式中的参数 $|t|<1$. 对此式两边作积分, 并利用上述勒让德多项式的正交性, 有

$$\int_{-1}^{1}\frac{\mathrm{d}x}{1-2xt+t^2}=\sum_{l=0}^{\infty}\sum_{k=0}^{\infty}t^{l+k}\int_{-1}^{1}\mathrm{P}_l(x)\mathrm{P}_k(x)\mathrm{d}x=\sum_{l=0}^{\infty}\left(\int_{-1}^{1}\left[\mathrm{P}_l(x)\right]^2\mathrm{d}x\right)t^{2l}. \quad (5.2.70)$$

而上式左边的积分结果为

$$\int_{-1}^{1}\frac{\mathrm{d}x}{1-2xt+t^2}=-\frac{1}{2t}\int_{-1}^{1}\frac{\mathrm{d}(1-2xt+t^2)}{1-2xt+t^2}=\frac{1}{t}\Big[\ln(1+t)-\ln(1-t)\Big], \quad (5.2.71)$$

进一步利用对数函数的幂级数展开 $\ln(1+t)=\sum\limits_{n=1}^{\infty}t^n/n$, 上式化为

$$\int_{-1}^{1}\frac{\mathrm{d}x}{1-2xt+t^2}=\sum_{l=0}^{\infty}\frac{2}{2l+1}t^{2l}. \quad (5.2.72)$$

对比 (5.2.72) 式与 (5.2.70) 式, 最终得

$$\int_{-1}^{1} [\mathrm{P}_l(x)]^2 \,\mathrm{d}x = \frac{2}{2l+1}. \tag{5.2.73}$$

综合 (5.2.68) 式和 (5.2.73) 式, 我们就最终得到了勒让德多项式的**正交归一关系**

$$\frac{2l+1}{2}\int_{-1}^{1} \mathrm{P}_l(x)\mathrm{P}_k(x)\mathrm{d}x = \delta_{lk}. \tag{5.2.74}$$

由于勒让德多项式的正交完备性, 于是 $\{\mathrm{P}_l(x),\ l=0,1,2,\cdots\}$ 可作为正交函数基底, 使得任意一个定义在区间 $[-1,1]$ 上的一阶导数连续、二阶导数分段连续的函数 $f(x)$ 均可在其上展开成**广义傅里叶级数**

$$f(x) = \sum_{l=0}^{\infty} A_l \mathrm{P}_l(x), \tag{5.2.75}$$

利用 (5.2.74) 式中的勒让德多项式的正交归一关系, 上式中的展开系数 A_l 为

$$A_l = \frac{2l+1}{2}\int_{-1}^{1} f(x)\mathrm{P}_l(x)\mathrm{d}x, \quad l=0,1,2,\cdots. \tag{5.2.76}$$

5. 具有极轴转动对称性球状体系的拉普拉斯方程求解

具有极轴转动对称性体系的拉普拉斯问题求解

有了以上的基础, 作为例子, 我们现在来完整讨论以下这个具有极轴转动对称性的球体内部的拉普拉斯方程定解问题. 由于体系具有极轴转动对称性, 因此, 系统物理量与 ϕ 角无关, 它的方程为

$$\begin{cases} \nabla^2 u(r,\theta) = 0, \quad r<a,\ 0\leqslant\theta\leqslant\pi, \\ u(r,\theta)|_{r=a} = f(\theta). \end{cases} \tag{5.2.77}$$

由此方程, 我们看到, 我们所研究的系统是局限在一个半径为 a 的球体之内, 因此我们采用球坐标系来研究此问题. 在球坐标系下, 方程写为

$$\frac{1}{r^2}\frac{\partial}{\partial r}\left(r^2\frac{\partial u}{\partial r}\right) + \frac{1}{r^2\sin\theta}\frac{\partial}{\partial\theta}\left(\sin\theta\frac{\partial u}{\partial\theta}\right) = 0. \tag{5.2.78}$$

我们采用分离变量法, 令 $u(r,\theta) = R(r)\Theta(\theta)$, 代入上述拉普拉斯方程, 得径向函数 $R(r)$ 所满足的径向方程

$$r^2\frac{\mathrm{d}^2R}{\mathrm{d}r^2}+2r\frac{\mathrm{d}R}{\mathrm{d}r}-l(l+1)R=0, \tag{5.2.79}$$

以及 $\Theta(\theta)$ 所满足的方程

$$\frac{1}{\sin\theta}\frac{\mathrm{d}}{\mathrm{d}\theta}\left(\sin\theta\frac{\mathrm{d}\Theta}{\mathrm{d}\theta}\right)+l(l+1)\Theta=0. \tag{5.2.80}$$

其中 $l(l+1)$ 是在分离变量中人为引入的常数.

从本节及前一节的讨论中, 我们知径向方程的解为

$$R_l(r)=A_lr^l+B_l\frac{1}{r^{l+1}}. \tag{5.2.81}$$

而 $\Theta(\theta)$ 所满足的方程就是我们之前讨论的勒让德方程, 此方程与自然边界条件 $|\Theta(\theta)|<\infty$ 一起构成了施图姆–刘维尔本征值问题, 它给出本征值 $l(l+1)$ 中的参数 l 必须为非负整数, 相应的本征函数为 l-阶勒让德多项式:

$$\Theta_l(\theta)=\mathrm{P}_l(\cos\theta). \tag{5.2.82}$$

因此, 对于一个给定的非负整数 l , 相应的 $u_l(r,\theta)=R_l(r)\Theta_l(\theta)$ 就是拉普拉斯方程的解, 于是, 方程的通解即为

$$u(r,\theta)=\sum_{l=0}^{\infty}\left(A_lr^l+B_l\frac{1}{r^{l+1}}\right)\mathrm{P}_l(\cos\theta). \tag{5.2.83}$$

接下来我们就要通过边界条件来确定其中的待定系数. 但我们发现, 看起来似乎只有一个边界条件, 如何确定两组待定系数 A_l 和 B_l 呢? 这里, 我们还是要考虑到 $u(r,\theta)$ 在研究区域 $r<a$ 内有限的自然边界条件. 我们知道这个区域是包含球心 $r=0$ 这点的, 但在上面的表达式中我们看到

$$\lim_{r\to 0}\frac{1}{r^{l+1}}=\infty, \tag{5.2.84}$$

因此, 为了保证函数的有限性, 系数 B_l 必须满足

$$B_l=0,\quad l=0,1,2,\cdots, \tag{5.2.85}$$

于是方程的解就退化为

$$u(r,\theta)=\sum_{l=0}^{\infty}A_lr^l\mathrm{P}_l(\cos\theta). \tag{5.2.86}$$

当 $r=a$ 时, 应有

$$u(r,\theta)|_{r=a}=\sum_{l=0}^{\infty}A_la^l\mathrm{P}_l(\cos\theta)=f(\theta). \tag{5.2.87}$$

由前面的讨论, 我们知道 $\mathrm{P}_l(\cos\theta)$ 构成了定义域为 $\theta\in[0,\pi]$ 的函数的正交完备的函数基底, 因此

$$f(\theta)=\sum_{l=0}^{\infty}C_l\mathrm{P}_l(\cos\theta),\quad C_l=\frac{2l+1}{2}\int_0^{\pi}f(\theta)\mathrm{P}_l(\cos\theta)\sin\theta\mathrm{d}\theta.\tag{5.2.88}$$

比较上两式, 我们就得

$$A_l=\frac{2l+1}{2a^l}\int_0^{\pi}f(\theta)\mathrm{P}_l(\cos\theta)\sin\theta\mathrm{d}\theta.\tag{5.2.89}$$

例 5.2.1 一半径为 a 的球状材料, 球内没有热源热汇, 其表面的温度始终保持 $u(r,\theta)|_{r=a}=\sin^2\theta+2\cos\theta$, 求球体内稳定的温度分布.

解 由上面的描述可知, 其边界条件具有极轴转动对称性, 因此球内稳定的温度分布函数也与 ϕ 角无关, 因此定解问题为

$$\begin{cases}\nabla^2u(r,\theta)=0, & r<a,\quad 0\leqslant\theta\leqslant\pi,\\ u(r,\theta)|_{r=a}=\sin^2\theta+2\cos\theta.\end{cases}\tag{5.2.90}$$

对此问题采用分离变量法求解. 令 $u(r,\theta)=R(r)\Theta(\theta)$, 代入原方程, 我们知 $R(r)$ 满足 (5.2.79) 式中的径向方程, 而 $\Theta(\theta)$ 满足 (5.2.80) 式中的勒让德方程. 考虑到函数 $u(r,\theta)$ 在求解区域内的有限性, 我们得

$$u(r,\theta)=\sum_{l=0}^{\infty}A_lr^l\mathrm{P}_l(\cos\theta).\tag{5.2.91}$$

这里的系数 A_l 就需要根据边界条件来确定了.

对于一般的边界条件表达式, 我们当然可以用 (5.2.89) 式来计算确定系数 A_l, 但对于这个具体的问题, 我们看到, 边界条件是三角函数的显式表达式, 因此, 我们可以通过对边界条件直接进行变形来得到它的广义傅里叶级数的方法来确定系数. 对于本问题, 边界条件可化为

$$\sin^2\theta+2\cos\theta=-\frac{2}{3}\left[\frac{1}{2}(2-3\sin^2\theta)\right]+\frac{2}{3}+2\cos\theta,\tag{5.2.92}$$

与勒让德多项式的表达式比较, 我们立刻得出边界条件的广义傅里叶级数展开表达式为

$$u(r,\theta)|_{r=a}=\sin^2\theta+2\cos\theta=-\frac{2}{3}\mathrm{P}_2(\cos\theta)+2\mathrm{P}_1(\cos\theta)+\frac{2}{3}\mathrm{P}_0(\cos\theta),\tag{5.2.93}$$

即我们已完成了边界条件的广义傅里叶级数展开. 由上面 $u(r,\theta)$ 的通解, 我们又有

$$u(a,\theta)=\sum_{l=0}^{\infty}A_l a^l \mathrm{P}_l(\cos\theta). \tag{5.2.94}$$

上两式的对比就给出

$$A_0=\frac{2}{3},\quad A_1=\frac{2}{a},\quad A_2=-\frac{2}{3a^2},\quad A_l=0\quad (l\geqslant 3). \tag{5.2.95}$$

即本问题最终的解为

$$u(r,\theta)=\frac{2}{3}\mathrm{P}_0+2\frac{r}{a}\mathrm{P}_1(\cos\theta)-\frac{2}{3}\frac{r^2}{a^2}\mathrm{P}_2(\cos\theta)=\frac{2}{3}-\frac{2}{3}\frac{r^2}{a^2}+2\frac{r}{a}\cos\theta+\frac{r^2}{a^2}\sin^2\theta. \tag{5.2.96}$$

得解.

例 5.2.2　在点电荷 q 的电场中放置半径为 a 的接地导体球, 球心与点电荷的距离为 r_1　$(r_1>a)$, 如图 5.2.2 (a) 所示. 求球外空间电势分布.

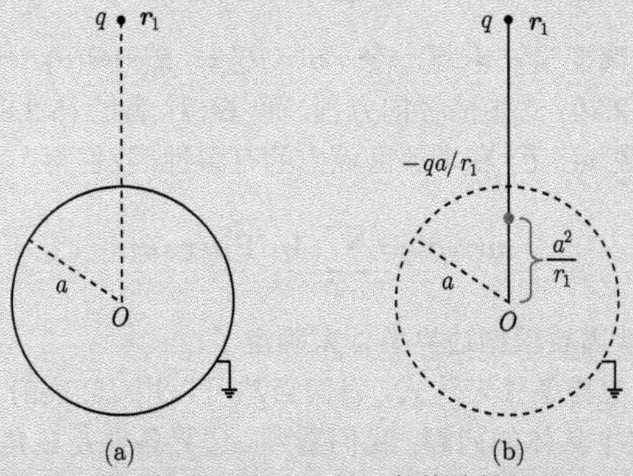

利用勒让德多项式生成函数求解问题

图 5.2.2　(a) 在点电荷 q 的电场中放置半径为 a 的接地导体球, 球心与点电荷的距离为 r_1　$(r_1>a)$; (b) 在导体球外, 导体球对原点电荷电势所造成的影响等价于一个电荷电量为 $(-qa/r_1)$ 且位于球心与点电荷连线上距离球心　a^2/r_1 处的点电荷所产生的电势

解　从本问题陈述中, 知道以下两个事实: ① 体系具有球面边界, 由于导体球接地, 整个导体球内包括球面边界处的电势均为零, 因此所要求解的是球外电势分布; ② 体系对球心与点电荷连线呈转动对称. 因此, 我们取球心为原点、球心与点电荷连线为极轴建立球坐标系, 在坐标系中电势函数　$u(r,\theta)$ 与绕极轴转动角　ϕ 无关, 因此本定解问题为

$$\begin{cases}\nabla^2 u(r,\theta) = -\dfrac{q}{\epsilon_0}\delta(\boldsymbol{r}-\boldsymbol{r}_1), \quad r>a, \\ u(r,\theta)|_{r=a} = 0.\end{cases} \tag{5.2.97}$$

假如空间中没有接地导体球, 空间静电势应为点电荷静电势

$$u_0(r,\theta) = \frac{1}{4\pi\epsilon_0}\frac{q}{\sqrt{r_1^2 - 2r_1 r\cos\theta + r^2}}. \tag{5.2.98}$$

当把接地导体球放入后, 静电势将修正为

$$u(r,\theta) = v(r,\theta) + \frac{1}{4\pi\epsilon_0}\frac{q}{\sqrt{r_1^2 - 2r_1 r\cos\theta + r^2}}. \tag{5.2.99}$$

将此代入原定解问题, 不难得出 $v(r,\theta)$ 满足

$$\begin{cases}\nabla^2 v(r,\theta) = 0, \quad r>a, \\ v(r,\theta)|_{r=a} = -\dfrac{1}{4\pi\epsilon_0}\dfrac{q}{\sqrt{r_1^2 - 2r_1 a\cos\theta + a^2}}.\end{cases} \tag{5.2.100}$$

如前, 采用分离变量法, 令 $v(r,\theta) = R(r)\Theta(\theta)$, 代入后知

$$v(r,\theta) = \sum_{l=0}^{\infty} R_l(r)\Theta_l(\theta) = \sum_{l=0}^{\infty}\left(A_l r^l + B_l\frac{1}{r^{l+1}}\right)\mathrm{P}_l(\cos\theta). \tag{5.2.101}$$

但由于所求解区域为球外区域, 我们需要考虑到在整个求解区域内电势函数的有限性, 即 $|v(r,\theta)| < \infty$, 包括 $r\to\infty$, 因此不难得出

$$A_l = 0. \tag{5.2.102}$$

在边界处, 应有

$$v(r,\theta)|_{r=a} = \sum_{l=0}^{\infty} B_l\frac{1}{a^{l+1}}\mathrm{P}_l(\cos\theta) = -\frac{1}{4\pi\epsilon_0}\frac{q}{\sqrt{r_1^2 - 2r_1 a\cos\theta + a^2}}. \tag{5.2.103}$$

由于 $a < r_1$, 有

$$\frac{1}{\sqrt{r_1^2 - 2r_1 a\cos\theta + a^2}} = \frac{1}{r_1}\frac{1}{\sqrt{1 - 2\dfrac{a}{r_1}\cos\theta + \left(\dfrac{a}{r_1}\right)^2}}. \tag{5.2.104}$$

利用 (5.2.48) 式中勒让德生成函数表示式, 有

$$\frac{1}{r_1}\frac{1}{\sqrt{1 - 2\dfrac{a}{r_1}\cos\theta + \left(\dfrac{a}{r_1}\right)^2}} = \sum_{l=0}^{\infty}\frac{a^l}{r_1^{l+1}}\mathrm{P}_l(\cos\theta). \tag{5.2.105}$$

综合以上几式, 有

$$\sum_{l=0}^{\infty} B_l \frac{1}{a^{l+1}} \mathrm{P}_l(\cos\theta) = -\frac{q}{4\pi\epsilon_0} \sum_{l=0}^{\infty} \frac{a^l}{r_1^{l+1}} \mathrm{P}_l(\cos\theta), \tag{5.2.106}$$

得

$$B_l = -\frac{q}{4\pi\epsilon_0} \frac{a^{2l+1}}{r_1^{l+1}}, \tag{5.2.107}$$

最终我们就得

$$u(r,\theta) = \frac{q}{4\pi\epsilon_0} \frac{1}{\sqrt{r_1^2 - 2r_1 r\cos\theta + r^2}} - \sum_{l=0}^{\infty} \frac{q}{4\pi\epsilon_0} \frac{a^{2l+1}}{r_1^{l+1}} \frac{1}{r^{l+1}} \mathrm{P}_l(\cos\theta). \tag{5.2.108}$$

得解.

现在, 我们对上面给出的解的第二项即 $v(r,\theta)$ 再利用生成函数加以改写为

$$v(r,\theta) = -\frac{qa/r_1}{4\pi\epsilon_0} \frac{1}{\sqrt{\left(\dfrac{a^2}{r_1}\right)^2 - 2\dfrac{a^2}{r_1} r\cos\theta + r^2}}. \tag{5.2.109}$$

由此, 我们看到, 在导体球外, 导体球对原点电荷电势所造成的影响等价于一个电荷电量为 $(-qa/r_1)$ 且位于球心与点电荷连线上距离球心 a^2/r_1 处的点电荷所产生的电势, 见图 5.2.2 (b).

5.2.2　缔合勒让德函数与一般球函数

有了以上结果, 我们现在来讨论一般的球坐标系中的拉普拉斯定解问题. 此时, 体系一般不再具有极轴转动对称性, 场函数也将依赖于 ϕ 角. 当用分离变量 $u(r,\theta,\phi) = R(r)Y(\theta,\phi)$ 进行分析, 我们知道, 球函数 $Y(\theta,\phi) = \Theta(\theta)\Phi(\phi)$ 中的 $\Phi(\phi) \sim \mathrm{e}^{im\phi}$, 而 $\Theta(\theta)$ 则满足相应的缔合勒让德方程

$$\frac{1}{\sin\theta} \frac{\mathrm{d}}{\mathrm{d}\theta} \left(\sin\theta \frac{\mathrm{d}\Theta(\theta)}{\mathrm{d}\theta}\right) + \left[l(l+1) - \frac{m^2}{\sin^2\theta}\right] \Theta(\theta) = 0, \tag{5.2.110}$$

其中 m 为整数. 当解出缔合勒让德方程并构建一般球函数的本征函数后, 结合由径向方程得到的径向函数, 原则上一般情形下的球坐标系中的拉普拉斯定解问题就可得解. 为此, 我们将先来求解缔合勒让德方程.

1. 缔合勒让德函数

缔合勒让德函数及一般球函数

对上述方程作变量代换 $\cos\theta = x$ 并令 $\Theta(\theta) = y(x)$ 后, 同时考虑到函数有限性这个自然边界条件, 我们得以下本征值问题:

$$\begin{cases}(1-x^2)\dfrac{\mathrm{d}^2y}{\mathrm{d}x^2}-2x\dfrac{\mathrm{d}y}{\mathrm{d}x}+\left[l(l+1)-\dfrac{m^2}{1-x^2}\right]y=0, \quad |x|\leqslant 1,\\ |y(x)|<\infty.\end{cases} \tag{5.2.111}$$

由于缔合勒让德方程中只包含 m^2 项, 对于 m 和 $(-m)$ $(m\geqslant 0)$, 方程的解应该是一样的, 最多只差一个无关要紧的常数. 因此, 我们统一以其绝对值 $|m|$ 来进行后续分析求解.

我们看到, 缔合勒让德方程在求解区域内同样有两个正则奇点 $x=\pm 1$, 当然可以遵循幂级数展开的方法来加以求解, 但相较勒让德方程, 缔合勒让德方程所多出来的 m^2-项使得级数求解过程变得十分复杂. 为此, 我们尝试利用已知的勒让德多项式及其相关性质来寻求缔合勒让德方程的解.

对于勒让德多项式 $\mathrm{P}_l(x)$, 它满足

$$(1-x^2)\frac{\mathrm{d}^2\mathrm{P}_l(x)}{\mathrm{d}x^2}-2x\frac{\mathrm{d}\mathrm{P}_l(x)}{\mathrm{d}x}+l(l+1)\mathrm{P}_l(x)\equiv 0. \tag{5.2.112}$$

对此式求 x 的 $|m|$-阶导数, 得

$$\begin{aligned}&(1-x^2)\frac{\mathrm{d}^2}{\mathrm{d}x^2}\mathrm{P}_l^{(|m|)}-2|m|x\frac{\mathrm{d}}{\mathrm{d}x}\mathrm{P}_l^{(|m|)}-|m|(|m|-1)\mathrm{P}_l^{(|m|)}\\ &-2x\frac{\mathrm{d}}{\mathrm{d}x}\mathrm{P}_l^{(|m|)}-2|m|\mathrm{P}_l^{(|m|)}+l(l+1)\mathrm{P}_l^{(|m|)}\equiv 0.\end{aligned} \tag{5.2.113}$$

对此式合并同类项后, 发现勒让德多项式的 $|m|$-阶导数 $\mathrm{P}_l^{(|m|)}(x)$ 满足以下关系:

$$\begin{aligned}&(1-x^2)\frac{\mathrm{d}^2}{\mathrm{d}x^2}\mathrm{P}_l^{(|m|)}-2(|m|+1)x\frac{\mathrm{d}}{\mathrm{d}x}\mathrm{P}_l^{(|m|)}\\ &+\Big[l(l+1)-|m|(|m|+1)\Big]\mathrm{P}_l^{(|m|)}\equiv 0.\end{aligned} \tag{5.2.114}$$

令

$$y(x)=(1-x^2)^{\frac{|m|}{2}}\mathrm{P}_l^{(|m|)}(x), \tag{5.2.115}$$

可知

$$\frac{\mathrm{d}y}{\mathrm{d}x}=(1-x^2)^{\frac{|m|}{2}}\frac{\mathrm{d}}{\mathrm{d}x}\mathrm{P}_l^{(|m|)}-|m|(1-x^2)^{\frac{|m|}{2}-1}x\mathrm{P}_l^{(|m|)}, \tag{5.2.116}$$

以及

$$\begin{aligned}\frac{\mathrm{d}^2y}{\mathrm{d}x^2}=&(1-x^2)^{\frac{|m|}{2}}\frac{\mathrm{d}^2}{\mathrm{d}x^2}\mathrm{P}_l^{(|m|)}-2|m|(1-x^2)^{\frac{|m|}{2}-1}x\frac{\mathrm{d}}{\mathrm{d}x}\mathrm{P}_l^{(|m|)}\\ &-|m|(1-x^2)^{\frac{|m|}{2}-1}\mathrm{P}_l^{(|m|)}+|m|(|m|-2)(1-x^2)^{\frac{|m|}{2}-2}x^2\mathrm{P}_l^{(|m|)}.\end{aligned} \tag{5.2.117}$$

于是, 当把 $y(x)$ 的表达式代入缔合勒让德方程后, 利用上两式以及 (5.2.114) 式, 我们有

$$(1-x^2)^{\frac{|m|}{2}}\left[(1-x^2)\frac{\mathrm{d}^2}{\mathrm{d}x^2}\mathrm{P}_l^{(|m|)}-2(|m|+1)x\frac{\mathrm{d}}{\mathrm{d}x}\mathrm{P}_l^{(|m|)}\right.$$
$$\left.+\Big[l(l+1)-|m|(|m|+1)\Big]\mathrm{P}_l^{(|m|)}\right]\equiv 0, \tag{5.2.118}$$

这说明我们上面给出的 $y(x)$ 就是缔合勒让德方程的解, 我们将之记为

$$(1-x^2)^{\frac{|m|}{2}}\mathrm{P}_l^{(|m|)}(x)\equiv \mathrm{P}_l^{|m|}(x)\quad(-1\leqslant x\leqslant 1) \tag{5.2.119}$$

并称 $\mathrm{P}_l^{|m|}(x)$ 为**缔合勒让德函数**. 由缔合勒让德函数的定义可知 $\mathrm{P}_l^0=\mathrm{P}_l$. 当我们考虑到勒让德多项式 $\mathrm{P}_l(x)$ 的最高幂次为 l 次, 由缔合勒让德函数的定义式, 我们立刻知道对整数 m 存在一个限制:

$$|m|\leqslant l. \tag{5.2.120}$$

下面我们列出前几阶缔合勒让德函数的具体形式:

$$\begin{aligned}
&\mathrm{P}_0^0(x)=1,\\
&\mathrm{P}_1^0(x)=x,\quad \mathrm{P}_1^1(x)=\sqrt{1-x^2},\\
&\mathrm{P}_2^0(x)=\frac{1}{2}(3x^2-1),\quad \mathrm{P}_2^1(x)=3\sqrt{1-x^2}x,\quad \mathrm{P}_2^2(x)=3(1-x^2),\\
&\qquad\qquad\cdots\cdots
\end{aligned} \tag{5.2.121}$$

或是

$$\begin{aligned}
&\mathrm{P}_0^0(\cos\theta)=1,\\
&\mathrm{P}_1^0(\cos\theta)=\cos\theta,\quad \mathrm{P}_1^1(\cos\theta)=\sin\theta,\\
&\mathrm{P}_2^0(\cos\theta)=\frac{1}{2}(3\cos^2\theta-1),\quad \mathrm{P}_2^1(\cos\theta)=3\sin\theta\cos\theta=\frac{3}{2}\sin 2\theta,\\
&\mathrm{P}_2^2(\cos\theta)=3\sin^2\theta=\frac{3}{2}(1-\cos 2\theta),\\
&\qquad\qquad\cdots\cdots
\end{aligned} \tag{5.2.122}$$

运用类似于上节证明勒让德多项式正交关系的方法, 不难证明, 具有相同指标 $|m|$ 的不同阶缔合勒让德函数之间满足正交性

$$\int_{-1}^{1}\mathrm{P}_l^{|m|}(x)\mathrm{P}_k^{|m|}(x)\mathrm{d}x=0,\quad l\neq k. \tag{5.2.123}$$

同时, 通过反复利用分部积分法, 我们也不难验证

$$\int_{-1}^{1}\left[\mathrm{P}_l^{|m|}(x)\right]^2\mathrm{d}x=\frac{2(l+|m|)!}{(2l+1)(l-|m|)!}. \tag{5.2.124}$$

2. 一般球函数及球面上函数的广义傅里叶级数展开

球函数的正交性及相应的广义傅里叶级数

综合上面讨论我们知道, 满足 (5.2.5) 式中球函数方程的解为

$$\mathrm{Y}_l^m(\theta,\phi)=\mathrm{e}^{\mathrm{i}m\phi}\mathrm{P}_l^{|m|}(\cos\theta),\quad l=0,1,2,3,\cdots,\quad m=0,\pm1,\pm2,\cdots,\pm l, \tag{5.2.125}$$

$\mathrm{Y}_l^m(\theta,\phi)$ 称为球函数, l 是球函数的阶, 根据 m 的不同, l-阶球函数共有 $2l+1$ 个. 球函数 $\mathrm{Y}_l^m(\theta,\phi)$ 还可以利用三角函数表示为

$$\mathrm{Y}_l^m(\theta,\phi)=\begin{Bmatrix}\cos\phi\\ \sin\phi\end{Bmatrix}\mathrm{P}_l^m(\cos\theta),\ l=0,1,2,3,\cdots,\quad m=0,1,2,\cdots,l. \tag{5.2.126}$$

由三角函数或复指数函数的正交性以及缔合勒让德函数的正交性, 我们不难证明球函数 $\mathrm{Y}_l^m(\theta,\phi)$ 在球面 S 上是正交的

$$\begin{aligned}\iint_S \mathrm{Y}_l^m(\theta,\phi)[\mathrm{Y}_k^n(\theta,\phi)]^*\sin\theta\mathrm{d}\theta\mathrm{d}\phi&=\int_0^{\pi}\int_0^{2\pi}\mathrm{P}_l^{|m|}(\cos\theta)\mathrm{P}_k^{|n|}(\cos\theta)\mathrm{e}^{\mathrm{i}(m-n)\phi}\sin\theta\mathrm{d}\theta\mathrm{d}\phi\\&=2\pi\frac{2(l+|m|)!}{(2l+1)(l-|m|)!}\delta_{mn}\delta_{lk}.\end{aligned} \tag{5.2.127}$$

因此, 所有的球函数 $\{\mathrm{Y}_l^m(\theta,\phi)\}$ 就构成了正交完备的函数基底, 一个定义在球面 (即 $0\leqslant\theta\leqslant\pi,\ 0\leqslant\phi<2\pi$) 上的函数 $f(\theta,\phi)$ 就可在球函数基底上展开成广义傅里叶级数

$$\begin{cases}f(\theta,\phi)=\displaystyle\sum_{l=0}^{\infty}\sum_{m=-l}^{l}C_l^m\mathrm{Y}_l^m(\theta,\phi),\\ C_l^m=\dfrac{(2l+1)(l-|m|)!}{4\pi(l+|m|)!}\displaystyle\int_0^{\pi}\int_0^{2\pi}f(\theta,\phi)[\mathrm{Y}_l^m(\theta,\phi)]^*\sin\theta\mathrm{d}\theta\mathrm{d}\phi.\end{cases} \tag{5.2.128}$$

3. 一般球状体系的拉普拉斯方程求解

一般球形体系拉普拉斯问题的求解

至此, 一个一般性的具有球面边界的系统的无源稳定场的定解问题就解出来了. 综合前面的讨论, 我们知道, 利用分离变量法可得球坐标系下拉普拉斯方程的通解为

$$
\begin{aligned}
u(r,\theta,\phi) &= \sum_{l=0}^{\infty}\sum_{m=-l}^{l}\left(A_l^m r^l + B_l^m \frac{1}{r^{l+1}}\right)\mathrm{Y}_l^m(\theta,\phi) \\
&= \sum_{l=0}^{\infty}\sum_{m=-l}^{l}\left(A_l^m r^l + B_l^m \frac{1}{r^{l+1}}\right)\mathrm{P}_l^{|m|}(\cos\theta)\mathrm{e}^{\mathrm{i}m\phi},
\end{aligned} \tag{5.2.129}
$$

或采用三角函数的形式写为

$$
\begin{aligned}
u(r,\theta,\phi) = &\sum_{l=0}^{\infty}\sum_{m=0}^{l}\left(A_l^m r^l + B_l^m \frac{1}{r^{l+1}}\right)\mathrm{P}_l^m(\cos\theta)\cos(m\phi) \\
&+ \sum_{l=0}^{\infty}\sum_{m=1}^{l}\left(C_l^m r^l + D_l^m \frac{1}{r^{l+1}}\right)\mathrm{P}_l^m(\cos\theta)\sin(m\phi),
\end{aligned} \tag{5.2.130}
$$

在此基础上, 利用自然边界条件, 同时将体系的边界条件 $u(r,\theta,\phi)|_a = f(\theta,\phi)$ 在球函数基底 $\{\mathrm{Y}_l^m(\theta,\phi)\}$ 展开, 通过比较系数最终确定出以上式中相关的系数. 我们来看以下这个例子.

例 5.2.3　在一个内径为 $r_1 = a$、外径为 $r_2 = b$ 的厚球壳区域内没有电荷, 其外表面上的电势分布为 $u_0(3\sin^2\theta\cos^2\phi - 1)$ 而内表面的电势分布为 $u_0\sin\theta\cos\phi$, 求该厚球壳区域内的电势分布.

解　通过对此系统进行分析, 我们建立起该系统的定解问题为

$$
\begin{cases}
\nabla^2 u(r,\theta,\phi) = 0, \quad a < r < b, \quad 0 \leqslant \theta \leqslant \pi, \quad 0 \leqslant \phi < 2\pi, \\
u(r,\theta,\phi)|_{r=a} = u_0\sin\theta\cos\phi, \\
u(r,\theta,\phi)|_{r=b} = u_0(3\sin^2\theta\cos^2\phi - 1).
\end{cases} \tag{5.2.131}
$$

通过分离变量 $u(r,\theta,\phi) = R(r)Y(\theta,\phi) = R(r)\Theta(\theta)\Phi(\phi)$, 根据我们前面章节的讨论, 并依据本问题的边界条件, 知方程的通解为

$$
u(r,\theta,\phi) = \sum_{l=0}^{\infty}\sum_{m=0}^{l}\left(A_l^m r^l + B_l^m \frac{1}{r^{l+1}}\right)\mathrm{P}_l^m(\cos\theta)\cos(m\phi). \tag{5.2.132}
$$

对于内表面边界条件, 有

$$
u_0\sin\theta\cos\phi = u_0\mathrm{P}_1^1(\cos\theta)\cos\phi. \tag{5.2.133}
$$

而对于外表面边界条件, 有

$$
u_0(3\sin^2\theta\cos^2\phi - 1) = u_0\frac{3}{2}\sin^2\theta(1+\cos 2\phi) - u_0
$$

$$
\begin{aligned}
&= u_0\left(\frac{3}{2}\sin^2\theta - 1\right) + u_0\frac{3}{2}\sin^2\theta\cos 2\phi \\
&= -u_0 \mathrm{P}_2^0(\cos\theta) + \frac{u_0}{2}\mathrm{P}_2^2(\cos\theta)\cos 2\phi, \qquad (5.2.134)
\end{aligned}
$$

于是

$$
\begin{aligned}
u(r,\theta,\phi)|_{r=a} &= \sum_{l=0}^{\infty}\sum_{m=0}^{l}\left(A_l^m a^l + B_l^m\frac{1}{a^{l+1}}\right)\mathrm{P}_l^m(\cos\theta)\cos(m\phi) \\
&= u_0\mathrm{P}_1^1(\cos\theta)\cos\phi, \qquad (5.2.135)
\end{aligned}
$$

给出

$$
\begin{cases}
A_1^1 a + B_1^1\dfrac{1}{a^2} = u_0, \\
A_l^m a^l + B_l^m\dfrac{1}{a^{l+1}} = 0, \quad \text{其他},
\end{cases} \qquad (5.2.136)
$$

而

$$
\begin{aligned}
u(r,\theta,\phi)|_{r=b} &= \sum_{l=0}^{\infty}\sum_{m=0}^{l}\left(A_l^m b^l + B_l^m\frac{1}{b^{l+1}}\right)\mathrm{P}_l^m(\cos\theta)\cos(m\phi) \\
&= -u_0\mathrm{P}_2^0(\cos\theta) + \frac{u_0}{2}\mathrm{P}_2^2(\cos\theta)\cos 2\phi, \qquad (5.2.137)
\end{aligned}
$$

给出

$$
\begin{cases}
A_2^0 b^2 + B_2^0\dfrac{1}{b^3} = -u_0, \\
A_2^2 b^2 + B_2^2\dfrac{1}{b^3} = \dfrac{u_0}{2}, \\
A_l^m b^l + B_l^m\dfrac{1}{b^{l+1}} = 0, \quad \text{其他}.
\end{cases} \qquad (5.2.138)
$$

联立上面两组从两个边界条件得到的系数方程, 我们就得

$$
\begin{cases}
A_1^1 = -u_0\dfrac{a^2}{b^3 - a^3}, \quad B_1^1 = u_0\dfrac{a^2 b^3}{b^3 - a^3}, \\
A_2^0 = -u_0\dfrac{b^3}{b^5 - a^5}, \quad B_2^0 = u_0\dfrac{b^3 a^5}{b^5 - a^5}, \\
A_2^2 = \dfrac{u_0}{2}\dfrac{b^3}{b^5 - a^5}, \quad B_2^2 = -\dfrac{u_0}{2}\dfrac{b^3 a^5}{b^5 - a^5}, \\
A_l^m = 0, \quad B_l^m = 0, \quad \text{其他},
\end{cases} \qquad (5.2.139)
$$

得解.

习　题　5.2

1. 证明任意阶勒让德多项式 $\mathrm{P}_l(x)$ 在 $x=-1$ 点的取值为 $\mathrm{P}_l(-1)=(-1)^l$.

2. 证明 (5.2.58) 式 $\sim$ (5.2.62) 式中的勒让德多项式递推关系.

3. 以勒让德多项式为基底, 在区间 $[-1,1]$ 上将下列函数展开成广义傅里叶级数:

(1) $f(x)=2x^3+3x+4$;　　(2) $f(x)=x^4+2x^3$;

(3) $f(x)=x^3$;　　(4) $f(x)=1+x+2x^2+3x^3$.

4. 在匀强电场 (电场强度为 $\boldsymbol{E}_0$) 中放入一个半径为 a 的接地导体球. 求球外的电势分布及电场强度.

5. 一个半径为 R 的均匀带电细圆环, 所带总电量为 Q. 求空间中的电势分布.

6. 一个半径为 R 的导体球壳, 在 $\theta=\theta_0$ 处用一个绝缘细环将导体球壳分隔成两部分, 上半部接地, 下半部保持电势为 U. 分别求球壳内部和球壳外部的电势分布.

7. 在球外求解下述稳定场定解问题:

$$\begin{cases}\nabla^2 u=0, \quad r>R,\\[2ex] \left[u+h\dfrac{\partial u}{\partial r}\right]\Big|_{r=R}=5\cos 3\theta,\end{cases}$$

其中 h 为常数.

8. 一个内径为 R_1、外径为 R_2 的均匀厚球壳, 体内没有热源热汇. 其内表面温度分布为 $2(1-\cos\theta)$, 外表面温度分布为 $\sin\theta\sin\phi$, 求该厚球壳内的温度分布.

9. 一个半径为 R 的均匀球体, 其表面的温度分布为 $3\sin^2\theta\cos^2\phi$, 求该球体内的稳定温度分布.

10. 一个半径为 R 的球壳上的电势分布为 $\sin^2\theta\cos\phi\sin\phi$, 求球外部区域的电势分布.

11. 一条柔软的均匀细绳, $x=0$ 端固定在匀速旋转的轴上, 另一端自由. 轴的角频率为 ω. 在细绳重力可以忽略的情况下, 其平衡位置为水平线. 该绳的初始位移为 $\varphi(x)$, 初始速度为 $v(x)$, 求该绳的横振动规律.

12. 半径为 R 的半球的球面保持温度为 T, 半球底面保持温度为零度, 试求该半球内的稳定温度分布.

5.3 柱坐标系下拉普拉斯方程定解问题求解

柱坐标系下拉普拉斯方程的分离变数

如果所研究的体系具有柱状边界，选取柱坐标系来进行研究显然会更具优势. 本节中，我们将首先来考虑具有柱状边界的系统的无源稳定场问题.

我们知道，拉普拉斯方程在柱坐标下写为

$$\frac{1}{\rho}\frac{\partial}{\partial\rho}\left(\rho\frac{\partial u}{\partial\rho}\right)+\frac{1}{\rho^2}\frac{\partial^2 u}{\partial\phi^2}+\frac{\partial^2 u}{\partial z^2}=0. \tag{5.3.1}$$

我们所要处理的问题就是由此柱坐标系下的拉普拉斯泛定方程与相应边界条件组成的定解问题. 对此类问题的求解，我们将采用柱坐标系下的分离变量法. 令

$$u(\rho,\phi,z)=R(\rho)\varPhi(\phi)Z(z), \tag{5.3.2}$$

将此分离变量表达式代入上式中的柱坐标系下的拉普拉斯方程后，得

$$\varPhi Z\frac{1}{\rho}\frac{\mathrm{d}}{\mathrm{d}\rho}\left(\rho\frac{\mathrm{d}R}{\mathrm{d}\rho}\right)+RZ\frac{1}{\rho^2}\frac{\mathrm{d}^2\varPhi}{\mathrm{d}\phi^2}+R\varPhi\frac{\mathrm{d}^2 Z}{\mathrm{d}z^2}=0. \tag{5.3.3}$$

两边同除以 $(R\varPhi Z)$ 再适当移项后，我们有

$$\frac{1}{R\rho}\frac{\mathrm{d}}{\mathrm{d}\rho}\left(\rho\frac{\mathrm{d}R}{\mathrm{d}\rho}\right)+\frac{1}{\varPhi}\frac{1}{\rho^2}\frac{\mathrm{d}^2\varPhi}{\mathrm{d}\phi^2}=-\frac{1}{Z}\frac{\mathrm{d}^2 Z}{\mathrm{d}z^2}. \tag{5.3.4}$$

上式中左边是 ρ 和 ϕ 的函数，右边是 z 的函数，两边若相等，则只可能等于一个共同的常数，我们将此常数记为 $(-\lambda)$，于是有

$$\begin{cases}\dfrac{\mathrm{d}^2 Z}{\mathrm{d}z^2}-\lambda Z=0,\\[2mm] \dfrac{1}{R\rho}\dfrac{\mathrm{d}}{\mathrm{d}\rho}\left(\rho\dfrac{\mathrm{d}R}{\mathrm{d}\rho}\right)+\dfrac{1}{\varPhi}\dfrac{1}{\rho^2}\dfrac{\mathrm{d}^2\varPhi}{\mathrm{d}\phi^2}=-\lambda.\end{cases} \tag{5.3.5}$$

对上面第二式两边同乘以 ρ^2 并移项后，我们有

$$\frac{\rho}{R}\frac{\mathrm{d}}{\mathrm{d}\rho}\left(\rho\frac{\mathrm{d}R}{\mathrm{d}\rho}\right)+\lambda\rho^2=-\frac{1}{\varPhi}\frac{\mathrm{d}^2\varPhi}{\mathrm{d}\phi^2}. \tag{5.3.6}$$

同理，此式两边若相等则只能等于一个共同的常数，我们令其为 m^2，于是得

$$\begin{cases}\dfrac{\mathrm{d}^2\varPhi}{\mathrm{d}\phi^2}+m^2\varPhi=0,\\[2mm] \dfrac{1}{\rho}\dfrac{\mathrm{d}}{\mathrm{d}\rho}\left(\rho\dfrac{\mathrm{d}R}{\mathrm{d}\rho}\right)+\left(\lambda-\dfrac{m^2}{\rho^2}\right)R=0.\end{cases} \tag{5.3.7}$$

由上面的分析, 我们看到, 经过分离变量, 柱坐标系下的拉普拉斯方程就化为了下列三个耦合在一起的常微分方程:

$$\frac{1}{\rho}\frac{\mathrm{d}}{\mathrm{d}\rho}\left(\rho\frac{\mathrm{d}R}{\mathrm{d}\rho}\right)+\left(\lambda-\frac{m^2}{\rho^2}\right)R=0, \tag{5.3.8}$$

$$\frac{\mathrm{d}^2Z}{\mathrm{d}z^2}-\lambda Z=0, \tag{5.3.9}$$

$$\frac{\mathrm{d}^2\varPhi}{\mathrm{d}\phi^2}+m^2\varPhi=0. \tag{5.3.10}$$

首先, 由于物理函数的单值性要求, 即 $u(\rho,z,\phi)=u(\rho,z,\phi+2\pi)$, 对于 $\varPhi(\phi)$ 而言, 周期性自然边界条件与 (5.3.10) 式共同组成了关于 $\varPhi(\phi)$ 的施图姆–刘维尔本征值问题

$$\begin{cases}\dfrac{\mathrm{d}^2\varPhi}{\mathrm{d}\phi^2}+m^2\varPhi=0,\\ \varPhi(\phi)=\varPhi(\phi+2\pi).\end{cases} \tag{5.3.11}$$

不难看出, 相应的本征值和本征函数为

$$\varPhi_m(\phi)=\begin{Bmatrix}\cos m\phi\\ \sin m\phi\end{Bmatrix},\quad m=0,1,2,\cdots, \tag{5.3.12}$$

或

$$\varPhi_m(\phi)=\mathrm{e}^{\mathrm{i}m\phi},\quad m=0,\pm1,\pm2,\cdots. \tag{5.3.13}$$

而对于另外一个由分离变量引入的待定常数 λ 的确定以及其他两个方程 (5.3.8) 和 (5.3.9) 的求解, 则需要结合所研究圆柱形区域上、下底面和圆柱形侧面的边界条件以及相应的物理自然边界条件加以认真分析. 我们知道, 对于无源稳定场问题, 如果体系在全部边界上均满足齐次边界条件, 其结果就是一个平凡的解, 而对于所有边界条件均为非齐次的情况, 我们总可以通过相应的变换使得某一组边界条件变为齐次的, 从而与其相应的方程构成施图姆–刘维尔本征值问题加以求解.

当圆柱形区域上、下底面满足齐次边界条件时, 这个边界条件与方程 (5.3.9) 构成一个我们熟悉的施图姆–刘维尔本征值问题, 该本征值问题确定出的 λ 的本征值是一系列小于零的分立值, 相应的本征函数取三角函数的形式, 即 $\cos\sqrt{-\lambda}z$ 和 $\sin\sqrt{-\lambda}z$. 当上、下底面均为第二类齐次边界条件时, 其本征值也可以是零. 而若上、下底面不满足齐次边界条件, 则 λ 的值可以大于零, 此时, 对 λ 的确定就需要从圆柱形侧面的齐次边界条件出发结合方程 (5.3.8) 相应解的敛散性来进

行讨论. 因此, 我们有必要对方程 (5.3.8) 按 $\lambda=0$、$\lambda>0$ 和 $\lambda<0$ 三种情况分别进行讨论.

当 $\lambda=0$ 时, 方程 (5.3.8) 变为欧拉方程

$$\frac{1}{\rho}\frac{\mathrm{d}}{\mathrm{d}\rho}\left(\rho\frac{\mathrm{d}R}{\mathrm{d}\rho}\right)-\frac{m^2}{\rho^2}R=0, \tag{5.3.14}$$

对此方程的求解我们是熟悉的, 它的通解为

$$R(\rho)=\begin{cases} A+B\ln\rho & (m=0), \\ A\rho^m+B\dfrac{1}{\rho^m} & (m\neq 0). \end{cases} \tag{5.3.15}$$

当 $\lambda>0$ 时, 我们可对方程 (5.3.8) 做变量代换

$$x\equiv\sqrt{\lambda}\rho,\quad y(x)\equiv R(\rho), \tag{5.3.16}$$

在此变换下

$$\frac{\mathrm{d}}{\mathrm{d}\rho}=\sqrt{\lambda}\frac{\mathrm{d}}{\mathrm{d}x}, \tag{5.3.17}$$

于是方程 (5.3.8) 变为

$$\frac{\mathrm{d}^2y}{\mathrm{d}x^2}+\frac{1}{x}\frac{\mathrm{d}y}{\mathrm{d}x}+\left(1-\frac{m^2}{x^2}\right)y=0. \tag{5.3.18}$$

我们看到, 这个方程就是 4.2.2.3 节中讨论过的贝塞尔方程, 只不过这里的 m 为整数, 这个方程也被称为**整数阶贝塞尔方程**.

当 $\lambda<0$ 时, 同上面类似, 我们可对方程 (5.3.8) 做变量代换

$$x\equiv\sqrt{-\lambda}\rho,\quad y(x)\equiv R(\rho), \tag{5.3.19}$$

则相应地, 方程 (5.3.8) 变为

$$\frac{\mathrm{d}^2y}{\mathrm{d}x^2}+\frac{1}{x}\frac{\mathrm{d}y}{\mathrm{d}x}-\left(1+\frac{m^2}{x^2}\right)y=0. \tag{5.3.20}$$

仔细考察这个方程, 我们不难发现, 如果令

$$\xi\equiv \mathrm{i}x,\quad y(x)\equiv\tilde{y}(\xi), \tag{5.3.21}$$

则此方程将进一步变形为

$$\frac{\mathrm{d}^2\tilde{y}}{\mathrm{d}\xi^2}+\frac{1}{\xi}\frac{\mathrm{d}\tilde{y}}{\mathrm{d}\xi}+\left(1-\frac{m^2}{\xi^2}\right)\tilde{y}=0, \tag{5.3.22}$$

这个方程的形式与贝塞尔方程完全一样, 唯一的区别是这个方程的自变量 ξ 为虚数, 因此, 我们就称方程 (5.3.20) 为 m-**阶虚宗量贝塞尔方程**.

贝塞尔方程和虚宗量贝塞尔方程的解具有完全不同的行为, 因此在实际问题中, 我们必须根据相应边界条件的实际情况对 R 所应满足的方程, 或者说 λ 的正负性, 做出判断, 从而进一步构造相应的施图姆–刘维尔本征值问题加以求解. 为此, 接下来, 我们必须对贝塞尔方程和虚宗量贝塞尔方程以及它们的解的特性分别加以详细讨论.

5.3.1 整数阶贝塞尔方程及其解

整数阶贝塞尔方程及其解

我们现在来看 (5.3.18) 式中的 m-阶贝塞尔方程. 很明显, 这是一个二阶齐次常微分方程. 同时我们注意到, 方程的自变量 x 是正比于体系柱坐标系中的 ρ 的, 因此我们需要以 $x=0$ 为中心对此方程进行求解. 而 $x=0$ 点是贝塞尔方程的正则奇点, 因此, 如 4.2.2.3 节中所示, 可用幂级数解法对此方程进行求解.

(5.3.18) 式中的 m-阶贝塞尔方程可写为

$$x^2y''+xy'+(x^2-m^2)y=0 \quad (m=0,1,2,\cdots). \tag{5.3.23}$$

设 $y(x)$ 在 $x=0$ 点附近邻域内幂级数展开的最低次幂为 s, 即其幂级数展开形式为

$$y(x)=\sum_{k=0}^{\infty}a_kx^{k+s}. \tag{5.3.24}$$

将此解形式代入方程 (5.3.23) 中, 有

$$\sum_{k=0}^{\infty}a_k(k+s)(k+s-1)x^{k+s}+\sum_{k=0}^{\infty}a_k(k+s)x^{k+s}+(x^2-m^2)\sum_{k=0}^{\infty}a_kx^{k+s}=0. \tag{5.3.25}$$

其相应的指标方程为

$$s(s-1)+s-m^2=0, \tag{5.3.26}$$

这个方程的两个根分别为 $s_1=m$ 和 $s_2=-m$. 由于 $s_1-s_2=2m$ 为整数, 从 4.2.2 节中的讨论中我们知道, 整数阶贝塞尔方程的两个线性独立的解应分别为

$$y_1(x)-\sum_{k=0}^{\infty}a_kx^{k+m} \tag{5.3.27}$$

及

$$y_2(x)=Ay_1(x)\ln x+\sum_{k=0}^{\infty}b_kx^{k-m}. \tag{5.3.28}$$

1. 整数阶贝塞尔函数

对于 $y_1(x)$, 其求解过程与 4.2.2.3 节中所讨论的完全一致, 不难得到系数间满足递推关系式

$$a_k = -\frac{1}{k(k+2m)}a_{k-2}, \tag{5.3.29}$$

且 $y_1(x)$ 幂级数展开式中所有 k 为奇数的项的系数均为零, 因此, $y_1(x)$ 的幂级数展开式为

$$y_1(x) = a_0x^m\Big[1 - \frac{1}{1!(1+m)}\left(\frac{x}{2}\right)^2 + \frac{1}{2!(2+m)(1+m)}\left(\frac{x}{2}\right)^4 + \cdots \\ + \frac{(-1)^n}{n!(1+m)(2+m)\cdots(n+m)}\left(\frac{x}{2}\right)^{2n} + \cdots\Big]. \tag{5.3.30}$$

当我们取定 (5.3.30) 式中的待定系数 a_0 为

$$a_0 = \frac{1}{2^m(m!)}, \tag{5.3.31}$$

相应的表达式就化为

$$\mathrm{J}_m(x) = \sum_{n=0}^{\infty}\frac{(-1)^n}{n!(n+m)!}\left(\frac{x}{2}\right)^{2n+m}. \tag{5.3.32}$$

这就是 m-**阶贝塞尔函数**. 其实当把 (4.2.57) 式中 $\mathrm{J}_\nu(x)$ 的 ν 替换成 m, 我们就得到了此整数阶贝塞尔函数, 即 $\mathrm{J}_m(x) = \lim\limits_{\nu\to m}\mathrm{J}_\nu(x)$.

这样看起来, 我们应该也可以从 $\lim\limits_{\nu\to m}\mathrm{J}_{-\nu}(x)$ 得到 $\mathrm{J}_{-m}(x)$ 的表达式, 的确, 由此我们可以得

$$\mathrm{J}_{-m}(x) = \sum_{n=0}^{\infty}\frac{(-1)^n}{n!\Gamma(n-m+1)}\left(\frac{x}{2}\right)^{2n-m}. \tag{5.3.33}$$

但我们知道 Γ-函数满足关系式

$$\Gamma(x) = \frac{\Gamma(x+1)}{x}, \tag{5.3.34}$$

因此, 我们知道, 如果 k 为小于等于零的整数, $\Gamma(k) = \infty$, 于是我们就可以看出, 在上面 $\mathrm{J}_{-m}(x)$ 的表达式中所有 $n < m$ 的项均为零, 因此 $\mathrm{J}_{-m}(x)$ 的表达式就退化为

$$\mathrm{J}_{-m}(x) = \sum_{k=0}^{\infty}\frac{(-1)^{k+m}}{(k+m)!k!}\left(\frac{x}{2}\right)^{2k+m} = (-1)^m\mathrm{J}_m(x). \tag{5.3.35}$$

从这个式子我们就看出，$J_{-m}(x)$ 和 $J_m(x)$ 是不独立的.

2. 诺伊曼函数的导出

接下来，我们来求解 $y_2(x)$. 如 (5.3.28) 式中所示，这需要我们将系数 A 和 b_k 定出来. 而为了完成这件事，我们只需将 (5.3.28) 式中 $y_2(x)$ 的表达式代入 (5.3.23) 式的方程中，然后令各幂次项的系数为零，就可给出系数之间的递推关系式，从而得到相应的解的表达式.

当把 (5.3.28) 式中 $y_2(x)$ 的表达式代入 (5.3.23) 式的方程后，经整理我们有

$$A\left[x^2 J_m'' + xJ_m' + (x^2-m^2)J_m\right]\ln x + 2AxJ_m' + \sum_{k=0}^{\infty} b_k[(k-m)^2-m^2]x^{k-m} + \sum_{k=0}^{\infty} b_k x^{k-m+2} = 0.$$

由于贝塞尔函数 $J_m(x)$ 就是对应贝塞尔方程的解，因此，上式第一项自然为零. 再将 (5.3.32) 式中 $J_m(x)$ 的具体表达式代入，于是上式就化为

$$2A\sum_{n=0}^{\infty}\frac{(-1)^n(2n+m)}{n!(n+m)!}\left(\frac{x}{2}\right)^{2n+m} + \sum_{k=0}^{\infty} b_k[(k-m)^2-m^2]x^{k-m} + \sum_{k=2}^{\infty} b_{k-2}x^{k-m} = 0. \tag{5.3.36}$$

此式成立的条件是各幂次项的系数须为零.

我们注意到，上式第一项最低幂次为 m ，因此，对于幂次低于 m 的项，我们只考虑后面两项. 当 $k<2m$ 时，从上式我们不难得到系数 b_k 间的递推关系式

$$b_k = \frac{1}{k(2m-k)}b_{k-2}. \tag{5.3.37}$$

同时，对于 $k=0$ 项的考察有

$$0\cdot b_0 = 0, \tag{5.3.38}$$

也就是说 b_0 为一个待定的常数，依据 (5.3.37) 式中的递推式，所有 $k<2m$ 的偶数项系数 b_k 均可由 b_0 递推而得：

$$b_{2n} = \frac{m(m-n-1)!}{2^{2n}n!m!}b_0, \quad n=1,2,\cdots,m-1. \tag{5.3.39}$$

而对于 (5.3.36) 式中 $k=1$ 项的考察则发现

$$[(m-1)^2-m^2]b_1 = 0, \tag{5.3.40}$$

这要求 $b_1=0$，依据 (5.3.37) 式中的递推式，我们可知所有 k 为奇数的系数 b_k 均

为零, 即

$$b_{2n+1}=0. \tag{5.3.41}$$

我们现在来看 (5.3.36) 式中 x^m 项的系数, 此时表达式中的 $n=0$ 且 $k=2m$, 各项系数的和需满足

$$A\frac{m}{2^{m-1}m!}+0\cdot b_{2m}+b_{2m-2}=0. \tag{5.3.42}$$

这个表达式给出两点信息, 一个是给出了系数 A 的表达式

$$A=-\frac{m!2^{m-1}}{m}b_{2m-2}=\frac{-m}{2^{m-1}m!}b_0, \tag{5.3.43}$$

另一个则是我们意识到这里又出现了另一个任意的待定系数 b_{2m}.

当我们考虑高阶幂次项的系数时, 发现 (5.3.36) 式中第一项只包含 (m+偶数) 次幂项, 因此, 不难看出, 对于所有的 $k=$ 奇数 的 b_k, 都可以通过与 (5.3.37) 式中一样的递推式从 b_1 得出, 也即所有的 $k=$ 奇数 的 b_k 均为零. 对于 $k>2m$ 且为偶数的情况, 我们不难发现, 每一个 $b_{2m+k'}$ 都可分为两部分, 一部分通过系数 A 由 b_0 递推得出, 另一部分则通过递推关系

$$b_{2m+k'}=\frac{-1}{k'(k'+2m)}b_{2m+k'-2} \tag{5.3.44}$$

与待定系数 b_{2m} 相联系. 我们发现这个递推关系与之前得到的贝塞尔函数的系数递推关系是一样的, 因此不难看出, 在 $y_2(x)$ 的表达式中这部分所得的幂次项组合在一起将给出 $b_{2m}\mathrm{J}_m(x)$, 这只不过是线性叠加了一个贝塞尔方程已知的特解, 对我们寻找另一个与之线性无关的特解并无帮助, 因此一个简便易行的选择是令这个任意常数 $b_{2m}=0$. 当确定了 b_{2m} 后, 我们通过系数关系来逐项考察 b_{2m+2}、b_{2m+4} 等系数并期冀找出相应规律写出后面各项的系数.

考察 (5.3.36) 式中 x^{m+2} 项的系数, 并考虑到 $b_{2m}=0$, 我们得

$$2A\frac{-(2+m)}{2^{m+2}(m+1)!}+b_{2m+2}[(m+2)^2-m^2]=0, \tag{5.3.45}$$

利用 (5.3.43) 式中得到的 A 的表达式, 这给出

$$\begin{aligned}b_{2m+2}&=\frac{m}{2^m m!}\frac{-1}{(m+1)!}\left(\frac{1}{2}\right)^{m+2}\left(\frac{m+2}{m+1}\right)b_0\\&=\frac{m}{2^{2m+2}m!}\frac{-1}{(m+1)!}\left(1+\frac{1}{m+1}\right)b_0.\end{aligned} \tag{5.3.46}$$

类似地, 我们得

$$b_{2m+4}=\frac{m}{2^{2m+4}m!}\frac{(-1)^2}{(m+2)!2!}\left[\left(\frac{1}{2}+1\right)+\left(\frac{1}{m+2}+\frac{1}{m+1}\right)\right]b_0. \tag{5.3.47}$$

以此类推, 我们有

$$b_{2m+2n}=\frac{m}{2^{2m+2n}m!}\frac{(-1)^n}{(m+n)!n!}\left[\sum_{s=1}^{n}\left(\frac{1}{s}+\frac{1}{m+s}\right)\right]b_0. \tag{5.3.48}$$

至此, 我们就得到了 $y_2(x)$ 的完整表达式

$$\begin{aligned}y_2(x)=-\frac{mb_0}{m!2^m}\Bigg\{&2\ln x\mathrm{J}_m(x)-\sum_{n=0}^{m-1}\frac{(m-n-1)!}{n!}\left(\frac{x}{2}\right)^{2n-m}\\&-\sum_{n=1}^{\infty}\frac{(-1)^n}{(m+n)!n!}\left[\sum_{s=1}^{n}\left(\frac{1}{s}+\frac{1}{m+s}\right)\right]\left(\frac{x}{2}\right)^{2n+m}\Bigg\}.\end{aligned} \tag{5.3.49}$$

数学上, 我们通常取

$$b_0=-\frac{m!2^m}{m\pi}, \tag{5.3.50}$$

并在上式给出的 $y_2(x)$ 上加上一个恒满足贝塞尔方程的项

$$\left[\frac{2}{\pi}(\gamma-\ln 2)-\frac{1}{\pi}\sum_{s=1}^{m}\frac{1}{s}\right]\mathrm{J}_m(x), \tag{5.3.51}$$

我们就得

$$\begin{aligned}\mathrm{N}_m(x)=&\frac{2}{\pi}\left[\ln\frac{x}{2}+\gamma\right]\mathrm{J}_m(x)-\frac{1}{\pi}\sum_{n=0}^{m-1}\frac{(m-n-1)!}{n!}\left(\frac{x}{2}\right)^{2n-m}-\frac{1}{\pi m!}\sum_{s=1}^{m}\frac{1}{s}\left(\frac{x}{2}\right)^{m}\\&-\frac{1}{\pi}\sum_{n=1}^{\infty}\frac{(-1)^n}{(m+n)!n!}\left[\sum_{s=1}^{n}\frac{1}{s}+\sum_{s=1}^{m+n}\frac{1}{s}\right]\left(\frac{x}{2}\right)^{2n+m}.\end{aligned} \tag{5.3.52}$$

这个函数称为 m-**阶诺伊曼函数**. 表达式中的 γ 为**欧拉常数**, 它的表示式为

$$\gamma\equiv\lim_{k\to\infty}\left(1+\frac{1}{2}+\frac{1}{3}+\cdots+\frac{1}{k}-\ln k\right)=0.577216\cdots.$$

从第一眼看, 这个整数阶诺伊曼函数似乎不能像整数阶贝塞尔函数那样通过简单的替换 $\nu\to m$ 从 (4.2.62) 式中定义的 ν-阶诺伊曼函数得到, 因为当 ν 直接取整数时 $\mathrm{N}_\nu(x)$ 的定义式中的分母为零. 但仔细研究后我们发现, 其实 $\mathrm{N}_\nu(x)$ 当 $\nu\to m$ 时会给出一个 $\dfrac{0}{0}$ 极限, 通过利用洛必达法则, 我们可以证明

$$N_m(x) = \lim_{\nu \to m} N_\nu(x). \tag{5.3.53}$$

限于篇幅, 具体证明过程这里不再赘述.

3. 关于整数阶贝塞尔方程的解的小结

由上面的讨论, 我们得到了 m-阶贝塞尔方程的两个线性独立的特解, 即 m-阶贝塞尔函数 $J_m(x)$ 和 m-阶诺伊曼函数 $N_m(x)$, 于是, m-阶贝塞尔方程的通解就可表示为

$$y(x) = C_1 J_m(x) + C_2 N_m(x), \tag{5.3.54}$$

其中 C_1 和 C_2 为线性叠加系数. 有时候, 出于具体研究问题的需要, 通常也会选取如下由 $J_m(x)$ 和 $N_m(x)$ 构造的两个线性独立的解作为 m-阶贝塞尔方程通解的线性叠加基底:

$$\begin{cases} H_m^{(1)} = J_m(x) + iN_m(x), \\ H_m^{(2)} = J_m(x) - iN_m(x). \end{cases} \tag{5.3.55}$$

这两个函数称为第一种和第二种**汉克尔 (Hankel) 函数**. 也即, m-阶贝塞尔方程的通解又可表示为

$$y(x) = D_1 H_m^{(1)}(x) + D_2 H_m^{(2)}(x). \tag{5.3.56}$$

以上所给出的整数阶贝塞尔函数 $J_m(x)$、诺伊曼函数 $N_m(x)$ 和汉克尔函数 $H_m^{(1)}(x)$ 及 $H_m^{(2)}(x)$ 通常又分别称为**第一类、第二类、第三类柱函数**.

5.3.2 m-阶贝塞尔函数 $J_m(x)$ 及诺伊曼函数 $N_m(x)$ 的性质

为了后续能更好地利用整数阶贝塞尔函数和诺伊曼函数研究具体问题, 在本节中, 我们将对 $J_m(x)$ 和 $N_m(x)$ 的性质做较为详细的讨论.

1. $J_m(x)$ 和 $N_m(x)$ 的渐近行为及函数图像

我们首先来讨论贝塞尔函数 $J_m(x)$ 和诺伊曼函数 $N_m(x)$ 在 $x \to 0$ 和 $x \to \infty$ 下的渐近行为. 由 (5.3.32) 式中 m-阶贝塞尔函数 $J_m(x)$ 的表达式, 我们很容易看出

$$J_0(0) = 1, \quad J_m(0) = 0 \ (m \neq 0). \tag{5.3.57}$$

而从 (5.3.52) 式中的 m-阶诺伊曼函数 $N_m(x)$ 的表达式我们则发现

$$\lim_{x \to 0} |N_m(x)| = \infty, \tag{5.3.58}$$

也即各阶诺伊曼函数在 $x = 0$ 处是发散的. 从 (5.3.16) 式中的变量代换, 我们知道, $x = 0$ 对应于 $\rho = 0$, 即对应于圆柱中心轴位置, 因此, 当求解的问题的区域是

在圆柱体内部时, 按照函数有限这一自然边界条件要求, 我们必须在相应的贝塞尔方程的通解中舍弃诺伊曼函数部分而只保留贝塞尔函数部分.

我们现在再来看这两个函数在 $x \to \infty$ 极限下的渐近行为. 在此极限下贝塞尔函数 $\mathrm{J}_m(x)$ 和诺伊曼函数 $\mathrm{N}_m(x)$ 的渐近表达式的推导相对较为复杂, 由于篇幅所限, 我们这里只给出其渐近表达式, 它们分别是

$$\lim_{x\to\infty} \mathrm{J}_m(x) = \sqrt{\frac{2}{\pi x}} \cos\left(x - \frac{m\pi}{2} - \frac{\pi}{4}\right) \tag{5.3.59}$$

和

$$\lim_{x\to\infty} \mathrm{N}_m(x) = \sqrt{\frac{2}{\pi x}} \sin\left(x - \frac{m\pi}{2} - \frac{\pi}{4}\right). \tag{5.3.60}$$

从这两个表达式我们不难看出, 当 $x \to \infty$ 时 $\mathrm{J}_m(x)$ 和 $\mathrm{N}_m(x)$ 均趋于零, 都满足函数有限这个自然边界条件, 因此, 当我们在研究圆柱外部区域的问题时, 必须在相应的贝塞尔方程的通解中全部保留贝塞尔函数 $\mathrm{J}_m(x)$ 和诺伊曼函数 $\mathrm{N}_m(x)$, 不可舍弃其中任何一个.

图 5.3.1 给出了前 4 阶的贝塞尔函数 $\mathrm{J}_m(x)$ 和诺伊曼函数 $\mathrm{N}_m(x)$ 的图形.

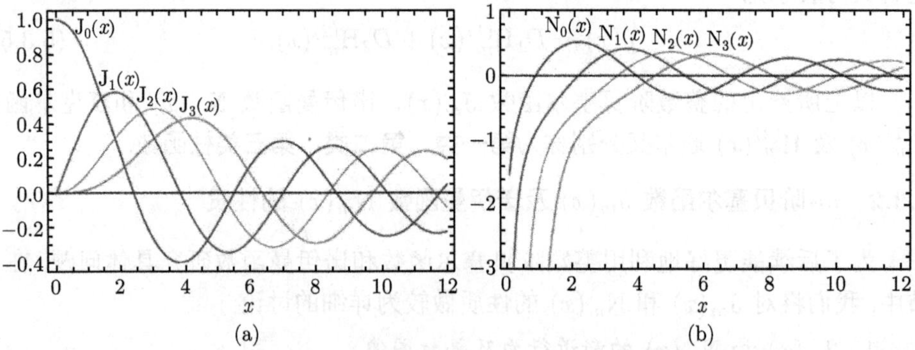

图 5.3.1　(a) 前 4 阶贝塞尔函数图形; (b) 前 4 阶诺伊曼函数图形

2. 递推关系式

作为整数阶贝塞尔函数及整数阶诺伊曼函数, $\mathrm{J}_m(x)$ 和 $\mathrm{N}_m(x)$ 同样满足 (4.2.67) ~ (4.2.70) 式中的递推关系, 即它们分别满足

贝塞尔函数的递推关系

$$\begin{aligned}
&[x^m \mathrm{J}_m(x)]' = x^m \mathrm{J}_{m-1}(x), \\
&x\mathrm{J}_m'(x) - m\mathrm{J}_m(x) = -x\mathrm{J}_{m+1}(x), \\
&\mathrm{J}_{m-1}(x) - \mathrm{J}_{m+1}(x) = 2\mathrm{J}_m'(x), \\
&x\mathrm{J}_{m+1}(x) - 2m\mathrm{J}_m(x) + x\mathrm{J}_{m-1}(x) = 0,
\end{aligned} \tag{5.3.61}$$

以及

$$
\begin{aligned}
&[x^m \mathrm{N}_m(x)]' = x^m \mathrm{N}_{m-1}(x), \\
&x\mathrm{N}'_m(x) - m\mathrm{N}_m(x) = -x\mathrm{N}_{m+1}(x), \\
&\mathrm{N}_{m-1}(x) - \mathrm{N}_{m+1}(x) = 2\mathrm{N}'_m(x), \\
&x\mathrm{N}_{m+1}(x) - 2m\mathrm{N}_m(x) + x\mathrm{N}_{m-1}(x) = 0.
\end{aligned} \tag{5.3.62}
$$

5.3.3 虚宗量贝塞尔方程及其解

由之前的讨论, 我们知道, 对于虚宗量贝塞尔方程

$$
\frac{\mathrm{d}^2 y}{\mathrm{d}x^2} + \frac{1}{x}\frac{\mathrm{d}y}{\mathrm{d}x} - \left(1 + \frac{m^2}{x^2}\right) y = 0. \tag{5.3.63}
$$

当对它做变量代换

$$
\xi \equiv \mathrm{i}x, \quad y(x) \equiv \tilde{y}(\xi) \tag{5.3.64}
$$

后, 方程的形式与贝塞尔方程完全一致:

$$
\frac{\mathrm{d}^2 \tilde{y}}{\mathrm{d}\xi^2} + \frac{1}{\xi}\frac{\mathrm{d}\tilde{y}}{\mathrm{d}\xi} + \left(1 - \frac{m^2}{\xi^2}\right) \tilde{y} = 0, \tag{5.3.65}
$$

唯一的区别是这个方程的自变量 ξ 为虚数. 因此, 我们可以利用已知的 m-阶贝塞尔方程的解来给出相应的虚宗量贝塞尔方程的解. 我们知道, 对于整数阶贝塞尔方程, 它有两个线性独立的解, 即 m-阶贝塞尔函数和 m-阶诺伊曼函数, 相应地, 上面的虚宗量贝塞尔方程的线性独立的解就应为

$$
\mathrm{J}_m(\xi) = \mathrm{J}_m(\mathrm{i}x) = \mathrm{i}^m \sum_{n=0}^{\infty} \frac{1}{n!(m+n)!} \left(\frac{x}{2}\right)^{m+2n} \tag{5.3.66}
$$

以及

$$
\begin{aligned}
\mathrm{N}_m(\xi) = \mathrm{N}_m(\mathrm{i}x) &= \frac{2}{\pi}\left[\ln(\mathrm{i}x) + \gamma\right] \mathrm{J}_m(\mathrm{i}x) - \frac{\mathrm{i}^{-m}}{\pi} \sum_{n=0}^{m-1} \frac{(-1)^n (m-n-1)!}{n!} \left(\frac{x}{2}\right)^{2n-m} \\
&\quad - \frac{\mathrm{i}^m}{\pi m!} \sum_{s=1}^{m} \frac{1}{s} \left(\frac{x}{2}\right)^m - \frac{\mathrm{i}^m}{\pi} \sum_{n=1}^{\infty} \frac{1}{(m+n)!n!} \left[\sum_{s=1}^{n} \frac{1}{s} + \sum_{s=1}^{m+m} \frac{1}{s}\right] \left(\frac{x}{2}\right)^{2n+m}.
\end{aligned} \tag{5.3.67}
$$

但这里需要强调的是, 对于原来 (5.3.63) 式中的实变函数方程, 我们期望得到的也是实值函数解. 因此, 对于上面所得结果, 我们需要通过相应的操作将它们实值化, 同时不改变它们是上述虚宗量贝塞尔方程的解的性质.

对于 $\mathrm{J}_m(\mathrm{i}x)$, 这很容易, 只需在它前面乘以 i^{-m} 就可将它变为实值函数, 即

$$\mathrm{I}_m(x)=\mathrm{i}^{-m}\mathrm{J}_m(\mathrm{i}x) \tag{5.3.68}$$

为一个实值函数, 且它是 (5.3.63) 式中虚宗量贝塞尔方程的解, 我们称之为 m-**阶虚宗量贝塞尔函数**.

但对于另一个线性无关的解 $\mathrm{N}_m(\mathrm{i}x)$, 我们注意到它的表达式中有一项 $\ln(\mathrm{i}x)$, 由于 $\ln\mathrm{i}=\ln\mathrm{e}^{\mathrm{i}\pi/2}=\mathrm{i}\dfrac{\pi}{2}$ (我们只考虑第一黎曼分支) , 因此 $\mathrm{N}_m(\mathrm{i}x)$ 的表达式中有一项 $(\mathrm{i}\mathrm{J}_m(\mathrm{i}x))$, 该项的系数比其他项多一个虚数因子 i, 这就使得 $\mathrm{N}_m(\mathrm{i}x)$ 无法像 $\mathrm{J}_m(\mathrm{i}x)$ 那样通过乘以一个常数而变成实值函数. 但是我们同时注意到, 当把之前提到过的第一种汉克尔函数的自变量换为 $\mathrm{i}x$ 后

$$\mathrm{H}_m^{(1)}(\mathrm{i}x)=\mathrm{J}_m(\mathrm{i}x)+\mathrm{i}\mathrm{N}_m(\mathrm{i}x), \tag{5.3.69}$$

上面提到的 $\mathrm{N}_m(\mathrm{i}x)$ 中多出来的 $(\mathrm{i}\mathrm{J}_m(\mathrm{i}x))$ 项在乘以因子 i 后刚好跟前面的 $\mathrm{J}_m(\mathrm{i}x)$ 相消, 使得剩余的项可以通过乘以一个常数而实数化. 于是, 我们就得到了虚宗量贝塞尔方程的与虚宗量贝塞尔函数线性独立的实值函数为

$$\mathrm{K}_m(x)=\frac{\pi}{2}\mathrm{i}^{m+1}\mathrm{H}_m^{(1)}(\mathrm{i}x)=\frac{\pi}{2}\mathrm{i}^{m+1}\left[\mathrm{J}_m(\mathrm{i}x)+\mathrm{i}\mathrm{N}_m(\mathrm{i}x)\right], \tag{5.3.70}$$

该函数称为 m-**阶虚宗量汉克尔函数**. 于是, 虚宗量贝塞尔方程的通解可写为

$$y(x)=C_1\mathrm{I}_m(x)+C_2\mathrm{K}_m(x). \tag{5.3.71}$$

在图 5.3.2 中, 我们给出了前 4 阶虚宗量贝塞尔函数和虚宗量汉克尔函数的图形. 我们看到

$$\lim_{x\to 0}\mathrm{K}_m(x)=\infty \tag{5.3.72}$$

而

$$\lim_{x\to\infty}\mathrm{I}_m(x)=\infty, \tag{5.3.73}$$

这说明, 当我们所研究的区域为圆柱体内部时, 由于物理函数有限这一自然边界条件, 虚宗量汉克尔函数 $\mathrm{K}_m(x)$ 必须被舍弃, 而只取 $\mathrm{I}_m(x)$; 而当所研究区域是在圆柱体外并延伸向无穷远时, 则需保留 $\mathrm{K}_m(x)$ 而舍掉 $\mathrm{I}_m(x)$; 如果所研究的区域是厚壁筒形区域, 则这两个函数在解中都必须加以保留.

同时, 我们也注意到, 除了 $x=0$ 点, $\mathrm{I}_m(x)$ 和 $\mathrm{K}_m(x)$ 恒不为零且单调, 这对于我们后续讨论贝塞尔方程相关本征值问题十分重要.

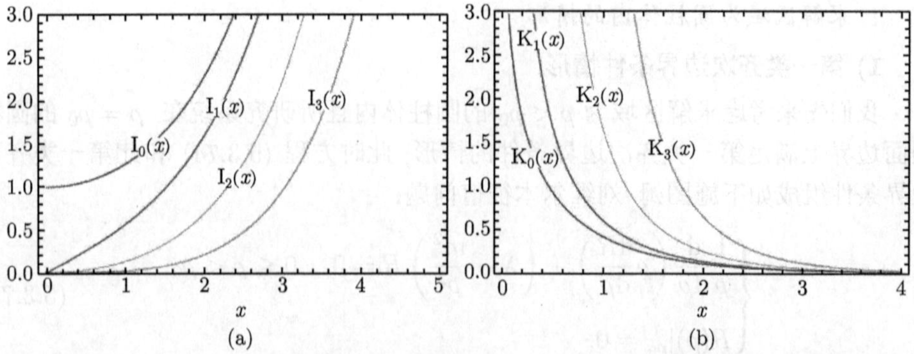

图 5.3.2 (a) 前 4 阶虚宗量贝塞尔函数图形; (b) 前 4 阶虚宗量汉克尔函数图形

5.3.4 贝塞尔方程的本征值问题

贝塞尔方程的本征值问题

有了前面对于贝塞尔方程和虚宗量贝塞尔方程解的讨论, 我们现在回头来看 (5.3.8) 式中由柱坐标下拉普拉斯方程分离变量后所得径向方程

$$\frac{1}{\rho}\frac{\mathrm{d}}{\mathrm{d}\rho}\left(\rho\frac{\mathrm{d}R}{\mathrm{d}\rho}\right)+\left(\lambda-\frac{m^2}{\rho^2}\right)R=0. \tag{5.3.74}$$

与 (3.4.2) 式比较, 我们不难看出, 这是个施图姆–刘维尔型方程. 该方程与 (5.3.9) 式中的方程具有共同的分离变量待定常数 λ, 该常数的确定需要考虑体系相应的边界条件. 如果体系上、下底面满足齐次边界条件, 则上、下底面的齐次边界条件与方程 (5.3.9) 组成我们所熟悉的施图姆–刘维尔本征值问题, 从而确定出本征值 λ_n 并进而确定出相应的本征函数. 如果体系上、下底面不满足齐次边界条件, 但圆柱侧面边界满足齐次边界条件, 则此齐次边界条件与方程 (5.3.74) 将组成一个施图姆–刘维尔本征值问题从而确定出相应的本征值. 但是, 这时有个问题, λ 该取 $\lambda=0$, 还是取 $\lambda<0$, 抑或取 $\lambda>0$? 因为 λ 的三种取值范围将使得方程 (5.3.74) 取三种不同形态从而给出三种截然不同的结果. 如果取 $\lambda=0$, 则方程退化为 (5.3.14) 式中的欧拉方程, 它的解如 (5.3.15) 式所示. 但从这个解, 我们看到, 除了在 $m=0$ 的情况下取常数从而满足第二类齐次边界条件外, 它在圆柱形侧面上是不可能满足齐次边界条件的, 因此, 这一般只是给出了体系在上、下底面满足第二类齐次边界条件的情形下 $R(\rho)$ 在 $\lambda=0$ 时可能的表达式. 如果取 $\lambda<0$, 则方程 (5.3.74) 将化为 (5.3.20) 式中的虚宗量贝塞尔方程, 它的解为虚宗量贝塞尔函数 $\mathrm{I}_m(x)$ 及虚宗量汉克尔函数 $\mathrm{K}_m(x)$, 从图 5.3.2 中我们看到, 这两个函数单调且恒不为零, 完全不可能满足任何形式的齐次边界条件. 由此, 接下来我们只需讨论 $\lambda>0$ 所给出的贝塞尔方程与齐次边界条件所组成的施图姆–刘维尔本征值问题.

1. 求解区域为圆柱体内的情形

1) 第一类齐次边界条件情形

我们先来考虑求解区域为 $\rho < \rho_0$ 的圆柱体内且所研究系统在 $\rho = \rho_0$ 的圆柱侧面边界上满足第一类齐次边界条件的情形, 此时方程 (5.3.74) 和此第一类齐次边界条件组成如下施图姆–刘维尔本征值问题:

$$\begin{cases}\dfrac{1}{\rho}\dfrac{\mathrm{d}}{\mathrm{d}\rho}\left(\rho\dfrac{\mathrm{d}R}{\mathrm{d}\rho}\right)+\left(\lambda-\dfrac{m^2}{\rho^2}\right)R=0, \quad 0 \leqslant \rho < \rho_0,\\ R(\rho)|_{\rho_0}=0.\end{cases} \tag{5.3.75}$$

我们知道, 通过变量代换 $x = \sqrt{\lambda}\rho$, 上述方程就化为了 m-阶贝塞尔方程, 它的解为贝塞尔函数 $\mathrm{J}_m(x)$ 和诺伊曼函数 $\mathrm{N}_m(x)$, 由于 $\mathrm{N}_m(x)$ 在求解区域中心即 $x = 0$ 处发散, 因此方程的解只取贝塞尔函数 $\mathrm{J}_m(x)$, 再考虑到上述变量代换, 我们于是得上述方程在该求解区域的解为

$$R(\rho) = \mathrm{J}_m(\sqrt{\lambda}\rho), \quad m \geqslant 0. \tag{5.3.76}$$

圆柱侧面 $\rho = \rho_0$ 边界处的齐次边界条件将决定 λ 的可能取值, 即本征值.

由于体系在圆柱侧面边界上满足第一类齐次边界条件, 我们就知上述径向函数 $R(\rho)$ 或 m-阶贝塞尔函数 $\mathrm{J}_m(\sqrt{\lambda}\rho)$ 在边界 $\rho = \rho_0$ 处必满足

$$\mathrm{J}_m(\sqrt{\lambda}\rho_0) = 0. \tag{5.3.77}$$

从 (5.3.32) 式中 m-阶贝塞尔函数的表达式及图 5.3.1 中贝塞尔函数的图像, 我们都可看出 $\mathrm{J}_m(x)$ 具有无穷多个零点 x_{mn} $(n = 1, 2, \cdots)$, 即

$$\mathrm{J}_m(x_{mn}) = 0, \quad n = 1, 2, \cdots. \tag{5.3.78}$$

对比上两式, 我们立刻可以看出, 为了满足上述第一类齐次边界条件, 我们必须有

$$\sqrt{\lambda}\rho_0 = x_{mn}, \quad n = 1, 2, \cdots, \tag{5.3.79}$$

即式中待定的常数 λ 只能取如下分立的值:

$$\lambda_{mn} = \frac{x_{mn}^2}{\rho_0^2}, \quad n = 1, 2, \cdots. \tag{5.3.80}$$

λ_{mn} 就是此施图姆–刘维尔问题的本征值, 其对应的本征函数为 $\mathrm{J}_m(x_{mn}\rho/\rho_0)$. 当然, $\lambda = 0$ 除外, 因为 $\mathrm{J}_0(0) = 1$ 是无法满足第一类齐次边界条件的, 而 $\mathrm{J}_m(0) = 0$ $(m \neq 0)$ 则给出恒为零的平凡解.

当我们将 (5.3.74) 式化为 (3.4.2) 式中施图姆–刘维尔型方程的标准形式后, 不难看出, 其权函数就是径向参量 ρ, 因此, 根据 3.4.2 节的讨论, 本征函数

$\mathrm{J}_m(x_{mn}\rho/\rho_0)$ 在其求解区域 $(0,\rho_0)$ 上是含权正交的, 即

$$\int_0^{\rho_0}\mathrm{J}_m(x_{mn}\rho/\rho_0)\mathrm{J}_m(x_{mk}\rho/\rho_0)\rho\mathrm{d}\rho=0,\quad n\neq k. \tag{5.3.81}$$

由于不同本征函数之间满足上述含权正交性, 于是本问题中所有的本征函数 $\{\mathrm{J}_m(x_{mn}\rho/\rho_0),\ n=1,2,\cdots\}$ 就构成了一个正交完备的函数基底, 凡定义在 $(0,\rho_0)$ 上且满足第一类齐次边界条件的函数 $f(\rho)$ 均可在此正交函数基底上展开成广义傅里叶级数

$$f(\rho)=\sum_{n=1}^{\infty}c_n\mathrm{J}_m(x_{mn}\rho/\rho_0), \tag{5.3.82}$$

其展开系数为

$$c_n=\frac{\int_0^{\rho_0}f(\rho)\mathrm{J}_m(x_{mn}\rho/\rho_0)\rho\mathrm{d}\rho}{M_{mn}^2}, \tag{5.3.83}$$

其中 M_{mn} 为本征函数 $\mathrm{J}_m(x_{mn}\rho/\rho_0)$ 的模

$$M_{mn}^2=\int_0^{\rho_0}\mathrm{J}_m^2(x_{mn}\rho/\rho_0)\rho\mathrm{d}\rho. \tag{5.3.84}$$

2) 第二类齐次边界条件情形

当体系在圆柱侧面边界上满足第二类齐次边界条件时, 即

$$R'(\rho)|_{\rho_0}=0, \tag{5.3.85}$$

则要求

$$\mathrm{J}_m'(\sqrt{\lambda}\rho)|_{\rho_0}=0. \tag{5.3.86}$$

我们知道, 对于贝塞尔函数 $\mathrm{J}_m(x)$, 它的相邻两个零点 x_{mn-1} 和 x_{mn} 间总存在一个极值点, 记为 x'_{mn}, 在此点上 $\mathrm{J}_m'(x)|_{x'_{mn}}=0$. 而 $\mathrm{J}_m'(\sqrt{\lambda}\rho)=\sqrt{\lambda}\mathrm{J}_m'(x)$, 与上式对比, 我们立刻就知道, 在第二类齐次边界条件下, 须有

$$\sqrt{\lambda}\rho_0=x'_{mn},\quad n=1,2,\cdots, \tag{5.3.87}$$

式中常数只能取如下分立的值:

$$\lambda_{mn}=\frac{(x'_{mn})^2}{\rho_0^2},\quad n=1,2,\cdots. \tag{5.3.88}$$

式中的 λ_{mn} 就是第二类齐次边界条件下相应施图姆–刘维尔问题的本征值, 其对应的本征函数为 $\mathrm{J}_m(x'_{mn}\rho/\rho_0)$. 这里, 我们需要说明一点, 对于 $m=0$ 的情况, 由于 $\mathrm{J}_0(0)=1$ 为常数, 其导数为零, 因此, 对于 $m=0$ 的情形, $\lambda=0$ 也是其本征值, 相对应的本征函数为 $\mathrm{J}_0(0)=1$.

2. *求解区域为* $\rho_1<\rho<\rho_2$ *的情形*

当我们研究的区域不包含体系柱坐标中轴线时, 即所研究区域是 $\rho_1<\rho<\rho_2$ 的厚圆筒壁区域时, 本征值问题变为

$$\begin{cases}\dfrac{1}{\rho}\dfrac{\mathrm{d}}{\mathrm{d}\rho}\left(\rho\dfrac{\mathrm{d}R}{\mathrm{d}\rho}\right)+\left(\lambda-\dfrac{m^2}{\rho^2}\right)R=0, \quad \rho_1\leqslant\rho\leqslant\rho_2,\\ \rho_1\ \text{处齐次边界条件},\\ \rho_2\ \text{处齐次边界条件}.\end{cases} \tag{5.3.89}$$

由于不再包含 $\rho=0$ 这点, 诺伊曼函数 $\mathrm{N}_m(\sqrt{\lambda}\rho)$ 将不能再从泛定方程的解中舍弃, 此时, 我们的解将具有如下形式:

$$R(\rho)=A_m\mathrm{J}_m(\sqrt{\lambda}\rho)+B_m\mathrm{N}_m(\sqrt{\lambda}\rho). \tag{5.3.90}$$

但此时结合相应的边界条件, 我们已无法通过简单考察贝塞尔函数或诺伊曼函数的零点 (极值点) 来给出相应的本征值, 其对应的本征函数也不再简单是贝塞尔函数或诺伊曼函数, 而更可能是这两个函数的某种线性叠加. 下面, 我们以体系在两个边界处均满足第一类齐次边界条件为例进行简单的讨论. 此时, $R(\rho)$ 在两个边界处应满足

$$\begin{cases}R(\rho_1)=A_m\mathrm{J}_m(\sqrt{\lambda}\rho_1)+B_m\mathrm{N}_m(\sqrt{\lambda}\rho_1)=0,\\ R(\rho_2)=A_m\mathrm{J}_m(\sqrt{\lambda}\rho_2)+B_m\mathrm{N}_m(\sqrt{\lambda}\rho_2)=0.\end{cases} \tag{5.3.91}$$

为了得到非平凡的 (A_m,B_m), 则 J_m 和 N_m 必须满足

$$\mathrm{J}_m(\sqrt{\lambda}\rho_1)\mathrm{N}_m(\sqrt{\lambda}\rho_2)-\mathrm{J}_m(\sqrt{\lambda}\rho_2)\mathrm{N}_m(\sqrt{\lambda}\rho_1)=0. \tag{5.3.92}$$

这就给出了一系列无穷多个分立的 λ_{mn} 使上式成立, 这些分立的 λ_{mn} 就是此问题相应的本征值. 此时

$$\frac{B_m}{A_m}=-\frac{\mathrm{J}_m(\sqrt{\lambda_{mn}}\rho_1)}{\mathrm{N}_m(\sqrt{\lambda_{mn}}\rho_1)}, \tag{5.3.93}$$

而 $R(\rho)$ 则为

$$R_n(\rho)=C_{mn}\left[\mathrm{N}_m(\sqrt{\lambda_{mn}}\rho_1)\mathrm{J}_m(\sqrt{\lambda_{mn}}\rho)-\mathrm{J}_m(\sqrt{\lambda_{mn}}\rho_1)\mathrm{N}_m(\sqrt{\lambda_{mn}}\rho)\right], \tag{5.3.94}$$

即对应于上述本征值 λ_{mn} 的本征函数为

$$\mathrm{N}_m(\sqrt{\lambda_{mn}}\rho_1)\mathrm{J}_m(\sqrt{\lambda_{mn}}\rho) - \mathrm{J}_m(\sqrt{\lambda_{mn}}\rho_1)\mathrm{N}_m(\sqrt{\lambda_{mn}}\rho). \tag{5.3.95}$$

其他齐次边界条件组合的情形下的本征值和本征函数的确立过程与此类似，这里不再一一详加讨论.

5.3.5 柱状体系中拉普拉斯方程求解范例

有了以上对于柱函数讨论的结果，我们就可以来完整讨论一个柱状体系中拉普拉斯方程的求解问题. 我们将通过几个具体的例子来对此加以展示.

柱状体系中拉普拉斯定解问题求解范例

例 5.3.1 考虑一个半径为 ρ_0、高为 h 的均匀圆柱体，柱的侧面绝热，上、下底的温度分布分别为 $f_2(\rho)$ 和 $f_1(\rho)$. 求解柱体内的稳定温度分布.

解 由于所研究体系呈柱状，因此我们选择柱坐标系来研究本问题，我们选择该圆柱体的中心轴为柱坐标的 z 轴. 由题设，本问题的定解问题为

$$\begin{cases} \nabla^2 u(\rho,\phi,z) = 0, \quad \rho < \rho_0,\ 0 < z < h; \\ \left.\dfrac{\partial u}{\partial \rho}\right|_{\rho=\rho_0} = 0, \qquad u|_{\rho=0} = \text{有限}; \\ u|_{z=0} = f_1(\rho), \qquad u|_{z=h} = f_2(\rho). \end{cases} \tag{5.3.96}$$

令 $u(\rho,\phi,z) = \varPhi(\phi)R(\rho)Z(z)$，代入泛定方程进行分离变量后，我们有

$$\begin{cases} \dfrac{\mathrm{d}^2\varPhi}{\mathrm{d}\phi^2} + m^2\varPhi = 0; \\ \dfrac{\mathrm{d}^2R}{\mathrm{d}\rho^2} + \dfrac{1}{\rho}\dfrac{\mathrm{d}R}{\mathrm{d}\rho} + \left[\lambda - \dfrac{m^2}{\rho^2}\right]R = 0; \\ \dfrac{\mathrm{d}^2Z}{\mathrm{d}z^2} - \lambda Z = 0. \end{cases} \tag{5.3.97}$$

从边界条件上看，由于侧面和上、下底面的边界条件均与 ϕ 角无关，可以判定体系具有 z 轴转动对称性，即 u 与 ϕ 无关，于是我们得

$$m = 0.$$

于是 R 所满足的方程就退化为

$$\frac{\mathrm{d}^2R}{\mathrm{d}\rho^2} + \frac{1}{\rho}\frac{\mathrm{d}R}{\mathrm{d}\rho} + \lambda R = 0. \tag{5.3.98}$$

同时，由于体系在柱侧边界满足第二类齐次边界条件，即

$$\left.\frac{\mathrm{d}R}{\mathrm{d}\rho}\right|_{\rho=\rho_0} = 0, \tag{5.3.99}$$

考虑到虚宗量贝塞尔函数和虚宗量汉克尔函数及其导数在有限远点不存在零点, 因此可以判断出

$$\lambda \geqslant 0. \tag{5.3.100}$$

当 $\lambda = 0$ 时, 我们不难看出上述 R 所满足的方程的解为

$$R - A + B\ln\rho, \tag{5.3.101}$$

为了满足在 $\rho = \rho_0$ 处第二类齐次边界条件, 我们有

$$B = 0. \tag{5.3.102}$$

此时, 相应的 $Z(z)$ 为

$$Z(z) = C_0 + D_0 z. \tag{5.3.103}$$

而当 $\lambda > 0$ 时, (5.3.98) 式中 R 的方程就是零阶贝塞尔方程, 它的解就是零阶贝塞尔函数 $\mathrm{J}_0(\sqrt{\lambda}\rho)$ 和零阶诺伊曼函数 $\mathrm{N}_0(\sqrt{\lambda}\rho)$ 的线性叠加:

$$R(\rho) = E\mathrm{J}_0(\sqrt{\lambda}\rho) + F\mathrm{N}_0(\sqrt{\lambda}\rho). \tag{5.3.104}$$

进一步考虑到函数在 $\rho = 0$ 处有限的自然边界条件, 由于诺伊曼函数在自变量为零处发散, 因此我们就知道 $F = 0$, 即我们就有如下本征值问题:

$$\begin{cases} R(\rho) = E\mathrm{J}_0(\sqrt{\lambda}\rho), \\ R'|_{\rho=\rho_0} = 0, \end{cases} \tag{5.3.105}$$

也即我们需要如下确定本征值:

$$\mathrm{J}_0'(\sqrt{\lambda}\rho_0) = 0, \tag{5.3.106}$$

而利用贝塞尔函数的递推关系式, 这个式子可进一步化为

$$\mathrm{J}_1(\sqrt{\lambda}\rho_0) = 0. \tag{5.3.107}$$

由前面几节的讨论, 我们知道 $\mathrm{J}_1(x)$ 有无穷多个零点, 设其零点的集合为 $\{x_{11}, x_{12}, x_{13}, \cdots\}$, 于是我们就确定出了待定的分立的本征值为

$$\lambda_n = \left(\frac{x_{1n}}{\rho_0}\right)^2, \quad n = 1, 2, 3, \cdots, \tag{5.3.108}$$

相应的本征函数为

$$R_n = \mathrm{J}_0\left(\frac{x_{1n}}{\rho_0}\rho\right). \tag{5.3.109}$$

将此本征值代入 (5.3.97) 式中 Z 所满足的方程, 不难得出

$$Z_n = C_n \mathrm{e}^{\frac{x_{1n}}{\rho_0} z} + D_n \mathrm{e}^{-\frac{x_{1n}}{\rho_0} z}. \tag{5.3.110}$$

综合以上信息, 我们得出 $u(\rho, z)$ 的通解为

$$u(\rho, z) = A_0 + B_0 z + \sum_{n=1}^{\infty} \left(A_n \mathrm{e}^{\frac{x_{1n}}{\rho_0} z} + B_n \mathrm{e}^{-\frac{x_{1n}}{\rho_0} z} \right) \mathrm{J}_0 \left(\frac{x_{1n}}{\rho_0} \rho \right). \tag{5.3.111}$$

接下来我们就要通过上、下底面的边界条件来确定通解中的待定系数. 当把上式给出的通解代入上、下底面的边界条件后, 我们有

$$A_0 + \sum_{n=1}^{\infty} (A_n + B_n) \mathrm{J}_0 \left(\frac{x_{1n}}{\rho_0} \rho \right) = f_1(\rho), \tag{5.3.112}$$

$$A_0 + B_0 h + \sum_{n=1}^{\infty} \left(A_n \mathrm{e}^{\frac{x_{1n}}{\rho_0} h} + B_n \mathrm{e}^{-\frac{x_{1n}}{\rho_0} h} \right) \mathrm{J}_0 \left(\frac{x_{1n}}{\rho_0} \rho \right) = f_2(\rho). \tag{5.3.113}$$

由前几节的讨论, 我们知道, $f_1(\rho)$ 和 $f_2(\rho)$ 可在上述贝塞尔函数本征函数构成的基底上展开成广义傅里叶级数

$$f_1(\rho) = f_{10} + \sum_{n=1}^{\infty} f_{1n} \mathrm{J}_0 \left(\frac{x_{1n}}{\rho_0} \rho \right), \tag{5.3.114}$$

$$f_2(\rho) = f_{20} + \sum_{n=1}^{\infty} f_{2n} \mathrm{J}_0 \left(\frac{x_{1n}}{\rho_0} \rho \right). \tag{5.3.115}$$

与上面的式子对比, 就进一步给出了关于各系数的一次方程组

$$\begin{cases} A_0 = f_{10}, \\ A_0 + B_0 h = f_{20}, \end{cases} \qquad \begin{cases} A_n + B_n = f_{1n}, \\ A_n \mathrm{e}^{\frac{x_{1n}}{\rho_0} h} + B_n \mathrm{e}^{-\frac{x_{1n}}{\rho_0} h} = f_{2n}, \end{cases} \tag{5.3.116}$$

从而最终给出了本问题的解.

例 5.3.2 一个半径为 ρ_0、高为 h 的均质圆柱体, 圆柱体的热传导系数为 k, 侧面有均匀分布的热流流入, 热流强度为 q_0, 上、下底面保持零度. 求解圆柱体内的稳定温度分布.

解 对于此问题, 我们同样采用 z 轴位于圆柱体中心轴的柱坐标来进行研究, 相应的定解问题为

$$\begin{cases} \nabla^2 u = 0, \quad \rho < \rho_0, \quad 0 < z < h, \\ k u_\rho|_{\rho=\rho_0} = q_0, \quad u|_{\rho=0} = \text{有限}, \\ u|_{z=0} = u|_{z=h} = 0. \end{cases} \tag{5.3.117}$$

泛定方程进行分离变量后, 我们有

$$\begin{cases}\dfrac{\mathrm{d}^2\varPhi}{\mathrm{d}\phi^2}+m^2\varPhi=0,\\ \dfrac{\mathrm{d}^2R}{\mathrm{d}\rho^2}+\dfrac{1}{\rho}\dfrac{\mathrm{d}R}{\mathrm{d}\rho}+\left[\lambda-\dfrac{m^2}{\rho^2}\right]R=0,\\ \dfrac{\mathrm{d}^2Z}{\mathrm{d}z^2}-\lambda Z=0.\end{cases}\tag{5.3.118}$$

同样, 由于边界条件不依赖于 ϕ, 所以 $m=0$. 又因为上、下底面均为一类齐次边界条件, 所以它们与 Z 满足的方程一起构成了本征值问题

$$\begin{cases}\dfrac{\mathrm{d}^2Z}{\mathrm{d}z^2}-\lambda Z=0,\\ Z(0)=Z(h)=0.\end{cases}\tag{5.3.119}$$

这个本征值问题我们是很熟悉的, 我们立刻可以得到本征值为

$$\lambda_n=-\frac{n^2\pi^2}{h^2},\quad n=1,2,3,\cdots,\tag{5.3.120}$$

相应的本征函数为

$$Z_n=\sin\frac{n\pi z}{h}.\tag{5.3.121}$$

将此本征值代入 (5.3.118) 式中 R 的方程, 我们不难发现这是零阶虚宗量贝塞尔方程, 它的通解应为

$$R_n(\rho)=A_n\mathrm{I}_0\left(\frac{n\pi\rho}{h}\right)+B_n\mathrm{K}_0\left(\frac{n\pi\rho}{h}\right).\tag{5.3.122}$$

由于虚宗量汉克尔函数 $\mathrm{K}_m(x)$ 在原点发散, 因此, 由于自然边界条件的限制, 得 $B_n=0$.

于是, 综合上面分析, 我们就得此问题的通解为

$$u(\rho,z)=\sum_{n=1}^{\infty}A_n\mathrm{I}_0\left(\frac{n\pi\rho}{h}\right)\sin\frac{n\pi z}{h}.\tag{5.3.123}$$

此表达式中的待定系数则需要利用柱侧面边界条件加以确定. 在圆柱侧面, 有

$$u_\rho(\rho_0,z)=\sum_{n=1}^{\infty}A_n\frac{n\pi}{h}\mathrm{I}_0'\left(\frac{n\pi\rho_0}{h}\right)\sin\frac{n\pi z}{h}=\frac{q_0}{k},\tag{5.3.124}$$

由此不难确定出

$$A_n = \frac{h}{n\pi}\frac{1}{\mathrm{I}_0'\left(\frac{n\pi\rho_0}{h}\right)}\frac{2}{h}\int_0^h \frac{q_0}{k}\sin\frac{n\pi z}{h}\mathrm{d}z$$
$$= \frac{2hq_0}{n^2\pi^2 k}\frac{1}{\mathrm{I}_0'\left(\frac{n\pi\rho_0}{h}\right)}[1-(-1)^n]. \tag{5.3.125}$$

至此, 问题得解.

习 题 5.3

1. 半径为 ρ_0、高为 h 的均质圆柱体, 上底和侧面温度保持零度, 下底温度分布为 $f(\rho)=\rho^2$. 求柱体内的稳定温度分布.

2. 半径为 ρ_0、高为 h 的均质圆柱体, 上、下底面温度保持为零度, 侧面温度保持为 u_0. 求柱体内的稳定温度分布.

3. 半径为 ρ_0、高为 h 的均质圆柱体, 上底面温度保持为 $f(\rho)$, 下底面温度为零度, 侧面在零度的空气中自由冷却. 求柱体内的稳定温度分布.

5.4 亥姆霍兹方程在球坐标系和柱坐标系下的求解问题

在本章的开头, 我们看到, 不论是波动问题还是扩散问题, 当进行时空变量分离变量后, 空间部分所满足的方程均是亥姆霍兹方程

$$\nabla^2 u(\boldsymbol{r}) + k^2 u(\boldsymbol{r}) = 0. \tag{5.4.1}$$

因此, 当我们要研究和处理曲线坐标系下的波动问题或输运问题时, 核心任务是研究求解曲线坐标系下的亥姆霍兹方程. 接下来, 我们将在球坐标系下和柱坐标系下对此加以详细的讨论.

5.4.1 球坐标系下亥姆霍兹方程的求解

球坐标系下亥姆霍兹方程的求解、球贝塞尔方程

在球坐标系下, 上述亥姆霍兹方程可进一步写为

$$\frac{1}{r^2}\frac{\partial}{\partial r}\left(r^2\frac{\partial u}{\partial r}\right) + \frac{1}{r^2\sin\theta}\frac{\partial}{\partial\theta}\left(\sin\theta\frac{\partial u}{\partial\theta}\right) + \frac{1}{r^2\sin^2\theta}\frac{\partial^2 u}{\partial\phi^2} + k^2 u = 0, \tag{5.4.2}$$

对其进行分离变量设定

$$u(\boldsymbol{r}) = R(r)\Theta(\theta)\Phi(\phi) \tag{5.4.3}$$

并将之代入上述方程中, 我们就得

$$\begin{cases}\Phi''+m^2\Phi=0\ \ (m=\text{整数}),\\ \dfrac{1}{\sin\theta}\dfrac{\mathrm{d}}{\mathrm{d}\theta}\left(\sin\theta\dfrac{\mathrm{d}\Theta}{\mathrm{d}\theta}\right)-\dfrac{m^2}{\sin^2\theta}\Theta+l(l+1)\Theta=0\ \ (l=\text{整数}),\\ r^2\dfrac{\mathrm{d}^2R}{\mathrm{d}r^2}+2r\dfrac{\mathrm{d}R}{\mathrm{d}r}+\left[k^2r^2-l(l+1)\right]R=0.\end{cases} \tag{5.4.4}$$

由于函数单值性自然边界条件要求, 很明显, 上面第一式的解为 $\Phi\sim\exp(\mathrm{i}m\phi)$. 上面第二式则是我们熟悉的缔合勒让德方程, 它的解就是缔合勒让德多项式 $\mathrm{P}_l^{|m|}(\theta)$. 但第三式关于径向函数 $R(r)$ 的方程则不再是 (5.2.5) 式中简单的径向方程了. 不难验证, 当对上面第三式做变量代换

$$x=kr,\quad R=\sqrt{\frac{\pi}{2}}\frac{y(x)}{\sqrt{x}}, \tag{5.4.5}$$

它就变为

$$x^2y''+xy'+\left[x^2-\left(l+\frac{1}{2}\right)^2\right]y=0. \tag{5.4.6}$$

这正是 $\left(l+\dfrac{1}{2}\right)$-阶贝塞尔方程! 这个方程也称为**球贝塞尔方程**. 因此, 如果要完整解决球坐标系下亥姆霍兹方程问题或是波动或输运问题, 首先就要求解球贝塞尔方程.

1. 球贝塞尔方程求解

球贝塞尔方程的求解与 4.2.2.3 节中求解 ν-阶贝塞尔方程基本无异, 因为球贝塞尔方程就是 $\left(l+\dfrac{1}{2}\right)$-阶贝塞尔方程. 我们知道 $x=0$ 为方程的正则奇点, 可令

$$y(x)=x^s\sum_{k=0}^{\infty}a_kx^k, \tag{5.4.7}$$

代入 (5.4.6) 式中可得相应的指标方程为

$$s^2-\left(l+\frac{1}{2}\right)^2=0, \tag{5.4.8}$$

它的两个根分别为 $s_1=l+\dfrac{1}{2}$ 和 $s_2=-\left(l+\dfrac{1}{2}\right)$.

不难看出, 球贝塞尔方程的第一个特解就是半整数阶贝塞尔函数 $\mathrm{J}_{l+\frac{1}{2}}(x)$:

$$\mathrm{J}_{l+\frac{1}{2}}(x)=\sum_{n=0}^{\infty}\frac{(-1)^n}{n!\Gamma\left(l+\frac{1}{2}+n+1\right)}\left(\frac{x}{2}\right)^{2n+l+\frac{1}{2}}. \tag{5.4.9}$$

但由于 $s_1-s_2=2l+1$ 为整数, 与上面线性独立的第二个特解则需要小心讨论了.

按照一般的步骤, 我们可以设第二个线性无关的特解为

$$y_2(x)=A\ln x\mathrm{J}_{l+\frac{1}{2}}(x)+x^{-\left(l+\frac{1}{2}\right)}\sum_{k=0}^{\infty}b_kx^k. \tag{5.4.10}$$

将此代入球贝塞尔方程后, 经整理, 我们有

$$\begin{aligned}&A\left[x^2\mathrm{J}''_{l+\frac{1}{2}}+x\mathrm{J}'_{l+\frac{1}{2}}+\left(x^2-\left(l+\frac{1}{2}\right)^2\right)\mathrm{J}_{l+\frac{1}{2}}\right]\ln x+2Ax\mathrm{J}'_{l+\frac{1}{2}}\\&+\sum_{k=0}^{\infty}b_k\left[\left(k-\left(l+\frac{1}{2}\right)\right)^2-\left(l+\frac{1}{2}\right)^2\right]x^{k-\left(l+\frac{1}{2}\right)}+\sum_{k=0}^{\infty}b_kx^{k-\left(l+\frac{1}{2}\right)+2}=0.\end{aligned}$$

由于 $\mathrm{J}_{l+\frac{1}{2}}(x)$ 是对应球贝塞尔方程的解, 因此, 上式第一项自然为零. 再将 $\mathrm{J}_{l+\frac{1}{2}}(x)$ 的具体表达式代入, 于是上式就化为

$$\begin{aligned}&2A\sum_{n=0}^{\infty}\frac{(-1)^n\left(2n+l+\frac{1}{2}\right)}{n!\Gamma(n+l+\frac{1}{2}+1)}\left(\frac{x}{2}\right)^{2n+l+\frac{1}{2}}\\&+\sum_{k=0}^{\infty}b_k\left[\left(k-\left(l+\frac{1}{2}\right)\right)^2-\left(l+\frac{1}{2}\right)^2\right]x^{k-\left(l+\frac{1}{2}\right)}+\sum_{k=2}^{\infty}b_{k-2}x^{k-\left(l+\frac{1}{2}\right)}=0.\end{aligned}$$

此式成立的条件是各幂次项的系数须为零.

我们注意到, 上式第一项最低幂次为 $\left(l+\frac{1}{2}\right)$, 因此, 对于幂次低于 $\left(l+\frac{1}{2}\right)$ 的项, 我们只考虑后面两项. 不难看出, 当 $k<2l+1$ 时, 系数 b_k 间有递推关系式

$$b_k=\frac{1}{k(2m-k)}b_{k-2}. \tag{5.4.11}$$

同时, 对于 $k=1$ 项的考察则发现

$$\left[\left(l-\frac{1}{2}\right)^2-\left(l+\frac{1}{2}\right)^2\right]b_1=0, \tag{5.4.12}$$

这要求 $b_1=0$, 依据上面的递推式, 我们可知, 所有 k 为奇数的系数 b_k 均为零, 即

$$b_{2n+1}=0. \tag{5.4.13}$$

接下来, 我们考察 $\left(l+\dfrac{1}{2}\right)$ 次项系数, 这要求第一项中的 $n=0$ 而后面两项中的 $k=2l+1$, 也就是说, 这会给出系数 A、b_{2l+1} 和 b_{2l-1} 之间的一个关系式. 然而由于 $b_{2l-1}=0$ 且第二项中的 $\left[\left(k-\left(l+\dfrac{1}{2}\right)\right)^2-\left(l+\dfrac{1}{2}\right)^2\right]$ 在 $k=2l+1$ 时等于零, 因此, 我们立刻就可看出 $A=0$. 而这意味着第二个与 $\mathrm{J}_{l+\frac{1}{2}}(x)$ 线性独立的解约化为

$$y_2(x)=x^{-\left(l+\frac{1}{2}\right)}\sum_{k=0}^{\infty}b_kx^k. \tag{5.4.14}$$

这说明 $\left[-\left(l+\dfrac{1}{2}\right)\right]$-阶贝塞尔函数

$$\mathrm{J}_{-\left(l+\frac{1}{2}\right)}(x)=\sum_{n=0}^{\infty}\frac{(-1)^n}{n!\Gamma\left(n-(1+\dfrac{1}{2})+1\right)}\left(\frac{x}{2}\right)^{2n-\left(l+\frac{1}{2}\right)} \tag{5.4.15}$$

是与 $\mathrm{J}_{l+\frac{1}{2}}(x)$ 线性独立的解. 为什么会这样? 其原因在于虽然 s_1 和 s_2 的差是整数, 但这个差是奇数, 而依据系数递推式, 所有 k 为奇数的系数恰巧均为零.

我们也可从对诺伊曼函数的计算中验证这一点. 我们知道, (4.2.62) 式中的诺伊曼函数是与贝塞尔函数线性独立的解, 当令 $\nu=l+\dfrac{1}{2}$ 后, 我们有

$$\mathrm{N}_{l+\frac{1}{2}}=\frac{\cos\left(l+\dfrac{1}{2}\right)\pi\mathrm{J}_{l+\frac{1}{2}}(x)-\mathrm{J}_{-\left(l+\frac{1}{2}\right)}(x)}{\sin\left(l+\dfrac{1}{2}\right)\pi}=(-1)^{l+1}\mathrm{J}_{-\left(l+\frac{1}{2}\right)}(x). \tag{5.4.16}$$

从这里我们也可看出, 对于球贝塞尔方程而言, 诺伊曼函数 $\mathrm{N}_{l+\frac{1}{2}}$ 与 $\mathrm{J}_{-\left(l+\frac{1}{2}\right)}(x)$ 是一回事.

有了上面的讨论基础, 我们现在回头来看 (5.4.4) 式中第三个方程, 即径向函数所满足的方程, 我们现在知它的解就是上述 $\mathrm{J}_{l+\frac{1}{2}}(x)$ 和 $\mathrm{N}_{l+\frac{1}{2}}(x)$ 的线性组合, 注意到相应的变量代换, 我们就可立刻写出径向函数的表达式为

$$R_l(r)=A_l\frac{\sqrt{\pi}}{\sqrt{2kr}}\mathrm{J}_{l+\frac{1}{2}}(kr)+B_l\frac{\sqrt{\pi}}{\sqrt{2kr}}\mathrm{N}_{l+\frac{1}{2}}(kr). \tag{5.4.17}$$

如下定义**球贝塞尔函数** $\mathrm{j}_l(x)$ 和**球诺伊曼函数** $\mathrm{n}_l(x)$:

$$\begin{cases}\mathrm{j}_l(x)=\sqrt{\dfrac{\pi}{2x}}\mathrm{J}_{l+\frac{1}{2}}(x),\\ \mathrm{n}_l(x)=\sqrt{\dfrac{\pi}{2x}}\mathrm{N}_{l+\frac{1}{2}}(x),\end{cases}\tag{5.4.18}$$

我们就有

$$R_l(r)=A_l\mathrm{j}_l(kr)+B_l\mathrm{n}_l(kr).\tag{5.4.19}$$

综合以上讨论, 通过对分离变量后 (5.4.4) 式中各方程解的讨论, 我们就可得出, 球坐标下亥姆霍兹方程的通解为

$$u(r,\theta,\phi)=\sum_l\sum_{m=-l}^{l}\left[A_{lm}\mathrm{j}_l(kr)+B_{lm}\mathrm{n}_l(kr)\right]\mathrm{P}_l^{|m|}(\cos\theta)\mathrm{e}^{\mathrm{i}m\phi}.\tag{5.4.20}$$

2. 球贝塞尔函数及球诺伊曼函数的性质

下面, 我们对球贝塞尔函数和球诺伊曼函数再做一些简单的讨论. 图 5.4.1 中给出了前 4 阶球贝塞尔函数和球诺伊曼函数的图形. 我们注意到球诺伊曼函数在 $x=0$ 点发散, 同时球贝塞尔函数和球诺伊曼函数都随自变量 x 呈振荡形态.

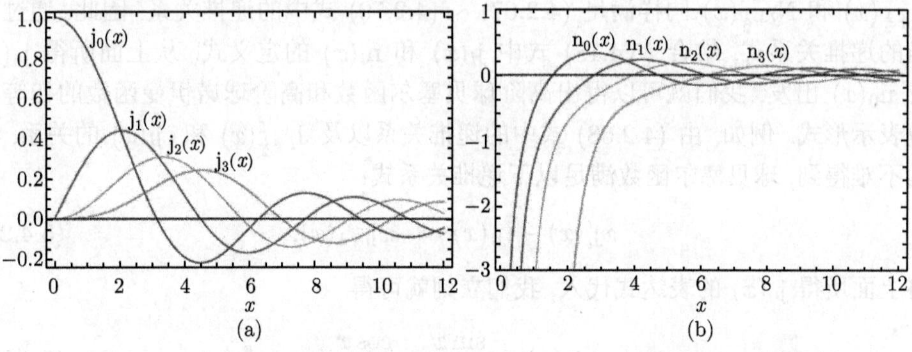

图 5.4.1 (a) 前 4 阶球贝塞尔函数图形; (b) 前 4 阶球诺伊曼函数图形

其实, 球贝塞尔函数和球诺伊曼函数是可以表示成初等函数的形式的. 我们知道

$$\Gamma(x)=\frac{\Gamma(x+1)}{x}\ \text{且}\ \Gamma\left(\frac{1}{2}\right)=\sqrt{\pi},\tag{5.4.21}$$

因此

$$\Gamma\left(l+n+1+\frac{1}{2}\right)=\left(l+n+\frac{1}{2}\right)\left(l+n-\frac{1}{2}\right)\cdots\left(\frac{1}{2}\right)\Gamma\left(\frac{1}{2}\right)$$

$$= \frac{(2(l+n)+1)!!}{2^{(l+n+1)}}\sqrt{\pi}. \tag{5.4.22}$$

将此代入 $\mathrm{J}_{\frac{1}{2}}(x)$ 的表达式, 我们进一步可得

$$\begin{aligned} \mathrm{j}_0(x) &= \sqrt{\frac{\pi}{2x}}\mathrm{J}_{\frac{1}{2}}(x) = \sqrt{\frac{\pi}{2x}}\sum_{n=0}^{\infty}\frac{(-1)^n}{n!(2n+1)!!/(2^{(n+1)}\sqrt{\pi})}\left(\frac{x}{2}\right)^{2n+\frac{1}{2}} \\ &= \frac{1}{x}\sum_{n=0}^{\infty}\frac{(-1)^n}{(2n)!!(2n+1)!!}x^{2n+1} = \frac{1}{x}\sum_{n=0}^{\infty}\frac{(-1)^n}{(2n+1)!}x^{2n+1}. \end{aligned} \tag{5.4.23}$$

于是我们就发现

$$\mathrm{j}_0(x) = \frac{\sin x}{x}. \tag{5.4.24}$$

同理,

$$\mathrm{n}_0(x) = \sqrt{\frac{\pi}{2x}}\mathrm{N}_{\frac{1}{2}}(x) = -\sqrt{\frac{\pi}{2x}}\mathrm{J}_{-\frac{1}{2}}(x) = \frac{1}{x}\sum_{n=0}^{\infty}\frac{(-1)^n}{(2n)!!(2n-1)!!}x^{2n}, \tag{5.4.25}$$

而这给出

$$\mathrm{n}_0(x) = -\frac{\cos x}{x}. \tag{5.4.26}$$

$\mathrm{J}_{l+\frac{1}{2}}(x)$ 和 $\mathrm{N}_{l+\frac{1}{2}}(x)$ 同样满足 (4.2.67) ~ (4.2.70) 式中的递推关系, 因此, 通过适当的递推关系式, 结合 (5.4.18) 式中 $\mathrm{j}_l(x)$ 和 $\mathrm{n}_l(x)$ 的定义式, 从上面所得 $\mathrm{j}_0(x)$ 及 $\mathrm{n}_0(x)$ 出发, 我们就可以得出高阶球贝塞尔函数和高阶球诺伊曼函数的初等函数表示形式. 例如, 由 (4.2.68) 式中的递推关系以及 $\mathrm{J}_{l+\frac{1}{2}}(x)$ 和 $\mathrm{j}_l(x)$ 的关系, 我们不难得到, 球贝塞尔函数满足以下递推关系式:

$$x\mathrm{j}_l'(x) - l\mathrm{j}_l(x) = -x\mathrm{j}_{l+1}(x), \tag{5.4.27}$$

将上面所得 $\mathrm{j}_0(x)$ 的表达式代入, 我们立刻就可得

$$\mathrm{j}_1(x) = \frac{\sin x}{x^2} - \frac{\cos x}{x}. \tag{5.4.28}$$

由 (4.2.70) 式我们可知球贝塞尔函数还满足递推关系式

$$x\mathrm{j}_{l+1}(x) = (2l+1)\mathrm{j}_l(x) - x\mathrm{j}_{l-1}(x), \tag{5.4.29}$$

将上面所得 $\mathrm{j}_0(x)$ 和 $\mathrm{j}_1(x)$ 的表达式代入, 我们立刻就得到 $\mathrm{j}_2(x)$ 的表达式

$$\mathrm{j}_2(x) = 3\left(\frac{\sin x}{x^3} - \frac{\cos x}{x^2}\right) - \frac{\sin x}{x}. \tag{5.4.30}$$

当然, 我们也可以由递推式 (5.4.27) 直接从 $\mathrm{j}_1(x)$ 得到以上 $\mathrm{j}_2(x)$ 的表达式.

采用类似的步骤, 我们也可轻松地得到

$$\mathrm{n}_1(x)=-\frac{\cos x}{x^2}-\frac{\sin x}{x},\ \ \mathrm{n}_2(x)=\frac{\cos x}{x}-3\left(\frac{\cos x}{x^3}+\frac{\sin x}{x^2}\right). \tag{5.4.31}$$

3. 球贝塞尔方程本征值问题

在亥姆霍兹方程中, 有一个常数 k^2, 这是波动方程或输运方程在经过空间变量、时间变量分离变量时引进的待定常数, 该常数需要通过空间边界条件来确定. 对于本节所研究的球状体系问题, 这个常数经过完整的分离变量程序后最终包含在径向函数 $R(r)$ 所满足的方程中, 而这个方程可以化成标准的施图姆–刘维尔型方程:

$$\frac{\mathrm{d}}{\mathrm{d}r}\left(r^2\frac{\mathrm{d}R}{\mathrm{d}r}\right)+k^2r^2R-l(l+1)R=0, \tag{5.4.32}$$

其中与待定常数 k^2 相乘的权函数为 $\rho(r)=r^2$. 而对于边界条件, 我们总可以通过适当的方式将之齐次化, 因此, 齐次的边界条件与上述施图姆–刘维尔方程就构成了施图姆–刘维尔本征值问题, 这个本征值问题所确定的本征值就是待定常数 k 可能的取值, 而其相应的本征函数就是对应的径向函数的特解. 例如, 对于所研究区域为 $r<r_0$ 的球形区域内部且在球面边界上满足第一类齐次边界条件的定解问题, 我们可以如下加以讨论. 由于在球心处球诺伊曼函数 $\mathrm{n}_l(kr)$ 发散, 因此满足函数有限性自然边界条件的径向函数就只能是球贝塞尔函数

$$R_l(r)\sim \mathrm{j}_l(kr). \tag{5.4.33}$$

而该函数要在 $r=r_0$ 处为零, 只能令 kr_0 等于 $\mathrm{j}_l(x)$ 的零点. 由球贝塞尔函数的表达式及其函数图像, 我们看到, $\mathrm{j}_l(x)$ 有无穷多个零点 x_{l1}、x_{l2}、$\cdots$, 在这些零点上 $\mathrm{j}_l(x_{ln})=0$, 于是 k 的可能取值就为

$$k_{ln}=\frac{x_{ln}}{r_0}, \tag{5.4.34}$$

这些分立的值就是我们所要寻找的本征值, 其相应的本征函数为

$$R_{ln}(r)=\mathrm{j}_l(k_{ln}r). \tag{5.4.35}$$

而我们又知道, 不同本征函数间在所研究区域上是含权正交的, 即

$$\int_0^{r_0}\mathrm{j}_l(k_{ln}r)\mathrm{j}_l(k_{lm}r)r^2\mathrm{d}r=0,\quad m\neq n, \tag{5.4.36}$$

于是这些球贝塞尔函数 $\{\mathrm{j}_l(k_{ln}r),\ \ n=1,2,\cdots\}$ 就构成了一个正交完备的函数基底, 凡定义在 $(0,r_0)$ 上且满足上述边界条件的函数 $f(r)$ 均可以在此函数基底上

展开成广义傅里叶级数

$$f(r)=\sum_{n=1}^{\infty}c_n\mathrm{j}_l(k_{ln}r),\tag{5.4.37}$$

其展开系数为

$$c_n=\frac{\int_0^{r_0}f(r)\mathrm{j}_l(k_{ln}r)r^2\mathrm{d}r}{M_{ln}^2},\tag{5.4.38}$$

其中 M_{ln} 为 $\mathrm{j}_l(k_{ln}r)$ 的模:

$$M_{ln}^2=\int_0^{r_0}\mathrm{j}_l(k_{ln}r)\mathrm{j}_l(k_{ln}r)r^2\mathrm{d}r.\tag{5.4.39}$$

5.4.2 柱坐标系下亥姆霍兹方程的求解

我们知道, 在柱坐标系下亥姆霍兹方程的形式为

$$\frac{\partial^2u}{\partial\rho^2}+\frac{1}{\rho}\frac{\partial u}{\partial\rho}+\frac{1}{\rho^2}\frac{\partial^2u}{\partial\phi^2}+\frac{\partial^2u}{\partial z^2}+\beta u=0.\tag{5.4.40}$$

当进行分离变量 $u(\rho,\phi,z)=R(\rho)\varPhi(\phi)Z(z)$ 后, 此偏微分方程化为三个耦合在一起的常微分方程

$$\begin{cases}\varPhi''+m^2\varPhi=0,\\ Z''-\lambda Z=0,\\ R''+\dfrac{1}{\rho}R'+\left[(\lambda+\beta)-\dfrac{m^2}{\rho^2}\right]R=0.\end{cases}\tag{5.4.41}$$

前两个方程与拉普拉斯方程在柱坐标下分离变量所得方程无异. 第三个方程中, 如果令 $\lambda+\beta=\mu$, 则方程化为

$$R''+\frac{1}{\rho}R'+\left[\mu-\frac{m^2}{\rho^2}\right]R=0,\tag{5.4.42}$$

这仍然是一个 m-阶贝塞尔方程, 对它的求解前文已有详细讨论, 这里就不再赘述了.

习 题 5.4

1. 半径为 ρ_0、高为 h 的均质圆柱体, 下底和侧面温度保持为 u_0, 上底面绝热, 初始温度分布为 $u_0+f(\rho)g(z)$. 求柱体内各点温度分布随时间的变化情况.

2. 半径为 R 的均匀导热介质球, 初始温度为 u_0. 当使其球表面温度保持为零度, 求球内的温度变化.

3. 半径为 R 的均匀导热介质球, 初始温度为 $f(r)\cos\theta$. 将它置于冰水中使其球表面温度保持为零度, 求球内的温度变化.

5.5 贝塞尔函数的应用

在本章的结尾, 我们对上面几节所讨论的贝塞尔函数及球贝塞尔函数再简单做些进一步的讨论.

上面在讨论贝塞尔函数及球贝塞尔函数时多是从柱坐标系或球坐标系下对相应的数理方程分离变量求解出发进行讨论的, 这会给大家一种印象, 似乎贝塞尔函数及球贝塞尔函数只在讨论柱状体系或球状体系时才有用. 其实, 贝塞尔函数作为贝塞尔方程的解, 只要我们所讨论的问题中的微分方程取贝塞尔方程的形式, 则贝塞尔函数在我们所讨论的问题中就有用武之地.

作为一个例子, 我们回头来看看在讨论波动方程时所研究过的一个问题: 考虑一个如图 5.5.1 所示的均质弹性圆锥细杆, 长为 l, 其横截面半径与横截面圆心距锥尖的距离 x 的关系为 $r = \alpha x$. 圆锥杆两端均自由, 杆做纵振动, 杆上各点初始速度为零, 初始位移为 $f(x)$. 在以前的讨论中, 我们仅给出了泛定方程, 现在, 利用贝塞尔函数, 我们将对此问题进行细致的求解.

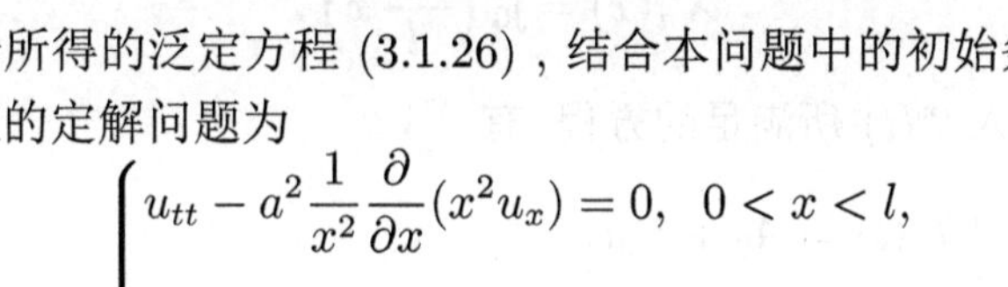

图 5.5.1 均质圆锥细杆的微小纵振动示意图

由之前讨论所得的泛定方程 (3.1.26) , 结合本问题中的初始条件和边界条件, 我们就得出相应的定解问题为

$$\begin{cases} u_{tt} - a^2 \dfrac{1}{x^2}\dfrac{\partial}{\partial x}(x^2 u_x) = 0, \ \ 0 < x < l, \\ u(x,0) = f(x), \\ u_t(x,0) = 0, \\ u_x(0,t) = 0, \\ u_x(l,t) = 0. \end{cases} \tag{5.5.1}$$

对此问题, 我们进行分离变量, 令

$$u(x,t) = T(t)X(x), \tag{5.5.2}$$

于是, 上述泛定方程化为

$$\begin{cases} T'' + a^2k^2T = 0, \\ x^2X'' + 2xX' + k^2x^2X = 0. \end{cases} \tag{5.5.3}$$

由此, 我们立刻看出, 空间函数 $X(x)$ 所满足的方程正是零阶球贝塞尔方程, 考虑到在求解区域上物理函数的有限性, 我们知

$$X(x) = \mathrm{j}_0(kx). \tag{5.5.4}$$

我们知道

$$\mathrm{j}_0(kx)' = -k\mathrm{j}_1(kx), \tag{5.5.5}$$

由于 $\mathrm{j}_1(0) \equiv 0$, 于是, 对 $x = 0$ 端的边界条件的考察告诉我们, k 可以取任意值, 而从 $x = l$ 端的边界条件

$$\mathrm{j}_1(kl) = 0, \tag{5.5.6}$$

我们就得本征值为

$$k_n = \frac{x_{1n}}{l}, \;\; n = 0, 1, 2, \cdots, \tag{5.5.7}$$

x_{1n} 为 $\mathrm{j}_1(x)$ 的第 n 个非负零点, 其中 $x_{10} = 0$. 相应的本征函数为

$$X_n(x) = \mathrm{j}_0\left(\frac{x_{1n}}{l}x\right). \tag{5.5.8}$$

将所得本征值代入 $T(t)$ 所满足的方程, 有

$$\begin{cases} T_0(t) = A_0 + B_0t, \\ T_n(t) = A_n\cos\dfrac{x_{1n}a}{l}t + B_n\sin\dfrac{x_{1n}a}{l}t, \;\; n \neq 0. \end{cases} \tag{5.5.9}$$

于是, 我们就得到了 $u(x,t)$ 的通解表达式

$$u(x,t) = A_0 + B_0t + \sum_{n=1}^{\infty}\left[A_n\cos\frac{x_{1n}a}{l}t + B_n\sin\frac{x_{1n}a}{l}t\right]\mathrm{j}_0\left(\frac{x_{1n}}{l}x\right). \tag{5.5.10}$$

将此通解代入初始条件中, 有

$$\begin{cases} A_0 + \sum\limits_{n=1}^{\infty} A_n \mathrm{j}_0\left(\dfrac{x_{1n}}{l}x\right) = f(x), \\ B_0 + \sum\limits_{n=1}^{\infty} B_n \mathrm{j}_0\left(\dfrac{x_{1n}}{l}x\right) = 0. \end{cases} \tag{5.5.11}$$

利用本征函数的含权正交性, 我们可以将 $f(x)$ 在本征函数基底上展开成广义傅里叶级数, 然后从上面第一式中通过比较等式两边系数, 得

$$\begin{cases} A_0 = \dfrac{3}{l^3}\int_0^l f(x)x^2\mathrm{d}x, \\ A_n = \dfrac{1}{M_{1n}^2}\int_0^l f(x)\mathrm{j}_0\left(\dfrac{x_{1n}}{l}x\right)x^2\mathrm{d}x, \end{cases} \tag{5.5.12}$$

其中

$$M_{1n}^2 = \int_0^l \left[\mathrm{j}_0\left(\frac{x_{1n}}{l}x\right)\right]^2 x^2\mathrm{d}x. \tag{5.5.13}$$

而从第二个式子我们立刻得出 $B_n = 0 \quad (n = 0, 1, 2, \cdots)$. 于是, 本问题的待求函数即为

$$u(x,t) = A_0 + \sum_{n=1}^{\infty} A_n \cos\left(\frac{x_{1n}a}{l}t\right)\mathrm{j}_0\left(\frac{x_{1n}}{l}x\right). \tag{5.5.14}$$

习 题 5.5

1. 一均质的长为 l 的楔形细杆, 宽度很小, 为 ϵ, 且首尾一样宽, 粗的一端高度为 h. 取 x 轴沿杆身方向, 削尖的一头的平衡位置位于坐标原点. 杆的两端均是自由的. 杆上各点的初始速度为零, 初始位移为 $f(x)$. 求解杆的纵振动.

2. 一个内、外边缘都固定且张紧了的环形膜, 其内、外半径分别为 ρ_1 和 ρ_2, 试求其本征振动及本征频率.

第6章

格林函数法

从我们之前所讨论的内容来看, 我们求解数理方程的手段和方法似乎仅局限于对变量的分离然后对每个部分进行求解. 这种解法有它的优势, 当然也有它自身的局限性. 在本章中, 我们来尝试一种新的求解数理方程的方法, 它的思路与之前不同, 并不需要进行分离变量, 而是从整体上对问题进行求解.

格林函数法一般讨论

我们先来从一个简单的问题入手. 我们考虑如下一个带有一类边界条件的三维泊松方程:

$$\begin{cases} \nabla^2 u = f(\boldsymbol{r}), & \boldsymbol{r} \in V, \\ u(\boldsymbol{r})|_{\Sigma} = \varphi(\boldsymbol{r}), & \Sigma = \partial V \text{ 是 } V \text{ 的边界.} \end{cases} \tag{6.0.1}$$

为了寻求另一种求解这一问题的方法, 我们先暂时放下这一问题. 我们来看待求函数 $u(\boldsymbol{r})$ 本身. 利用 δ-函数, 我们可以将它写为

$$u(\boldsymbol{r}) = \int_V \mathrm{d}^3 r' \delta(\boldsymbol{r}' - \boldsymbol{r}) u(\boldsymbol{r}') \tag{6.0.2}$$

观察 (6.0.1) 式中的泛定方程, 我们设有一个函数 $G(\boldsymbol{r}' - \boldsymbol{r})$, 它满足与以上泛定方程同样形式的如下方程:

$$\nabla'^2 G(\boldsymbol{r}' - \boldsymbol{r}) = \delta(\boldsymbol{r}' - \boldsymbol{r}), \tag{6.0.3}$$

于是, 我们就有

$$u(\boldsymbol{r}) = \int_V \mathrm{d}^3 r' \nabla'^2 G(\boldsymbol{r}' - \boldsymbol{r}) u(\boldsymbol{r}'). \tag{6.0.4}$$

但这似乎还是没有解决问题. 我们再回头看看所要求的泛定方程, 现在将泛定方程的自变量改写成 $\boldsymbol{r}'$, 即

$$\nabla'^2 u(\boldsymbol{r}') = f(\boldsymbol{r}'), \tag{6.0.5}$$

对此方程两边同乘以 $G(\boldsymbol{r}' - \boldsymbol{r})$ 然后对 $\boldsymbol{r}'$ 在 V 上积分, 有

$$\int_V \mathrm{d}^3r' G(\boldsymbol{r}'-\boldsymbol{r})\nabla'^2 u(\boldsymbol{r}') = \int_V \mathrm{d}^3r' G(\boldsymbol{r}'-\boldsymbol{r}) f(\boldsymbol{r}'). \tag{6.0.6}$$

现在, 我们将 (6.0.4) 式和 (6.0.6) 式相加, 并适当移项后得

$$u(\boldsymbol{r}) = \int_V \mathrm{d}^3r' \nabla'^2 G(\boldsymbol{r}'-\boldsymbol{r}) u(\boldsymbol{r}') - \int_V \mathrm{d}^3r' G(\boldsymbol{r}'-\boldsymbol{r})\nabla'^2 u(\boldsymbol{r}') + \int_V \mathrm{d}^3r' G(\boldsymbol{r}'-\boldsymbol{r}) f(\boldsymbol{r}'). \tag{6.0.7}$$

对方程右边的前两项运用格林公式 (也称为格林第二公式)

$$\int_V \left[\nabla^2 f(\boldsymbol{r}) g(\boldsymbol{r}) - f(\boldsymbol{r})\nabla^2 g(\boldsymbol{r})\right] \mathrm{d}^3r = \int_\Sigma \left[\nabla f(\boldsymbol{r}) g(\boldsymbol{r}) - f(\boldsymbol{r})\nabla g(\boldsymbol{r})\right]\cdot \mathrm{d}\boldsymbol{S}, \tag{6.0.8}$$

我们就有

$$u(\boldsymbol{r}) = \int_\Sigma \mathrm{d}S' \frac{\partial G(\boldsymbol{r}'-\boldsymbol{r})}{\partial n'} u(\boldsymbol{r}') - \int_\Sigma \mathrm{d}S' G(\boldsymbol{r}'-\boldsymbol{r}) \frac{\partial u(\boldsymbol{r}')}{\partial n'} + \int_V \mathrm{d}^3r' G(\boldsymbol{r}'-\boldsymbol{r}) f(\boldsymbol{r}'), \tag{6.0.9}$$

其中 Σ 为 V 的闭合边界曲面, $\mathrm{d}S'$ 为曲面 Σ 的积分面元, $\partial/\partial n'$ 为对函数沿边界曲面外法线方向求导.

到此, 我们基本上已经接近最后的答案了. 先来假设已经知道了 $G(\boldsymbol{r}'-\boldsymbol{r})$(我们后面会谈到如何求此函数), 由于 $f(\boldsymbol{r}')$ 已知, 因此上式右边的最后一项是可以求出来的. 但是, 若想求出右边的前两项, 我们必须同时知道边界处 $u(\boldsymbol{r}')$ 和 $\partial u(\boldsymbol{r}')/\partial n'$ 的表达式, 而这是不可能的, 没有一类边界条件会同时告知这两个信息. 怎么办? 我们这就需要回头再看看所要求解的泊松方程定解问题的边界条件了. 对于 (6.0.1) 式中所给出的定解问题, 其边界条件为第一类边界条件, 也即我们是知道边界处 $u(\boldsymbol{r}')$ 的表达式的, 这样 (6.0.9) 式中右边第一项在已知 $G(\boldsymbol{r}'-\boldsymbol{r})$ 的情况下就是可以求出来的. 如果我们再假定 $G(\boldsymbol{r}'-\boldsymbol{r})$ 在边界曲面 Σ 上的值为 0, 则此式右边第二项自动消失, 于是我们就求解出了待求的函数 $u(\boldsymbol{r})$:

$$u(\boldsymbol{r}) = \int_\Sigma \mathrm{d}S' \frac{\partial G(\boldsymbol{r}'-\boldsymbol{r})}{\partial n'} \varphi(\boldsymbol{r}') + \int_V \mathrm{d}^3r' G(\boldsymbol{r}'-\boldsymbol{r}) f(\boldsymbol{r}'). \tag{6.0.10}$$

但这里需要指出, 能得到 (6.0.10) 式并最终求出结果的关键点是要求出相应的满足上述边界条件的函数 $G(\boldsymbol{r}'-\boldsymbol{r})$. 对于我们目前这个第一类边界条件定解问题, 通过以上的分析, 我们发现, $G(\boldsymbol{r}'-\boldsymbol{r})$ 须是以下定解问题的解:

$$\begin{cases} \nabla'^2 G(\boldsymbol{r}'-\boldsymbol{r}) = \delta(\boldsymbol{r}'-\boldsymbol{r}), & \boldsymbol{r}' \in V, \\ G(\boldsymbol{r}'-\boldsymbol{r})|_\Sigma = 0, & \Sigma = \partial V \text{ 是 } V \text{ 的边界}. \end{cases} \tag{6.0.11}$$

此定解问题的解 $G(\boldsymbol{r}'-\boldsymbol{r})$ 称为泊松方程第一类边值问题的**格林函数**. 只要通过求解 (6.0.11) 式得到此格林函数 $G(\boldsymbol{r}'-\boldsymbol{r})$, 代入 (6.0.10) 式我们就最终得到了所寻求的 $u(\boldsymbol{r})$. 因此, 问题归根结底就落脚到了如何求解此泊松方程第一类边值问题的格林函数了.

通过这个简单的例子, 我们给出了格林函数法的一个大致的思路和图景, 相应地, 本章后续的主要内容将集中在如何求解不同情形下的格林函数.

6.1 无界空间泊松方程的格林函数

拉普拉斯算子格林函数的基本解

我们先来看三维无界空间中的拉普拉斯算子的格林函数的求解. 无界空间的格林函数称为相应算子的**基本解**. 由于是无界区域, 因此不存在显性的边界条件, 即我们考察如下方程的求解:

$$\nabla^2 G(\boldsymbol{r}) = \delta(\boldsymbol{r}). \tag{6.1.1}$$

从此方程右边的 δ-函数的表达式可以看出, 体系具有球对称性, 即在球坐标系中看, 拉普拉斯算子的格林函数 $G(\boldsymbol{r})$ 只依赖于径向参数 r 而与角量参数 θ 和 ϕ 没有关系. 因此, 我们可以对此方程在以原点为球心、半径为 r 的球体 V 内做积分, 有

$$\int\limits_V \nabla^2 G(\boldsymbol{r})\mathrm{d}^3 r = \int\limits_V \delta(\boldsymbol{r})\mathrm{d}^3 r. \tag{6.1.2}$$

对此积分方程的左边运用格林定理化成在此球体边界球面 Σ 上的积分, 对方程右边的积分运用 δ-函数的积分特性, 得

$$\int_0^{\pi}\int_0^{2\pi} \frac{\partial G(\boldsymbol{r})}{\partial r} r^2 \sin\theta \mathrm{d}\theta \mathrm{d}\phi = 1, \tag{6.1.3}$$

于是就有

$$\frac{\partial G(\boldsymbol{r})}{\partial r} = \frac{1}{4\pi r^2}, \tag{6.1.4}$$

这就给出了三维无界空间中的拉普拉斯算子的格林函数的表达式

$$G(\boldsymbol{r}) = -\frac{1}{4\pi r} + C, \tag{6.1.5}$$

考虑到点源的势函数无穷远渐近为 0 这个自然边界条件 $\lim\limits_{r\to\infty} G(\boldsymbol{r})=0$, 则有 $C=0$, 即我们最终得

$$G(\boldsymbol{r})=-\frac{1}{4\pi r}. \tag{6.1.6}$$

关于三维无界空间中的拉普拉斯算子的格林函数, 我们还可以用傅里叶积分变换的方法来求解. 由之前所讨论过的 δ-函数的傅里叶积分变换, 我们知道, 它的傅里叶积分变换像函数为

$$F[\delta(\boldsymbol{r})]=1. \tag{6.1.7}$$

而利用傅里叶积分变换的微分定理, 我们有

$$F[\nabla^2 G(\boldsymbol{r})]=-k^2\tilde{G}(\boldsymbol{k}), \tag{6.1.8}$$

其中 $\tilde{G}(\boldsymbol{k})$ 为 $G(\boldsymbol{r})$ 的傅里叶积分变换像函数. 于是, 由方程 (6.1.1) , 我们就可知

$$\tilde{G}(\boldsymbol{k})=-\frac{1}{k^2}, \tag{6.1.9}$$

对此做傅里叶逆变换, 就有

$$\begin{aligned}G(\boldsymbol{r})&=-\frac{1}{(2\pi)^3}\int\frac{1}{k^2}\mathrm{e}^{\mathrm{i}\boldsymbol{k}\cdot\boldsymbol{r}}\mathrm{d}^3k=-\frac{1}{(2\pi)^3}\int_0^\infty\int_0^\pi\int_0^{2\pi}\frac{1}{k^2}\mathrm{e}^{ikr\cos\theta}k^2\sin\theta\mathrm{d}k\mathrm{d}\theta\mathrm{d}\phi\\&=\frac{1}{(2\pi)^2}\int_0^\infty\int_0^\pi\mathrm{e}^{ikr\cos\theta}\mathrm{d}k\mathrm{d}\cos\theta=-\frac{1}{2\pi^2r}\int_0^\infty\frac{\sin(kr)}{k}\mathrm{d}k.\end{aligned} \tag{6.1.10}$$

此式最后一个积分我们之前的章节已经用不同的方法求解过多次, 包括利用复变函数留数定理, 即利用

$$\int_0^\infty\frac{\sin(x)}{x}\mathrm{d}x=\frac{\pi}{2} \tag{6.1.11}$$

我们最终得到了

$$G(\boldsymbol{r})=-\frac{1}{4\pi r}, \tag{6.1.12}$$

与前一个方法所得结果一样. 当然, 还有其他的方法, 这里不再一一赘述. 当然, 更具一般性的格林函数的表达式为

$$G(\boldsymbol{r}-\boldsymbol{r}_0)=-\frac{1}{4\pi|\boldsymbol{r}-\boldsymbol{r}_0|}, \tag{6.1.13}$$

它满足

$$\nabla^2 G(\boldsymbol{r}-\boldsymbol{r}_0)=\delta(\boldsymbol{r}-\boldsymbol{r}_0). \tag{6.1.14}$$

对于二维无界空间上的拉普拉斯算子的格林函数, 我们同样可以用类似的方法求得:

$$G(\boldsymbol{r}-\boldsymbol{r}_0)=\frac{1}{2\pi}\ln|\boldsymbol{r}-\boldsymbol{r}_0|. \tag{6.1.15}$$

其实, 无界空间中的格林函数 $G(\boldsymbol{r}-\boldsymbol{r}_0)$ 就是位于 $\boldsymbol{r}_0$ 处的点源在空间所产生的稳定场.

习 题 6.1

求二维无界空间上拉普拉斯算子的格林函数.

6.2 镜像法求解格林函数

镜像法求解拉普拉斯算子的格林函数

有了前面的关于无界空间格林函数的结果, 我们现在可以回过头来仔细探讨用格林函数法求解一个有界区域上具有第一类边界条件的泊松方程的问题.

我们考虑如下这样一个问题: 在半空间 $z>0$ 内求解泊松方程的第一类边值问题

$$\begin{cases}\nabla^2 u(\boldsymbol{r})=f(\boldsymbol{r}) \quad (z>0),\\ u|_{z=0}=\varphi(x,y).\end{cases} \tag{6.2.1}$$

由本章最开始的讨论, 我们知道, 为了运用格林函数法求解本问题, 我们首先需要求解满足以下条件的第一类边值格林函数问题:

$$\begin{cases}\nabla'^2 G(\boldsymbol{r}'-\boldsymbol{r})=\delta(\boldsymbol{r}'-\boldsymbol{r}) \quad (z'>0,\ \ z>0),\\ G(\boldsymbol{r}'-\boldsymbol{r})|_{z'=0}=0.\end{cases} \tag{6.2.2}$$

对这个问题的求解, 我们注意到方程 (6.2.2) 中的边界条件是在 $z'=0$ 处满足第一类齐次边界条件, 因此, 我们可以对其中的泛定方程做关于 $z'=0$ 的平面的奇延拓, 将问题扩展至全空间而使上式中 $z'=0$ 处的边界条件自然得到满足, 如此奇延拓后的方程就变成了

$$\nabla'^2 G(\boldsymbol{r}'-\boldsymbol{r})=\delta(\boldsymbol{r}'-\boldsymbol{r})-\delta(\boldsymbol{r}'-\boldsymbol{r}_1), \tag{6.2.3}$$

其中 $\boldsymbol{r}_1=(x_1,y_1,z_1)$ 与 $\boldsymbol{r}=(x,y,z)$ 关于 $z=0$ 平面镜像对称 (如图 6.2.1所示), 即 $x_1=x$, $y_1=y$, $z_1=-z$. 由 6.1 节关于无界空间中格林函数的讨论, 我们不难看出, (6.2.3) 式的解为

$$G(\boldsymbol{r}'-\boldsymbol{r})=-\frac{1}{4\pi}\frac{1}{\sqrt{(x'-x)^2+(y'-y)^2+(z'-z)^2}}$$
$$+\frac{1}{4\pi}\frac{1}{\sqrt{(x'-x)^2+(y'-y)^2+(z'+z)^2}},\tag{6.2.4}$$

不难验证, 此表达式果然满足 $G(\boldsymbol{r}'-\boldsymbol{r})|_{z'=0}=0$. 因此, 将 z' 和 z 限定在上半空间后, 此式中的 $G(\boldsymbol{r}'-\boldsymbol{r})$ 就是 (6.2.2) 式中我们所要求的第一类边值格林函数. 有了这个格林函数, 根据本章开头部分的讨论, 我们就知道, (6.2.1) 式中待求的 $u(\boldsymbol{r})$ 的表达式为

$$u(\boldsymbol{r})=\int_{\Sigma}\mathrm{d}S'\frac{\partial G(\boldsymbol{r}'-\boldsymbol{r})}{\partial n'}\varphi(\boldsymbol{r}')+\int_{V}\mathrm{d}^3r'G(\boldsymbol{r}'-\boldsymbol{r})f(\boldsymbol{r}'),\tag{6.2.5}$$

其中 Σ 表示 $z'=0$ 的 x-y 平面, V 代表 $z'>0$ 的上半空间, 而 $\partial/\partial n'$ 则代表沿着边界面外法向的导数, 在此问题中 $\partial/\partial n'=-\partial/\partial z'$, 将 (6.2.4) 式中的格林函数表达式代入, 得

$$\left.\frac{\partial G}{\partial n'}\right|_{z'=0}=-\left.\frac{\partial G}{\partial z'}\right|_{z'=0}=\frac{1}{2\pi}\frac{z}{[(x'-x)^2+(y'-y)^2+z^2]^{3/2}}.\tag{6.2.6}$$

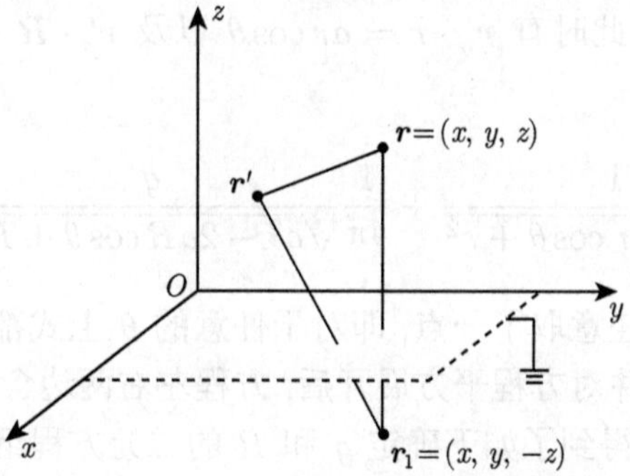

图 6.2.1 平面边界下镜像法示意图

我们现在回头再来仔细地琢磨一下刚才求解此问题的思路和内在的精神. 由前一节关于无界空间中格林函数的讨论, 我们知道, 无界空间中拉普拉斯算子的格林函数可以看作一个点源所产生的稳定场. 而对于限定区域内的第一类边值问题的格林函数 $G(\boldsymbol{r}'-\boldsymbol{r})$ 的求解, 我们同样可以运用类似的想法. 由问题我们可以看出, 在所求解区域内已经有一个点源位于 $\boldsymbol{r}$ 处, 我们的基本思想就是在区域外寻找一个反荷点源, 使得区域内的点源所产生的稳定场和区域外的点源所产生的稳定场在区域边界处的叠加恰好为零. 换句话说, 我们其实是在寻找区域内 $\boldsymbol{r}$ 处点源关于区域边界的镜像点源, 这个方法就称为**镜像法**. 因此, 上面例子中的奇延

拓处理手段其实并不是根本, 这只不过是边界形状特殊性下的一个特例而已. 值得强调的是, 由于边界形状的不同, 镜像点源的荷的大小同区域内原有点源的荷的大小一般来讲是不同的. 我们下面通过另一个例子来对此进一步阐述.

我们现在来考虑以下这样一个半径为 a 的球状体系内的泊松方程第一类边值格林函数求解问题:

$$\begin{cases} \nabla'^2 G(\boldsymbol{r}'-\boldsymbol{r}) = \delta(\boldsymbol{r}'-\boldsymbol{r}) \quad (|\boldsymbol{r}'|<a,\ |\boldsymbol{r}|<a), \\ G(\boldsymbol{r}'-\boldsymbol{r})|_{r'=a} = 0. \end{cases} \tag{6.2.7}$$

采用上面所提到的镜像法, 我们需要在球外寻找一个反荷点源并确定出它的荷的大小 q 以及它的位置矢量 $\boldsymbol{R}$, 使得球体内的点源与该像点源所产生的稳定场在球面处相互抵消, 即

$$G(\boldsymbol{r}'-\boldsymbol{r}) = -\frac{1}{4\pi|\boldsymbol{r}'-\boldsymbol{r}|} + \frac{q}{4\pi|\boldsymbol{r}'-\boldsymbol{R}|} \tag{6.2.8}$$

且

$$G(\boldsymbol{r}'-\boldsymbol{r})|_{r'=a} = 0. \tag{6.2.9}$$

很显然, 由于体系的对称性, 该镜像点源必须位于球心与 $\boldsymbol{r}$ 点的连线上且位于球外, 于是, 我们在球面上任取一点 p, 并将此点的位置矢量 $\boldsymbol{r}'_p$ 代入上式中, $\boldsymbol{r}'_p$ 与 $\boldsymbol{r}(\boldsymbol{R})$ 的夹角为 θ, 即此时有 $\boldsymbol{r}'_p\cdot\boldsymbol{r} = ar\cos\theta$ 以及 $\boldsymbol{r}'_p\cdot\boldsymbol{R} = aR\cos\theta$, 如图 6.2.2 所示. 于是, 我们就有

$$-\frac{1}{4\pi}\frac{1}{\sqrt{a^2-2ar\cos\theta+r^2}} + \frac{1}{4\pi}\frac{q}{\sqrt{a^2-2aR\cos\theta+R^2}} = 0. \tag{6.2.10}$$

由于我们是在球面上任意取了一点, 即对于任意的 θ 上式都应成立, 因此, 将上式第二项移到方程右边并对方程平方展开后, 方程左右两边含 θ 和不含 θ 的项须分别相等, 于是, 我们就得到了如下确定 q 和 R 的二元方程组:

$$\begin{cases} a^2+R^2 = a^2q^2+r^2q^2, \\ R = rq^2. \end{cases} \tag{6.2.11}$$

很简单, 我们就得到了镜像点源荷的大小为 $q=a/r$, 同时 $R=a^2/r$, 即矢量 $\boldsymbol{R}=\dfrac{a^2}{r^2}\boldsymbol{r}$, 代入 (6.2.8) 式, 我们就得到所求球体内泊松方程第一类边值问题的格林函数表达式为

$$G(\boldsymbol{r}'-\boldsymbol{r}) = -\frac{1}{4\pi|\boldsymbol{r}'-\boldsymbol{r}|} + \frac{a/r}{4\pi\left|\boldsymbol{r}'-\dfrac{a^2}{r^2}\boldsymbol{r}\right|}. \tag{6.2.12}$$

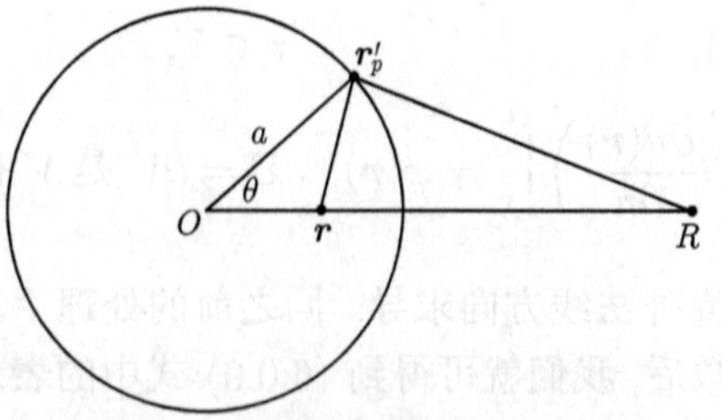

图 6.2.2　球面边界下镜像法示意图

借此例子, 我们再从物理的角度来讨论一下镜像法的含义和思路. (6.2.7) 式中的定解问题其实可以理解为在接地的导体球壳内的 $\boldsymbol{r}$ 点放置了一个电量为 $-\epsilon_0$ 的点电荷, 然后求解球内的电势分布函数的物理问题. 由电磁学知识, 我们知道, 由于此点电荷的存在, 导体球壳上会产生感应电荷分布, 因此, 球内的电势一定是此点电荷所产生的电势和球壳上感应电荷所产生的电势的叠加. 球壳上感应电荷所产生的电势就可以用球外等效的镜像点电荷的电势来描述. 这就是上面问题的物理对应. 因此, 镜像法也称作**电像法**.

习　题　6.2

1. 用格林函数法在 $y>0$ 的三维半无界空间中求解以下泊松方程的第一类边值问题:

$$\begin{cases}\nabla^2 u = f(\boldsymbol{r}), \quad y>0,\\ u|_{y=0}=\varphi(x,z).\end{cases}$$

2. 在半径为 a 的圆内求解如下拉普拉斯方程的第一类边值问题:

$$\begin{cases}\nabla^2 u = 0, \quad \rho<a,\\ u|_{\rho=a}=f(\theta).\end{cases}$$

3. 利用格林函数法重新求解例 5.2.2.

6.3　不同边值问题的格林函数

以上的讨论主要集中在对于第一类边值问题泊松方程的格林函数法求解上, 在本节中, 我们将拓展开来讨论不同边界条件下泊松方程的格林函数法求解问题. 我们来看如下的定解问题:

$$\begin{cases} \nabla^2 u = f(\boldsymbol{r}), & \boldsymbol{r} \in V, \\ \left(\alpha u(\boldsymbol{r}) + \beta \dfrac{\partial u(\boldsymbol{r})}{\partial n}\right)\Big|_{\varSigma} = \varphi(\boldsymbol{r}), & \varSigma = \partial V \text{ 是 } V \text{ 的边界}, \end{cases} \tag{6.3.1}$$

其中 $\partial/\partial n$ 代表沿边界外法线方向求导. 同之前的处理手段一样, 利用 δ-函数积分特性并引入格林函数后, 我们就可得到 (6.0.9) 式中的表达式

$$u(\boldsymbol{r}) = \int\limits_{\varSigma} \mathrm{d}S' \frac{\partial G(\boldsymbol{r}'-\boldsymbol{r})}{\partial n'} u(\boldsymbol{r}') - \int\limits_{\varSigma} \mathrm{d}S' G(\boldsymbol{r}'-\boldsymbol{r}) \frac{\partial u(\boldsymbol{r}')}{\partial n'} + \int\limits_{V} \mathrm{d}^3 r' G(\boldsymbol{r}'-\boldsymbol{r}) f(\boldsymbol{r}'). \tag{6.3.2}$$

至此, 为了进一步进行讨论, 就如之前一样, 我们需要对格林函数的边界条件进行限制和讨论从而使得上式可解.

对于 (6.3.1) 式中的边界条件, 如果 $\beta = 0$, 这就退化成了第一类边界值问题, 相应的表达式和计算方法在本章开篇已经加以讨论了.

对于一般性的 (6.3.1) 式中的第三类边界条件, 即此时 $\alpha \neq 0$ 且 $\beta \neq 0$, 类似于第一类边值问题的求解思路和方法, 我们要求待定格林函数 $G(\boldsymbol{r}'-\boldsymbol{r})$ 须满足如下第三类边值问题条件:

$$\begin{cases} \nabla'^2 G(\boldsymbol{r}'-\boldsymbol{r}) = \delta(\boldsymbol{r}'-\boldsymbol{r}), & \boldsymbol{r}' \in V,\ \ \boldsymbol{r} \in V, \\ \left(\alpha G(\boldsymbol{r}'-\boldsymbol{r}) + \beta \dfrac{\partial G(\boldsymbol{r}'-\boldsymbol{r})}{\partial n'}\right)\Big|_{\varSigma} = 0, & \varSigma = \partial V. \end{cases} \tag{6.3.3}$$

此时所得到的格林函数称为泊松方程第三类边值问题的格林函数. 对此方程的边界条件两边同乘以 $u(\boldsymbol{r}')$, 有

$$\alpha u(\boldsymbol{r}') G(\boldsymbol{r}'-\boldsymbol{r}) + \beta u(\boldsymbol{r}') \frac{\partial G(\boldsymbol{r}'-\boldsymbol{r})}{\partial n'} = 0, \tag{6.3.4}$$

对 (6.3.1) 式中的边界条件 (注意相应变换自变量为 $\boldsymbol{r}'$) 两边同乘以 $G(\boldsymbol{r}'-\boldsymbol{r})$, 有

$$\alpha u(\boldsymbol{r}') G(\boldsymbol{r}'-\boldsymbol{r}) + \beta G(\boldsymbol{r}'-\boldsymbol{r}) \frac{\partial u(\boldsymbol{r}')}{\partial n'} = G(\boldsymbol{r}'-\boldsymbol{r}) \varphi(\boldsymbol{r}'), \tag{6.3.5}$$

将此两式相减, 得

$$u(\boldsymbol{r}') \frac{\partial G(\boldsymbol{r}'-\boldsymbol{r})}{\partial n'} - G(\boldsymbol{r}'-\boldsymbol{r}) \frac{\partial u(\boldsymbol{r}')}{\partial n'} = -\frac{1}{\beta} G(\boldsymbol{r}'-\boldsymbol{r}) \varphi(\boldsymbol{r}'). \tag{6.3.6}$$

将此结果代入 (6.3.2) 式, 于是我们就得到了第三类边值问题的泊松方程解的积分

表达式

$$u(\boldsymbol{r})=\int\limits_V \mathrm{d}^3r'G(\boldsymbol{r}'-\boldsymbol{r})f(\boldsymbol{r}')-\frac{1}{\beta}\int\limits_{\Sigma}\mathrm{d}S'G(\boldsymbol{r}'-\boldsymbol{r})\varphi(\boldsymbol{r}'). \tag{6.3.7}$$

对于第二类边值问题, 情况有些微妙. 从上面的计算和讨论看起来, 似乎对于第二类边值问题我们也可采取如上相同的方法, 不过就是令上述第三类边界条件中的系数 $\alpha=0$ 即可. 但是, 当我们对第二类边值问题的求解进行仔细考察后, 发现如同前面那样简单地构造第二类边值问题的格林函数定解问题

$$\begin{cases}\nabla'^2G(\boldsymbol{r}'-\boldsymbol{r})=\delta(\boldsymbol{r}'-\boldsymbol{r}), & \boldsymbol{r}'\in V,\ \boldsymbol{r}\in V\\ \dfrac{\partial G(\boldsymbol{r}'-\boldsymbol{r})}{\partial n'}\Big|_{\Sigma}=0, & \Sigma=\partial V\end{cases} \tag{6.3.8}$$

是行不通的, 这个经过简单构造后的第二类边值问题的格林函数定解问题是无解的. 我们可以从如下的物理角度来理解它的不合理性: 从物理上, 我们可以将此定解问题看作具有点热源 (泛定方程为含 δ-函数的非齐次方程) 和绝热边界 (第二类齐次边界条件) 的稳定温度分布问题, 而具有点热源及绝热边界的系统是不存在稳定的温度分布的, 随着时间的推移, 这样的系统的温度必然发散. 为了达到稳定的温度分布, 体系内必须存在等量的热汇. 为此, 我们必须对第二类边值问题的格林函数定解问题进行适当修改, 在其泛定方程中加入相应的汇, 于是有

$$\begin{cases}\nabla'^2G(\boldsymbol{r}'-\boldsymbol{r})=\delta(\boldsymbol{r}'-\boldsymbol{r})-\dfrac{1}{V}, & \boldsymbol{r}'\in V,\ \boldsymbol{r}\in V,\\ \dfrac{\partial G(\boldsymbol{r}'-\boldsymbol{r})}{\partial n'}\Big|_{\Sigma}=0, & \Sigma=\partial V.\end{cases} \tag{6.3.9}$$

由此所求出来的推广的格林函数才是我们需要的针对泊松方程第二类边值问题的格林函数.

6.4 亥姆霍兹方程的格林函数

我们之前讨论的是关于泊松方程的格林函数求解方法, 对于亥姆霍兹方程, 我们同样可以用类似的方法求解.

亥姆霍兹方程的格林函数

我们考虑如下的第一类边界条件下的三维亥姆霍兹方程定解问题:

$$\begin{cases}\nabla^2u(\boldsymbol{r})+\omega^2u(\boldsymbol{r})=f(\boldsymbol{r}), & \boldsymbol{r}\in V,\\ u(\boldsymbol{r})|_{\Sigma}=\varphi(\boldsymbol{r})|_{\Sigma}, & \Sigma=\partial V.\end{cases} \tag{6.4.1}$$

类似前面关于泊松方程问题的讨论, 我们可以利用 δ-函数的积分性质将待求函数 $u(\boldsymbol{r})$ 表示为

$$u(\boldsymbol{r})=\int_V u(\boldsymbol{r}')\delta(\boldsymbol{r}'-\boldsymbol{r})\mathrm{d}^3r'. \tag{6.4.2}$$

对于此亥姆霍兹问题, 我们同样设定相应的格林函数 $G(\boldsymbol{r}'-\boldsymbol{r})$, 它须满足

$$(\nabla'^2+\omega^2)G(\boldsymbol{r}'-\boldsymbol{r})=\delta(\boldsymbol{r}'-\boldsymbol{r}). \tag{6.4.3}$$

将 (6.4.3) 式两边同乘以 $u(\boldsymbol{r}')$, 同时将 (6.4.1) 式的泛定方程 (注意将自变量变换为 $\boldsymbol{r}'$) 两边同乘以 $G(\boldsymbol{r}'-\boldsymbol{r})$, 然后两式相加, 适当移项并对 $\boldsymbol{r}'$ 在 V 上积分, 得

$$u(\boldsymbol{r})=\int_V\left[u(\boldsymbol{r}')\nabla'^2G(\boldsymbol{r}'-\boldsymbol{r})-G(\boldsymbol{r}'-\boldsymbol{r})\nabla'^2u(\boldsymbol{r}')\right]\mathrm{d}^3r'+\int_V f(\boldsymbol{r}')G(\boldsymbol{r}'-\boldsymbol{r})\mathrm{d}^3r', \tag{6.4.4}$$

对前两项利用格林公式, 有

$$u(\boldsymbol{r})=\int_\varSigma\left[u(\boldsymbol{r}')\frac{\partial G(\boldsymbol{r}'-\boldsymbol{r})}{\partial n'}-G(\boldsymbol{r}'-\boldsymbol{r})\frac{\partial u(\boldsymbol{r}')}{\partial n'}\right]_\varSigma\mathrm{d}S'+\int_V f(\boldsymbol{r}')G(\boldsymbol{r}'-\boldsymbol{r})\mathrm{d}^3r'. \tag{6.4.5}$$

对于所讨论的第一类边界条件亥姆霍兹定解问题, 我们所设定的格林函数不仅须满足上面的微分方程, 同时还需满足相应的第一类齐次边界条件, 即 $G(\boldsymbol{r}'-\boldsymbol{r})$ 须满足如下定解问题:

$$\begin{cases}\nabla'^2G(\boldsymbol{r}'-\boldsymbol{r})+\omega^2G(\boldsymbol{r}'-\boldsymbol{r})=\delta(\boldsymbol{r}'-\boldsymbol{r}), & \boldsymbol{r}'\in V,\ \boldsymbol{r}\in V,\\ G(\boldsymbol{r}'-\boldsymbol{r})|_\varSigma=0, & \varSigma=\partial V,\end{cases} \tag{6.4.6}$$

这样, 上面所得到的积分表达式就退化为

$$u(\boldsymbol{r})=\int_\varSigma\varphi(\boldsymbol{r}')\frac{\partial G(\boldsymbol{r}'-\boldsymbol{r})}{\partial n'}\Big|_\varSigma\mathrm{d}S'+\int_V f(\boldsymbol{r}')G(\boldsymbol{r}'-\boldsymbol{r})\mathrm{d}^3r', \tag{6.4.7}$$

只要求出满足 (6.4.6) 式中的非齐次亥姆霍兹定解问题的格林函数 $G(\boldsymbol{r}'-\boldsymbol{r})$, 代入上式就可求得我们所要的 $u(\boldsymbol{r})$.

亥姆霍兹方程的格林函数的基本解

上面这个问题中的一个基本的核心问题就是确定出相应的亥姆霍兹方程格林函数的基本解, 即无界空间中相应的格林函数表达式. 对于此三维系统, 我们可以通过傅里叶积分变换法来求解以下非齐次亥姆霍兹方程:

$$\nabla^2G(\boldsymbol{r})+\omega^2G(\boldsymbol{r})=\delta(\boldsymbol{r}). \tag{6.4.8}$$

对此方程做傅里叶变换后, 可得 $G(\boldsymbol{r})$ 的傅里叶变换像函数 $\tilde{G}(\boldsymbol{k})$ 为

$$\tilde{G}(\boldsymbol{k}) = \frac{1}{\omega^2 - k^2}. \tag{6.4.9}$$

对此像函数做傅里叶积分, 采用球坐标系, 我们就有

$$\begin{aligned}
G(\boldsymbol{r}) &= \frac{1}{(2\pi)^3}\int_0^\infty\int_0^\pi\int_0^{2\pi} \frac{\mathrm{e}^{\mathrm{i}kr\cos\theta}}{\omega^2-k^2}k^2\sin\theta\mathrm{d}k\mathrm{d}\theta\mathrm{d}\phi \\
&= \frac{1}{(2\pi)^2}\int_0^\infty \frac{k^2}{\omega^2-k^2}\left[\int_0^\pi \mathrm{e}^{\mathrm{i}kr\cos\theta}\sin\theta\mathrm{d}\theta\right]\mathrm{d}k \\
&= \frac{1}{4\pi^2}\int_{-\infty}^\infty \frac{k}{\omega^2-k^2}\frac{\sin(kr)}{r}\mathrm{d}k = -\frac{1}{8\pi^2 r}\int_{-\infty}^\infty\left[\frac{\sin(kr)}{k-\omega}+\frac{\sin(kr)}{k+\omega}\right]\mathrm{d}k \\
&= -\frac{1}{8\pi^2 r}\left[\int_{-\infty}^\infty \frac{\sin(k+\omega)r}{k}\mathrm{d}k + \int_{-\infty}^\infty \frac{\sin(k-\omega)r}{k}\mathrm{d}k\right] \\
&= -\frac{1}{4\pi^2 r}\int_{-\infty}^\infty \frac{\sin(kr)\cos(\omega r)}{k}\mathrm{d}k = -\frac{\cos(\omega r)}{4\pi r}.
\end{aligned} \tag{6.4.10}$$

我们还可以这样做:

$$\begin{aligned}
G(\boldsymbol{r}) &= \frac{1}{(2\pi)^3}\int_0^\infty\int_0^\pi\int_0^{2\pi} \frac{\mathrm{e}^{\mathrm{i}kr\cos\theta}}{\omega^2-k^2}k^2\sin\theta\mathrm{d}k\mathrm{d}\theta\mathrm{d}\phi \\
&= \frac{1}{(2\pi)^2}\int_0^\infty \frac{k^2}{\omega^2-k^2}\left[\int_0^\pi \mathrm{e}^{\mathrm{i}kr\cos\theta}\sin\theta\mathrm{d}\theta\right]\mathrm{d}k \\
&= \frac{1}{4\pi^2}\int_0^\infty \frac{k}{\omega^2-k^2}\frac{\mathrm{e}^{\mathrm{i}kr}-\mathrm{e}^{-\mathrm{i}kr}}{\mathrm{i}r}\mathrm{d}k = -\frac{1}{\mathrm{i}4\pi^2 r}\int_{-\infty}^\infty \frac{k\mathrm{e}^{\mathrm{i}kr}}{k^2-\omega^2}\mathrm{d}k \\
&= -\frac{1}{\mathrm{i}8\pi^2 r}\left[\int_{-\infty}^\infty \frac{\mathrm{e}^{\mathrm{i}kr}}{k-\omega}\mathrm{d}k + \int_{-\infty}^\infty \frac{\mathrm{e}^{\mathrm{i}kr}}{k+\omega}\mathrm{d}k\right].
\end{aligned} \tag{6.4.11}$$

定义两个新的格林函数 $G^+(\boldsymbol{r})$ 和 $G^-(\boldsymbol{r})$ 分别为

$$G^+(\boldsymbol{r}) = -\frac{1}{\mathrm{i}4\pi^2 r}\int_{-\infty}^{\infty}\frac{\mathrm{e}^{\mathrm{i}kr}}{k-\omega}\mathrm{d}k \tag{6.4.12}$$

和

$$G^-(\boldsymbol{r}) = -\frac{1}{\mathrm{i}4\pi^2 r}\int_{-\infty}^{\infty}\frac{\mathrm{e}^{\mathrm{i}kr}}{k+\omega}\mathrm{d}k, \tag{6.4.13}$$

于是, 我们有

$$G(\boldsymbol{r}) = \frac{1}{2}\left[G^+(\boldsymbol{r}) + G^-(\boldsymbol{r})\right]. \tag{6.4.14}$$

由于 $r>0$, 利用留数定理不难求出

$$G^+(\boldsymbol{r}) = -\frac{\mathrm{e}^{\mathrm{i}\omega r}}{4\pi r}, \qquad G^-(\boldsymbol{r}) = -\frac{\mathrm{e}^{-\mathrm{i}\omega r}}{4\pi r}, \tag{6.4.15}$$

于是, 我们就有

$$G(\boldsymbol{r}) = -\frac{\cos(\omega r)}{4\pi r}. \tag{6.4.16}$$

不难证明, $G^+(\boldsymbol{r})$ 和 $G^-(\boldsymbol{r})$ 也都是 (6.4.8) 式中亥姆霍兹方程的解. $G(\boldsymbol{r})$、$G^+(\boldsymbol{r})$ 和 $G^-(\boldsymbol{r})$ 在物理上均称为格林函数, 它们分别具有不同的物理含义：由表达式分子上为波动因子 $\exp(\pm\mathrm{i}\omega r)$, 我们知道 $G^+(\boldsymbol{r})$ 代表以原点为中心的向内汇聚的球面波而 $G^-(\boldsymbol{r})$ 代表点源处于原点并以此为中心向外发散的球面波. $G(\boldsymbol{r})$ 是以上两种球面波的叠加, 由其表达式的分子上为三角函数 $\cos\omega r$, 我们可以知道这是个空间中的驻波.

有了这个无界空间的亥姆霍兹方程的格林函数的基本解, 对于一般性的有限区域上满足一定边界条件的格林函数 $G(\boldsymbol{r}-\boldsymbol{r}')$

$$\begin{cases} (\nabla^2+\omega^2)G(\boldsymbol{r}-\boldsymbol{r}') = \delta(\boldsymbol{r}-\boldsymbol{r}'), & \boldsymbol{r},\boldsymbol{r}'\in V, \\ \left(\alpha G(\boldsymbol{r}-\boldsymbol{r}') + \beta\dfrac{\partial G(\boldsymbol{r}-\boldsymbol{r}')}{\partial n}\right)\Big|_{\Sigma} = 0, & \Sigma = \partial V, \end{cases} \tag{6.4.17}$$

我们可以依照求解拉普拉斯方程格林函数的类似方法加以求解, 利用此格林函数, 我们就可以求解相应边值条件下的亥姆霍兹方程定解问题了. 这里就不再一一赘述.

习 题 6.4

证明 $G^+(\boldsymbol{r})$ 和 $G^-(\boldsymbol{r})$ 均是 (6.4.8) 式中亥姆霍兹方程的解.

6.5 波动方程的格林函数求解

波动问题中的格林函数

前面几节所讨论的都是用格林函数方法来求解稳定场问题. 本节我们将以波动问题为例来讨论含时的格林函数问题. 我们现在来考虑如下的三维无界空间的波动问题:

$$\begin{cases} u(\boldsymbol{r},t)_{tt}-a^2\nabla^2 u(\boldsymbol{r},t)=f(\boldsymbol{r},t), \quad t>0, \\ u(\boldsymbol{r},0)=0, \quad u_t(\boldsymbol{r},0)=0. \end{cases} \tag{6.5.1}$$

对于此问题的格林函数法求解, 类似于前面几节中讨论的情形, 我们最终需要确定满足如下关系的三维无界空间中波动算子 $\partial^2/\partial t'^2-a^2\nabla'^2$ 的格林函数 $G(\boldsymbol{r}',t';\boldsymbol{r},t)$:

$$G_{t't'}-a^2\nabla'^2 G=\delta(\boldsymbol{r}'-\boldsymbol{r})\delta(t'-t). \tag{6.5.2}$$

由于

$$\delta(t'-t)=\frac{1}{2\pi}\int_{-\infty}^{\infty}\mathrm{e}^{\mathrm{i}\omega(t'-t)}\mathrm{d}\omega, \tag{6.5.3}$$

对上述格林函数波动方程的两边对 $(t'-t)$ 做傅里叶变换, 我们就有

$$\nabla'^2\tilde{G}(\boldsymbol{r}',\omega;\boldsymbol{r})+\frac{\omega^2}{a^2}\tilde{G}(\boldsymbol{r}',\omega;\boldsymbol{r})=-\frac{1}{a^2}\delta(\boldsymbol{r}'-\boldsymbol{r}), \tag{6.5.4}$$

其中 $\tilde{G}(\boldsymbol{r}',\omega;\boldsymbol{r})$ 是 $G(\boldsymbol{r}',t';\boldsymbol{r},t)$ 关于 $(t'-t)$ 的傅里叶变换像函数. 比较 (6.5.4) 式和 (6.4.8) 式, 我们发现此格林函数傅里叶变换像函数 $\tilde{G}(\boldsymbol{r}',\omega;\boldsymbol{r})$ 所满足的方程正是亥姆霍兹方程, 只不过在方程的右边多了一个负号. 因此, 我们可以直接将此方程的解写出来:

$$\tilde{G}(\boldsymbol{r}',\omega;\boldsymbol{r})=\frac{1}{2}\left[\tilde{G}^{+}(\boldsymbol{r}',\omega;\boldsymbol{r})+\tilde{G}^{-}(\boldsymbol{r}',\omega;\boldsymbol{r})\right], \tag{6.5.5}$$

其中

$$\tilde{G}^{+}(\boldsymbol{r}',\omega;\boldsymbol{r})=\frac{\mathrm{e}^{\mathrm{i}\omega|\boldsymbol{r}'-\boldsymbol{r}|/a}}{4\pi a^2|\boldsymbol{r}'-\boldsymbol{r}|}, \quad \tilde{G}^{-}(\boldsymbol{r}',\omega;\boldsymbol{r})=\frac{\mathrm{e}^{-\mathrm{i}\omega|\boldsymbol{r}'-\boldsymbol{r}|/a}}{4\pi a^2|\boldsymbol{r}'-\boldsymbol{r}|}. \tag{6.5.6}$$

上式对 ω 做傅里叶积分后, 我们就得到相应的三维无界空间中波动算子的格林函数为

$$G(\boldsymbol{r}',t';\boldsymbol{r},t)=\frac{1}{2}\left[G^{+}(\boldsymbol{r}',t';\boldsymbol{r},t)+G^{-}(\boldsymbol{r}',t';\boldsymbol{r},t)\right], \tag{6.5.7}$$

其中

$$G^{+}(\boldsymbol{r}',t';\boldsymbol{r},t)=\frac{1}{4\pi a^{2}|\boldsymbol{r}'-\boldsymbol{r}|}\delta\left[(t'-t)+\frac{|\boldsymbol{r}'-\boldsymbol{r}|}{a}\right],\tag{6.5.8}$$

$$G^{-}(\boldsymbol{r}',t';\boldsymbol{r},t)=\frac{1}{4\pi a^{2}|\boldsymbol{r}'-\boldsymbol{r}|}\delta\left[(t'-t)-\frac{|\boldsymbol{r}'-\boldsymbol{r}|}{a}\right].\tag{6.5.9}$$

我们也很容易证明 $G^{+}(\boldsymbol{r}',t';\boldsymbol{r},t)$ 和 $G^{-}(\boldsymbol{r}',t';\boldsymbol{r},t)$ 同样是 (6.5.2) 式中方程的解.

我们现在来分析一下 $G^{+}(\boldsymbol{r}',t';\boldsymbol{r},t)$ 和 $G^{-}(\boldsymbol{r}',t';\boldsymbol{r},t)$ 的物理含义.

从上面我们可以看出, $G(\boldsymbol{r}',t';\boldsymbol{r},t)$ (或者 $G^{+}(\boldsymbol{r}',t';\boldsymbol{r},t)$ 和 $G^{-}(\boldsymbol{r}',t';\boldsymbol{r},t)$) 表示由 t 时刻处于 $\boldsymbol{r}$ 处的点源在 t' 时刻 $\boldsymbol{r}'$ 处产生的影响.

对于 $G^{+}(\boldsymbol{r}',t';\boldsymbol{r},t)$ 来说, (6.5.8) 式中 δ-函数的存在, 使得 t' 和 $\boldsymbol{r}'$ 须满足

$$t'-t=-\frac{|\boldsymbol{r}'-\boldsymbol{r}|}{a}.\tag{6.5.10}$$

从这个式子来看, 它包含了如下的信息：首先是 $t'-t<0$, 这说明 t 时刻 $\boldsymbol{r}$ 处点源的影响在它之前的 t' 时刻在 $\boldsymbol{r}'$ 处就感受到了, 因此, $G^{+}(\boldsymbol{r}',t';\boldsymbol{r},t)$ 称为超前格林函数. 其次, 我们知道时间的单向性和因果关系, 因此不会是 t 时刻的事件向它之前 t' 时刻的某位置传递信号, 更合理的解释应该是信号 (譬如波) 在 t' 时刻先经过 $\boldsymbol{r}'$ 点, 以速度 a 向前传播并于其后的 t 时刻抵达并汇聚于 $\boldsymbol{r}$ 处. 从这方面, 我们就可以理解为什么在 6.4 节中我们称 $G^{+}(\boldsymbol{r})$ 为汇聚波了.

而对于 $G^{-}(\boldsymbol{r}',t';\boldsymbol{r},t)$ 来说, (6.5.9) 式中 δ-函数使得 t' 和 $\boldsymbol{r}'$ 须满足

$$t'-t=\frac{|\boldsymbol{r}'-\boldsymbol{r}|}{a}.\tag{6.5.11}$$

这说明 t 时刻 $\boldsymbol{r}$ 处点源的影响以速度 a 传播, 在其后 $t'-t$ 时间内才能抵达 $\boldsymbol{r}'$ 处, 因此 $G^{-}(\boldsymbol{r}',t';\boldsymbol{r},t)$ 称为推迟格林函数, 而这也能说明为什么 6.4 节中说 $G^{-}(\boldsymbol{r})$ 代表由中心向外发散的波.

有了上述格林函数的基本解, 相应的波动问题就可按照前几节中类似的方法进行处理, 这里就不再一一赘述了.

主要参考书目

段一士. 2020. 广义相对论与引力规范理论. 北京: 科学出版社.

顾樵. 2012. 数学物理方法. 北京: 科学出版社.

胡嗣柱, 倪光炯. 2002. 数学物理方法. 2 版. 北京: 高等教育出版社.

柯朗 R, 希尔伯特 D. 2011. 数学物理方法 I. 钱敏, 郭敦仁, 译. 北京: 科学出版社.

柯朗 R, 希尔伯特 D. 2012. 数学物理方法 Ⅱ. 熊振翔, 杨应辰, 译. 北京: 科学出版社.

梁昆淼. 2010. 数学物理方法. 4 版. 北京: 高等教育出版社.

陆全康, 赵蕙芬. 2003. 数学物理方法. 2 版. 北京: 高等教育出版社.

马中骐. 2006. 物理学中的群论. 2 版. 北京: 科学出版社.

汪德新. 2006. 数学物理方法. 3 版. 北京: 科学出版社.

王竹溪, 郭敦仁. 2010. 特殊函数概论. 北京: 北京大学出版社.

吴崇试. 2012. 数学物理方法专题: 数理方程与特殊函数. 北京: 北京大学出版社.

吴崇试. 2013. 数学物理方法专题: 复变函数与积分变换. 北京: 北京大学出版社.

吴崇试. 2015. 数学物理方法. 修订版. 北京: 高等教育出版社.

杨孔庆. 2012. 数学物理方法. 北京: 高等教育出版社.

姚端正, 梁家宝. 2010. 数学物理方法. 3 版. 北京: 科学出版社.

Arfken G B, Weber H J, Harris F E. 2013. Mathematical Methods for Physicists. 7th ed. Waltham: Academic Press.

Brown J W, Churchill R V. 2014. Complex Variables and Applications. 9th ed. New York: McGraw-Hill Education.

Boas M L. 2006. Mathematical Methods in the Physical Sciences. 3rd ed. Hoboken: John Wiley & Sons.

Riley K F, Hobson M P, Bence S J. 2006. Mathematical Methods for Physics and Engineering. 3rd ed. Cambridge: Cambridge University Press.

Tung W K. 2010. Group Theory in Physics: An Introduction to Symmetry Principles, Group Representations, and Special Functions in Classical and Quantum Physics. Singapore: World Scientific.

Zee A. 2016. Group Theory in a Nutshell for Physicists. Princeton: Princeton University Press.

附录A

群论简介

在物理学研究中, 我们非常关心物理体系的对称性问题, 因为对称性问题能极大地反映出物理系统最核心的本质特征, 而对物理系统对称性的研究也是揭示自然界基本物理规律最重要的手段, 毫不夸张地说, 从某种意义上, 物理学的发展过程就是对物质世界对称性不断深入认识的过程. 作为对对称性进行数学化描述的手段, 群论在现代物理学的研究中有着十分重要的作用. 我们希望本附录能够使读者对群论有一个初步的了解, 为读者后续学习相关知识提供些微帮助.

A.1 群论的基本概念

A.1.1 群的定义

要构建一个群, 我们首先要有一个**集合**

$$G \equiv \{g_\alpha; \alpha = 1, 2, 3, \cdots\}, \tag{A.1.1}$$

其中 g_α 称为集合 G 的元素. 这里需要强调一下, 组成集合的元素不必一定是数, 同时, 集合中元素的个数可以是有限的, 也可以是无穷的.

当有了这个集合 $G \equiv \{g_\alpha\}$ 后, 我们还需要定义一个元素间的“乘积”关系

$$g_\alpha \circ g_\beta. \tag{A.1.2}$$

注意, 这里所说的“乘积”“$\circ$”的含义很广, 我们就把它理解为一种元素间的操作或“运算”, 而且这个“乘积”并不一定满足交换关系. 如果在此“乘积”下, 该集合 $G \equiv \{g_\alpha\}$ 同时还满足如下条件:

(1) 集合的封闭性:

$$\left.\begin{aligned} g_\alpha \in G \\ g_\beta \in G \end{aligned}\right\} \Rightarrow g_\alpha \circ g_\beta = g_\gamma \in G, \tag{A.1.3}$$

即集合中任意两个元素在此运算下的结果依然是此集合中的一个元素. 此时这个“乘积”其实就是如下的一个映射:

$$\circ:\ G\times G\to G. \tag{A.1.4}$$

(2) 存在恒元 I

$$I\in G,\quad I\circ g_\alpha=g_\alpha\circ I=g_\alpha, \tag{A.1.5}$$

即集合中存在这样一个元素, 它与集合内任何元素的“左乘”和“右乘”均等于该元素, 我们称这个元素为集合 G 在此“乘积”下的恒元.

(3) 满足结合律

$$g_\alpha\circ(g_\beta\circ g_\gamma)=(g_\alpha\circ g_\beta)\circ g_\gamma. \tag{A.1.6}$$

(4) 存在逆元, 即对于 G 中任意一个元素 g_α, 存在唯一一个 $g_i\in G$, 使得

$$g_i\circ g_\alpha=g_\alpha\circ g_i=I, \tag{A.1.7}$$

我们将此 g_i 称为 g_α 的逆元, 记为 $g_i\equiv g_\alpha^{-1}$.

具有上述元素间“乘积”关系的集合 $G=\{g_\alpha\}$ 称为**群**, 或者说集合 $G=\{g_\alpha\}$ 在“乘积”关系“$\circ$”下构成群, 该“乘积”关系“$\circ$”称为**群乘积**, 该集合中的元素 $g_\alpha\in G$ 称为该群的**群元**.

A.1.2 几个简单的群的实例

结合以上群的定义, 我们来看几个群的实例, 这些实例可以帮助我们更好地理解群的概念.

例 A.1.1 所有的整数在数的加法下构成群.

要理解这个问题, 我们需要紧扣群的定义. 群首先需要一个集合, 本问题中的集合很清楚, 就是整数集 $\mathbb{Z}$. 其次, 要有一个“乘积”关系, 这就是我们熟悉的通常的数的加法“$+$”. 在此基础上, 我们不难得出:

(1) 整数集 $\mathbb{Z}$ 在加法下满足封闭性, 即

$$\left.\begin{array}{l}z_1\in\mathbb{Z}\\ z_2\in\mathbb{Z}\end{array}\right\}\Rightarrow z_1+z_2=z_3\in\mathbb{Z}; \tag{A.1.8}$$

(2) 在加法下, 整数集 $\mathbb{Z}$ 存在恒元 $I=0$, 任何整数与之相加依然是该整数, 即

$$z\in\mathbb{Z},\quad z+0=z; \tag{A.1.9}$$

(3) 整数在加法下满足结合律, 即

$$z_1, z_2, z_3 \in \mathbb{Z}, \quad z_1 + (z_2 + z_3) = (z_1 + z_2) + z_3; \tag{A.1.10}$$

(4) 整数在加法下是存在逆元的, 即对于任意一个整数 z, 我们总可以在整数集 $\mathbb{Z}$ 中找到它的相反数 $z' = -z$, 使得它们的和等于恒元 0, 即

$$z \in \mathbb{Z}, \quad z' = -z \in \mathbb{Z}, \quad z + z' = z + (-z) = 0. \tag{A.1.11}$$

于是, 我们看到, 整数集 $\mathbb{Z}$ 在加法 "+" 下的确构成了一个群.

讨论完上面这个问题后, 我们很自然要问, 整数集在数的乘法下是否构成群呢？从群的基本定义出发, 经过简单思考后, 我们不难知道, 整数集在数的乘法下是不构成群的. 原因如下：在数乘运算下, 恒元一定是 $I = 1$, 因为任何数只有与 1 相乘才不会改变, 但这样的话, 对于一个整数 z, 我们所能找到的逆只能是 $1/z$, 而很显然 $1/z \notin \mathbb{Z}$, 因此, 除单位元 1 外, 其他任何整数在数乘运算下在整数集中都找不到它的逆元. 因此, 整数集在数乘下不构成群.

例 A.1.2 所有的实数 (即实数集 $\mathbb{R}$) 在数的加法 "+" 下构成群.

从群的定义出发来考虑, 这个命题是非常明显的：任意两个实数相加依然是实数；加法下的恒元 0 当然是实数；加法总是满足结合律的；任意一个实数的相反数依然是实数. 所以, 实数集 $\mathbb{R}$ 在加法下当然构成一个群.

很自然地, 我们又要问, 实数集在数的乘法下是否构成群？我们知道, 在数乘运算下, 恒元应是 $I = 1$, 对于任意一个不为零的实数 r, 它的倒数 $1/r$ 也一定是实数, 看起来是满足了逆元存在的条件了, 但我们不能忽略 0 这个数, 它也是包含在实数集 $\mathbb{R}$ 中的, 而它是不存在倒数 (即数乘下的逆元) 的, 因此, 实数集在数乘运算下是不构成群的. 但是, 我们也从这个分析中看到, 去除 0 的实数集在数乘下是构成群的.

例A.1.3 所有二维平直空间 (二维欧几里得空间) 中的转动操作 $\{R(\phi)\}$ 构成群, 这个群就是我们通常所说的**二维转动群**, 数学上记作 SO(2) 群.

群元 $R(\phi)$ 表示将二维系统旋转 ϕ 角, 两个群元相乘 $R(\phi_2)R(\phi_1)$ 表示对系统转 ϕ_1 角后再转 ϕ_2 角, 其结果就是一个对系统进行转动 $(\phi_1 + \phi_2)$ 角的操作, 即

$$R(\phi_2)R(\phi_1) = R(\phi_1 + \phi_2), \tag{A.1.12}$$

这很显然就满足了群的封闭性. 对系统不进行任何操作, 或者说转 0° 角的操作, 就是该转动群的恒元, 而对于任何一个转动操作 $R(\phi)$, 我们总有相应的操作 $R(-\phi)$ 使系统复原, 这就是逆元的存在, 从上面的分析, 我们也不难看出结

合律是成立的, 即

$$R(\phi_3)\left[R(\phi_2)R(\phi_1)\right] = \left[R(\phi_3)R(\phi_2)\right]R(\phi_1) = R(\phi_1+\phi_2+\phi_3). \quad \text{(A.1.13)}$$

注意：这里有一个小细节, 那就是在写群元间乘积表达式时两个群元的前后顺序的问题. 上面讨论 SO(2) 群的时候, 我们讲到先对系统转 ϕ_1 角后再转 ϕ_2 角, 这就是说要先将 $R(\phi_1)$ 作用于系统再对得到的结果进行 $R(\phi_2)$ 操作, 在表达式中, 我们看到是将 $R(\phi_1)$ 写在 $R(\phi_2)$ 的右边, 原因是当我们要表达某个算子 D 作用在某个系统 Ψ 上得到一个新的状态 Ψ' 时, 表达式通常都是写成 $\Psi' = D\Psi$, 因此最先对系统进行的操作应最靠近系统, 这样, 如果我们要对系统先进行 D_1 操作再进行 D_2 操作, 那么相应的表达式就要写成 $\Psi'' = D_2D_1\Psi$. 在后面的讨论中, 我们都将遵照这个约定来进行.

例 A.1.4 所有三维平直空间 (三维欧几里得空间) 中的转动操作构成群, 这个群就是我们通常所说的**三维转动群**, 数学上记作 SO(3) **群**.

类似于二维转动群的群元, 三维转动群的群元一般可用三个角度参数来表示, 即 $R(\alpha,\beta,\gamma)$, 我们可以这样理解这三个角度参数的含义：前两个角度参数 α 和 β 给出了此转动操作对应的转轴的方位角, 第三个角度参数 γ 表明在此操作下系统围绕转轴所转过的角度. 类似于上面的分析, 我们也比较容易看出, 三维平直空间中所有的转动操作的确是构成群的.

例 A.1.5 1 的 N 次方根在乘法下构成群.

由复数的知识, 我们知道 $1 \equiv \mathrm{e}^{\mathrm{i}2k\pi}$, 它的 N 次方根为 $\mathrm{e}^{\mathrm{i}\frac{2k\pi}{N}}$, 从这个表达式中, 考虑到复指数函数的周期性, 我们不难看出, 其独立的根只有 N 个, 即

$$\left\{\mathrm{e}^{\mathrm{i}\frac{2k\pi}{N}},\quad k=0,1,2,\cdots,N-1\right\}. \quad \text{(A.1.14)}$$

利用复指数函数乘积的关系, 并考虑到相应的周期性, 不难证明以上这个集合在乘法下是构成群的, 这个证明过程留给各位读者. 这里需要指出的是, 不同于前几个群的例子, 这个群的群元个数是有限的, 只有 N 个. 而且, 从群元的表达式 $g_k = \mathrm{e}^{\mathrm{i}\frac{2k\pi}{N}}$, 我们看到, 所有的群元均可表示为 $g_1 = \mathrm{e}^{\mathrm{i}\frac{2\pi}{N}}$ 的相应幂次, 即

$$g_k = (g_1)^k, \quad \text{(A.1.15)}$$

无一例外, 无一重复, 而且 $(g_1)^N = 1 \equiv I$, 这个群就称为 N-阶**循环群**, 记作 Z_N **群**.

例 A.1.6　所有模为 1 的复数在乘法下构成群, 这就是我们经常可能碰到的 U(1) 群.

对于模为 1 的复数, 为方便表示且避免重复, 我们有

$$\left\{z \equiv \mathrm{e}^{\mathrm{i}\phi}, \quad \phi \in [0, 2\pi)\right\} \equiv \mathrm{U}(1). \tag{A.1.16}$$

对于以上集合在乘法下构成群的证明, 也很直接, 只需要从群的定义出发, 利用复指数函数乘积的计算方法就可以直接予以证明, 这里不再赘述.

A.1.3　关于群的一些简单讨论

(1) 群乘积不一定对易. 在群的定义中, 我们看到, 对于群乘积 “$\circ$”, 是没有要求其对易的, 即两个群元的群乘积在交换乘积顺序后是不一定相等的.

如果一个群 G, 对于其所有的群元, 都满足群乘积对易, 即

$$g_\alpha \circ g_\beta = g_\beta \circ g_\alpha, \tag{A.1.17}$$

则我们称这个群 G 为**阿贝尔群**. 否则, 就称该群为**非阿贝尔群**.

例如, 上面所提到的 SO(2) 群就是阿贝尔群,

$$R(\phi_2)R(\phi_1) = R(\phi_1)R(\phi_2) = R(\phi_1 + \phi_2). \tag{A.1.18}$$

U(1) 群同样也是阿贝尔群.

但是, SO(3) 群就不是阿贝尔群, 而是非阿贝尔群. 关于这点, 我们可以从以下对一个立方体的转动操作很明显地看出：例如, 对一个立方体先绕 z 轴顺时针转动 90°, 再绕 x 轴顺时针转动 90° 后, 我们得到的该立方体的状态如图 A.1.1 中最右边所示；如果我们将这两次转动的顺序颠倒一下, 即对该立方体先绕 x 轴顺时针转动 90° 再绕 z 轴顺时针转动 90°, 如图 A.1.2 所示, 我们得到的该立方体的最终状态与之前的结果是完全不同的, 这就十分清楚地显示出 SO(3) 群乘积的不对易性.

(2) 对于一个群 $G = \{g_\alpha\}$, 其群元的标记符 α 可以是离散的, 也可以是连续的, 群元标记符是离散的群称为**离散群**, 而群元标记符是连续的群称为**连续群**. 例如, N-阶循环群 Z_N 群就是离散群, 整数在加法下构成的群也是离散群；而 SO(2) 群、U(1) 群、SO(3) 群等就是连续群.

(3) 群元的个数可以是有限的, 这类群称为**有限群**. 对于有限群而言, 其群元的个数称为该有限群的**阶**, 例如

$$G = \{I, g_1, g_2, \cdots, g_{N-1}\} \tag{A.1.19}$$

称为 N-阶有限群. 上面例子中看到的 Z_N 群就是一个 N-阶有限群.

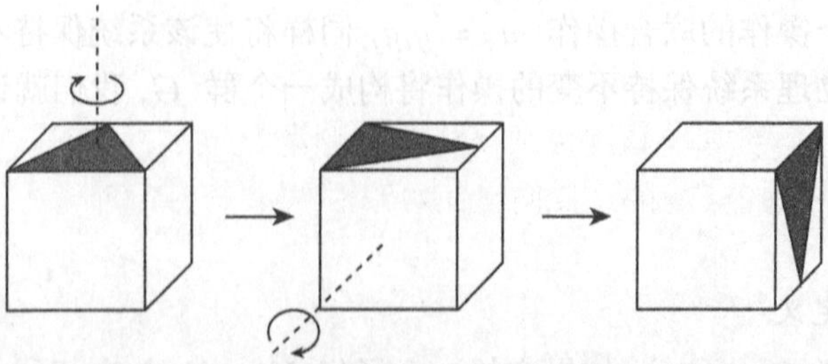

图 A.1.1 对立方体先绕 z 轴顺时针转动 90°, 再绕 x 轴顺时针转动 90°

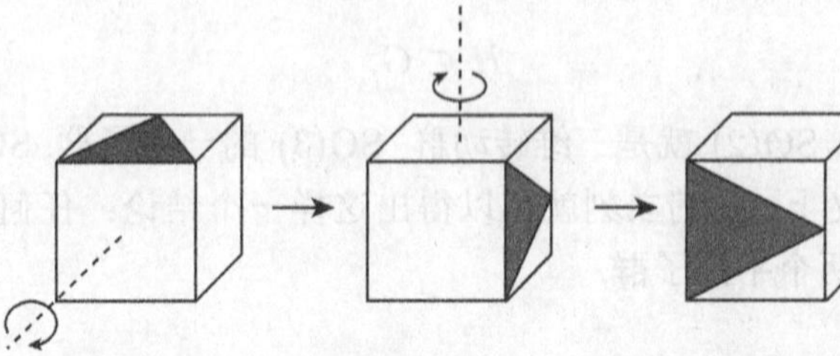

图 A.1.2 对立方体先绕 x 轴顺时针转动 90 °, 再绕 z 轴顺时针转动 90°

(4) 给定一个群 $G=\{g_\alpha\}$, 如果 $g_\beta \neq g_\gamma$, 则一定有

$$g_\alpha \circ g_\beta \neq g_\alpha \circ g_\gamma. \tag{A.1.20}$$

因为, 如果

$$g_\alpha \circ g_\beta = g_\alpha \circ g_\gamma, \tag{A.1.21}$$

则我们一定可以通过两边同乘以 g_α 的逆元 g_α^{-1} 而得到

$$g_\alpha^{-1} \circ g_\alpha \circ g_\beta = g_\alpha^{-1} \circ g_\alpha \circ g_\gamma \;\Rightarrow\; g_\beta = g_\gamma, \tag{A.1.22}$$

这就与题设产生了矛盾.

(5) 数学上, 作为群的元素可以是任何客体, 相应地, 元素间的群乘积关系可以任意定义, 只要满足群的定义即可. 而在物理学的研究中, 相应的群的元素往往都是变换或是算符, 其相应的“群乘积”则是相继作两次变换或算符运算, 我们从前面所给出的转动群的例子中已经看到.

我们前面谈到群论对研究物理系统的对称性至关重要, 那么, 什么是对称性? 不严格地讲, 如果一个物理体系在经某种操作后看起来与操作前不可区分, 即保持不变, 那么我们就说这个系统具有该操作对称性. 比方说, 一个均匀的球体, 无论我们对它如何转动, 都无法分辨出它是否经过了转动, 就可以说, 均匀的球体在三维转动下保持不变, 或者, 均匀的球体具有三维转动对称性. 假设一个物理系统在某个操作 g_i 下保持不变, 另一个操作 g_j 也可使该物理体系保持不变, 那么可以推断出这两个操作的联合操作 $g_k = g_i g_j$ 同样将使该系统保持不变. 不难想象, 所有这类使该物理系统保持不变的操作将构成一个群 G, 我们就说该系统具有 G 群对称性.

A.1.4 子群

1. 子群的定义

对于一个群 $G = \{g_\alpha\}$, 如果它的一个子集 $H = \{h_\beta\}$ 在相同的运算下也构成了群, 则称 H 是 G 的一个**子群**, 记作

$$H \subset G, \tag{A.1.23}$$

例如, 二维转动群 SO(2) 就是三维转动群 SO(3) 的一个子群, SO(2) $\subset$ SO(3).

从子群的定义上, 我们立刻就可以得出这样一个结论：任何群 G 都有其本身 G 和 $\{I\}$ 这两个**平凡子群**.

2. 循环子群

对于一个有限群 G, 任取其中一个群元 g, 然后将其与自身不断地做群乘积, 直至最后等于恒元, 所有这些元素 $\{g, g^2 \equiv g \circ g, g^3 \equiv g^2 \circ g, \cdots, g^k = I\}$ 就构成了一个 G 的子群 Z_k, 称为群 G 的 k-阶**循环子群**.

由循环子群的定义可以看出, 任何有限群都有相当数量的循环子群.

3. 拉格朗日定理

拉格朗日定理：一个 n-阶有限群 G 具有一个 m-阶子群 H, 则 n/m 必为一个整数.

证明 首先, 由于 H 为 G 的 m-阶子群, 则恒元 $I \in H$, 且

$$H = \{I, h_1, h_2, \cdots, h_{m-1}\}, \tag{A.1.24}$$

其中的群元满足

$$h_\alpha \neq h_\beta, \quad \alpha \neq \beta. \tag{A.1.25}$$

接下来, 我们在该子群外任意选取一个群元 g_1, 很显然, $g_1 \in G$ 但 $g_1 \notin H$. 用此群元左乘子群 H, 我们就可得到该群 G 的一个子集

$$H_1 = \{g_1 I, g_1 h_1, g_1 h_2, \cdots, g_1 h_{m-1}\}, \tag{A.1.26}$$

依据我们之前讨论过的群元的性质, 我们知道, 这 m 个群元互不相同, $g_1 h_\alpha \neq g_1 h_\beta$ $(\alpha \neq \beta)$, 且

$$g_1 h_\alpha \in G \quad 但 \quad g_1 h_\alpha \notin H. \tag{A.1.27}$$

进一步, 我们再从 H 和 H_1 之外选取一个群元 g_2, 当然, $g_2 \in G$ 但 $g_2 \notin H$ 同

时 $g_2 \notin H_1$. 用此群元左乘子群 H, 我们又可以得到该群 G 的另一个子集

$$H_2 = \{g_2 I, g_2 h_1, g_2 h_2, \cdots, g_2 h_{m-1}\}, \tag{A.1.28}$$

很显然, 这又是 m 个互不相同的群元, 且

$$g_2 h_\alpha \in G \quad 但 \quad g_2 h_\alpha \notin H \quad 以及 \quad g_2 h_\alpha \notin H_1. \tag{A.1.29}$$

于是, 以此类推不断地进行下去, 我们就可知, G 中的群元必可通过以上步骤分成 k 组, 且每组均包含 m 个群元, 也即 $n = mk$. 这样就证明了拉格朗日定理.

由拉格朗日定理, 我们立刻就可以得到一个很有趣的推论: **质数阶有限群必为循环群!** 各位读者可以想想这是为什么.

4. 一个有用而有趣的定理

定理: 偶数阶有限群 $G = \{g_\alpha\}$ 至少有一个群元 g, 它是它本身的逆元, 即 $g \circ g = I$, 而奇数阶有限群必不存在这样的群元.

证明 偶数阶有限群 $G = \{g_\alpha\}$ 的非恒元群元必为奇数个, 而每一个群元必有且只有一个逆元, 于是, 立刻就可知, 偶数阶有限群至少有一个群元, 它就是自身的逆元.

对于奇数阶有限群, 我们可以采用反证法. 如果存在一个 $g \in G$ 满足 $g \circ g = I$, 即它是它本身的逆元, 则 $\{I, g\}$ 就可以组成群 G 的一个 2-阶子群. 然而, 奇数是不可能被 2 整除的, 根据拉格朗日定理, 奇数阶有限群是不可能存在 2-阶子群的, 这就与假设产生了矛盾, 于是定理得证.

5. 不变子群 (正规子群)

设 $H = \{h_\alpha\}$ 为群 $G = \{g_i\}$ 的子群, 即 $H \subset G$, 任选一个群元 $g \in G$ 且 $g \notin H$, 则

$$H' \equiv g^{-1} H g = \{g^{-1} h_\alpha g\} \tag{A.1.30}$$

构成群 G 的另一个子群. 这从群的定义很容易就可以加以证明: 首先, 它满足封闭性

$$g^{-1} h_\alpha g \, g^{-1} h_\beta g = g^{-1} h_\alpha h_\beta g = g^{-1} h_\gamma g \in H'; \tag{A.1.31}$$

其次, 它存在恒元

$$I \in H \ \Rightarrow \ g^{-1} I g = I \in H'; \tag{A.1.32}$$

再次, 该集合中任意一个元素均存在逆元

$$g^{-1} h_\alpha g \, g^{-1} h_\alpha^{-1} g = g^{-1} h_\alpha h_\alpha^{-1} g = I; \tag{A.1.33}$$

最后, 该集合元素间满足群乘积结合律

$$(g^{-1} h_\alpha g \, g^{-1} h_\alpha^{-1} g) g^{-1} h_\gamma g = g^{-1} h_\alpha g (g^{-1} h_\alpha^{-1} g g^{-1} h_\gamma g) = g^{-1} h_\alpha h_\beta h_\gamma g. \tag{A.1.34}$$

因此 H' 构成群. 这里需要说明的是, 一般来讲, $H' \equiv g^{-1}Hg \neq H$.

不变子群：如果对于**所有的** $g \in G$, 均有

$$g^{-1}Hg = H, \tag{A.1.35}$$

则称 H 为 G 的**不变子群**, 也称为**正规子群**.

注意, $g^{-1}Hg = H$ 不代表 $g^{-1}h_\alpha g = h_\alpha$.

很容易证明, 任何一个群 G 的平凡子群 G 和 $\{I\}$ 均为该群的不变子群.

不含任何非平凡不变子群的群称为**单群**.

A.1.5 陪集与商群

1. 陪集的概念

设 $H = \{h_\alpha\}$ 为群 $G = \{g_\beta\}$ 的子群, 对于一个群元 $g \in G$ 且 $g \notin H$, 集合 $gH = \{gh_\alpha\}$ 称为子群 H 的**左陪集**, 而集合 $Hg = \{h_\alpha g\}$ 称为子群 H 的**右陪集**.

从陪集的上述定义, 我们立刻就有如下命题：**两个有公共元素的陪集必定全同.**

证明 令 g_1H 与 g_2H 为两个有公共元素的陪集, 设其中的公共元素为

$$g_1h_\alpha = g_2h_\beta, \tag{A.1.36}$$

由于 H 为 G 的子群, 它具有群的封闭性, 因此

$$g_1h_\alpha H = g_1H, \quad g_2h_\beta H = g_2H, \tag{A.1.37}$$

结合以上两个式子, 我们就得出

$$g_1H = g_2H, \tag{A.1.38}$$

即此时这两个陪集全同.

由于群乘积一般不对易, 因此由同一个群元得到的左陪集 gH 和右陪集 Hg 是不一定相等的. 但是, **若群 G 的子群 H 的所有左陪集和对应的右陪集均相等, 则该子群 H 为群 G 的不变子群**, 即

$$\forall g \in G, \ g \notin H, \ gH = Hg, \Rightarrow H = g^{-1}Hg. \tag{A.1.39}$$

由此, 我们不难得出结论, **阿贝尔群的所有子群均为不变子群.**

2. 商群的概念

一个群 G 的不变子群 H 及其所有的陪集共同构成的集合 $\{H, g_1H, g_2H, \cdots\}$ 构成群, 该群称为群 G 关于其不变子群 H 的**商群**, 记作 G/H.

证明 首先需要证明该集合在 G 群乘积下满足封闭性. 由于 $g_a, g_b \in G$, 且 H 为 G 的不变子群, 所以有

$$(g_aH)(g_bH) = g_aHg_bH = g_ag_bHH = g_ag_bH = g_cH \in G/H; \tag{A.1.40}$$

其次需要证明该集合存在恒元, 很显然

$$(g_iH)H = g_iHH = g_iH, \tag{A.1.41}$$

即在该集合中, H 就充当了恒元的角色; 然后我们还需证明对于集合中的任意元素总存在逆元, 不难看出

$$(g_aH)(g_a^{-1}H) = g_ag_a^{-1}HH = H, \tag{A.1.42}$$

即 g_aH 的逆元就是 $g_a^{-1}H$; 最后, 我们也很明显看到, 结合律是成立的, 即

$$[(g_aH)(g_bH)](g_cH) = (g_aH)[(g_bH)(g_cH)] = g_ag_bg_cH. \tag{A.1.43}$$

于是, 我们就证明了

$$G/H \equiv \{H, g_1H, g_2H, \cdots\} \tag{A.1.44}$$

的确构成了一个群.

从这里我们也可以进一步感受到, 在数学上, 一个群里的群元可以是任意的客体, 甚至一个集合也可成为一个群的群元.

A.1.6 群的同态与同构

如果群 G 和群 G' 之间存在一种满射 f

$$f:\ G \to G', \tag{A.1.45}$$

即在该映射 f 下群 G' 中的每一个群元 g' 在群 G 中都能找到原像 g 与之对应:

$$g' = f(g), \tag{A.1.46}$$

且该映射同时保持了相应的群乘积结构

$$\left.\begin{aligned} g_1' &= f(g_1) \\ g_2' &= f(g_2) \end{aligned}\right\} \Rightarrow g_1'g_2' = f(g_1)f(g_2) = f(g_1g_2), \tag{A.1.47}$$

我们就称这两个群**同态**, 记为 $G \sim G'$. 如果这个映射 f 又是一个一一映射, 则称这两个群**同构**, 记为 $G \approx G'$.

定理: 若 $G \sim G'$, 则在映射 f 下与 G' 中恒元 I' 相对应的 G 中的元素的集合构成了 G 的一个不变子群 H, 而与 G' 中其他每一个元素相对应的 G 中的元

素的集合则分别构成了 G 中 H 的各个陪集, 即

$$G' \approx G/H, \tag{A.1.48}$$

该 G 的子群 H 称为**同态核**.

证明 设

$$H = \{h_\alpha\} \xrightarrow{f} I'. \tag{A.1.49}$$

第一步, 我们先要证明 H 构成了 G 上的一个不变子群. 首先, 我们有

$$f(h_\alpha) = I', \quad f(h_\beta) = I', \tag{A.1.50}$$

于是就得

$$f(h_\alpha)f(h_\beta) = f(h_\alpha h_\beta) = I', \tag{A.1.51}$$

这说明 $h_\alpha h_\beta \in H$, 满足了群的封闭性; 其次, 我们还看到, 由于映射保持群乘积结构不变, 有

$$f(h_\alpha^{-1})f(h_\alpha) = f(h_\alpha^{-1}h_\alpha) = f(I) = I', \tag{A.1.52}$$

而又有

$$f(h_\alpha^{-1})f(h_\alpha) = f(h_\alpha^{-1})I' = f(h_\alpha^{-1}), \tag{A.1.53}$$

因此, 结合上两式, 得

$$f(h_\alpha^{-1}) = I', \tag{A.1.54}$$

即 $h_\alpha^{-1} \in H$, 说明集合中元素的逆元也在该集合中, 再考虑到 $f(I) = I'$, 因此 $I \in H$, 即恒元的存在, 我们就证明了 H 是 G 的子群. 接下来, 我们又看到, 对于 G 中任意一个群元 g, 我们都有

$$f(g^{-1}h_\alpha g) = f(g^{-1})f(h_\alpha)f(g) = I', \tag{A.1.55}$$

说明 $g^{-1}h_\alpha g \in H$, 即 $g^{-1}Hg = H$, 这就说明 H 是 G 的不变子群. 如果 $f(g) = g'$, 则对于任意一个 $h_\alpha \in H$ 都有

$$f(gh_\alpha) = f(g)f(h_\alpha) = g'I' = g', \tag{A.1.56}$$

这就是说, 在该映射下, 与 g' 对应的 G 中的元素构成了不变子群 H 的一个陪集 gH. 综上所述, G' 中的恒元对应于 G 中的不变子群 H, G' 中的其他所有群元分别对应于 G 中 H 的一个陪集, 这就证明了 $G' \approx G/H$.

A.1.7 直积群

直积群是群论中的一个重要概念, 它指的是两个或多个群通过一种特定的方式“组合”起来形成的新群. 例如, 给定两个群 $F = \{f_i\}$ 和 $G = \{g_\alpha\}$, 于是我们

可以构造一个新的群 $A = F \bigotimes G$, 它的群元记为 $a_{i\alpha} = (f_i, g_\alpha)$, 这个群就称为 F 和 G 的**直积群**, 它的运算规则定义如下：

$$a_{i\alpha}a_{j\beta} = (f_i, g_\alpha)(f_j, g_\beta) = (f_i f_j, g_\alpha g_\beta) = (f_k, g_\gamma) = a_{k\gamma}. \tag{A.1.57}$$

从这个运算规则中, 我们不难看出

$$a_{i\alpha}^{-1} = (f_i^{-1}, g_\alpha^{-1}), \tag{A.1.58}$$

因为我们有

$$a_{i\alpha}a_{i\alpha}^{-1} = (f_i, g_\alpha)(f_i^{-1}, g_\alpha^{-1}) = (f_i f_i^{-1}, g_\alpha g_\alpha^{-1}) = (I_F, I_G), \tag{A.1.59}$$

其中 I_F 和 I_G 分别是群 F 和群 G 的恒元.

直积群在物理学研究中是非常重要的, 在物理学中, 许多复杂系统可以看作由多个简单系统 (或子系统) 通过某种方式组合而成, 每个子系统的对称性会由不同的群来描述, 直积群提供了一种描述这种组合而成的复杂系统的数学工具. 通过直积群, 我们可以将不同子系统的对称性结合起来, 从而研究整个系统的对称性. 这对于理解物理系统的基本性质和行为至关重要.

A.2 置换群

置换群是群论中的一个核心概念, 它以一种直观而深刻的方式揭示了有限集合上元素排列与变换的规律.

A.2.1 置换群的基本概念

对于一组有序排列的客体

$$A_1,\ A_2,\ A_3,\ \cdots,\ A_n, \tag{A.2.1}$$

我们经常会遇到对它们进行顺序重排的问题. 例如

$$P_m = \begin{pmatrix} 1 & 2 & 3 & 4 & \cdots & n \\ m_1 & m_2 & m_3 & m_4 & \cdots & m_n \end{pmatrix} \tag{A.2.2}$$

就是对上述 n 个客体的一个重排操作, 其中 $m \equiv (m_1, m_2, m_3, \cdots, m_n)$ 是 $(1, 2, 3, \cdots, n)$ 的一个置换, 我们称 P_m 为对 n 个客体的一个置换, 它表示将原本处在 1 号位的客体移动到 m_1 号位, 将原本处在 2 号位的客体移动到 m_2 号位, 以此类推. 很显然, 在置换操作中, 我们只关心原本处在某个号位上的客体移动到了哪个号位上, 即我们只关心上面表达式中的上下对应关系, 而不在意每一行中各字符之间的前后顺序, 例如

$$\begin{pmatrix} 1 & 2 & 3 & 4 & 5 \\ 3 & 4 & 5 & 1 & 2 \end{pmatrix} = \begin{pmatrix} 3 & 5 & 1 & 2 & 4 \\ 5 & 2 & 3 & 4 & 1 \end{pmatrix}, \tag{A.2.3}$$

虽然上式中等号两边的表达式中每一行的数字符号位置不一样, 但上下对应关系是完全一样的, 因此这两个表述都代表了同一个置换.

由于 n 个客体有 $n!$ 种排列, 因此相应地就有 $n!$ 个置换 P_m, 这 $n!$ 个置换操作构成一个群, 称为**置换群**, 也称为**对称群**, 记作 S_n 群. 下面我们来证明 $S_n \equiv \{P_m\}$ 构成群.

第一, 恒元是存在的

$$P_I = \begin{pmatrix} 1 & 2 & 3 & 4 & \cdots & n \\ 1 & 2 & 3 & 4 & \cdots & n \end{pmatrix}. \tag{A.2.4}$$

第二, 我们来看群乘积的封闭性. 令

$$P_1 = \begin{pmatrix} 1 & 2 & 3 & 4 & \cdots & n \\ m_1 & m_2 & m_3 & m_4 & \cdots & m_n \end{pmatrix} \tag{A.2.5}$$

和

$$P_2 = \begin{pmatrix} m_1 & m_2 & m_3 & m_4 & \cdots & m_n \\ k_1 & k_2 & k_3 & k_4 & \cdots & k_n \end{pmatrix} \tag{A.2.6}$$

为两个置换, 则我们看到

$$\begin{aligned} P_2P_1 &= \begin{pmatrix} m_1 & m_2 & m_3 & m_4 & \cdots & m_n \\ k_1 & k_2 & k_3 & k_4 & \cdots & k_n \end{pmatrix} \begin{pmatrix} 1 & 2 & 3 & 4 & \cdots & n \\ m_1 & m_2 & m_3 & m_4 & \cdots & m_n \end{pmatrix} \\ &= \begin{pmatrix} 1 & 2 & 3 & 4 & \cdots & n \\ m_1 & m_2 & m_3 & m_4 & \cdots & m_n \\ k_1 & k_2 & k_3 & k_4 & \cdots & k_n \end{pmatrix}, \end{aligned} \tag{A.2.7}$$

由此, 我们就看到, 经过这两个置换, 最终原本处在 1 号位的客体被转移至 k_1 号位, 原本处在 2 号位的客体被转移至 k_2 号位, 以此类推, 原本处在 n 号位的客体最终被转移至 k_n 号位, 也即

$$P_2P_1 = \begin{pmatrix} 1 & 2 & 3 & 4 & \cdots & n \\ k_1 & k_2 & k_3 & k_4 & \cdots & k_n \end{pmatrix} \in S_n, \tag{A.2.8}$$

这就证明了封闭性.

第三, 逆元的存在是显然的. 对于

$$P_m = \begin{pmatrix} 1 & 2 & 3 & 4 & \cdots & n \\ m_1 & m_2 & m_3 & m_4 & \cdots & m_n \end{pmatrix}, \tag{A.2.9}$$

我们总可以找到

$$P_m^{-1} = \begin{pmatrix} m_1 & m_2 & m_3 & m_4 & \cdots & m_n \\ 1 & 2 & 3 & 4 & \cdots & n \end{pmatrix} \tag{A.2.10}$$

使得

$$\begin{aligned} P_m^{-1} P_m &= \begin{pmatrix} 1 & 2 & 3 & 4 & \cdots & n \\ m_1 & m_2 & m_3 & m_4 & \cdots & m_n \\ 1 & 2 & 3 & 4 & \cdots & n \end{pmatrix} \\ &= \begin{pmatrix} 1 & 2 & 3 & 4 & \cdots & n \\ 1 & 2 & 3 & 4 & \cdots & n \end{pmatrix} \equiv P_I. \end{aligned} \tag{A.2.11}$$

群乘积的结合律的满足也是显而易见的, 这里就不再赘述了. 综上, $S_n \equiv \{P_m\}$ 的确构成了群.

A.2.2 重排定理与凯莱定理

令 $G = \{g_1, g_2, g_3, \cdots, g_n\}$ 为一个 n-阶有限群, $u \in G$ 为群 G 中的任意一个群元, 我们用 u 遍乘 G 中所有的群元, 依据群的性质, 可知在其结果中, 所有的群元都将出现且只出现一次, 即

$$u\{g_1, g_2, g_3, \cdots, g_n\} = \{g_{\alpha_1}, g_{\alpha_2}, g_{\alpha_3}, \cdots, g_{\alpha_n}\}, \tag{A.2.12}$$

其中 $(\alpha_1, \alpha_2, \alpha_3, \cdots, \alpha_n)$ 为 $(1, 2, 3, \cdots, n)$ 的一个置换, 即我们看到用群元 u 乘在 G 上的结果其实是给出了 G 的群元的一次置换重排, 这就是有限群的**重排定理**.

由以上这个重排定理, 我们可知, 一个 n-阶有限群 G 的所有群元可以一一对应这个群 G 的 n 个不同的置换重排操作, 而且, 该群的恒元 I 就对应着恒等置换操作, 对于任意一个群元 g 乘在群 G 上所造成的群 G 的置换重排, 我们总可以在此基础上通过乘以 g^{-1} 将群元的排列顺序再复原, 即 g^{-1} 所对应的置换操作正是 g 所对应的置换操作的逆操作, 我们也不难分析出, 这 n 个与 G 群群元一一对应的置换操作的集合同样也满足群的封闭性和结合性, 因此这 n 个重排操作构成了一个群, 这个群一定是置换群 S_n 的子群. 这样, 我们就得出结论：任何一个 n-阶有限群 G 一定与置换群 S_n 的一个 n-阶子群同构, 这就是**凯莱** (Cayley) **定理**.

A.2.3 轮换与交换

我们来仔细考察一个 S_6 群的元素

$$P=\begin{pmatrix} 1 & 2 & 3 & 4 & 5 & 6 \\ 6 & 5 & 1 & 4 & 2 & 3 \end{pmatrix}. \tag{A.2.13}$$

由前面讨论的置换表示式的性质, 我们可以任意改变列的位置而不改变这个置换本身, 因此, 为了更好地看清楚这个置换的结构, 我们可以将之改写为如下的形式:

$$P=\begin{pmatrix} 1 & 6 & 3 & 4 & 2 & 5 \\ 6 & 3 & 1 & 4 & 5 & 2 \end{pmatrix}. \tag{A.2.14}$$

从这个形式中, 我们立刻就可以看出, 这个置换 P 中其实包含了三个操作, 或者, 真正有意义的是两个操作: 第一个是将原本在 1 号位的客体转移至 6 号位, 而将 6 号位的客体转移至 3 号位, 并将 3 号位的客体转移至 1 号位. 这其实就是将原本处于 1、6、3 号位的三个客体做了一个**轮换**, 注意轮换的方向: $1 \to 6$, $6 \to 3$, $3 \to 1$, 我们可以将这个轮换简记作

$$(1\ 6\ 3)=(6\ 3\ 1)=(3\ 1\ 6). \tag{A.2.15}$$

第二个有效操作则是将原本处于 2 号位和 5 号位上的客体做一个**换位**, 即**交换**, 如前简记为 $(2\ 5)=(5\ 2)$. 我们看到, 在这个置换中, 4 号位上的客体保持不动, 为了统一, 我们也可将这个操作简记为 (4). 于是, 我们上面给出的这个置换就可以更简洁地写为

$$P=\begin{pmatrix} 1 & 2 & 3 & 4 & 5 & 6 \\ 6 & 5 & 1 & 4 & 2 & 3 \end{pmatrix}=(1\ 6\ 3)(4)(2\ 5). \tag{A.2.16}$$

我们将类似上式形如 $(a_1\ a_2\ a_3\ \cdots\ a_k)$ 的表示称为 k-轮换, k 为轮换的长度. 交换 (换位) 可以看作 2-轮换, 1-轮换即保持该位上的客体不变, 上式中的 (4) 就是一个 1-轮换. 任何置换均可写成几个不同长度的轮换的乘积, 包括 1-轮换, 如上式. 由于 1-轮换不对相应位上的客体进行任何操作, 它是平庸的, 属无效操作, 因此在表达式中可以省略掉, 例如, 上式我们可进一步简写为

$$P=(1\ 6\ 3)(4)(2\ 5)=(1\ 6\ 3)(2\ 5). \tag{A.2.17}$$

定理: 任何长度大于 2 的轮换都可以写成相应系列交换的乘积. 例如, 我们考察 $(1\ 3)(3\ 4)$, 通过观察, 我们发现, 这个乘积中涉及了 3 个位置, 1、3 和 4 号位, 在左边的操作中其实是保持了 4 号位不动而对 1、3 号位的客体进行了交换,

而右边的操作则是保持了 1 号位客体不动而交换了 3、4 号位的客体, 因此, 将之展开成完整的置换操作表示后, 有

$$(1\,3)(3\,4)=\begin{pmatrix}1&3&4\\3&1&4\end{pmatrix}\begin{pmatrix}1&3&4\\1&4&3\end{pmatrix}=\begin{pmatrix}1&3&4\\1&4&3\\3&4&1\end{pmatrix}=(1\,3\,4),\quad \text{(A.2.18)}$$

也即

$$P=(1\,3\,4)=(1\,3)(3\,4).\quad \text{(A.2.19)}$$

注意, 一个轮换拆成交换的乘积时, 相邻的交换总是共有一个位号. 类似地, 我们总是可以将长的轮换按照这样的方式分解为较短的轮换的乘积, 而且分解方式并不唯一, 例如

$$P=(1\,2\,4\,6)=(1\,2)(2\,4\,6)=(1\,2\,4)(4\,6)=(1\,2)(2\,4)(4\,6),\quad \text{(A.2.20)}$$

也可利用轮换的性质先改写再分解, 即

$$P=(1\,2\,4\,6)=(2\,4\,6\,1)=(2\,4)(4\,6)(6\,1),\quad \text{(A.2.21)}$$

还可以在某一步过程中利用轮换性质改写后再进一步分解, 如

$$P=(1\,2\,4\,6)=(1\,2)(2\,4\,6)=(1\,2)(4\,6\,2)=(1\,2)(4\,6)(6\,2).\quad \text{(A.2.22)}$$

以上拆分, 读者可以自行验证.

A.3 转动群

A.3.1 二维欧几里得平面内的转动群

在前面, 我们已经十分简单地介绍了二维平面内的转动群, 即 SO(2) 群, 但那里的介绍过于简略, 从那个简单描述中, 我们只是大致知道了这个二维转动群是什么, 但并不知道该如何表示其群元, 也不知道该如何将相应的群元操作于我们所要研究的对象. 在本节中, 我们就来简单回答这个问题.

在谈到转动时, 存在两种思考角度. 一种是直接转动要研究的对象而保持坐标系不动, 这称为**主动式转动**; 另一种是转动坐标系而保持被研究对象不动, 这称为**被动式转动**. 这两种思考角度在数学上是完全等价的, 但在物理上有本质不同, 主动式转动是直接转动了物理对象, 这一般与该物理对象的动力学问题相关联. 而被动式转动不对物理对象进行直接的操作, 这更有利于我们从不同的参考系下研究系统的对称性.

我们先从主动转动的角度来考察二维平面转动的表达式. 图 A.3.1 表示一个与 x 轴夹角为 α、模长为 r 的矢量, 当把它逆时针转过 θ 角后, 考察它转后的坐标 (x', y') 与原初的坐标 (x, y) 之间的关系.

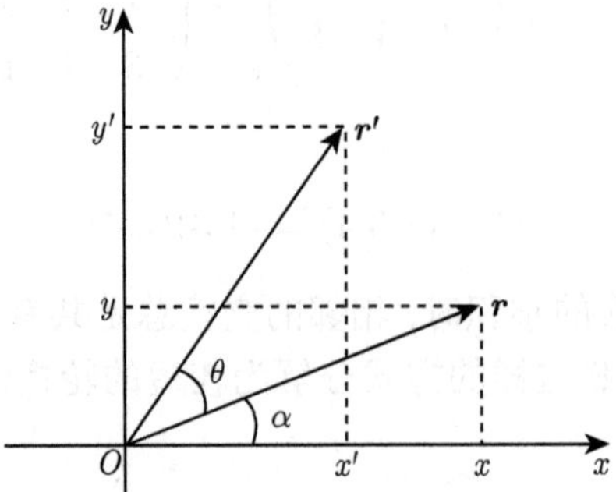

图 A.3.1 对一个与 x 轴夹角为 α 的矢量逆时针转过 θ 角

从图上我们可以看出

$$x' = r\cos(\alpha + \theta), \quad y' = r\sin(\alpha + \theta), \tag{A.3.1}$$

利用三角函数和差化积公式, 我们进一步有

$$x' = r(\cos\alpha\cos\theta - \sin\alpha\sin\theta), \quad y' = r(\sin\alpha\cos\theta + \cos\alpha\sin\theta), \tag{A.3.2}$$

考虑到

$$x = r\cos\alpha, \quad y = r\sin\alpha, \tag{A.3.3}$$

我们最终就得到了转动后该矢量新、旧坐标之间的关系

$$x' = x\cos\theta - y\sin\theta, \quad y' = x\sin\theta + y\cos\theta, \tag{A.3.4}$$

这可进一步更清晰地写成如下矩阵形式:

$$\begin{pmatrix} x' \\ y' \end{pmatrix} = \begin{pmatrix} \cos\theta & -\sin\theta \\ \sin\theta & \cos\theta \end{pmatrix} \begin{pmatrix} x \\ y \end{pmatrix}, \tag{A.3.5}$$

即

$$\boldsymbol{r}' = R(\theta)\boldsymbol{r}, \tag{A.3.6}$$

其中 $R(\theta)$ 为

$$R(\theta) = \begin{pmatrix} \cos\theta & -\sin\theta \\ \sin\theta & \cos\theta \end{pmatrix}, \tag{A.3.7}$$

这就是主动转动视角下二维转动操作或 SO(2) 群元 $R(\theta)$ 的表示式.

我们也可从被动式转动的角度来重新考察这个问题, 这种情况下, 我们要转动的不再是这个矢量本身, 而是坐标系. 我们将坐标系逆时针转过 θ 角后, 原来与 x 轴夹角为 α 的矢量 $\boldsymbol{r}$ 此时就与转动后的坐标轴 x' 轴夹角为 $\alpha-\theta$, 如图 A.3.2 所示. 于是, 我们就看到, 该矢量在新的坐标系中的坐标为

$$x' = r\cos(\alpha-\theta), \quad y' = r\sin(\alpha-\theta), \tag{A.3.8}$$

利用三角函数和差化积公式, 我们进一步有

$$x' = r(\cos\alpha\cos\theta + \sin\alpha\sin\theta), \quad y' = r(\sin\alpha\cos\theta - \cos\alpha\sin\theta), \tag{A.3.9}$$

考虑到

$$x = r\cos\alpha, \ \ y = r\sin\alpha, \tag{A.3.10}$$

我们最终就得到了转动后该矢量新、旧坐标之间的关系

$$x' = x\cos\theta + y\sin\theta, \ \ y' = -x\sin\theta + y\cos\theta, \tag{A.3.11}$$

这可进一步更清晰地写成如下矩阵形式:

$$\begin{pmatrix} x' \\ y' \end{pmatrix} = \begin{pmatrix} \cos\theta & \sin\theta \\ -\sin\theta & \cos\theta \end{pmatrix}\begin{pmatrix} x \\ y \end{pmatrix}, \tag{A.3.12}$$

即

$$\boldsymbol{r}' = R(\theta)\boldsymbol{r}, \tag{A.3.13}$$

其中 $R(\theta)$ 为

$$R(\theta) = \begin{pmatrix} \cos\theta & \sin\theta \\ -\sin\theta & \cos\theta \end{pmatrix}, \tag{A.3.14}$$

这就是被动转动视角下二维转动操作或 SO(2) 群元 $R(\theta)$ 的表示式. 对比 (A.3.7) 式和 (A.3.14) 式, 我们发现似乎这两个视角下得到的转动群元表示式不一样, 具体来说是角度 θ 差了一个负号. 原因是, 在上述讨论中, 不论是转矢量还是转坐标系, 我们都将逆时针方向作为了旋转正向, 这符合一贯的约定. 不难看出, 对坐标系逆时针转 θ 角就等价于对矢量顺时针转 θ 角, 这就是两种表达在角度上会差一个负号的原因. 这提醒我们, 在阅读其他书籍或文献时要首先明确所选用的是主动转动还是被动转动, 同时还要明确其转动正向方向.

以上是从几何和三角函数关系来讨论 SO(2) 群元的表达形式的. 我们还有另外一个途径来得到转动群元的表达式, 这就是通过对称性或不变性的讨论来得到.

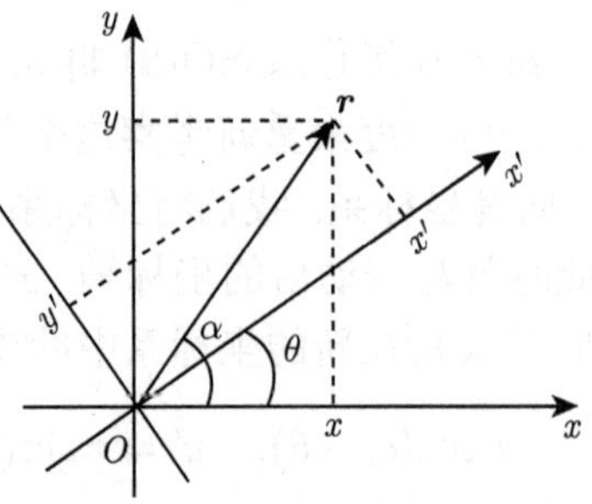

图 A.3.2　保持矢量 $\boldsymbol{r}$ 不动而将坐标系逆时针转过 θ 角

令 $R(\theta)$ 为二维平面内的一个转动变换, 二维平面内一矢量 $\boldsymbol{r}$ 在此转动变换下变为

$$\boldsymbol{r}' = R(\theta)\boldsymbol{r}, \tag{A.3.15}$$

由于转动是保长的, 即

$$(\boldsymbol{r}')^{\mathrm{T}}(\boldsymbol{r}') = \boldsymbol{r}^{\mathrm{T}}R(\theta)^{\mathrm{T}}R(\theta)\boldsymbol{r} = \boldsymbol{r}^{\mathrm{T}}\boldsymbol{r}, \tag{A.3.16}$$

这就要求

$$R(\theta)^{\mathrm{T}}R(\theta) = I, \tag{A.3.17}$$

I 为单位矩阵, 也即 $R(\theta)$ 是正交矩阵. 同时我们还有

$$\det\left(R(\theta)^{\mathrm{T}}R(\theta)\right) = \left[\det\left(R(\theta)\right)\right]^2 = 1, \tag{A.3.18}$$

这使得

$$\det\left(R(\theta)\right) = \pm 1. \tag{A.3.19}$$

由于我们这里考虑的是转动, 而 $\det R(\theta) = -1$ 代表了镜像反射或含有镜像反射的保长变换, 于是综上, 我们就得出, $R(\theta)$ 须同时满足以下条件:

$$\begin{cases} R(\theta)^{\mathrm{T}}R(\theta) = I, \\ \det\left(R(\theta)\right) = 1. \end{cases} \tag{A.3.20}$$

即要同时满足正交性 (orthogonality) 和特殊性 (specificity, 行列式为 1), 这就是为什么在数学上二维转动群要用 SO(2) 来表示, 字面意思就是二维特殊正交群.

现在, 我们尝试从以上条件中推导出 $R(\theta)$ 的表示式. 设

$$R(\theta) = \begin{pmatrix} a & b \\ c & d \end{pmatrix}, \tag{A.3.21}$$

将之代入上面的方程组, 经过简单计算, 我们就有

$$\begin{cases} a^2+c^2=1, \\ b^2+d^2=1, \\ ab+cd=0, \\ ad-cb=1, \end{cases} \tag{A.3.22}$$

从上面的方程组中前两个式子, 我们首先可以得出

$$\begin{cases} a=\cos\theta, \quad c=\pm\sin\theta, \\ b=\cos\alpha, \quad d=\pm\sin\alpha, \end{cases} \tag{A.3.23}$$

再通过另外两个式子进行细致分析后, 我们最终得到满足上述条件的 $R(\theta)$ 的表示式有两个, 一个是

$$R(\theta)=\begin{pmatrix} \cos\theta & -\sin\theta \\ \sin\theta & \cos\theta \end{pmatrix}, \tag{A.3.24}$$

另一个是

$$R(\theta)=\begin{pmatrix} \cos\theta & \sin\theta \\ -\sin\theta & \cos\theta \end{pmatrix}, \tag{A.3.25}$$

这两种表示式正好对应主动式转动下的群元表示式和被动式转动下的群元表示式.

不难验证, 所有具有上述形态的二维矩阵是构成群的, 即二维特殊正交群 SO(2), 而这个群是可以用来描述二维转动的.

在考察物理系统的对称性时, 选择主动转动还是被动转动, 实际上取决于希望研究的对称性类型和具体的研究目的. 两者在物理学研究中都有其独特的价值和应用场景, 但侧重点和方法有所不同.

主动转动涉及物理系统在物理空间中的真实移动, 因此它更适合于研究那些与物理系统实际运动状态直接相关的对称性. 例如, 在研究旋转对称性时, 如果关注的是物体在旋转过程中物理性质的保持不变性, 那么主动变换 (即物体自身的旋转) 是更直接的研究方法. 通过主动变换, 可以揭示物理系统在运动过程中如何保持其对称性. 被动变换则允许我们改变描述物理系统的坐标系, 而不改变物理系统的实际位置. 这种灵活性在考察物理系统的对称性时非常有用, 因为它允许我们在不同的参考系或坐标系下观察和分析系统的对称性. 因此, 选择哪种变换取决于研究目的、研究对象以及希望揭示的对称性.

其实, 对于 SO(2) 群元表达式的推导, 还有一种更现代、更容易拓展到高维空间转动的方法. 这就是无穷小转动分析法, 此方法最早由 19 世纪挪威数学家马里乌斯 · 索弗斯 · 李 (Marius Sophus Lie, 1842~1899) 提出.

我们知道, 任何一个有限角度的转动都可以通过连续进行无穷次无穷小转动而得到. 对于一个无穷小的转动 $R(\alpha)$, 由于转过的角度 $\alpha \to 0$, 总可以做小量展开而写成

$$R(\alpha) = I + A\alpha + O(\alpha^2). \tag{A.3.26}$$

由于 $R(\alpha)^{\mathrm{T}}R(\alpha) = I$, 有

$$R(\alpha)^{\mathrm{T}}R(\alpha) \approx (I + A\alpha)^{\mathrm{T}}(I + A\alpha) \approx I + (A^{\mathrm{T}} + A)\alpha = I, \tag{A.3.27}$$

这就得出

$$A^{\mathrm{T}} = -A, \tag{A.3.28}$$

即 A 必须是反对称矩阵. 由于任何反对称矩阵都可写为一个不重要的常数 (这个常数在表达式中可吸收到 α 中) 乘以一个基本的反对称矩阵, 如是, 我们就可不失一般性地取

$$A = \begin{pmatrix} 0 & -1 \\ 1 & 0 \end{pmatrix} \tag{A.3.29}$$

或

$$A = \begin{pmatrix} 0 & 1 \\ -1 & 0 \end{pmatrix}, \tag{A.3.30}$$

这两种取法又分别对应于主动式转动和被动式转动. 在后面的讨论中, 不做特别说明的话, 我们将只讨论主动式转动, 被动式转动的讨论与之类似, 不再赘述.

有了 A 的具体表达式, 我们就有

$$R(\alpha) = I + \alpha A + O(\alpha^2) = I + \alpha \begin{pmatrix} 0 & -1 \\ 1 & 0 \end{pmatrix} + O(\alpha^2), \tag{A.3.31}$$

于是, 对于一个有限角度 θ 的转动 $R(\theta)$, 我们总可以写为

$$R(\theta) = \lim_{N\to\infty}\left[R\left(\frac{\theta}{N}\right)\right]^N = \lim_{N\to\infty}\left[I + \frac{\theta}{N}A\right]^N = \mathrm{e}^{\theta A}, \tag{A.3.32}$$

这里用到了指数函数的极限形式 $\mathrm{e}^x = \lim_{N\to\infty}\left(1 + \dfrac{x}{N}\right)^N$. 上面的表达式可进一步展开为

$$R(\theta) = \mathrm{e}^{\theta A} = \sum_{n=0}^{\infty}\frac{\theta^n}{n!}A^n, \tag{A.3.33}$$

而

$$A^n = \begin{pmatrix} 0 & -1 \\ 1 & 0 \end{pmatrix}^n = \begin{cases} (-1)^k I & (n=2k) \\ (-1)^k A & (n=2k+1) \end{cases}, \tag{A.3.34}$$

于是我们就得

$$\begin{aligned} R(\theta) &= \left[\sum_{k=0}^{\infty}(-1)^k \frac{\theta^{2k}}{(2k)!}\right] I + \left[\sum_{k=0}^{\infty}(-1)^k \frac{\theta^{2k+1}}{(2k+1)!}\right] A \\ &= \cos\theta I + \sin\theta A = \begin{pmatrix} \cos\theta & -\sin\theta \\ \sin\theta & \cos\theta \end{pmatrix}, \end{aligned} \tag{A.3.35}$$

这与前面讨论得到的结果是一样的.

A.3.2 三维欧几里得空间中的转动群

上面关于二维欧几里得平面转动的讨论可以拓展推广至对三维欧几里得空间转动的研究中, 我们将只采用主动式转动的视角对此进行讨论.

考虑三维平直空间中的一个矢量 $\boldsymbol{r}$, 对它进行一个三维转动操作 R 后变为 $\boldsymbol{r}'$, 即

$$\boldsymbol{r}' = R\boldsymbol{r}. \tag{A.3.36}$$

同样, 转动不会改变矢量的长度, 于是我们就有

$$R^{\mathrm{T}} R = I. \tag{A.3.37}$$

由于所研究的是纯转动, 则要求

$$\det R = 1. \tag{A.3.38}$$

以上就是对三维转动群群元表示矩阵的要求, 正交且行列式为 1 , 也正因为如此, 三维平直空间的转动群也被称为三维特殊正交群, 记作 SO(3) 群.

为了得到其具体的表示式, 我们来考虑三维空间中的无穷小转动. 尽管一般来讲三维转动操作是不对易的, 但对于无穷小转动而言, 不对易所造成的差别为高阶小量, 可忽略. 因此, 对于一个三维空间中的任意一个无穷小转动 $R(\alpha_x, \alpha_y, \alpha_z)$, 我们都可以把它看作分别围绕 x、y 和 z 三个轴独立转动无穷小角度 α_x、α_y 和 α_z 的操作, 因此, 它可展开成

$$R(\alpha_x, \alpha_y, \alpha_z) = I + \alpha_x A_x + \alpha_y A_y + \alpha_z A_z + O(\alpha^2), \tag{A.3.39}$$

结合其正交性, 我们有

$$R^{\mathrm{T}} R \approx I + \alpha_x(A_x^{\mathrm{T}} + A_x) + \alpha_y(A_y^{\mathrm{T}} + A_y) + \alpha_z(A_z^{\mathrm{T}} + A_z) = I, \tag{A.3.40}$$

这样就得出

$$A_x^{\mathrm{T}} = -A_x, \quad A_y^{\mathrm{T}} = -A_y, \quad A_z^{\mathrm{T}} = -A_z, \tag{A.3.41}$$

即它们都是三维反对称矩阵, 于是有

$$A_x = \begin{pmatrix} 0 & 0 & 0 \\ 0 & 0 & -1 \\ 0 & 1 & 0 \end{pmatrix}, \quad A_y = \begin{pmatrix} 0 & 0 & 1 \\ 0 & 0 & 0 \\ -1 & 0 & 0 \end{pmatrix}, \quad A_z = \begin{pmatrix} 0 & -1 & 0 \\ 1 & 0 & 0 \\ 0 & 0 & 0 \end{pmatrix}. \tag{A.3.42}$$

这三个反对称矩阵共同构成了三维反对称矩阵的基底. 有了这一结果, 则任一有限角度转动 $R(\theta_x, \theta_y, \theta_z)$ 就可以表示为

$$R(\theta_x, \theta_y, \theta_z) = \lim_{N\to\infty} \left(I + \frac{\theta_x}{N} A_x + \frac{\theta_y}{N} A_y + \frac{\theta_z}{N} A_z \right)^N = \mathrm{e}^{\sum\limits_l \theta_l A_l}. \tag{A.3.43}$$

对于物理系统而言, 转动一般都与角动量联系在一起, 式中的矩阵也就相应地与角动量的算符联系在了一起, 而能够作为物理量算符的矩阵需要厄米化, 即需要是自共轭矩阵 $J^\dagger = J$, 因为厄米矩阵的本征值是实数, 而这是可观测物理量的需要. 令

$$J_l = \mathrm{i} A_l, \tag{A.3.44}$$

于是我们就最终有

$$R(\boldsymbol{\theta}) = \mathrm{e}^{-\mathrm{i}\boldsymbol{\theta}\cdot\boldsymbol{J}}. \tag{A.3.45}$$

这就是三维平直空间转动群 SO(3) 群元的表示式. 其中, $\{J_l,\ l = 1, 2, 3\}$ 称为 SO(3) 群的**生成元**.

在将上述群元作用于转动对象时, 以及在考察群元间乘积关系时, 我们还需要考虑生成元之间的对易关系, 这是因为在处理包含 e^A 的计算中, 都需要将 e^A 进行泰勒展开后再进行计算, 不论 A 是矩阵还是算符. 比如, 对于某个群, 其群元形式为 e^A, 则由于群乘积封闭性, 我们知道有

$$\mathrm{e}^A \mathrm{e}^B = \mathrm{e}^C, \tag{A.3.46}$$

但如果 A 与 B 不对易的话 (一般来讲是不对易的) , 左边这两个指数函数相乘是不能简单地将指数表达式直接相加而得到右边的. 我们需要对左边的指数函数表达式进行展开, 即

$$\begin{aligned} &\mathrm{e}^A \mathrm{e}^B \\ =& \left(I + A + \frac{A^2}{2!} + \cdots \right) \left(I + B + \frac{B^2}{2!} + \cdots \right) \end{aligned}$$

$$
\begin{aligned}
&= I + A + B + AB + \frac{1}{2!}(A^2 + B^2) + \cdots \\
&= I + A + B + \frac{1}{2!}(A+B)^2 - \frac{1}{2!}(A+B)^2 + AB + \frac{1}{2!}(A^2 + B^2) + \cdots \\
&= I + A + B + \frac{1}{2!}(A+B)^2 - \frac{1}{2!}(A^2 + AB + BA + B^2) + AB + \frac{1}{2!}(A^2 + B^2) + \cdots \\
&= I + A + B + \frac{1}{2!}(A+B)^2 + \frac{1}{2}(AB - BA) + \cdots \\
&= I + A + B + \frac{1}{2}[A, B] + \cdots + \frac{1}{2!}(A+B)^2 + \cdots .
\end{aligned}
\tag{A.3.47}
$$

从以上这个展开式乘积的结果中不难看出 (如果再展开更多项的话会看得更清楚些) , $A + B + \frac{1}{2}[A, B] + \cdots$ 可看成结果的展开一阶项, 而 $\frac{1}{2!}(A+B)^2 + \cdots$ 是结果的展开二阶项及更高阶项, 于是我们就得

$$
\mathrm{e}^A \mathrm{e}^B = \mathrm{e}^{A+B+\frac{1}{2}[A,B]+\cdots} = \mathrm{e}^C, \tag{A.3.48}
$$

即

$$
C = A + B + \frac{1}{2}[A, B] + \cdots . \tag{A.3.49}
$$

那么, 将 SO(3) 群元的表达式代入后, 即将 $A = \mathrm{i}\boldsymbol{\alpha} \cdot \boldsymbol{J}$ 和 $B = \mathrm{i}\boldsymbol{\beta} \cdot \boldsymbol{J}$ 的表达式代入后, 我们就发现

$$
[A, B] = \sum_{l,m} \mathrm{i}^2 \alpha_l \beta_m [J_l, J_m], \tag{A.3.50}
$$

即我们的确需要计算和确定 SO(3) 生成元 J_l 之间的对易关系, 只有把它们的对易关系弄清楚了, 我们才能说我们基本上知晓了 SO(3) 群的基本运算规则.

从上面知道,

$$
J_x = \begin{pmatrix} 0 & 0 & 0 \\ 0 & 0 & -\mathrm{i} \\ 0 & \mathrm{i} & 0 \end{pmatrix}, \quad J_y = \begin{pmatrix} 0 & 0 & \mathrm{i} \\ 0 & 0 & 0 \\ -\mathrm{i} & 0 & 0 \end{pmatrix}, \quad J_z = \begin{pmatrix} 0 & -\mathrm{i} & 0 \\ \mathrm{i} & 0 & 0 \\ 0 & 0 & 0 \end{pmatrix}, \tag{A.3.51}
$$

于是, 不难得出

$$
[J_x, J_y] = \begin{pmatrix} 0 & 1 & 0 \\ -1 & 0 & 0 \\ 0 & 0 & 0 \end{pmatrix} = \mathrm{i}J_z, \quad [J_y, J_z] = \mathrm{i}J_x, \quad [J_z, J_x] = \mathrm{i}J_y. \tag{A.3.52}
$$

以上生成元间的对易关系还可以紧凑而优雅地写为

$$[J_l, J_m] = \sum_{n=1}^{3} \mathrm{i}\epsilon_{lmn} J_n \equiv \mathrm{i}\epsilon_{lmn} J_n, \quad l, m, n = 1, 2, 3, \tag{A.3.53}$$

其中

$$\epsilon_{lmn} = \begin{cases} 1, & lmn = 123 \text{ 及其轮换} \\ -1, & lmn = 132 \text{ 及其轮换} \\ 0, & \text{其他情况} \end{cases} \tag{A.3.54}$$

称为**全反对称符号**, 也称为**列维–奇维塔** (Levi-Civita) **符号**, 而且 (A.3.53) 式中最后的表达式采用了重复指标求和规则, 即**爱因斯坦求和约定**. 关于爱因斯坦求和约定与列维–奇维塔符号的详细讨论, 参看附录 B.

(A.3.53) 式中给出的 SO(3) 群生成元间的对易关系其实就给出了 so(3) **李代数**, 对此李代数的研究就会帮助我们深入理解 SO(3) 群.

A.4 代数的基本概念

上面提到了李代数的概念, 我们有必要在此对代数的基本概念做一个简要的介绍.

1. 域

一组元素 $F = \{f_0, f_1, f_2, \cdots\}$, 其上定义了“加法”“+”和“数乘”“·”, 如果它满足以下几条:

(1) F 在“加法”“+”下构成阿贝尔群, 其中恒元是 f_0;

(2) F 中元素在“数乘”“·”下满足

$$\begin{cases} f_i \cdot f_j \in F & (\text{封闭性}), \\ f_i \cdot (f_j \cdot f_k) = (f_i \cdot f_j) \cdot f_k & (\text{结合性}), \\ I \in F, \quad f_i \cdot I = I \cdot f_i = f_i & (\text{存在“数乘”恒元}), \\ f_i \neq f_0 \ \rightarrow \ f_i \cdot f_i^{-1} = f_i^{-1} \cdot f_i = I, \quad f_i^{-1} \in F & (\text{除} f_0 \text{外存在“数乘”逆元}), \\ \begin{cases} f_i \cdot (f_j + f_k) = f_i \cdot f_j + f_i \cdot f_k \\ (f_i + f_j) \cdot f_k = f_i \cdot f_k + f_j \cdot f_k \end{cases} & (\text{分配律}); \end{cases}$$

则我们称 F 为一个**域**, 比如我们很熟悉的域有**实数域**、**复数域**、**有理数域**等, 但所有的整数并不能构成一个域, 因为整数集合中的元素并不存在“数乘”逆元.

2. 线性空间

一组元素 $V=\{\boldsymbol{v}_0,\boldsymbol{v}_1,\boldsymbol{v}_2,\cdots\}$、一个域 $F\{f_0,f_1,f_2,\cdots\}$ 及其上的“加法”“+”和“数乘”“·”，如果满足以下几条：

(1) V 在“加法”“+”下构成阿贝尔群，其中恒元是 $\boldsymbol{v}_0$；

(2) 对于任意一个 $f_i\in F$ 以及任意一个 $\boldsymbol{v}_j\in V$，有 $f_i\cdot\boldsymbol{v}_j\in V$；

(3) 对于任意的 F 和 V 中的元素，有 $f_i\cdot(f_j\cdot\boldsymbol{v}_k)=(f_i\cdot f_j)\cdot\boldsymbol{v}_k$；

(4) 令 $I\in F$ 为域 F 中的“数乘”恒元，对于任意一个 $\boldsymbol{v}_i\in V$，有 $I\cdot\boldsymbol{v}_i=\boldsymbol{v}_i\cdot I=\boldsymbol{v}_i$；

(5) 对于任意的 F 和 V 中的元素，有 $f_i\cdot(\boldsymbol{v}_j+\boldsymbol{v}_k)=f_i\boldsymbol{v}_j+f_i\boldsymbol{v}_k$ 以及 $(f_i+f_j)\cdot\boldsymbol{v}_k=f_i\boldsymbol{v}_k+f_j\boldsymbol{v}_k$，即满足双线性；

则我们称 V 为域 F 上的**线性空间**.

3. 代数

一个域 F 上的线性空间 V (由上面的讨论，我们知道它上面当然已经定义了“加法”“+”和“数乘”“·”)，如果在其上定义一个“乘法”“□”，且线性空间 V 在“□”下满足以下几条：

(1) 对于 V 中任意元素 $\boldsymbol{v}_i$ 和 $\boldsymbol{v}_j$，有 $\boldsymbol{v}_i\Box\boldsymbol{v}_j\in V$，即满足“乘法”“□”下的封闭性；

(2) 对于 V 中任意元素 $\boldsymbol{v}_i$、$\boldsymbol{v}_j$ 以及 $\boldsymbol{v}_k$，有 $(\boldsymbol{v}_i+\boldsymbol{v}_j)\Box\boldsymbol{v}_k=\boldsymbol{v}_i\Box\boldsymbol{v}_k+\boldsymbol{v}_j\Box\boldsymbol{v}_k$ 及 $\boldsymbol{v}_i\Box(\boldsymbol{v}_j+\boldsymbol{v}_k)=\boldsymbol{v}_i\Box\boldsymbol{v}_j+\boldsymbol{v}_i\Box\boldsymbol{v}_k$，即满足双线性；

则我们就称之为一个**代数**.

对于“乘法”“□”的进一步不同的要求，就给出了不同的代数，例如，如果我们进一步要求 V 中元素在“□”下满足 $(\boldsymbol{v}_i\Box\boldsymbol{v}_j)\Box\boldsymbol{v}_k=\boldsymbol{v}_i\Box(\boldsymbol{v}_j\Box\boldsymbol{v}_k)$，这就给出了**结合代数**.

其实，一个域 F 本身就可以在自身的乘积下构成一个线性空间，并进而形成一个代数，而且这样的代数一定是结合代数.

从上面的讨论，我们看到，线性空间其实含义很广泛，函数、矩阵等都可以构成线性空间.

4. 李代数

如果上述代数中的“乘法”“□”由以下对易关系定义：

$$A\Box B\equiv[A,B]=AB-BA, \tag{A.4.1}$$

且满足

$$A\Box(B\Box C)=(A\Box B)\Box C+B\Box(A\Box C), \tag{A.4.2}$$

即

$$[A,[B,C]]=[[A,B],C]+[B,[A,C]], \tag{A.4.3}$$

则称该代数为**李代数**, 上面这个关系式就是所谓的**雅可比恒等式**. 从上面的关系式, 我们可明显看出, 李代数是不满足结合性的, 即李代数是一种**非结合代数**.

我们很清楚地看到, 上一小节提到的 SO(3) 群的生成元满足以上对易关系, 由此我们就知, 由 $\{J_x,J_y,J_z\}$ 为基底的所有的 3×3 反对称阵构成一个线性空间, 这个线性空间在上述对易关系下就构成了 so(3) 李代数.

A.5 李群和李代数

李代数最初是由 19 世纪挪威数学家马里乌斯·索弗斯·李在研究**李群**时引进的一个数学概念, 它与李群的研究密切相关. 李群是一类连续群, 而李代数则是由相应李群的无穷小变换给出的生成元构成的代数结构. 前面我们所讨论的 SO(2) 群及 SO(3) 群其实就是两个十分基本的李群. 其实, 我们在物理中碰到的连续群都是李群. 对于李群的完整精确的讨论是需要相当的拓扑和微分几何的知识的, 这大大超出了本附录所允许的篇幅, 所以这里我将只十分简略地对李群和李代数做一个介绍, 仅为使读者对其有个概念上的印象.

如何判断一个群 G 是李群?首先, G 是一个**连续群**, 它的群元 $g(\theta_1,\theta_2,\cdots,\theta_n)$ 依赖于一组独立的连续参变量 $(\theta_1,\theta_2,\cdots,\theta_n)$, 这些独立参数 (也称为群参数) 的个数 n 称为该连续群 G 的**维数**或**阶**, 例如, 我们现在讨论的这个连续群 G 就是一个 n-维连续群, 或者称为 n-阶连续群. 而这 n 个参数的取值空间称为群 G 的**群参数空间**, 从群和群参数的对应关系上, 我们看出, 群参数空间中的点与群元是一一对应的, 因此也称群参数空间为**群空间**. 其次, 群元 $g(\theta_1,\theta_2,\cdots,\theta_n)$ 对于群参数 $(\theta_1,\theta_2,\cdots,\theta_n)$ 的依赖是连续且解析的, 即当我们把群元写成其群参数的函数表达式时 (如我们前面所给出的 SO(2) 或 SO(3) 的群元表达式), 该函数对于其群参数是可微的. 如此, 我们就称 $G=\{g(\theta_1,\theta_2,\cdots,\theta_n)\}$ 为一个 n-阶**李群**. 为方便起见, 我们一般都将与李群恒元 I 所对应的群参数的值取为 0, 即 $I=g(0,0,\cdots,0)$.

类似于前面讨论过的 SO(2) 群和 SO(3) 群的群元, 李群 G 的任何一个群元都是可以通过恒元附近的群元, 即 $\lim\limits_{\theta_l\to 0} g(\{\theta_l\})$, 来得到的. 于是, 我们对恒元附近的群元做群参量的小量展开, 就有

$$\lim_{\theta_l\to 0} g(\{\theta_l\})\approx I+A,\quad A=-\mathrm{i}\sum_l \theta_l T_l, \tag{A.5.1}$$

其中 $\{T_l, \quad l=1,2,\cdots,n\}$ 即是该李群的**生成元**, 如同我们前面在讨论 SO(3) 群的生成元一样, 它的特征由该群的性质决定.

如前讨论所述, 要想研究李群群元间的乘积关系, 我们必须要给出该群的生成元之间的对易关系

$$[T_l, T_m] = \mathrm{i} f_{lmk} T_k, \tag{A.5.2}$$

这里我们已经用到了重复指标求和这一**爱因斯坦求和约定**. 生成元的这个对易关系就定义了该李群相应的李代数, 其中 f_{lmk} 称为该李代数的**结构常数**. (A.3.53) 式中的全反对称符号 ϵ_{lmk} 就是 so(3) 李代数的结构常数. 可能有读者会问, 为什么两个生成元之间的对易结果一定可以表示为生成元的线性叠加? 原因就在于代数的封闭性. 可以说, 李代数就是在一个由相应李群生成元所张成的线性空间上给定一个由生成元对易关系所确定的"乘法"而构成的非结合代数.

从以上的讨论中, 我们不难看出, 李群和李代数是完全不同的概念, 但它们之间又是紧密联系的, 李群是由群元间的"群乘积"刻画的, 而李代数则由生成元间的对易关系刻画, 对易关系中的结构常数决定了李代数, 而这就从根本上决定了相应的李群.

A.6 群的表示

A.6.1 群表示的基本概念

在物理学研究中, 涉及的群都是相关的操作或者变换作为群元而构成的, 比方说置换群, 我们在描述群元或如前面形式地将群元写出来时, 我们总是在表达: 将几号位的客体移动到另一个号位上, 而在转动群群元描述中, 我们总是说将某个物理系统以某种方式转动多大角度等诸如此类的描述, 这种描述很直观很形象, 但对于物理的研究是需要借助数学语言的, 这种描述本身却缺乏数学可操作性. 因此, 如果要定量地用群论来研究物理系统, 我们就需要将这些群元的描述"翻译"成数学语言, 即需要给出每个群元的确切的数学表现形式, 这就涉及了**群的表示理论**. 至此, 可能已经有读者注意到, 我们在之前讨论二维平直空间和三维平直空间中的转动时, 不是已经很自然就得到了 SO(2) 和 SO(3) 群元的确切数学表达形式了吗? 而当时我们也没有涉及所谓群的表示的问题啊! 究其原因, 是我们在讨论转动时已将转动客体具象为一个空间中的矢量, 已在不知不觉中完成了这种"翻译". 本节中, 我们将给出关于群表示的一个一般性的简要讨论.

我们知道, 一组行列式不为零的 $m\times m$ 矩阵在矩阵乘积运算下是可以构成群的. 如果一组行列式不为零的 $m\times m$ 矩阵构成的群 D 与一个给定的群 G 同构

或同态, 我们就称这个矩阵群 D 为群 G 的一个 m-维**线性表示**, 即对于任意一个群元 $g \in G$, 总有一个矩阵 $D(g) \in D$ 与之对应, 且满足

$$D(g_1)D(g_2) = D(g_1 g_2). \tag{A.6.1}$$

如果 $D \approx G$, 即 D 与 G 同构, 我们就称该表示为**忠实表示**, 如果 $D \sim G$, 即 D 与 G 同态, 则称该表示为**非忠实表示**.

任何群 $G = \{g\}$ 都具有如下 n-维平庸表示：

$$D(g) = I \ \to \ D(g_1)D(g_2) = I \cdot I = I = D(g_1 \cdot g_2), \tag{A.6.2}$$

其中 I 为 $n \times n$ 单位矩阵.

A.6.2 特征标及等价表示

一个群 $G = \{g\}$ 是可以有各种不同的表示的, 我们将这些表示用 $a, b, \cdots$ 来编号, $D^{(a)}(g)$ 代表在 a-表示中群元 g 所对应的矩阵. 群元 g 在 a-表示中对应的矩阵 $D^{(a)}(g)$ 的迹

$$\chi^{(a)}(g) = \mathrm{tr}\, D^{(a)}(g) \tag{A.6.3}$$

称为该群元 g 在 a-表示中的**特征标**.

如果 $D(G) = \{D(g)\}$ 为群 $G = \{g\}$ 的一个表示, 则

$$\left\{D'(g) = S^{-1} D(g) S\right\} \tag{A.6.4}$$

也构成了群 G 的一个表示, $\{D(g)\}$ 和 $\{D'(g)\}$ 称为群 G 的**等价表示**. 注意, 以上进行相似变换的矩阵 S 对所有群元是一样的, 即以上的等价性也可记为

$$D'(G) = S^{-1} D(G) S. \tag{A.6.5}$$

由以上等价表示的定义, 我们不难看出, G 中任意一个群元 g 在两个等价表示中的特征标一定是相等的：

$$\chi'(g) = \mathrm{tr}\, D'(g) = \mathrm{tr}\left[S^{-1} D(g) S\right] = \mathrm{tr}\, D(g) = \chi(g). \tag{A.6.6}$$

因此, 只要能够找到一个群元在两个表示中的特征标不相等, 这两个表示必定不是等价的.

A.6.3 可约表示与不可约表示

一个群可以有不同维度的表示. 对于群 G 的一个 $(n+m)$-维表示 $D(G)$, 如果对于任意一个群元 g, 其表示矩阵 $D(g)$ 均具有如下形式：

$$D(g) = \left(\begin{array}{c|c} D_1(g) & D_{12}(g) \\ \hline \mathbf{0} & D_2(g) \end{array}\right), \tag{A.6.7}$$

其中 $D_1(g)$ 为 $n\times n$ 方阵, $D_2(g)$ 为 $m\times m$ 方阵, 则群 G 的这个 $(n+m)$-维表示 $D(G)$ 就称为**可约表示**. 不难看到, 在此可约表示中, $\{D_1(g)\}$ 构成了群 G 的一个 n-维表示, $\{D_2(g)\}$ 构成了群 G 的一个 m-维表示, 所以 $D(G)$ 其实并不能看作群 G 的一个"新"的表示, 因为它可由低维的表示 $D_1(G)$ 和 $D_2(G)$ 构成. 如果对于任意一个群元 g, 都有 $D_{12}(g)=0$, 即 $D(g)$ 退化为完全的块对角阵, 则我们称该表示为**完全可约表示**. 如果群 G 的某个表示 $D(G)$ 不能化为以上这种块对角阵或半块对角阵, 则称此表示为**不可约表示**.

群表示论的一个目的就是发展决定群 G 的某个表示是否为不可约的判据, 并以此为基础找到该群所有可能的不可约表示.

以上就是有关群的一个十分简短的概述, 希望它能成为各位读者学习群论、欣赏群论、掌握群论、玩转群论的一个小小的起点.

附录B

列维–奇维塔符号(全反对称符号)

在附录 A 中, 我们提到了欧几里得空间中的全反对称符号或列维–奇维塔符号 (Levi-Civita 符号), 它是以意大利数学家和物理学家图利奥·列维–奇维塔 (Tullio Levi-Civita, 1873~1941) 的名字命名的. 在本附录中, 我们将对它及它在欧几里得空间矢量运算和张量运算中的重要作用进行较为详细的介绍. 注意, 我们在本附录中将只讨论欧几里得空间中的列维–奇维塔符号.

B.1 列维–奇维塔符号的概念

B.1.1 爱因斯坦求和约定

为了方便后续关于列维–奇维塔符号的介绍和讨论, 我们首先来对前面也已提到的**爱因斯坦求和约定**做一个简要的介绍. 简单来讲, 爱因斯坦求和约定就是规定在表达式中两个重复的指标要进行求和, 例如

$$\boldsymbol{A}\cdot\boldsymbol{B}=\sum_i A_iB_i, \tag{B.1.1}$$

在此式中, 我们是要对重复的指标 “i” 进行求和的, 为了书写方便, 省去写求和号的累赘, 我们就约定将之简写为

$$\boldsymbol{A}\cdot\boldsymbol{B}=\sum_i A_iB_i\equiv A_iB_i, \tag{B.1.2}$$

这就是爱因斯坦求和约定. 爱因斯坦求和约定不仅可以用在矢量的标量乘积中, 也可以用在诸多张量乘积中, 例如, 对于两个矩阵 $\boldsymbol{A}=(A_{ij})$ 和 $\boldsymbol{B}=(B_{ij})$ (分量表达式中前一个指标表示行指标, 后一个指标表示列指标), 由线性代数的知识, 我们知道

$$(\boldsymbol{AB})_{ij}=\sum_k A_{ik}B_{kj}, \tag{B.1.3}$$

即在计算两个矩阵相乘时，在矩阵元乘积中我们是需要对前面矩阵元的列指标和后面矩阵元的行指标进行求和的，这种情况下，我们同样可以采用爱因斯坦求和约定来简化上述表达式：

$$(\boldsymbol{AB})_{ij} = A_{ik}B_{kj}, \tag{B.1.4}$$

此时重复指标要进行求和. 如果我们对上面这两个矩阵相乘后得到新的矩阵求迹，则需要进行如下计算：

$$\mathrm{tr}\,(\boldsymbol{AB}) = \sum_i \sum_k A_{ik}B_{ki}, \tag{B.1.5}$$

这同样可以采用爱因斯坦求和约定而简洁地写为

$$\mathrm{tr}\,(\boldsymbol{AB}) = A_{ik}B_{ki}, \tag{B.1.6}$$

我们看到，这里有两对重复指标，按照爱因斯坦求和约定，我们当然需要对它们分别进行求和.

注意，在采用爱因斯坦求和约定时，重复指标的个数只能是两个，如果某种因素导致我们的表达式中重复指标的个数达到三个或更多，例如 $F = \sum_i A_iB_iC_i$，其中重复指标 “i” 已经超过两个，那么此种情况下就不能再盲目地采用爱因斯坦求和约定了，只能将相应的求和号保留了.

B.1.2 列维–奇维塔符号的定义及基本运算规则

在 n-维欧几里得空间中，列维–奇维塔符号 $\epsilon_{i_1i_2\cdots i_n}$ 定义为

$$\begin{cases} \epsilon_{123\cdots n} = 1, \\ \epsilon_{\cdots i_k \cdots i_l \cdots} = -\epsilon_{\cdots i_l \cdots i_k \cdots}, \end{cases} \tag{B.1.7}$$

从这个定义，我们可以看到，列维–奇维塔符号是全反对称的，任意交换两个指标都会使得结果出现一个负号，因此我们立刻就得出一个结论：只要 $\epsilon_{i_1i_2\cdots i_n}$ 中的任意两个指标相等，其值必为零. 因此，不为零的列维–奇维塔符号的指标 $(i_1i_2i_3\cdots i_n)$ 只可能是 $(123\cdots n)$ 的一个排列. 考虑到列维–奇维塔符号的全反对称性，结合 $\epsilon_{123\cdots n} = 1$，我们就有

$$\epsilon_{i_1i_2i_3\cdots i_n} = (-1)^p, \tag{B.1.8}$$

其中 p 表示由 $(123\cdots n)$ 得到排列 $(i_1i_2i_3\cdots i_n)$ 所需做的交换的次数，也称为该排列的奇偶指标.

有了以上的定义，我们现在来看列维–奇维塔符号之间相乘的关系，这对于后续的应用至关重要. 我们先从二维列维–奇维塔符号开始.

我们来考察两个二维列维–奇维塔符号相乘，即 $\epsilon_{ij}\epsilon_{kl}$. 从列维–奇维塔符号的定义，我们知道，如果 (ij) 和 (kl) 为 (12) 的同一个排列，那么它们相乘的结果一

定为 1, 如果 (ij) 和 (kl) 为 (12) 的两个不同的排列, 则结果为 -1, (ij) 和 (kl) 中只要有一个不构成 (12) 的排列, 则结果一定为零, 综合考虑后, 我们不难验证

$$\epsilon_{ij}\epsilon_{kl} = \delta_{ik}\delta_{jl} - \delta_{il}\delta_{jk}, \tag{B.1.9}$$

其中 δ_{ij} 就是我们在本书第 1 章中所提到过的**克罗内克-δ 符号**. 这个乘积表达式又可写为

$$\epsilon_{ij}\epsilon_{kl} = \begin{vmatrix} \delta_{ik} & \delta_{il} \\ \delta_{jk} & \delta_{jl} \end{vmatrix}. \tag{B.1.10}$$

我们再来看一个二维列维–奇维塔符号间的乘积关系: $\epsilon_{ij}\epsilon_{ik}$, 注意, 在这里两个列维–奇维塔符号有重复指标, 对于此指标, 我们是要求和的, 也即

$$\epsilon_{ij}\epsilon_{ik} = \epsilon_{1j}\epsilon_{1k} + \epsilon_{2j}\epsilon_{2k}. \tag{B.1.11}$$

我们对此进行简单的分析: 如果 j 或 k 有一个是 1, 不失一般性, 我们令 $j=1$, 那么上式等号右边的第一项一定为零, 而第二项的结果取决于 k 是否与 j 相等且一同等于 1, 如果是, 则结果为 1, 如果不是, 则结果为 0; 同样, 如果 j 或 k 有一个是 2, 不失一般性, 我们令 $j=2$, 那么上式等号右边的第二项一定为零, 而第一项的结果取决于 k 是否与 j 相等且一同等于 2, 如果是, 则结果为 1, 如果不是, 则结果为 0. 综上, 我们就有

$$\epsilon_{ij}\epsilon_{ik} = \delta_{jk}. \tag{B.1.12}$$

我们也不难看出

$$\epsilon_{ij}\epsilon_{ij} \equiv \sum_{i,j=1}^{2} \epsilon_{ij}\epsilon_{ij} = \epsilon_{12}\epsilon_{12} + \epsilon_{21}\epsilon_{21} = 2 = 2!. \tag{B.1.13}$$

我们现在来讨论三维列维–奇维塔符号间的乘积关系. 先来看 $\epsilon_{ijk}\epsilon_{lmn}$, 与二维的情况类似, 我们看到, 如果 (ijk) 和 (lmn) 为 (123) 的同一个排列或是该排列的偶次交换, 则结果为 1, 如果 (ijk) 和 (lmn) 这两个排列不能够通过偶次交换联系起来, 则结果一定为 (-1), 如果 (ijk) 和 (lmn) 中只要有一个不构成 (123) 的一个排列的话, 结果一定为零, 于是我们就有

$$\begin{aligned}\epsilon_{ijk}\epsilon_{lmn} =& \delta_{il}\delta_{jm}\delta_{kn} + \delta_{im}\delta_{jn}\delta_{kl} + \delta_{in}\delta_{jl}\delta_{km} \\ &- \delta_{im}\delta_{jl}\delta_{kn} - \delta_{il}\delta_{jn}\delta_{km} - \delta_{in}\delta_{jm}\delta_{kl},\end{aligned} \tag{B.1.14}$$

这个乘积表达式又可简洁地写为

$$\epsilon_{ijk}\epsilon_{lmn} = \begin{vmatrix} \delta_{il} & \delta_{im} & \delta_{in} \\ \delta_{jl} & \delta_{jm} & \delta_{jn} \\ \delta_{kl} & \delta_{km} & \delta_{kn} \end{vmatrix}. \tag{B.1.15}$$

我们也能够验证出

$$\epsilon_{ijk}\epsilon_{imn} = \delta_{jm}\delta_{kn} - \delta_{jn}\delta_{km} = \begin{vmatrix} \delta_{jm} & \delta_{jn} \\ \delta_{km} & \delta_{kn} \end{vmatrix}, \tag{B.1.16}$$

以及

$$\epsilon_{ijk}\epsilon_{ijn} = 2\delta_{kn} = 2!\delta_{kn} \tag{B.1.17}$$

和

$$\epsilon_{ijk}\epsilon_{ijk} = 6 = 3!\,. \tag{B.1.18}$$

注意, 以上三维列维–奇维塔符号乘积表达式中重复指标要按照爱因斯坦求和约定进行求和, 同时, 所有的指标都是在 $(1,2,3)$ 上取值的.

从以上二维和三维的情况, 我们就能够比较容易地分析和归纳出 n-维列维–奇维塔符号间的乘积关系式如下:

$$\epsilon_{i_1 i_2 i_3 \cdots i_n}\epsilon_{j_1 j_2 j_3 \cdots j_n} = \begin{vmatrix} \delta_{i_1 j_1} & \delta_{i_1 j_2} & \delta_{i_1 j_3} & \cdots & \delta_{i_1 j_n} \\ \delta_{i_2 j_1} & \delta_{i_2 j_2} & \delta_{i_2 j_3} & \cdots & \delta_{i_2 j_n} \\ \delta_{i_3 j_1} & \delta_{i_3 j_2} & \delta_{i_3 j_3} & \cdots & \delta_{i_3 j_n} \\ \vdots & \vdots & \vdots & & \vdots \\ \delta_{i_n j_1} & \delta_{i_n j_2} & \delta_{i_n j_3} & \cdots & \delta_{i_n j_n} \end{vmatrix}, \tag{B.1.19}$$

以及

$$\epsilon_{a_1\cdots a_m i_{m+1} i_{m+2}\cdots i_n}\epsilon_{a_1\cdots a_m j_{m+1} j_{m+2}\cdots j_n} = m!\begin{vmatrix} \delta_{i_{m+1} j_{m+1}} & \delta_{i_{m+1} j_{m+2}} & \cdots & \delta_{i_{m+1} j_n} \\ \delta_{i_{m+2} j_{m+1}} & \delta_{i_{m+2} j_{m+2}} & \cdots & \delta_{i_{m+2} j_n} \\ \vdots & \vdots & & \vdots \\ \delta_{i_n j_{m+1}} & \delta_{i_n j_{m+2}} & \cdots & \delta_{i_n j_n} \end{vmatrix} \tag{B.1.20}$$

和

$$\epsilon_{a_1 a_2 \cdots a_n}\epsilon_{a_1 a_2 \cdots a_n} = n!. \tag{B.1.21}$$

注意, 以上 n-维列维–奇维塔符号乘积关系中重复指标要求和, 且所有的指标都须在 $(1,2,3,\cdots,n)$ 上取值.

B.2 列维–奇维塔符号在矢量和张量运算中的应用

对于列维–奇维塔符号的灵活运用将会极大地简化我们的计算. 以三维欧几里得空间中矢量的叉乘运算为例, 我们来对此进行一个简单的讨论.

三维空间中两个矢量 $\boldsymbol{A}$ 和 $\boldsymbol{B}$ 叉乘的分量结果为 (我们令 x、y、z 方向的单位矢量分别为 $\boldsymbol{e}_1$、$\boldsymbol{e}_2$ 和 $\boldsymbol{e}_3$, 于是 $\boldsymbol{A}=A_i\boldsymbol{e}_i$)

$$(\boldsymbol{A}\times\boldsymbol{B})_1=A_2B_3-A_3B_2,\quad(\boldsymbol{A}\times\boldsymbol{B})_2=A_3B_1-A_1B_3,\quad(\boldsymbol{A}\times\boldsymbol{B})_3=A_1B_2-A_2B_1,\tag{B.2.1}$$

注意到上面各式等号右边两项对相应指标交换的反对称性, 同时考虑到这些指标与相应的分量指标间的顺序关系, 我们发现可利用三维列维–奇维塔符号将之紧凑地写为

$$(\boldsymbol{A}\times\boldsymbol{B})_i=\epsilon_{ijk}A_jB_k,\tag{B.2.2}$$

或完整地写为

$$\boldsymbol{A}\times\boldsymbol{B}=\epsilon_{ijk}A_jB_k\boldsymbol{e}_i.\tag{B.2.3}$$

同样, 我们有

$$\nabla\times A=\epsilon_{ijk}\partial_jA_k\boldsymbol{e}_i.\tag{B.2.4}$$

以上表达式中我们均采用了爱因斯坦求和约定.

有了以上利用列维–奇维塔符号写出的表达式, 我们可以非常方便简洁地证明相关的较为复杂的矢量关系式. 作为一个例子, 我们来证明下式:

$$\boldsymbol{A}\times(\boldsymbol{B}\times\boldsymbol{C})=\boldsymbol{B}(\boldsymbol{A}\cdot\boldsymbol{C})-\boldsymbol{C}(\boldsymbol{A}\cdot\boldsymbol{B}).\tag{B.2.5}$$

如果不采用列维–奇维塔符号, 对此式的证明相对较为繁复, 而有了列维–奇维塔符号, 则过程变得简洁明快：利用上面的关系式, 我们有

$$\boldsymbol{A}\times(\boldsymbol{B}\times\boldsymbol{C})=\epsilon_{ijk}A_j(\boldsymbol{B}\times\boldsymbol{C})_k\boldsymbol{e}_i=\epsilon_{ijk}\epsilon_{klm}A_jB_lC_m\boldsymbol{e}_i,\tag{B.2.6}$$

我们知道

$$\epsilon_{ijk}\epsilon_{klm}=\epsilon_{kij}\epsilon_{klm}=\delta_{il}\delta_{jm}-\delta_{im}\delta_{jl},\tag{B.2.7}$$

将之代入 (B.2.6) 式, 有

$$\begin{aligned}\boldsymbol{A}\times(\boldsymbol{B}\times\boldsymbol{C})&=(\delta_{il}\delta_{jm}-\delta_{im}\delta_{jl})A_jB_lC_m\boldsymbol{e}_i\\&=A_jC_jB_i\boldsymbol{e}_i-A_jB_jC_i\boldsymbol{e}_i=\boldsymbol{B}(\boldsymbol{A}\cdot\boldsymbol{C})-\boldsymbol{C}(\boldsymbol{A}\cdot\boldsymbol{B}),\end{aligned}\tag{B.2.8}$$

得证.

列维–奇维塔符号不仅可以方便地用在矢量运算中, 还可以用在很多张量分析

或是矩阵行列的运算中. 例如, 有了列维–奇维塔符号, $n \times n$ 矩阵

$$T = \begin{pmatrix} t_{11} & t_{12} & \cdots & t_{1n} \\ t_{21} & t_{22} & \cdots & t_{2n} \\ \vdots & \vdots & & \vdots \\ t_{n1} & t_{n2} & \cdots & t_{nn} \end{pmatrix} \equiv (t_{ab}) \tag{B.2.9}$$

的行列式就可以非常方便地写为

$$\det T = \frac{1}{n!} \epsilon_{a_1 a_2 \cdots a_n} \epsilon_{b_1 b_2 \cdots b_n} t_{a_1 b_1} t_{a_2 b_2} \cdots t_{a_n b_n}, \tag{B.2.10}$$

或者写为

$$\epsilon_{a_1 a_2 \cdots a_n} \det T = \epsilon_{b_1 b_2 \cdots b_n} t_{a_1 b_1} t_{a_2 b_2} \cdots t_{a_n b_n}. \tag{B.2.11}$$

再次提醒, 我们以上计算中出现的重复指标是要求和的.

从以上的讨论出发, 我们可以想象, 当把这样的借助列维–奇维塔符号而书写的表达式代入我们想要研究的问题中后, 我们或可利用列维–奇维塔符号的全反对称性, 或可利用列维–奇维塔符号相乘而得到的一系列克罗内克-δ 符号, 从而极大地简化我们的计算.

索　引